全国高等职业教育资源开发类与基础工程技术专业“十三五”规划教材
高等职业教育应用型人才培养规划教材

工程地质与水文地质

主　编　刘明华
副主编　邢　芳　谭　雅　王　丽
主　审　李晓粤

黄河水利出版社
·郑州·

内 容 提 要

本教材是全国高等职业教育资源开发类与基础工程技术专业“十三五”规划教材，是为培养高等职业教育应用型人才而编写的，主要内容包括：矿物与岩石、地质构造、自然地质作用、水文地质、岩体稳定的工程地质分析、不同工程类型的地质问题、工程地质与水文地质勘察等。

本教材可作为地质、土木工程、水利水电工程、道路与桥梁、水文与水资源工程、农业水利工程、工程管理等相关专业的教学用书，也可供从事上述相关工作的工程技术人员参考使用。

图书在版编目(CIP)数据

工程地质与水文地质/刘明华主编.—郑州：黄河水利出版社，2017.9 (2023.1 修订重印)

全国高等职业教育资源开发类与基础工程技术专业“十三五”规划教材

高等职业教育应用型人才培养规划教材

ISBN 978-7-5509-1859-7

Ⅰ.①工… Ⅱ.①刘… Ⅲ.①工程地质-高等职业教育-教材 ②水文地质-高等职业教育-教材 Ⅳ.①P64

中国版本图书馆 CIP 数据核字(2017)第 232914 号

策划编辑：陶金志 电话：0371-66025273 E-mail：838739632@qq.com

出 版 社：黄河水利出版社 网址：www.yrcp.com

地址：河南省郑州市顺河路黄委会综合楼 14 层 邮政编码：450003

发行单位：黄河水利出版社

发行部电话：0371-66026940、66020550、66028024、66022620(传真)

E-mail：hhslcbs@126.com

承印单位：河南承创印务有限公司

开本：787 mm×1 092 mm 1/16

印张：19.25

字数：468 千字

版次：2017 年 9 月第 1 版 印次：2023 年 1 月第 2 次印刷

定价：49.00 元

全国高等职业教育资源开发类与基础工程技术专业“十三五”规划教材
高等职业教育应用型人才培养规划教材

编审委员会

参与院校

（排名不分先后）

辽宁地质工程职业学院
江西应用技术职业学院
湖南工程职业技术学院
重庆工程职业技术学院
湖北国土资源职业学院
福建水利电力职业技术学院
河北工程技术高等专科学校
湖南安全技术职业学院
黄河水利职业技术学院
广东水利电力职业技术学院
河南工业和信息化职业学院
辽源职业技术学院
长江工程职业技术学院
内蒙古工程学校
陕西能源职业技术学院
石家庄经济学院
山西水利职业技术学院
郑州工业贸易学校
山西工程技术学院
安徽矿业职业技术学院
云南国土资源职业学院
兰州资源环境职业技术学院
甘肃工业职业技术学院
昆明冶金高等专科学校
河北地质职工大学
安徽工业经济职业技术学院
湖北水利水电职业技术学院
湖南有色金属职业技术学院
晋城职业技术学院
杨凌职业技术学院
河南建筑职业技术学院
江苏省南京工程高等职业学校
安徽水利水电职业技术学院
山西煤炭职业技术学院
昆明理工大学
河南水利与环境职业学院
云南能源职业技术学院
河南工程学院
吉林大学应用技术学院
辽宁交通高等专科学校

前　言

2014 年 4 月，黄河水利出版社发起全国高等职业教育资源开发类与基础工程技术专业"十三五"规划教材编写工作，组织全国 30 多所相关专业的高职院校参加编写，2014 年 7 月在郑州召开了规划教材大纲研讨会，对规划的专业教材的编写大纲、教材内容和体例进行了研讨与规范。《工程地质与水文地质》这本教材也在教材编写规划之列，经过编写人员多轮沟通，反复讨论，终于在 2016 年达成一致。

本教材在理论上，强调以应用为目的；在内容上，与工程实践紧密结合，通过大量工程案例来说明理论是为解决实际问题服务的这一基本理念，图片丰富，让学生增加感性认识；知识链接和小贴士使学生的知识面得以拓展。各院校可根据专业需要和教学计划学时安排教学内容。

本教材编写人员及编写分工如下：福建水利电力职业技术学院刘明华老师编写绪论、项目一、项目二、项目四和附录；河南水利与环境职业学院邢芳老师编写项目三；河南水利与环境职业学院谭雅老师编写项目五；河南建筑职业技术学院王丽老师编写项目六和项目七。本教材由刘明华担任主编，负责全书统稿；由邢芳、谭雅、王丽担任副主编；由河北工程技术高等专科学校李晓粤教授担任主审。

在此，谨向本教材引用文献的作者和为本教材付出辛勤劳动的教师和工作人员表示衷心的感谢。

鉴于编者水平有限，教材中不当之处恳请读者批评指正。

编　者

2017 年 6 月

目 录

绪 论

学习目标

1. 了解工程地质与水文地质的作用和任务。
2. 初步掌握工程地质条件、工程地质问题的概念。
3. 熟悉本课程内容。

【学习导入】

工程地质与水文地质主要是研究人类工程活动与地质环境之间的相互关系,以便总结其规律,更好地利用、改造和保护地质环境,实现和谐发展、可持性发展的一门学科。

随着工农业的高速发展,工程建设具有领域广、规模大、速度快、质量和安全要求高、难度大等特点,工程地质与水文地质的重要性尤为突出。

一、工程地质与水文地质在国民经济中的作用与任务

(一)工程地质与水文地质学与地质学的关系

地质学是研究地球,主要是研究地壳的一门学科。其主要研究内容包括地壳的物质组成、地壳的构造、地壳发生的各种地质作用、地壳的发展历史,以及地质学在有关领域中的应用。随着生产的需要和科学的发展,地质学已发展成为许多独立的分支,工程地质学与水文地质学都是其中的分支学科。工程地质学是调查、研究、预测、解决与兴建各类工程建筑有关的地质问题的学科。水文地质学是研究在与岩石圈、水圈、大气圈、生物圈以及人类活动相互作用下地下水的水量和水质随空间及时间变化的规律,以及合理利用地下水或防治其危害的学科。

(二)工程地质与水文地质在国民经济中的作用及任务

工业与民用建筑、道路桥梁、铁路工程、水利工程、港口工程、地下工程、海洋工程等各种工程建设都在地球表层的地壳之上或内部,地壳表层的岩体和土体常作为建筑物的地基或环境介质,在兴建和使用过程中,必然会遇到各种各样的工程地质问题,可能因地质条件不良而提高工程造价或地质作用影响着工程建筑的安全和正常使用。例如:西班牙蒙特哈水库建成后,库水从石灰岩溶洞中漏失,致使高达 72 m 的大坝起不到挡水作用,耸立在干枯的河谷上;著名的意大利佛罗伦萨比萨斜塔,由于地基不均匀沉降,南北两侧沉降差达1. 8 m,至今无法纠正过来;北京的十三陵水库,坝基和库区存在深厚的渗透性较强的古河道冲积层,建坝初期未做垂直防渗处理,致使水库多年不能正常蓄水,20 世纪 60 年代做了坝基防渗墙处理,坝基不漏了,但水库区古河道仍在渗漏,直到 1991 年为兴建抽水蓄能电站,在库

区又做了一道防渗墙,才彻底解决了渗漏问题。当然,还有如地基承载力不足使建筑物失稳破坏,软弱地基造成建筑物过度沉降或不均匀沉降,使建筑物产生裂缝、倾斜、塌陷以致影响正常使用,甚至毁坏;岩、土边坡的陡缓及稳定性决定着道路路基、大坝等的稳定性及其他工程建筑的安全和正常使用;地震多发区修建的建筑物可以顷刻间给人们的生命和财产造成巨大损失。

工程地质工作的任务是查明建筑地区的工程地质条件,指出可能出现的工程地质问题,并提出解决这些问题的建议,为工程设计、施工和正常运用提供可靠的地质资料,以保证建筑物修建得经济合理和安全可靠。所谓工程地质条件,是指包括地形地貌、地层岩性、地质构造、物理地质现象、水文地质条件和天然建筑材料等与工程建筑有关的地质条件。

水文地质工作的任务是研究地下水的形成、分布、埋藏、物理性质和化学成分以及地下水、循环转化等规律,并运用这些规律解决合理开发利用地下水资源和消除地下水的危害等实际问题。

淡水的重要性不亚于石油,水成为对人类社会发展影响最大的资源。地下水是人类生活和生产中不可缺少的宝贵资源。因为地下水一般水质好、水量比较稳定,所以常是城镇、工矿企业供水和农田灌溉的重要水源;矿水具有医疗价值;地下热水可用于采暖和发电等。但是地下水也常给生产和建设带来一定的困难与危害。如地下水影响着岩石的物理力学性质,可引起斜坡的坍滑和地基岩体失稳破坏;地下水位过高,开挖基坑可能造成大量涌水和流砂;岩石透水性强,可能引起水库、坝基(肩)和渠道渗漏;若大量抽取地下水,会造成区域性地下水位下降、水质污染或水质恶化、地面沉降、市政设施破坏或丧失功能;大型水库的建造会诱发地震、改变库区上下游的水文地质条件,使下游沼泽化等。总之,水文地质工作不仅要配合工程地质工作提供有关的水文地质条件资料,而且在城市供水及农田灌溉、除涝、治碱等工作中起着先行作用。

二、本课程的主要内容及教学要求

(一)主要内容

(1)矿物与岩石:介绍地球的概况和地质作用概念、常见造岩矿物及其特点,重点介绍三大类岩石(岩浆岩、沉积岩、变质岩)的特征和鉴定方法。通过试验课学会用肉眼鉴定矿物和岩石,并能识别常见的矿物和岩石。对岩石的工程地质与水文地质性质只作一般介绍。

(2)地质构造:介绍岩层产状要素、地质年代表、各种典型的地质构造形态(如褶皱、裂隙、断层)、地震和活断层,重点是学会阅读与分析地质图的方法。

(3)自然地质作用:介绍各种物理地质作用的概念及其对工程建设的影响,重点介绍风化作用、河流的地质作用、河谷类型及其地貌特征、岩溶的形成条件及发育规律、斜坡稳定性的影响因素及不稳定斜坡的防治、第四纪沉积物的工程地质特征及对工程建设的影响。

(4)水文地质:介绍为合理开发利用地下水资源和防治地下水对人类及建筑物的危害而必备的水文地质基础知识。主要介绍自然界水循环和水量分布,地下水的形成、埋藏、分布规律,地下水基本类型及其特征和地下水资源评价方法。此外,还简要介绍地下水水质评价的原则和规程(工业用水、饮用水、灌溉水及对混凝土的侵蚀性方面)。

(5)岩体稳定的工程地质分析:主要介绍岩体结构的特征、类型,软弱结构面和软弱夹层特征,地基变形特点及软弱地基处理方法,岩质边坡稳定性工程地质分析。

(6)不同工程类型的地质问题:主要介绍城市、道桥、隧道与地下建筑、水利等工程建筑的主要的工程地质与水文地质问题。

(7)工程地质与水文地质勘察:主要介绍工程地质与水文地质勘察的目的与任务,勘察的基本方法和手段,各类工程勘察要点和勘察报告的编写要求。

(二)教学要求

本课程的各部分内容是相互联系的,教学过程中应由浅入深、循序渐进,并要理论联系实际,尽量采用多媒体教学,加强工程实例分析,只有这样才能达到预期的目的。本课程又是一门实践性很强的应用性学科,为了巩固和验证课堂所学的知识,提高学生实际动手能力,除保证必要的课堂理论教学外,室内外的地质实习直观教学是学习本课程的重要教学环节。

【小贴士】

工程地质学除了工程岩土学、岩土力学、岩土工程勘察等分支学科,还有环境工程地质学、地震工程地质学、铁路工程地质学、公路工程地质学、水利工程地质学和矿山工程地质学等新分支学科正逐步形成。水文地质学的分支学科有地下水动力学、水文地球化学、区域水文地质学、供水水文地质学、矿床水文地质学等。

【知识链接】 规范

规范就是一种以文件形式发布的统一规定,其中包含可以用来为某一领域人的活动及其结果制定规则、准则、标准或专门定义的技术规范,其目的是确保材料、产品、生产过程和服务能够符合标准需要。规范,当针对产品、方法、符号、概念等时,一般称为标准;当针对工程勘察、规划、设计、施工等技术事项时,通常称为规范;当针对操作、工艺、管理等程序要求时,一般称为规程。

根据《中华人民共和国标准化法》的规定,我国标准分为4级:国家标准、行业标准、地方标准、企业标准。

如岩土工程勘察规范是勘察实际具体工作的操作指南,是国家权威部门的强制性的工作标准。《岩土工程勘察规范》(GB 50021—2001)(2009年版)是目前实际工作中正在实施的全国性规范,便于指导勘察从业人员标准化作业。各地、各行业也结合当地和本行业的岩土特点,制定了地方标准与行业标准,具体工作中要合理选择。

【案例0-1】 加拿大特朗斯康 Transcona 谷仓

加拿大特朗斯康 Transcona 谷仓南北长59.44 m,东西宽23.47 m,高31.00 m。基础为钢筋混凝土筏板基础,厚2 m,埋深3.66 m。谷仓1911年动工,1913年秋完成。谷仓自重20 000 t,相当于装满谷物后总重的42.5%。1913年9月装谷物,至31 822 m^3时,发现谷仓1 h内竖向沉降达30.5 cm,并向西倾斜,24 h后倾倒,西侧下陷7.32 m,东侧抬高1.52 m,倾斜27°(见图0-1、图0-2)。地基虽破坏,但钢筋混凝土筒仓却安然无恙,后来用千斤顶纠正后继续使用,但位置较原先下降4 m。

事故的原因是:设计时未对谷仓地基承载力进行调查研究,而采用了邻近建筑地基352 kPa的承载力,事后1952年的勘察试验与计算表明,该地基的实际承载力为193.8 ~ 276.6 kPa,远小于谷仓地基破坏时329.4kPa的地基压力,地基因超载而发生强度破坏。

处理:事后在谷仓下面做了70多个支撑于基岩上的混凝土墩,使用388个50 t千斤顶以及支撑系统,才把仓体逐渐纠正过来,但仍无法恢复到原来状态。

图 0-1　加拿大特朗斯康谷仓

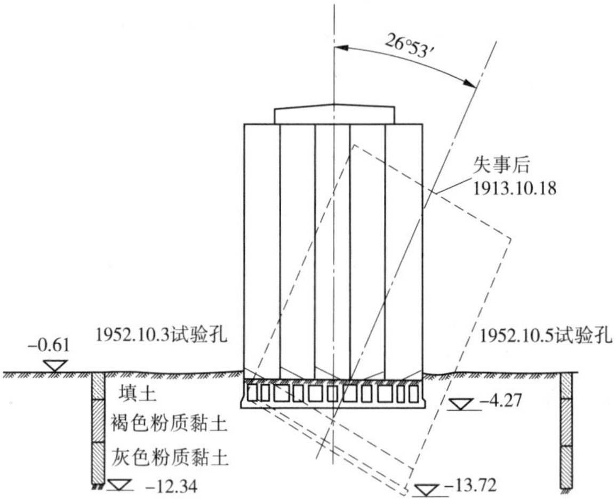

图 0-2　加拿大特朗斯康谷仓剖面示意图

加拿大特朗斯康谷仓的工程实践表明：前期工程地质工作做得好，设计、施工就能顺利进行，建筑物的安全运营就有保证。相反，忽视工程地质工作或重视不够，一些严重的地质问题未被发现或未进行可靠的处理，都会给工程带来不同程度的影响，轻则降低使用性能和造成经济损失，重则酿成灾难。

【案例 0-2】　上海市地面沉降

上海市是我国最早发现地面沉降迹象的城市。据统计，1921～2000 年，上海市区平均累计沉降量为 218 mm，历史上最大年均沉降量曾达到 110 mm。

地面沉降是上海主要的地质灾害，这与它软土的地质特点有很大关系。上海境内除西南部有少数丘陵山脉外，全为低平的平原，是长江三角洲冲积平原的一部分，平均海拔高度为 4 m。整个地区好像是从东向西倾斜的半个碟子，极易受到海平面上升和地层挤压的影响。土的结构是一层砂层、一层黏土层。砂土孔隙大，含水。上海的地下水，主要就在它的 5 个含水砂层中。当集中过量地开采了某一砂层的地下水后，砂层因为孔隙水被抽走而压缩固结，它上面的土层就整体往下压，抽水越多的地方，压得越低，这就形成了上海的地面沉降。

上海最早于 1860 年开采地下水。100 年后的 1963 年，上海地下水开采量达到顶峰，年开采总量达2.03亿m^3。开采地下水最多的时期,也是上海沉降最厉害的时期,据上海市地方志办公室网站记载,1957~1961年上海各地区平均沉降110 mm,个别地区达到170 mm。如果按这个下陷速度而不加控制的话,上海在1999年已经沉没入海了。

上海从1965年以来实施的一系列措施,主要是限制地下水开采和人工回灌地下水,要求地下水用户在冬天向地下回灌与其夏季开采等量的自来水,从而恢复土层弹性,控制地面沉降。上海还修建了最先进的防洪堤坝,建立地面下沉及地下水位监测系统,并建设地面沉降自动化预警预报系统工程。上海地面下沉的速度在1966年终于得到了控制,每年沉降6 mm多一点,"控沉"效果显著。

在20世纪80年代,据专家估算,上海每沉降1 mm会造成2亿元的经济损失。这里有直接的损失,例如沉降对堤坝、住宅、厂房的损坏,对道路和桥梁的损坏,对各种输水输气管线的破坏和冲毁农田等。也有间接的损失,例如海水倒灌造成农业的损失、交通运输运力下降的损失、工厂和商店被淹后的经济损失。现在经济的发达程度远超过20世纪80年代,每沉降1 mm的损失可就不止2亿了。

上海地面沉降的工程实践告诉我们:人类的工程活动会改变地质环境,使自然地质条件发生变化,影响建筑的安全和正常使用,同时也会威胁到人类生活和生存环境,并造成巨大的经济损失。因此,人类只有合理利用自然资源,保护地质环境,国民经济才能实现可持续发展。所以,研究人类活动影响下的地质环境问题是工程地质与水文地质学一个新的研究领域。

复习题

1. 什么是工程地质条件?
2. 简述工程地质与水文地质的主要工作任务。

项目一　矿物与岩石

学习目标

1. 了解地球的形状和大小、圈层构造、主要物理性质。
2. 熟悉地质作用特征,内、外力地质作用之间的相互关系以及地球表面形态。
3. 掌握矿物概念及其主要物理性质,并熟记几种常见矿物的特征。
4. 掌握三大类岩石的成因、产状、物质组成、结构和构造特征。
5. 熟悉三类岩石分类、命名、鉴定方法及工程地质特征。
6. 了解岩石物理力学性质。

【技能目标】

1. 学会根据矿物的形态和物理性质等特征,用肉眼鉴定常见矿物及掌握描述矿物的方法。

2. 能通过标本根据三大类岩石特征用肉眼做出区别,并掌握对常见岩石进行综合肉眼鉴定的方法。

【学习导入】

地壳是由岩石组成的,岩石按成因可分为岩浆岩、沉积岩和变质岩三大类。多种自然资源如各种金属与非金属矿产及石油等蕴藏于岩石中。工程上,岩石通常作为建筑物或构筑物的基础持力层,其物理力学性质对这些工程建筑起着至关重要的作用。岩石是构成各种地质构造和地貌的物质基础,对指导找矿勘探、开发地下资源、工程建筑设计和施工及交通运输等都具有极其重要的研究价值。

单元一　地球概况

地球是太阳系行星家族中的一个“壮年成员”(约50亿年,恒星为100亿~150亿年),是一个具有圈层结构的旋转椭球体。

太阳系的主要成员除太阳外还有八大行星和它们的卫星,以及(哈雷)彗星、流星体。八大行星按其与太阳的距离,由近及远分别是水星、金星、地球、火星(其物理性质近似地球,称类地行星,其体积较小、密度较大、自转速度慢、卫星数较少)、木星、土星、天王星和海王星(称类木行星,其物理性质与类地行星相反),如图1-1和图1-2所示。

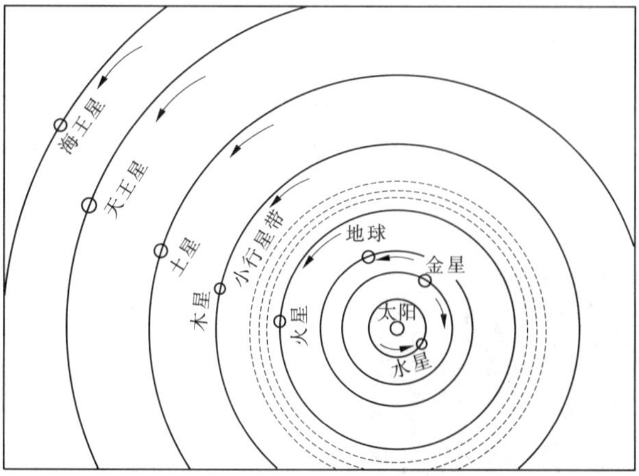

图 1-1 太阳系

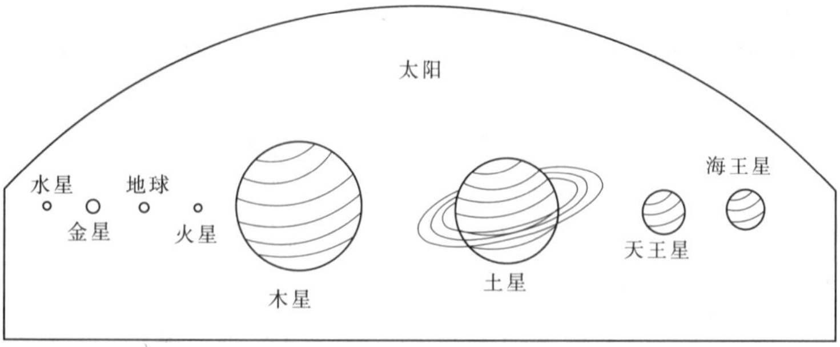

图 1-2 太阳系行星大小比较

一、地球的形状和大小

地球是一个球状体，在测量学上以平均海平面为基准，并将其扩展到陆地而构成一个封闭球形体，此球面称为大地水准面。一般以赤道半径 a 与两极半径 b 及扁率所决定的椭圆绕地轴旋转构成的旋转椭球体代表地球的形状和大小。其基本参数见表 1-1。

表 1-1 地球的基本参数

平均赤道半径	6 378.14 km	子午线周长	39 940.67 km
平均两极半径	6 356.76 km	表面积	510 064 471.9 km^2
平均半径	6 371.00 km	体积	$10\ 832 \times 10^9$ km^3
扁率	0.003 352 819	质量	5.965×10^{24} kg
赤道周长	40 075.04 km	平均密度	5.508 g/cm^3

地球的真实形状是北极比旋转椭球体凸出约 18.9 m，南极凹进约 26 m，中纬度在北半球稍凹进，而在南半球稍凸出(不到 10 m)。据此推论：地球极近似于旋转椭球体，它具有弹塑性，其内部物质分布不均匀。

二、地球的外部圈层

地球不是一个均质体，而是具有明显的圈层结构。地球圈层分为地球外部圈层和地球内部圈层两大部分，如图1-3和图1-4所示。地球外圈包括大气圈、水圈和生物圈。

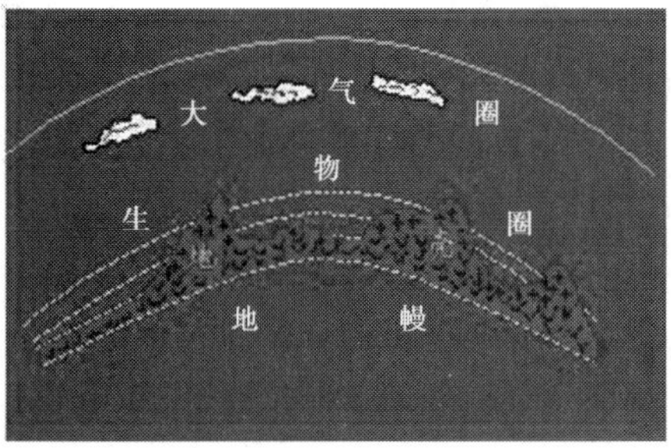

图1-3 地球的外部圈层示意图

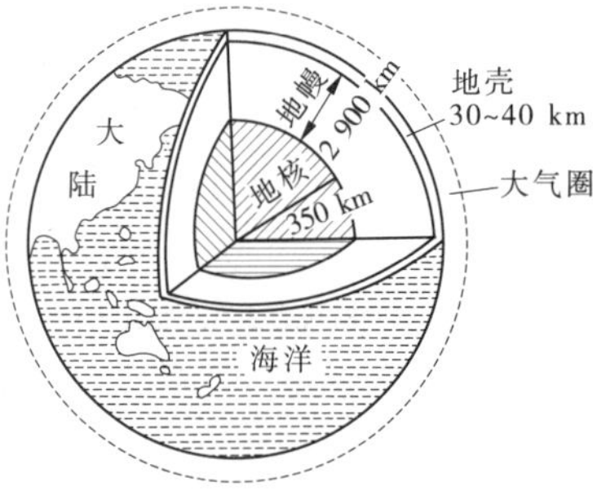

图1-4 地球的内部圈层示意图

(1)大气圈。环绕地球最外面的一个圈层由大气组成，称为大气圈。大气圈没有确切的上界，在赤道上方40 000 km高空仍有大气存在的痕迹，地表以下深度一般不超过4 km，即水、土壤和某些岩石中也会有少量空气。大气是人类和生物赖以生存的物质条件。大气圈的厚度大于几万千米，由于地心引力作用，几乎全部的气体集中在离地面100 km的高度范围内，其中75%的大气又集中在地面至10 km高度的对流层范围内，越接近地面，大气的密度越大。大气密度与距地面的高度成反比，而大气的温度、压力也是随高度的增加而降低。根据大气在垂直方向上的温度、成分、密度、电离等物理性质和运动状况，可把大气圈分为五层：对流层（自地面到8~18 km高空）、平流层（从对流层顶至离地面50~55 km高空）、中间层（从平流层顶至离地面80~ 85 km高空）、热层或暖层（从中间层顶至离地面800 km高空）、外层或逸散层（800 km以上高空）。与人类和地质作用关系最为密切的是对流层，其次为平流层。风霜雨雪、云雾冰雹等变化多端的大气现象都发生在对流层内。低层大气（0~25 km高空）主要由氮（质量百分比75. 523%）、氧（23. 142%）、氩（1. 280%）、二氧化碳（0. 050%）以及少量的臭氧和氢、氖、氦、氪、氙等组成。

(2)水圈。地球表面约75%的面积被海洋、江河、湖泊、沼泽、冰川等水体占据，地面以下的土壤和岩石中或多或少地充填着地下水，它们构成一个连续但不很规则的圈层，称为水圈。按天然水所处的环境不同，水圈的水可分为海洋水（咸水）、陆地水（绝大部分为淡水）、大气水（存在于大气圈中的气态水）三种类型。海洋水约占水圈总体积的97. 2%，陆地水约占水圈总体积的2. 799%，大气水约占水圈总体积的0. 001%。由于水分的不断循环，加上不同地形的影响，便在大陆上形成了河流、湖泊、地下水、沼泽以及冰川等不同特征的水体，这些水体在运动过程中不断改造地表，并且塑造出各种各样的地表形态。同时，水圈是地球区别于其他行星的最重要特征之一，孕育了生命，为生物的生存、演变提供了必不可少的条件。因此，水圈是外动力地质作用主要动力的来源。

(3)生物圈。生物圈是地球上生物（包括植物、动物和微生物）生存和活动的范围。现存的生物生活在岩石圈的上层部分、大气圈的下层部分和水圈的全部，构成了地球上一个独特的圈层。构成生物圈的生物种类极其繁多,现今地球上已被发现、鉴定、定名的就达200万种,其中动物150万种、植物50万种。生物活动是改造大自然和推动地壳发展演变的重要因素。许多生物直接或间接地对岩石起着破坏作用,并导致了地表形态的改变;另外,生物活动还引起地表物质的迁移和聚集,为某些岩石和矿产的形成提供了条件。

上述三种圈层是相互依存和联系的,与人类活动特别是工程建筑密切相关。

三、地球的内部圈层结构

根据火山喷发和物理勘探中的地震波传播速度的突变,将地球内部圈层分为地壳、地幔和地核,如图1-4和图1-5所示。在地下平均8 km(大洋区)与33 km(大陆区)、670 km、2 891 km及5 150 km的深度,地球的物质成分、物质状态有明显的变化,形成4个大的结构面。33 km处的界面简称为莫霍面(M),2 891 km处的界面称为古登堡面。

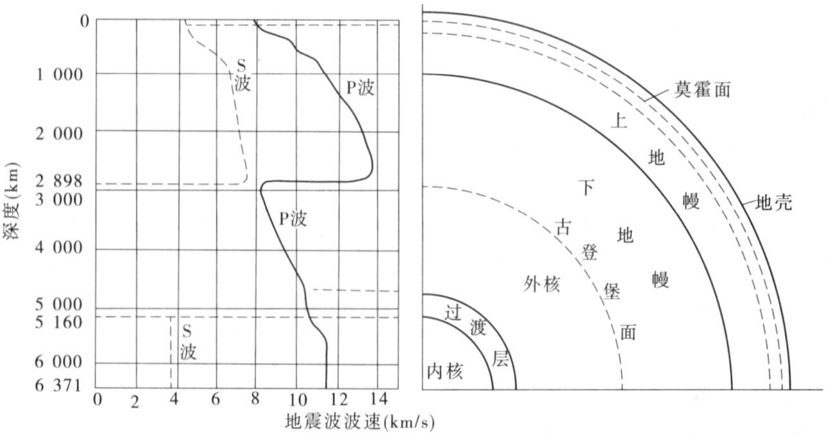

图1-5 地球的圈层构造及地震波传播速度

(一)地壳

从地表至莫霍面的固体外壳称为地壳,它主要由各种岩石组成。地壳的厚度很不均匀,各地有很大差异。地壳分为大陆型和大洋型两种类型。大陆型地壳分布在大陆及其边缘地区,其厚度较大,平均厚度为33 km,愈向高山区其厚度愈大,如我国青藏高原地区,厚度可达70 km以上。大洋型地壳厚度较小,平均厚度只有6 km,如大西洋和印度洋厚度为10~15 km,而太平洋中央部分厚度为5 km;最薄处为西太平洋的马里亚纳海沟(深11 034 m),该处地壳厚仅为1.6 km。

地震波变化表明,地壳内存在着一个次一级的不连续面,称为康拉德面,它将地壳分为两层:上层为硅铝层(不连续),下层为硅镁层。

(1)硅铝层(花岗岩层)。硅铝层是地壳上部分布不连续的一层,平均厚度约为10 km,化学成分以硅、铝为主,故称为硅铝层。硅铝层密度较小,平均约2.7 g/cm^3。地震波在硅铝层的传播速度与花岗岩近似,其物质成分类似花岗岩,故又称为花岗岩层。该层厚度各地不一,山区有时厚达40 km,海陆交界处变薄,海洋地区则显著变薄,在太平洋中部此层甚至缺失,如图1-6所示。

(2)硅镁层(玄武岩层)。硅镁层主要化学成分除硅、铝外,铁、镁相对增多,故称为硅镁

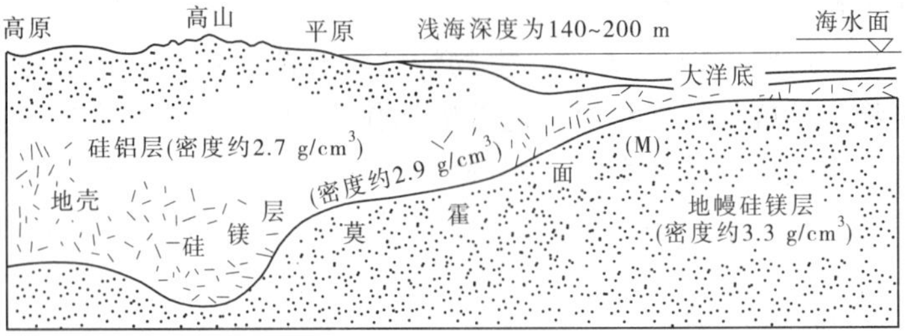

图 1-6 地壳结构示意图

层。硅镁层密度较大,平均约 2. 9 g/cm³。因硅镁层化学成分、地震波传播速度均与玄武岩相似,故又称为玄武岩层。硅镁层是地壳下分布连续的一层,在大陆及平原区厚度可达 30 km,海洋区仅厚 5 ~ 8 km。

人类的一切工程活动都是在地壳的最表层,连最深的科学钻孔也只能钻到地下 12 km 深处。

(二)地幔

地幔介于地核和地壳之间,又称为中间层,可分为上、下两层,其上部与地壳的分界面为莫霍洛维奇(Mohorovicic)面(又称为莫霍面),其下部与地核的分界面为古登堡(Gutenberg)面。地幔厚约 2 900 km,其体积约占地球总体积的 82%,其质量占地球总质量的 67. 6%,密度从 3. 32 g/cm³ 递增到 5. 66 g/cm³,平均密度为 4. 5 g/cm³,温度一般为 1 200 ~ 2 000 ℃,压力随深度增加而增加,界面上压力约为 140 GPa,主要由铬、铁、镍、二氧化硅等物质组成。根据次级界面,地幔可分为上地幔和下地幔。上地幔从莫霍面至地下 1 000 km,平均密度为 3. 5 g/cm³,成分主要为含铁镁质较多的超基性岩。在上地幔的上部 100 ~ 350 km 存在一个由柔性物质组成的圈层,称为软流圈(地震波的低速带),此软流圈之上的固态岩石圈层称为岩石圈。下地幔在地下 1 000 km 至古登堡面之间,平均密度增大为 5. 1 g/cm³,成分仍为含铁镁质的超基性岩,与上地幔相同,但铁质的含量增加。由于处于超高压下,形成了一些晶体结构更紧密的高密度矿物。

(三)地核

地球最内部的核心部分称为地核。地核位于古登堡面以下,包括内核、过渡层和外核三部分,半径约 3 470 km,其体积约占地球总体积的 16. 2%,质量约占地球总质量的 32%。据推测,地核密度为 9. 71 ~ 17. 9 g/cm³,温度为 2 000 ~ 3 000 ℃,压力可达 300 ~ 360 GPa,主要由含铁、镍量很高、成分很复杂的物质组成。外核物态为液态,其成分除铁、镍外可能还有碳、硅和硫;内核物态为固态,其成分为铁、镍物质。

地壳是由各种化学元素组成的,根据地球化学分析,在地壳中已发现 90 多种元素,但各种元素含量差异很大,其含量以 9 种元素为主。国际上把各种元素在地壳中的平均含量称为克拉克值,见表 1-2。

地壳中的化学元素往往集聚成各种化合物或以单质出现,形成矿物,矿物的自然集合体又形成岩石。因此,矿物和岩石是组成地壳物质的基本单位,它们都是地壳发展过程中各种地质作用的产物。

表 1-2 地壳主要化学元素平均含量

元素	克拉克值(%)	元素	克拉克值(%)
O	46. 95	Na	2. 78
Si	27. 88	K	2. 58
Al	8. 13	Mg	2. 06
Fe	5. 17	Ti	0. 62
Ca	3. 65	H	0. 14

四、固体地球的主要物理性质

固体地球的物理性质反映了地球内部的物质组成和结构特征,其主要物理性质有以下几方面。

(一)密度

地球的密度是指地球的质量与体积之比。地球的平均密度为 5. 52 g/cm^3,地表岩石的平均密度为 2. 7 ~2. 8 g/cm^3。地球内部的密度随深度的增加而逐渐增大,但并不均匀,地心达最大值,为 13 g/cm^3。密度变化显著的深度处反映出该处地球内部物质成分和存在状态有明显的变化。

(二)重力

地球上某处的重力是在假定地球为一个标准旋转椭球体的基础上计算出地球某处所受地心引力(牛顿万有引力)与地球自转离心力的合力。据万有引力定律可知,地表某处物体所受的地心引力与物体质量成正比,与地心的距离成反比。因此,在赤道附近离地心的距离最大,地表的地心引力以赤道最小,而两极附近离地心的距离最小,引力最大。离心力与地球自转的线速度成正比,故地表以赤道处离心力最大,两极为零,最小。离心力比地心引力小得多,以赤道的离心力来看,也只有该处地心引力的 1/289,因此可以把地心引力近似地当作重力。由于地心引力随纬度而变化,故地表(以大地水准面为准)重力分布以赤道地区最小,两极最大,理论值变化范围 $G = 9.78 \sim 9.83\ cm/s^2$。

若把地球当成一个均质体,按照从赤道至两极的平均变化率,则可从理论上计算出以大地水准面为基准的各地重力值,称为理论值。但实际上各地测定的重力值并不同于理论值,这种现象称为重力异常。地球物理勘探中的重力勘探,就是利用这一原理,通过发现岩石圈中局部计算重力值与实际测定重力值间的差异——重力异常,来进行找矿和勘查地下的地质构造。重力异常的产生有三个来源:一是各点的高程差异(标准值是在假定地球表面光滑、等高的条件下得出的);二是各点之间相互的万有引力吸引;三是平行方向上物质密度的差异。其中,第三类异常是寻找各类矿产和勘查地下岩体、地质构造的主要依据。

(三)压力

地球内部某处的压力是指由上覆地球物质的重量所产生的静压力。静压力的大小与所处的深度、上覆物质的平均密度及平均重力加速度成正相关。由于物质的密度随深度的增加并非均匀增加,因而压力与深度的关系不是直线,而呈一条曲线。在正常情况下,从地表到地下 24 km,压力从 1×10^5 Pa 增加到约 0.6×10^9 Pa;670 km 时压力增大到约 24×10^9 Pa;

到 2 891 km,压力增大到约 136×10^9 Pa;而到 6 371 km(地心),压力约为 364×10^9 Pa,这时的压力大致相当于每平方厘米面积上承受 3 000 多 t 压力,在这样大的压力下,物质状态和结构都会发生巨大的变化。

(四)地热

地热又称为地温,指地球内部的热量。火山喷发、温泉和矿井随深度而增温等现象表明地球内部储存着很大的热能,可以说地球是一个巨大的热库。地热主要来自太阳的辐射热和地球内部放射性元素衰变所释放出的热能,地球本身的重力作用也可以转化出大量热能。通过大量的调查研究发现,自地面向地下深处,地热增温现象是不均匀的。由地表向地球深部,按温度状况可分为以下三层:

(1)变温层(外热层)。自地表向下 15 ~ 30 m,其热量主要来自太阳的辐射热,其温度随季节、昼夜的变化而变化。温度从地表向下逐渐降低。日变化影响深度较小,一般仅 1 ~ 1.5 m,年变化影响深度可达 20 ~ 30 m。

(2)恒温层(常温层)。是变温层的下部界面,其温度常年保持不变,大致相当于当地的年平均温度。其深度大致为 20 ~ 40 m。一般情况下中纬度较深,两极和赤道较浅;内陆地区较深,滨海地区较浅。

(3)增温层(内热层)。在常温层下,温度来源于地球内部放射性元素衰变,随深度增加地温升高。在大陆地区常温层以下至 30 km 深处,大致每加深 30 m,地温增高 1 ℃。大洋底至 15 km 深处,大致每加深 15 m,地温增高 1 ℃。深度每增加 100 m 所升高的温度,称为地温梯度,其单位是℃/100 m。地温梯度在各地是有差异的,例如在我国华北平原的地温梯度为 2 ~ 3 ℃/100 m,在安徽庐江则为 4 ℃/100 m。

(五)地磁

地磁是指地球的磁性。地球是一个巨大的磁体,周围分布着磁力线,形成地磁场,有磁南极和磁北极之分。磁北极与地理北极交角 11.5°。地磁要素:①磁场强度;②磁倾角,磁针在地磁赤道上呈水平状态,由此向南或向北磁针都会倾斜,其与水平面的夹角称为磁倾角,北半球为正(向下倾),南半球为负(向上翘);③磁偏角,由磁针指示的磁南北,为磁子午线方向,其与地理子午线间的夹角称为磁偏角。不同的地理位置磁偏角不同,不同地区也不同,每到一个新区进行野外调查时,首先要了解该地区的磁偏角,进行罗盘仪校正。

在世界范围内选择若干个地磁测站,测量该处的地磁要素数据,然后推算出世界各地的基本地磁场数据,作为地磁场的正常值。某地区实测地磁要素数据与正常值不一致的现象称为地磁异常。地磁异常一般是由地下赋存高磁性矿物或岩石造成的,如磁铁矿、镍矿石和超基性岩等。地磁负异常多是由地下赋存的石油、盐矿、铜矿、花岗岩等低磁性或反磁性矿物或岩石引起的。利用地磁异常来寻找地下矿产和了解地质构造情况的方法,称为磁法勘探。

(六)弹性和塑性

海水在日月引力的作用下发生潮汐现象。实际上这种现象也会出现在固体地球表层。用精密仪器可以观测到固体地球表层的潮汐现象,地面升降幅度可达 7 ~ 15 cm,这被称为固体潮。固体潮表明,固体地球具有弹性。地球能传播地震波(弹性波)也表明地球具有弹性。

前已述及,地球在自转的作用下会成为一个旋转椭球体,表明地球并不是完全的刚体。

在长期应力的作用下，坚硬的岩石会产生一定的塑性变形，如岩层受构造运动形成褶皱。固体地球的弹性和塑性特点都是相对的，在不同条件下有不同的表现，在受力速度快、作用时间短的条件下，地球表现为弹性体，类似刚性体，岩层会产生弹性变形或破裂；在施力缓慢、持续作用时间漫长的条件下，地球则可表现出明显的塑性特征，形成复杂的褶皱。

五、地质作用

地球形成至今已有 46 亿年，在这漫长的演变历史中，地球一直处于不停地运动、变化和发展中。例如，有些时候一些地方遭受挤压褶皱形成高山，而另一些地方就会凹陷形成海洋；高山不断遭受剥蚀被夷为平地，沧海又不断被泥土充填变成桑田；坚硬岩石破碎成为松软泥沙，而松软泥沙不断沉积形成新的岩石。这种自然动力引起地壳物质组成、内部结构及表面形态变化和发展的自然作用，称为地质作用，由地质作用所引起的各种自然现象称为地质现象。

根据地质作用的速度可以把地质作用分为灾变和渐变两类：前者是短暂而迅速的突变或灾难性的地质作用，如火山、地震和海啸、山崩或雪崩、山洪和泥石流等；后者是极缓慢而安静的地质作用，常不易被人们觉察，如湖泊沉积作用、地表的沉陷、海岸的变迁，但长期地质作用往往造成更为惊人的后果，如高山被夷平、大海被填淤等。据观察，堆积 1 m 厚的黄土需要 1 000 年，而兰州附近的黄土厚约 200 m，则需要 20 万年堆积而成。

（一）地质作用类型

地质作用按其动力能量的主要来源和作用部位的不同，可分为内力地质作用和外力地质作用两大类，如图 1-7 所示。

1. 内力地质作用

内力地质作用是指主要由地球转动能、重力能和放射性元素蜕变的热能等所引起的地质作用，它一般起源和发生于地球内部，但常常可以影响到地球的表层，对地球演化起着主导作用。它通过构造运动、岩浆作用、变质作用等不断地改造地壳，并使地表产生大陆、海洋、山脉、平原等巨型地形起伏。

1）构造运动

地球自转速度的改变等，使得组成地壳的物质不断运动，并改变它的相对位置和内部构造的过程，称为构造运动，又称为地壳运动。它是内力地质作用的一种重要形式，也是改变地壳面貌的主导作用。按构造运动的作用方向，可分为水平运动和垂直运动。

（1）水平运动。

水平运动是地壳演变过程中表现得较为强烈的一种运动形式。一般认为，水平运动是形成地壳表层各种地质构造形态的主要原因。地球是一个旋转着的椭球体，当其旋转时，产生巨大的离心力，它和地球的重力都在对地壳起作用，它们相互抵消后，还产生一种指向赤道的水平方向的挤压力。当地球自转角速度发生变化时，产生一种与变化方向相反的力，称为惯性力。这些力都在对地壳施加影响，使地壳发生水平运动。水平运动使地壳岩层受到挤压、拖曳、旋扭等，从而使地壳岩层发生强烈的褶皱和断裂（如图 1-8 所示），形成裂谷、盆地及褶皱山系。如图 1-9 所示“大陆漂移说”非洲大陆和美洲大陆的分离。根据板块构造理论，美洲大陆和非洲大陆在 2 亿年前为一个大陆，后来由于地壳的水平运动，使该大陆沿着一条南北方向的海底深沟发生破裂，一部分沿着地表向西移动，形成现在的美洲大陆，另一部分成为现在的非洲大陆，两块大陆中间成了广阔的大西洋。研究资料表明，目前沿着非洲的东非裂谷，一个新的地壳巨大变化正在发展中，裂谷北端的两个地块——阿拉伯和非洲已在分离，以每年 2 cm 的速度背向位移裂开。又如我国的横断山脉、喜马拉雅山脉、天山等褶皱山系也是由于地壳的水平运动形成的。

- 地质作用
  - 内力地质作用
    - 构造运动
      - 水平运动
      - 垂直运动(升降运动)
    - 岩浆作用
      - 喷出作用
      - 侵入作用
    - 变质作用
      - 动力变质作用
      - 接触变质作用
      - 区域变质作用
      - 混合岩化作用
    - 地震作用
      - 构造地震
      - 火山地震
      - 陷落地震
  - 外力地质作用
    - 风化作用
      - 物理风化作用
      - 化学风化作用
    - 剥蚀作用
      - 风的吹蚀作用
      - 河流的侵蚀作用
      - 地下水的潜蚀作用
      - 湖泊、海洋的剥蚀作用
      - 冰川的剥蚀作用
    - 搬运作用
      - 风的搬运作用
      - 河流的搬运作用
      - 地下水的搬运作用
      - 湖泊、海洋的搬运作用
      - 冰川的搬运作用
    - 沉积作用
      - 风的沉积作用
      - 河流的沉积作用
      - 地下水的沉积作用
      - 湖泊、海洋的沉积作用
      - 冰川的沉积作用
    - 固结成岩作用
      - 胶结作用
      - 压实作用
      - 结晶作用

图 1-7　地质作用分类

(2)垂直运动。

垂直运动是地壳演化过程中表现得较为缓慢的一种运动形式。地壳历经几度海陆变迁，使某些地区上升形成山岳、高原，另一些地区下降形成湖、海、盆地，所谓“沧海桑田”，即是古人对地壳垂直运动的直观表述。如图 1-10 所示为意大利塞拉比斯神庙的石柱,从底向上的 3. 6 m 石柱表面光滑无痕;再向上 2. 7 m 则被虫蛀出许多梨状小孔,有海水浸没的痕迹;再向上的石柱仍完好如初,这是地壳垂直运动的有力证据。又例如,芬兰南部海岸以每年1 ~4 mm 的速度上升;丹麦西岸则以每年 1 mm 的速度下降;我国西沙群岛的珊瑚礁,现已高出海面 15 m,本来珊瑚礁是海水下 80 m 内生长的,这说明西沙群岛近期是处于缓慢上升的。喜马拉雅山上有大量新生代早期的海洋生物化石存在,反映了五六千万年前,这里曾

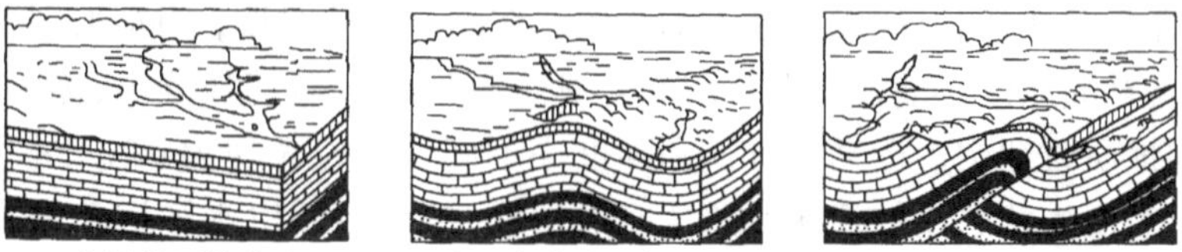

(a)岩层的原始状态　(b)岩层弯曲产生褶皱构造　(c)褶皱进一步发展成断裂构造

图 1-8　褶皱构造与断裂构造形成示意图

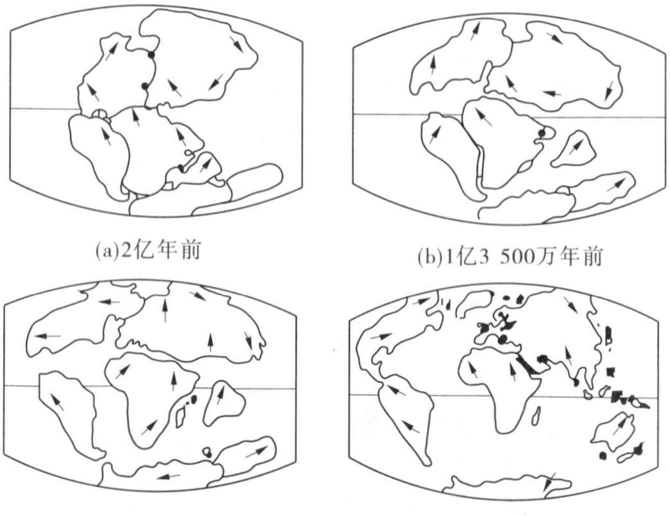

(a)2亿年前　(b)1亿3 500万年前

(c)6 500万年前　(d)现在

图 1-9　大陆漂移示意图

图 1-10　意大利塞拉比斯神庙的石柱

是汪洋大海,由此可见垂直运动幅度之大。喜马拉雅山的珠穆朗玛峰,近100万年来,升高了约3 000 m,珠穆朗玛峰至今仍以平均每年10 mm的速度继续上升,这都是人们感觉不到的。也就是说,缓慢的地质变化过程,如果经历漫长的时间,也能引起地壳发生显著的变化。

目前,我国地势西部总体相对上升,而东部相对下降。在同一地质时期内,地壳在某一地区表现为上升隆起,而在相邻地区则表现为下降沉陷。隆起区与沉降区相间分布,此起彼伏、相互更替。

构造运动在空间、时间上的发展是不均衡的。在同一地质时期,不同地区构造运动的方式和强度不同。有的地区运动强度大,称为活动区;有的地区运动强度小,称为稳定区。在同一地区,不同地质时期构造运动的方式和强度亦不同。有时表现为状态比校稳定的长期缓慢运动,有时表现为状态比较活跃的急速剧烈运动,某一时期以水平运动为主,另一时期则以垂直运动为主,且水平运动的方向和垂直运动的方向也会发生更替。但在漫长的地质历史中,构造运动有一定的规律性,总是由长期缓慢运动转化为急速剧烈运动,使地壳发展历史显示一定的阶段性。

构造运动不断地改变地壳的原始状态,当地壳岩层受到强烈挤压、拉张、扭转等应力作用时,形成一系列褶皱带和断裂带,并在地壳表面造成大规模的隆起区和沉降区,形成大陆、高原、山岭、海洋、平原、盆地等高低起伏的构造地貌,并促使地表不断发生海陆变迁的演变和全球气候的变化。在内力地质作用中,构造运动是诱发地震作用、影响岩浆作用和变质作用的重要条件,也影响外动力地质作用的强度和变化。因此,构造运动是地壳发展演变的主导因素,是最主要的内力地质作用。

2)岩浆作用

岩浆作用是指岩浆的形成、演化直至冷却成岩石的地质过程,如图1-11所示。

图1-11 火山喷发形成岩浆

3)变质作用

变质作用是指地壳中的先成岩石由于构造运动和岩浆活动等造成的物理、化学条件的变化,原来岩石的成分、结构、构造等发生一系列改变而形成新岩石的地质过程,如图1-12

图 1-12 变质作用

所示。

4)地震作用

地震作用是指由地震引起的岩石圈物质成分、结构和地表形态变化的地质作用，如图 1-13所示。

图 1-13 地震作用

岩浆作用、变质作用、地震作用在后面各章节会详细介绍。

2. 外力地质作用

外力作用是由地球外部能量引起地壳形态发生变化的地质作用，主要有太阳辐射能以及太阳和月球的引力等。外力地质作用对地球进一步加工塑造，削高补低，使地面趋于平坦。外力地质作用可分为：

(1)风化作用：指岩石在太阳热能、大气、水分和生物等各种外力作用下不断发生物理和化学变化的过程。

(2)剥蚀作用：指流水、风、冰川等在运动过程中对地表岩石产生的破坏并将它们搬离原地的作用。

(3)搬运作用：指经过流水、风、冰川等剥蚀作用的产物被上述介质搬运到他处的过程。

(4)沉积作用：指上述搬运介质动能减少或物理和化学条件发生改变以及在生物的作用下被搬运的物质在新的场所堆积下来的作用。

(5)固结成岩作用：指由松散状态的沉积物转变成为固结的沉积岩的过程。

(6)负荷地质作用：指松散堆积物、岩块等由于自身的重量并在其他动力地质作用触发下崩塌或沿斜坡滑动的过程。

综上所述，内力地质作用的能量来源是地球自转产生的动能和放射性元素蜕变产生的热能；表现形式有地壳运动、岩浆活动、变质作用和地震等；内力地质作用的结果是塑造山岭与凹地，是地形变化的主导因素。

外力地质作用的能量来源是太阳辐射能、重力位能及天体引力；表现形式有风化、剥蚀、搬运、沉积和固结成岩作用等；外力地质作用的结果是削平高山，填平凹地。

自地壳形成以来，内力地质作用和外力地质作用在时间和空间两方面都是一个连续的过程。虽然它们时强时弱，有时以某个作用为主导，但始终相互依存、彼此推进。由于地壳表层是内、外地质作用共同活动的场所，因而自然界中的各种地质体无不留有内、外地质作用的痕迹。

（二）地球表面特征

地质作用使地球表面高低起伏不平，形成大陆与海洋、高山与平原等各种构造地貌，人类活动基本上都在地球表面，地球表面是人类赖以生存的环境。

1. 地球表面的总体特征

地球表面积约为5.1 亿 km^2，基本分为陆地和海洋两部分。陆地面积约为1.49 亿 km^2，占地球表面积的29.2%；海洋面积约3.61 亿 km^2，占地球表面积的70.8%；陆地与海洋面积之比约为1∶2.4。陆地多集中于北半球，占全球陆地总面积的67.5%，而南半球的陆地面积仅占陆地总面积的32.5%。陆地的平均海拔为825 m，最高处喜马拉雅山脉的珠穆朗玛峰海拔为8 848.13 m。海洋的平均深度（以海平面计）约为3 800 m，最深处是西太平洋马里亚纳海沟，深度为11 034 m。

2. 陆地地形

陆地表面形态极为复杂，按高程和起伏状况分为山地、高原、丘陵、平原和盆地、洼地、裂谷等。

1）山地

陆地上海拔在500 m 以上且由山顶、山坡和山麓组成的隆起高地称为山或山地，山地是高、低山的总称。按山地的外貌特征、海拔、相对高度和坡度，并结合我国的具体情况，山地又分为高山、中山和低山三类。

（1）高山。海拔为3 500 ~ 5 000 m、相对高度大于1 000 m、山坡平均坡度大于25°的山地称为高山。高山的大部山脊或山顶位于雪线以上，山上终年冰雪覆盖，冰川和寒冻风化作用成为塑造地貌形态的主要外力。

（2）中山。海拔为1 000 ~ 3 500 m、相对高度为500 ~ 1 000 m、山坡平均坡度为10° ~ 25°的山地称为中山。中山的外貌特征多种多样，有的显得和缓，有的显得陡峭，还有的由于冰川作用而具有尖锐的角峰和锯齿形山脊等。

（3）低山。海拔为500 ~ 1 000 m、相对高度为200 ~ 500 m、山坡平均坡度一般为5 ~ 10°的山地称为低山。有些切割较深的低山，坡度较大（常大于10°）。

2）高原

陆地表面海拔在600 m 以上、相对高度在200 m 以上、面积较大、顶面平坦或略有起伏，且耸立于周围地面之上的广阔高地称为高原。规模较大的高原顶部常形成丘陵与盆地相间的复杂地形。世界上最大的高原是巴西高原，其面积达500 多万 km^2。我国的青藏高原平均海拔4 000 m 以上，是世界上最高的高原。我国的内蒙古高原、云贵高原以及华北、西北地区的黄土高原等规模也都十分可观。

3）丘陵

丘陵是一种起伏不大、海拔一般不超过500 m、相对高度在200 m以下的低矮山丘。丘陵多半由山地、高原经长期外力侵蚀作用而成。丘陵个体低矮、顶部浑圆、坡度平缓、分布零乱、无明显的延伸规律等，这些都是它的主要特征，如我国东南沿海的丘陵。

在公路工程中，丘陵可进一步划分为重丘和微丘，其中相对高度大于100 m的为重丘，小于100 m的为微丘。

4）平原

陆地表面宽广平坦或切割微弱、略有起伏，并与高地毗连或为高地围限的平地称为平原。世界上最大的平原是亚马孙（Amazon）平原，其面积达 $5\times10^6\ km^2$。平原按海拔分为低平原（海拔低于200 m）和高平原（海拔高于200 m）两种，如华北大平原为低平原，河套平原、银川平原和成都平原都是高平原。

5）盆地

陆地上中间低平或略有起伏、四周被高地或高原所围限的盆状地形称为盆地，如非洲的刚果盆地。盆地的海拔和相对高度一般较大，如我国的四川盆地中部的平均高程为500 m，青海柴达木盆地的平均高程为2 700 m。盆地规模大小不一，但依其成因分为构造盆地和侵蚀盆地两种。构造盆地常常是地下水富集的场所，蕴藏着丰富的地下水资源；侵蚀盆地中的河谷盆地即山区中河谷的开阔地段或河流交汇处的开阔地段，往往是修建水库的理想库址。

6）洼地

陆地上高程在海平面以下的低洼地区称为洼地。如我国新疆艾丁湖，最低处低于海平面355 m，称为克鲁沁洼地。

7）裂谷

大陆上呈线状分布的大规模谷地称为裂谷。如东非裂谷长约6 500 km。

3. 海底地形

海洋地形半数为表面平坦且无明显起伏的大洋盆地。海底的山脉称为海岭；而海底长条形的洼地称为海沟，一般深度大于6 km，可谓地球表面最低洼地区，如菲律宾海沟深度为10 546 m。与陆地连接的浅海平台称为大陆架，大陆架外缘的斜坡称为大陆坡。

【知识链接】 海底结构

根据海底地貌的基本形态特征，海底结构可分为大陆边缘、大洋盆地、洋中脊三个单元。大陆边缘指大陆表面与大洋盆地的过渡带，在地质上是大陆型地壳与大洋型地壳的过渡带，一般包括大陆架、大陆坡和大陆基（大陆隆），约占海洋总面积的22%；大洋盆地也称深海盆地，指海洋中特别平坦的部分，是海洋中面积最大的地貌单元，其深度介于4 000 ~6 000 m；洋中脊又称中央海岭，是世界大洋中最宏伟的地貌单元，在地貌上，是一条在大洋中延伸的海底山脉，在地质上，是一种巨型构造带，断裂特别发育。海沟主要指大陆边缘与大陆盆地交接处，深度超过6 km，宽度小于120 km长形洼地，是海底最深的地方，马里亚纳海沟的查林杰海渊深达11 034 m，是迄今所知海洋中最大深度。

单元二 矿 物

人类工程活动都是在地壳表层进行的，而组成地壳的主要物质成分是岩石。岩石是在各种不同地质作用下由一种或多种矿物有规律地组合而成的矿物集合体。目前,自然界中已发现的矿物有 3 300 多种,但是常见的只有五六十种,构成岩石主要矿物只不过二三十种,其中又以长石、石英、辉石、角闪石、橄榄石、黑云母、方解石、白云石最为重要,通常把岩石中常见的主要矿物称为造岩矿物。造岩矿物显著影响岩石性质,对鉴定岩石类型起重要作用。因此,认识和学会鉴定这些造岩矿物是学好岩石的基础。

一、矿物的概念

矿物是指地壳中的化学元素在地质作用下形成的具有一定化学成分和物理性质的单质或化合物。它是各种地质作用下天然的产物,是岩石的基本组成部分,与人工制备的产物有区别。对那些虽由人工合成,而各方面特性均与天然产出的矿物相同或密切相似的产物,如人造金刚石、人造水晶、人造云母等,称为人工合成矿物或人造矿物。此外,地球上还有少量来自其他天体的天然单质或化合物,称为宇宙矿物。自然界中只有少数矿物是以自然元素形式出现的,如金刚石(C)、金(Au)、银(Ag)、硫黄(S)等;绝大多数矿物是由两种或两种以上元素组成的化合物,如岩盐(NaCl)、石英(SiO_2)、方解石($CaCO_3$)、石膏($CaSO_4 \cdot 2H_2O$)等。

矿物通常以固态存在于地壳中,只有极少数呈液态(如汞)和气体(如天然气)。固体矿物按其内部构造不同可分为晶质体和非晶质体两种。前者是指内部质点(原子、离子、分子)按一定规则排列,形成稳定的结晶格架,往往具有规则的几何外形,如溶液中生长的岩盐晶体就是由钠离子和氯离子按立方体结晶格子构造排列而形成立方体,如图 1-14 所示,而石英构造为六棱柱或双锥体,如图 1-15 所示。常见矿物晶体的形态如图 1-16 所示。但是,矿物在岩石中结晶时,受到许多条件和因素的控制,晶体常呈不规则几何形状。地壳中的矿物绝大部分是晶质体。非晶质体内部质点的排列是杂乱无章没有规律的,因此不具有规则的几何外形,如蛋白石、玉髓($SiO_2 \cdot nH_2O$)、褐铁矿($Fe_2O_3 \cdot nH_2O$)等。

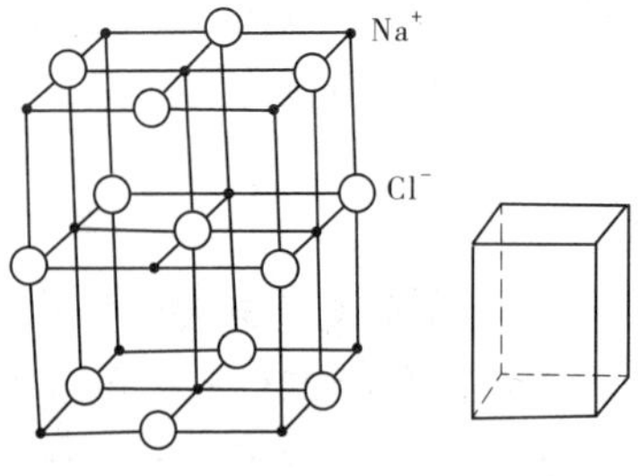

图 1-14　岩盐的内部构造及晶体

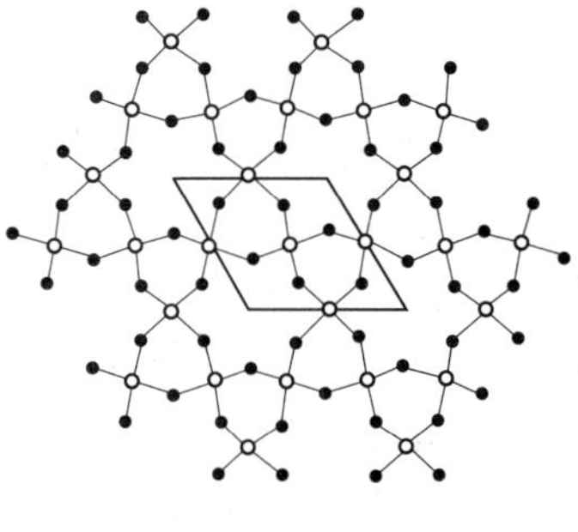

图 1-15　石英晶体

二、矿物化学结构式与化学成分特征

矿物的化学式是表达矿物化学成分的一种方式。它对矿物的分类,表达原子在矿物晶格中的赋存状态,了解矿物成分与物理性质之间的关系,甚至推断矿物的形成条件等,都有一定的意义。

矿物的化学式是根据矿物定量化学全分析的结果,经过计算得出,其表示方法有实验式和结构式(晶体化学式)。

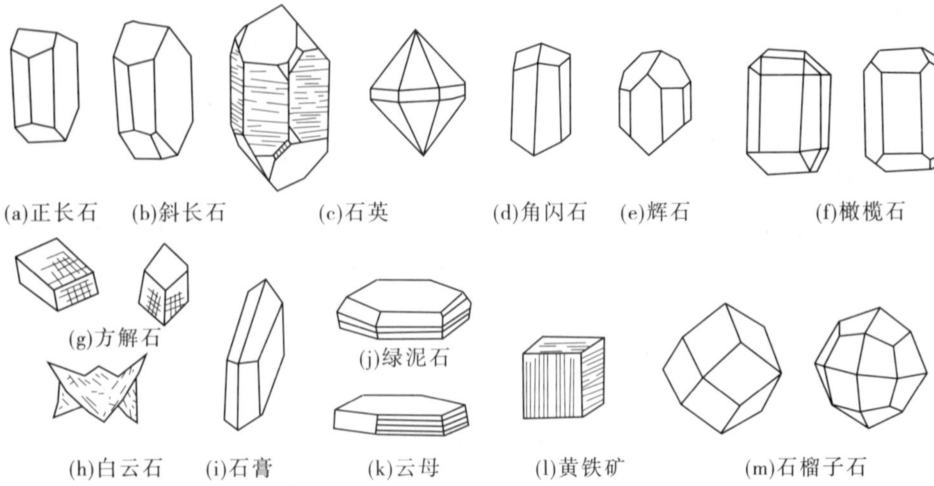

图 1-16　常见矿物晶体的形态

(一)矿物化学结构式

表示矿物中化学成分的种类和数量比的化学式称为实验式。如方解石的实验式为 $CaCO_3$ 或 $CaO \cdot CO_2$。实验式书写简便,但不能反映原子在矿物中的结合关系,所以现在多用化学结构式表示矿物化学成分。

结构式既能表示矿物化学成分的种类和数量关系,又能在一定程度上表示出原子在结构中的关系。结构式是目前在矿物中普遍采用的化学式,其书写规则如下:

(1)阳离子写在化学式的前面,阴离子写在后面,络阴离子用方括号[ ]括起来,有多种阳离子时,同种元素按电价由低到高排列;不同元素按碱性由强到弱的顺序排列。如磁铁矿写成 Fe_2O_4,白云石写成 $CaMg[CO_3]_2$。

(2)附加阴离子一般写在主要阴离子或络阴离子之后。如孔雀石写成 $Cu[CO_3](OH)_2$。

(3)互为类质同象置换的离子,用圆括号( )括起来,它们中间用逗号“,”分开。含量多的元素写在前面,少者在后,如铁闪锌矿 $(Zn,Fe)S$。

(4)含水化合物的水分子写在化学式的最后面,并用圆点“·”把它与矿物中的其他组分分开,如石膏 $CaSO_4 \cdot 2H_2O$ 等;当含量不定时,常用 nH_2O 或 aq 表示,如蛋白石 $SiO_2 \cdot nH_2O$ 或 $SiO_2 \cdot aq$。

此外,自然元素类矿物以组成该矿物的元素符号表示。

(二)矿物化学成分特征

矿物虽有一定的化学成分,但并不是绝对固定的,在一定的范围内可以发生变化。引起矿物化学成分变化的因素很多,其中类质同象是引起矿物化学成分变化的最普遍、最有实际意义的原因。

1. 类质同象的概念

矿物结晶时,晶体中的某些质点(原子、离子、络阴离子或分子等)被性质相似的质点以各种比例相互置换或取代,而晶体结构类型和化学键性基本不变的现象,称为类质同象。例如,闪锌矿(ZnS)中的 Zn^{2+} 可以部分地被 Fe^{2+} 所替换,从而形成铁闪锌矿 $(Zn,Fe)S$,其晶体结构基本不变。

2. 类质同象的类型

矿物中质点间的类质同象非常广泛。根据质点间置换的数量限度，可以把类质同象分为完全类质同象和不完全类质同象。

完全类质同象中的某些质点间能以任意比例互相代替，可以形成一个连续的类质同象系列。如菱镁矿 $Mg(CO_3)$ 和菱铁矿 $Fe(CO_3)$ 之间，Mg^{2+} 与 Fe^{2+} 就可以任意比例置换，形成一系列 Mg、Fe 比值不同的中间型矿物，如铁菱镁矿、镁菱铁矿，构成了一个完全类质同象系列。

不完全类质同象是指某些质点间只能进行有限量的置换。例如，闪锌矿中 Zn^{2+} 只能部分地被 Fe^{2+} 代替，代替的部分最多不超过 30.8%。

此外，还可以根据类质同象替代质点间电价的异同，把类质同象分为等价类质同象和异价类质同象。在异价类质同象中，置换离子的总电价必须相等，因为只有这样才能保持平衡。

3. 类质同象的形成条件

形成类质同象的质点必须满足下列条件：

(1) 离子半径必须相近。

(2) 离子类型、化学键类型相同或相近。

(3) 置换前后，离子的总电价相等。

(4) 两类矿物的生成环境相似。

异价类质同象总电价的平衡和补偿可以有多种方式：有的通过改变置换离子的数量达到平衡，如斜长石中的钙和铝可与钠和硅置换，$Ca^{2+}+Al^{3+}\rightarrow Na^{+}+Si^{4+}$；有的借增加附加阴离子或阳离子而达到平衡，如绿柱石中 $Li^{+}+Cs^{+}(Rb^{+})\rightarrow Be^{2+}$ 等。

此外，环境对类质同象影响也很大。一般情况下，温度增高有利于类质同象的发生；压力增大可能限制类质同象代替的范围。介质中组分的浓度对置换也有一定的影响，当介质中某种质点不足时，将促使其他类似组分进行类质同象置换。

类质同象的研究具有重要的意义。很多稀有元素很少或根本不形成独立矿物，而主要以类质同象混入物的形式赋存于一定的矿物晶格中。例如，Re 经常赋存于辉钼矿中，Cd、In、Ga 经常存在于闪锌矿中。

三、矿物的形态与物理性质

矿物的形态是指矿物的外观，是研究矿物时首先得到的感性认识；矿物的物理性质包括光学性质、力学性质、其他性质等，主要由矿物的化学成分和内部构造决定。掌握矿物的形态和物理性质是鉴别矿物的主要依据。在实际工作中，一般用肉眼观察并借助简单的工具(如硬度计、毛瓷板、放大镜和小钢刀等)和试剂鉴定矿物。

(一)形态

矿物的形态(形状)包括矿物的单体和集合体形态。所谓单体，是指矿物的单个晶体；所谓集合体，是指同种矿物多个单体聚集在一起形成的整体。每种矿物一般都具有一定的形态，因而矿物的形态可以帮助识别矿物。

1. 矿物的单体形态

矿物单体形态的研究包括理想晶体的形态、实际晶体的形态、晶体的习性等几个方面。

1) 理想晶体的形态

在理想条件下,晶体常生长成某种规则的几何多面体形状,多面体外表的规则平面称为晶面,相邻晶面相交的直线称为晶棱,不平行晶棱的相交点称为角顶。这些晶面或晶棱、角顶在空间上的分布是有规律的。

晶体的理想形态可分为两类:一类是由同形等大的晶面构成的晶体形态——单形,常见的单形有 12 种;另一类是由两种或两种以上形状和大小的晶面构成的理想形态——聚形,聚形是由两个或两个以上的单形所组成的晶体形态,种类多,如由四柱和四方双键、立方体和菱形十二面体组成的聚形等。

自然界产出的矿物晶体多半发育不好,完整的矿物晶体是比较少见的。应当指出,矿物是否结晶与是否具有规则外形是两个概念。矿物晶粒常常挤在一起生长,使晶体不能发育成良好的晶形。只有当矿物在地质作用过程中有足够的空间和时间让其自由发育,方能形成良好的晶体。有些矿物化学成分相同,如石墨和金刚石都由元素碳(C)组成,由于它们所受地质作用性质不同,则形成的晶体结构不同,也就成为不同的矿物了。因此,矿物形态是识别矿物的重要依据之一。有些矿物的化学成分不同,如岩盐和黄铁矿,但都可呈立方体产出,可见矿物的形态不是识别矿物的唯一依据。

2) 实际晶体的形态

晶体在生长过程中,由于受复杂的外界条件影响,常常不同程度地偏离其理想形态,形成歪晶。歪晶通常表现为同一单形的晶面发育不同,甚至部分晶面可能缺失。歪晶与理想晶体的形态虽有不同程度的差异,但它们对应面之间的夹角总是相等的。

实际晶体的晶面并非理想的几何平面,常常具有各种花纹和凹坑。在许多晶面上可以见到一系列平行的或交叉的条纹,称为晶面条纹。晶面条纹对少数矿物有一定的鉴定意义。如黄铁矿立方体晶面上常具有晶面条纹,且相邻晶面上的条纹方向相互垂直,这个特征可以帮助鉴定黄铁矿。

3) 晶体的习性

矿物晶体在一定条件下,常常趋向于形成的某一习惯性形态,称为晶体的习性,简称晶习。根据单晶体在三维空间发育的相对比例,可将矿物的晶习分为以下三类:

(1) 三向等长晶习。晶体在三维空间发育程度基本相等,晶体呈粒状,如黄铁矿、石榴子石等,如图 1-16(l)、(m)所示。

(2) 二向延展晶习。晶体沿两个方向特别发育,而另一个方向不太发育,晶体呈板状或片状,如石膏、绿泥石、云母等,如图 1-16(i)、(j)、(k)所示。

(3) 一向伸长晶习。晶体只沿一个方向特别发育,而另两个方向均不发育,晶体呈柱状、针状或纤维状,如红柱石、软锰矿、纤维石膏等。

以上是三种基本的晶体习性,在它们之间还存在一些过渡类型,如短柱状、厚板状等。在描述晶体习性时,要灵活掌握。

2. 矿物的集合体形态

矿物的集合体形态取决于矿物的单体形态和它们的集合方式。根据集合体中矿物颗粒的大小(或可辨度)可分为三种类型:肉眼可以辨认出单体的,称显晶集合体;在显微镜下才能辨认出单体的，称隐晶集合体；在显微镜下也不能辨认出单体的，称胶态集合体。

1）显晶集合体

显晶集合体根据矿物单体的排列方式可分为规则集合体和不规则集合体两类。

（1）规则集合体。这种集合体是指矿物晶体按照一定规律连生在一起而形成的集合体。其中最常见、最重要的是双晶。双晶是指两个或两个以上同种晶体的规则连生体，其中两个单体间互为镜像反映，或其中一个单体绕一假想直线旋转 180°后与另一个单体重合或处于平行的状态。如图 1-17 所示为双晶现象示意图，图 1-18 为常见的几种双晶类型。

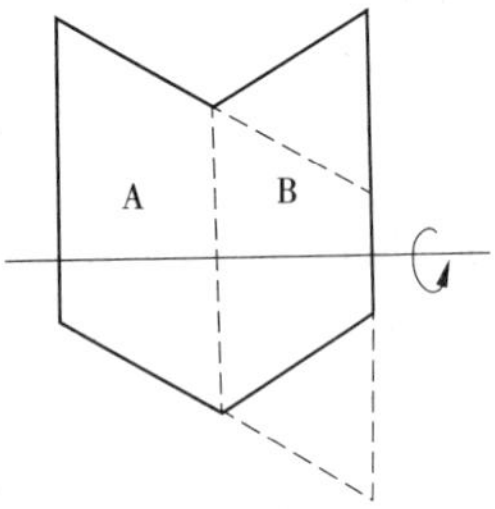

图 1-17　双晶现象示意图

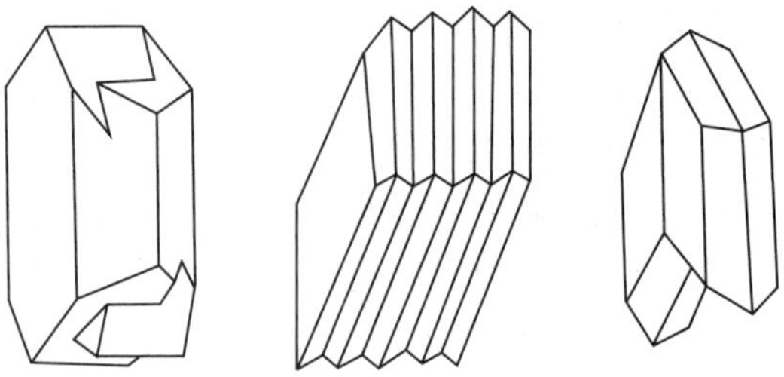

(a)正长石卡式双晶　(b)斜长石聚片双晶　(c)石膏燕尾双晶

图 1-18　常见的几种双晶类型

（2）不规则集合体。自然界中多数矿物是以该种集合体形式产出的，其形态取决于矿物单体的晶习和排列方式。若各单体的排列无特殊规律，一般采用晶体习性的术语描述集合体形态：粒状集合体（单体呈粒状，如橄榄石）、板状集合体（单体呈板状，如重晶石）、片状集合体（单体呈片状，如云母）、柱状集合体（单体呈柱状，如辉锑矿）。

若单体按某种特殊方式排列，则用专门的术语来描述，常见的有放射状集合体（柱状、针状矿物围绕一个中心呈放射状排列形成的集合体，如红柱石呈放射状排列形成菊花石，如图 1-19 所示）、纤维状集合体（细长柱状、纤维状矿物平行排列形成的集合体，如纤维石膏、石棉等）、晶簇（丛生于同一基底上，另一端自由生长并具有良好晶形的一群晶体，称为晶簇，如石英晶簇，如图 1-20 所示）。

图 1-19　红柱石的放射状集合体（菊花石）

图 1-20　石英晶簇

2）隐晶集合体或胶态集合体

这类集合体可以由溶液直接结晶或由胶体沉积生成。由于其单体用肉眼（或放大镜）无法分辨，因此多按其形成方式和外貌来命名。常见的隐晶集合体或胶态集合体有以下几种：

（1）结核体。这是由隐晶质或胶态非晶质物质围绕某一核心（砂粒、气泡等）由内向外逐渐生长而成的矿物集合体，常呈球状、透镜状或不规则状。结核体内部常具同心层状、放射状或致密块状构造。根据结核体的大小可分为鲕状（直径小于2 mm，形如鱼卵，如图1-21所示）、豆状（直径2～5 mm，形如豆粒，如图1-22所示）、结核（直径大于5 mm，常星散分布，如图1-23所示）。

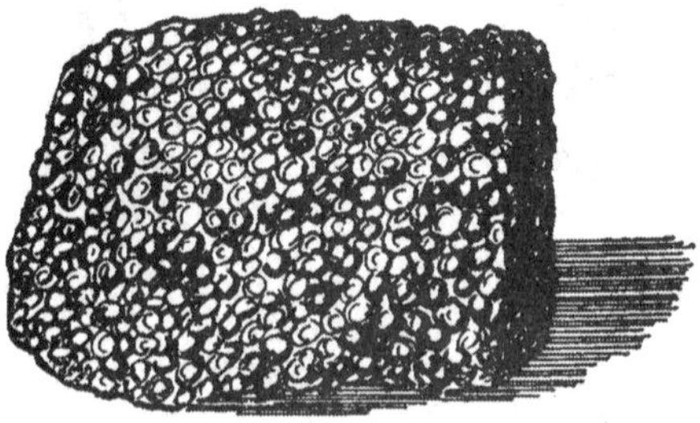

图1-21　鲕状的赤铁矿

图1-22　豆状的赤铁矿

(a)外形　　(b)剖面

图1-23　黄铁矿结核

（2）分泌体。这是在形状不规则或球状空洞中，由洞壁向中心逐层沉淀而成的矿物形态。其特点是组成物质常呈带状色环，如图1-24所示玛瑙。

（3）钟乳状集合体。由溶液或胶体溶液，因水分蒸发凝结而成，常具有同心层状、放射状、致密状等构造。如石钟乳、石笋、石柱等，如图1-25所示为石钟乳的乳状集合体。

（二）矿物的光学性质

矿物在可见光照射下所表现的物理特征，称为矿物的光学性质，主要包括颜色、条痕、光泽和透明度。

1. 颜色

颜色是矿物最直观的一种性质，指矿物对可见光中不同光波选择吸收和反射后映入人眼的现象，最常见的有自色和他色两种类型。

自色，矿物本身所固有的颜色，是指由于矿物本身的化学成分中含有带色的元素而呈现的颜色。具有自色的矿物，颜色大体上固定不变，因此自色是一种重要鉴定特征，例如赤铁矿呈樱红色，磁铁矿呈黑色，孔雀石具翠绿色等。他色是指当矿物中含有杂质时所出现的其他颜色。例如，纯净石英为无色透明，但含碳的微粒时呈烟灰色（烟水晶），含锰时呈紫色（紫水晶），含氧化铁则是玫瑰色（玫瑰水晶）等。

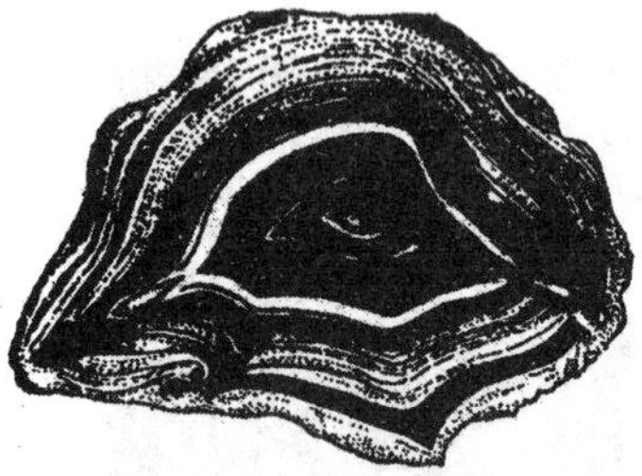

图 1-24　玛瑙的晶腺

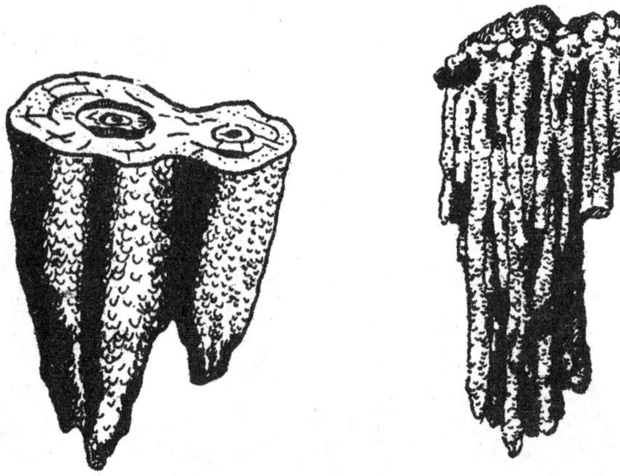

图 1-25　石钟乳的乳状集合体

矿物的颜色一般利用标准色谱(红、橙、黄、绿、青、蓝、紫)来描述;如果矿物不是单一颜色,例如黄绿、褐红,后者为主颜色。观察矿物颜色必须观察其新鲜面的颜色,以免因假色而引起错觉。

2. 条痕

条痕是矿物粉末的颜色,通常将矿物在无釉瓷板上刻画后进行观察。由于矿物的粉末可以消除一些杂质和物理方面的影响,即消除假色、减弱他色、保存自色,所以矿物的条痕较固定,在鉴定矿物时比颜色更可靠,对某些金属矿物具有重要的鉴定意义。如赤铁矿,整块的颜色可呈红、黑、钢灰等色,但其条痕只是樱红色;黄铁矿的颜色呈黄铜色,条痕为黑绿色,金的条痕为金黄色。

3. 光泽

光泽指矿物表面对光的反射能力。反射力强,光泽就强;反之,则弱。根据反光程度可分为金属光泽(如金、银、铜、辉锑矿等)、半金属光泽(如赤铁矿、磁铁矿等)和非金属光泽三种。造岩矿物一般呈非金属光泽。非金属光泽又可分为下列几种类型:

(1)玻璃光泽:指矿物表面反射较弱,如同玻璃表面所呈现的光泽,如石英、长石等。据统计,70% 以上的矿物具有玻璃光泽。

(2)油脂光泽:矿物表面好像涂上一层油脂而显示出的光泽,如石英断口上所呈现的光泽。

(3)珍珠光泽:如同蚌壳内珍珠表层所呈现的光泽,如云母等常具有这种光泽。

(4)丝绢光泽:是一种较弱的非金属光泽,为纤维集合体矿物所呈现像丝绢一样的光泽,如纤维石膏、石棉等。

此外,非金属光泽还有金刚光泽(闪锌矿)、树脂光泽(角闪石)、脂肪光泽(滑石)、蜡状光泽(叶蜡石)和无光泽(石髓)。

4. 透明度

透明度指矿物的透光程度。一般规定以 0.001 mm 厚的矿物薄片透过光的程度作为标准,将透明度分为三级:透明的(如水晶、冰洲石)、半透明的(如石膏、闪锌矿)和不透明的(如磁铁矿、黄铁矿)矿物。

矿物的厚度和所含杂质对透明度的影响很大,在实际工作中常常根据透明度与颜色、条痕、光泽之间的关系来判断矿物的透明度,见表1-3。

表1-3　矿物条痕、光泽和透明度相互关系

颜色	无色或白色	浅(彩)色	深色	金属色
条痕	无色或白色	无色或浅色	浅色或彩色	深色或金属色
光泽	玻璃或金刚	半金属		金属
透明度	透明	半透明		不透明

(三)矿物的力学性质

1. *硬度*

硬度指矿物抵抗外力刻划、压入或研磨的能力。德国矿物学家摩尔(F. Mobs)取自然界常见的10种矿物作为标准,将硬度由软至硬分为1~10度10个等级,此即摩氏硬度,见表1-4。测定某矿物的硬度,只须将待定矿物同硬度计中的标准矿物相互刻划,进行比较。如需要鉴定的矿物能被方解石所刻伤而自己又能刻伤石膏,说明它的硬度大于石膏而小于方解石,在2~3,即可定为2.5。

表1-4　摩氏硬度等级

相对硬度等级	1	2	3	4	5	6	7	8	9	10
标准矿物	滑石	石膏	方解石	萤石	磷灰石	长石	石英	黄玉	刚玉	金刚石

注:为记忆这10种矿物,可用顺口溜方法,即只记矿物的第一个汉字:"滑石方萤磷;长石黄刚金"。

野外工作中,常用随身携带的物品简便地确定矿物的相对硬度,这些物品相应的硬度等级分别为:软铅笔1度,指甲2~2.5度,小刀、铁钉3~4度,玻璃5~5.5度,钢刀刃6~7度。

2. *解理和断口*

矿物晶体在外力作用下沿一定方向裂开成光滑平面的性质称为解理。由此产生的光滑平面称为解理面。矿物在外力作用下沿不定方向破裂而形成的凹凸不平破裂面称为断口。

解理可根据解理面方向的数目分为一组解理(如云母)、两组解理(如长石)、三组解理(如方解石、石墨)和多组解理,如图1-26(a)、(b)所示。根据解理面发育的完善程度,解理可分为极完全解理(如云母)、完全解理(如方解石、萤石)、中等解理(如正长石、角闪石)和不完全解理(如磷灰石)。

断口的形态常具有一定的特征,如贝壳状(石英,如图1-26(c)所示)、锯齿状(铜)、平坦状(石引石)、土状(铝土矿)、粒状(大理石)等。

(a)方解石的解理　(b)云母的解理　(c)石英的贝壳状断口

图1-26　矿物的解理与断口

(四)其他性质

1. 相对密度

相对密度是指矿物在空气中的质量与同体积的水在4 ℃时的质量之比。用肉眼鉴定矿物时,一般根据相对密度将矿物分为三类:

(1)轻矿物:矿物的相对密度小于2.5,如石膏、石墨等。

(2)中等密度矿物:矿物的相对密度为2.5~4,如石英、方解石等。自然界中大多数矿物属于此类。

(3)重矿物:矿物的相对密度大于4,如重晶石、方铅矿等。

2. 磁性

矿物的磁性是指矿物在外磁场作用下,被吸引、排斥和对外界产生磁场的性质。用肉眼鉴定矿物时,根据磁性的强弱,把矿物分为三类:

(1)强磁性矿物:小块矿物或其碎屑能被永久磁铁(如马蹄形磁铁)吸引,如磁铁矿。

(2)弱磁性矿物:矿物碎屑用永久磁铁无法吸引,只能被强电磁铁所吸引,如赤铁矿等。

(3)无磁性矿物:强大的电磁铁也不能吸引的矿物,如石英、方解石等。

磁性是含Fe、Co、Ni的少数矿物所特有的性质,因此是含这些元素矿物的重要鉴定特征。

3. 发光性

矿物在外界能量的激发(如紫外线、X射线、加热等)下能发出可见光的性质,称为发光性。若矿物在激发后,发光的现象随激发的中断而立即停止,称为荧光,如萤石;若停止激发后仍能继续发光一段时间,称为磷光,如磷灰石。

除上述主要物理性质外,一些矿物还具有弹性(如云母)、滑感(如滑石)、咸味(如岩盐)、臭味(如硫黄)等物理性质,以及与冷稀盐酸发生化学反应而产生气泡(CO_2)(如方解石、白云石)等现象,矿物的这些独特的性质对鉴别某些矿物有重要意义。

四、矿物分类和命名

(一)矿物分类

目前,已发现的矿物约有3 000种(不包括许多变种、异种和矿物的同义语)。为了系统地研究矿物,必须对矿物进行分类。矿物的分类方法很多,一般广泛采用以矿物本身的化学成分和晶体结构为依据的晶体化学分类法,而自然界的矿物又常按其成因进行分类。

1. 晶体化学分类法

由于矿物的化学成分和晶体结构是决定矿物一切性质的基本因素,因此化学成分和晶体结构就成为晶体化学分类的主要依据,根据矿物的化学成分类型,共分为五大类。各大类还可根据阴离子或络阴离子的种类再分为若干类,矿物的大类和小类见表1-5。

2. 成因分类法

自然界的矿物按其成因可分为三大类型:

(1)原生矿物:在成岩或成矿的时期内,从岩浆熔融体中经冷凝结晶过程形成的矿物,如石英、长石、云母等。

(2)次生矿物:原生矿物遭受化学风化作用而形成的新矿物,高岭石、伊利石(水云母)、蒙脱石三大黏土矿物就是次生矿物,如高岭石由正长石经过水解作用后生成。

表 1-5 矿物分类

编号	类别	细类
Ⅰ	自然元素	1. 金属元素,如自然金 Au 2. 非金属元素,如石墨 C、金刚石 C
Ⅱ	硫化物	1. 简单硫化物,如方铅矿 PbS 2. 复硫化物,如黄铜矿 CuFeS 3. 硫盐
Ⅲ	卤化物	1. 氟化物,如萤石 CaF_2 2. 氯化物,如岩盐 NaCl 3. 溴化物,如碘化物等
Ⅳ	氧化物及氢氧化物	1. 简单氧化物,如赤铁矿 Fe_2O_3 2. 复氧化物,如磁铁矿 $FeO \cdot Fe_2O_3$ 3. 氢氧化物,如三水铝石 $Ai(OH)_3 \cdot 3H_2O$
Ⅴ	含氧盐	1. 硅酸盐,如正长石 $KAlSi_3O_8$ 2. 碳酸盐,如方解石 $CaCO_3$ 3. 硫酸盐,如石膏 $CaSO_4 \cdot 2H_2O$ 4. 钨酸盐,如白钨矿 $CaWO_4$ 5. 磷酸盐,如磷灰石 $Ca_5(PO_4)_3(F,Cl)$ 6. 铝酸盐、砷酸盐、钒酸盐、铬酸盐、硼酸盐、硝酸盐等

(3)变质矿物:在变质作用过程中形成的矿物,如区域变质的结晶岩中的蓝晶石和十字石等,是鉴定变质岩的一个重要特征。

(二)矿物命名

矿物的命名目前尚无统一的规定,一般以矿物的化学成分、物理性质、形态特点或结合物理与化学两种特点命名。矿物命名的依据大体有以下几方面:

(1)矿物的化学成分:如自然金,它是以金为主要成分;钛铁矿是以钛酸亚铁为主要成分。

(2)矿物的物理性质:如橄榄石是以橄榄绿色为特点,方解石是以完全三组方解为特点,重晶石是以比重大为特点。

(3)矿物的形态:如石榴子石、十字石(双晶呈十字形)。

(4)矿物的物理性质和形态:如绿柱石,常为绿色的柱状形态。

(5)矿物的化学成分和物理性质:如黄铁矿、赤铁矿、磁铁矿、方铅矿、白钨矿。

此外,还有一些以矿物首先发现地或人名而命名的。米切尔(R. S. Mitche)在 1979 年统计的 2 609 个矿物名称中,以人名命名的矿物约 1 100 种,以地名命名的矿物约 500 种。如高岭石,即因我国江西高岭而命名;又如袁复礼石,袁复礼是我国著名的地质学家。

另外,我国传统命名习惯有如下几项:

(1)以"石"结尾的矿物是非金属矿物名称,如滑石、方解石、白云石等。

(2)以"矿"结尾的矿物是金属矿物名称，如方铅矿、黄铁矿、黄铜矿等。

(3)以"玉"结尾的矿物是宝石的矿物名称，如黄玉、刚玉等。

(4)以"晶"结尾的矿物是透明晶体的矿物名称，如水晶、黄晶等。

(5)以"砂"结尾的矿物是颗粒细小的矿物名称，如硼砂、辰砂等。

(6)以"华"结尾的矿物是地表形成的松散状的矿物名称，如锑华、铅华等。

(7)以"矾"结尾的矿物是易溶于水的矿物名称，如胆矾、水绿矾等。

(三)常见造岩矿物的特征

正确识别和鉴定矿物对岩石命名、研究岩石的性质是非常重要的。要准确地鉴别矿物，需要在专门的实验室用光学和化学的分析方法，但对于施工员和管理员而言，最基本的要求是肉眼鉴定。常见造岩矿物的肉眼鉴定特征见表1-6。

表1-6　主要造岩矿物鉴定特征

序号	矿物	硬度	形状	颜色	条痕	光泽	解理与断口	比重	其他特征
1	滑石 $Mg_3Si_4O_{10}(OH)_2$	1	薄片状、鳞片状、致密块状	白、灰、淡黄、淡绿	白色	油脂光泽、解理面呈珍珠光泽	一组完全或极完全解理	2.7～2.8	极软，手摸之有滑感；薄片可挠曲而无弹性
2	高岭石 $Al_4Si_4O_{10}(OH)_8$	1～1.5	块状、土状	白色，含杂质后呈黄色、浅褐色	白色	无光泽	土状断口	2.5～2.6	有滑感；干时易吸水，湿时具可塑性、黏着性
3	蒙脱石 $Al_4Si_8O_{20}(OH)_4$	1	块状、土状	白色，有时为浅红色、浅绿色	白色	无光泽	土状断口	2	吸水性强，吸水后体积能膨胀增大数倍
4	石膏 $CaSO_4 \cdot 2H_2O$	2	板状、条状或纤维状、粒状	白色，含杂质后呈黄褐色、红色	白色	玻璃或丝绢光泽	一组完全解理	2.2～2.4	有的透明，可溶于盐酸和略溶于水
5	绿泥石 $(Mg,Fe)_5Al(AlSi_3O_{10})(OH)_8$	2.5	片状集合体或块状	绿至深绿色	绿色	珍珠或玻璃光泽	一组极完全解理	2.6～2.9	薄片可挠曲但无弹性
6	黑云母 $K(Mg,Fe)_2(OH)_2 \cdot AlSi_3O_{10}$	2.5～3	片状、鳞片状集合体	黑色、深褐色	白色	珍珠或玻璃光泽	一组极完全解理	2.7～3.1	薄片透明有弹性

续表 1-6

序号	矿物	硬度	形状	颜色	条痕	光泽	解理与断口	比重	其他特征
7	白云母 $KAl_2(OH)_8 \cdot AlSi_3O_{10}$	2.5~3	片状、鳞片状集合体	无色、银白色、淡黄色	白色	珍珠或玻璃光泽	一组极完全解理	2.7~3.1	薄片透明有弹性
8	方解石 $CaCO_3$	3	一般为菱形体，集合体有粒状、块状、晶簇	白色、无色，含杂质后可具多种颜色	白色	玻璃光泽	三组完全解理	2.6~2.8	遇冷稀盐酸剧烈起泡
9	白云石 $(Mg,Ca)[CO_3]_2$	3.5~4	菱面体，集合体为粒状	灰白色，有时为淡黄色、淡红色	白色	玻璃光泽	三组完全解理	2.8~3.0	晶体只与热盐酸反应，粉末可与冷稀盐酸反应
10	褐铁矿 $Fe_2O_3 \cdot nH_2O$	5~5.5	土状、块状；钟乳状、球状	黄褐色、黑褐色	黄褐色	半金属光泽	无解理	3.4~4	为含铁矿物的风化产物，呈铁锈状，易染手
11	角闪石 $(Ca_2,Na)(Mg,\cdots,Fe,Al)[(Si,Al)_2O_8]$	5~6	长柱状、针状或纤维状集合体	褐色、绿色至黑色	灰白色	玻璃光泽	两组中等解理	3.1~3.6	晶体横截面为六角菱形
12	普通辉石 $(Na,Ca)(Mg,Fe,Al)[(Si,Al)_2O_8]$	5~6	短柱状、粒状集合体	绿色、褐色、黑色	白色	玻璃光泽	两组中等解理	3.2~3.5	晶体横截面为正八边形
13	赤铁矿 Fe_2O_3	5.5~7.5	多为块状，有的为鲕状、肾状、片状	赤红色、铁黑色、钢灰色	砖红色	半金属光泽	无解理	4.8~5.3	土状者硬度较低，可染手
14	正长石 $KAlSi_3O_8$	6	短柱状、板状、粒状、块状集合体	多为肉红色，有时为黄色	白色	玻璃光泽	两组完全解理	2.5~2.6	有时呈双晶，易风化成高岭土
15	斜长石 $(Na,Ca)AlSi_3O_8$	6	柱状、板状、粒状	灰白色、深灰色	白色	玻璃光泽	两组完全解理	2.6~2.8	性脆，解理面可见红、蓝、绿等各色条纹

续表 1-6

序号	矿物	硬度	形状	颜色	条痕	光泽	解理与断口	比重	其他特征
16	黄铁矿 FeS_2	6～6.5	正立方体，五角十二面体、粒状、块状集合体	浅黄铜色	绿黑色	金属光泽	参差状断口	4.9～5.2	晶面上常有三组正交条纹，在火成岩中可呈细小的星点状存在
17	橄榄石 $(Mg,Fe)_2SiO_4$	6.5～7	粒状集合体	橄榄绿色、淡黄绿色	无	玻璃光泽	贝壳状断口	3.2～3.5	性脆
18	石榴子石 $Fe_2Al_2(SiO_4)_3$	6.5～7.5	菱形十二面体、二十四面体或粒状	红色、褐色、棕色、黑色等	无	玻璃光泽、断口油脂光泽	参差状或贝壳状断口	3.5～4.3	多见于变质岩中
19	石英 SiO_2	7	块状、粒状、六方棱柱状、晶簇状	无色，含杂质后可有各种颜色	无	玻璃光泽、油脂光泽	贝壳状断口	2.65	质坚性脆，抗风化能力强。透明晶体称为水晶

(四)对工程建筑影响较大的几种矿物特征

在实际工作中，对工程建筑影响较大的几种矿物的特征，在评价岩石性质时，有着特别重要的意义。如黑云母比白云母容易风化，风化后失去弹性而呈松散状态，降低了岩石的强度。当岩石含云母多且呈定向排列时，则沿此方向易产生滑动，直接影响水工建筑物的稳定。绿泥石的特性与云母类似，薄片状具有挠性，抗滑性能很低。石膏与硬石膏皆能溶于水，当石膏呈夹层状于岩层之间、形成软弱夹层时，在流水的作用下，可被溶解带走，岩石强度显著降低，透水性大大增强；硬石膏遇水作用后变为石膏，体积将膨胀60%。因此，含有石膏和硬石膏夹层的岩石要避免作为水工建筑物的地基。黄铁矿易风化而析出硫酸，对钢筋和混凝土具有侵蚀作用，故含黄铁矿较多的岩石不宜作建筑物的地基和建筑材料。黏土矿物(包括高岭石、蒙脱石和水云母等)硬度小、吸水性强，吸水后体积膨胀，易软化，具可塑性，上述性质中的吸水性以蒙脱石吸水后体积膨胀为最大。因此，黏土矿物具有高压缩性，易于引起建筑物较大的沉降，吸水后其强度大大降低，因而由黏土质岩石构成的斜坡和地基在水的作用下容易失稳破坏。

单元三　岩浆岩

自然界的矿物多种多样，但很少单独存在，它们常常彼此结合或共生为复杂的集合岩体——岩石。岩石是由一种或多种矿物在地质作用下形成的具有一定结构和构造的自然集合体，如大理岩主要由方解石组成，花岗岩由石英、长石、云母等多种矿物组成。

岩石是地壳的基本组成物质，是建造各种工程结构物的地基、环境和天然建筑材料，因此学习和认识岩石的特征和特性，以便分析岩石在各种自然条件下的变化，进而对岩石的工程地质性质进行评价，对工程设计、施工和地质勘测等都十分重要。岩石的特征主要是指岩石的成因、产状、成分、结构、构造等性质。

自然界岩石的种类很多，根据成因可分为三大类，即岩浆岩、沉积岩和变质岩。岩浆岩是地壳的主体岩石类型和组成物质，占地壳总体积的95%左右。其形成和演化的各种地质作用及其产物，决定了地壳的基本结构、地球化学作用和地质环境特征。

一、岩浆岩的基本概念

火山爆发是自然界一种蔚为壮观的岩浆活动景象，也是极为严重的一种自然灾害。1980 年 5 月 18 日上午，休眠了许多年的美国西部圣海伦火山再度爆发，其释放的能量约相当于美国投放到日本广岛的原子弹能量的 500 倍。有一些火山喷发时较平静，有的甚至长期连续喷发，如地中海斯创博里火山已连续喷发 2 000 多年，每小时喷发两三次，夜间在 100 km 以内的海面上都能看到它喷发时闪亮的红光，被誉为“地中海上的灯塔”。火山是岩浆流出地表而形成的有特殊结构和形态的地质体，一般由火山锥、火山口、火山喉管和火山颈等部分组成，如图 1-27 所示。

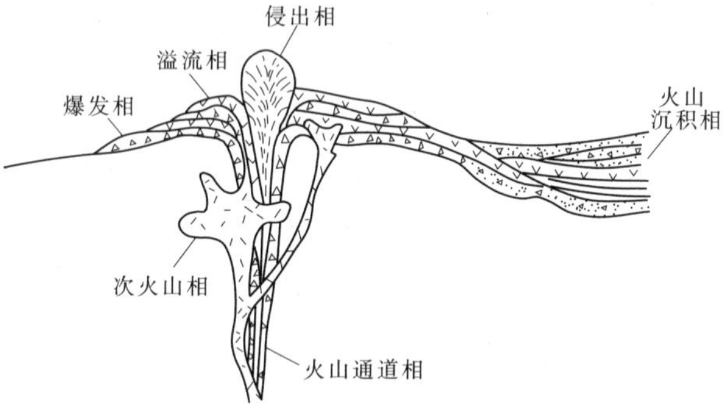

图 1-27 火山的组成

岩浆是指位于地壳深部和上地幔中，主要由以硅酸盐为主和一部分金属硫化物、氧化物、水蒸气及其他挥发性物质（H_2O、F、Cl、CO_2等）组成的高温、高压熔融体。当地壳深处的岩浆沿地壳薄弱地带上升侵入地壳或喷出地表后冷凝而形成的岩石称为岩浆岩，也称为火成岩。

岩浆具有流动性，存在于地下深处具有很高的温度（800 ~ 1 300 ℃）和很大的压力（几百兆帕以上）。当地壳运动时，岩浆就会沿地壳薄弱大断裂带和压力较低的部位侵入上升，当岩浆上升喷出地表冷凝所形成的岩石，称为喷出岩；如果岩浆侵入到地表以下周围岩层中冷凝形成的岩石，称为侵入岩。侵入岩按形成部位深浅，分为深成岩（一般距地表 3 km 以上）和浅成岩（一般地表以下 3 km 以内）。

二、岩浆岩的化学成分和矿物成分

(一)岩浆岩的化学成分

岩浆岩的化学成分几乎包括了地壳中所有的元素,但其含量却差别很大,其中以 O、Si、Al、Fe、Ca、Na、K、Mg、H 等九种元素为主,这些元素一般都是以氧化物的形式存在的。若以氧化物计,则 SiO_2、Al_2O_3、Fe_2O_3、FeO、CaO、MgO、Na_2O、K_2O、H_2O、TiO_2 等占岩浆岩化学元素总量的 99% 以上,其中以二氧化硅(SiO_2)含量最大,约占 59.14%;其次是三氧化二铝(Al_2O_3),占 15.34%。SiO_2的含量在不同的岩浆岩中有多有少,很有规律。由酸性岩到超基性岩,不但 SiO_2含量不同,其他成分的含量也有相应的变化,随着 SiO_2含量的减少,氧化铁(FeO)、三氧化二铁(Fe_2O_3)、氧化镁(MgO)和氧化钙(CaO)等逐渐增加,而氧化钠(Na_2O)和氧化钾(K_2O)等则逐渐减少,见图 1-28 和表 1-7。因此,根据 SiO_2含量的多少,可将岩浆岩分为酸性岩、中性岩、基性岩和超基性岩类四大类。

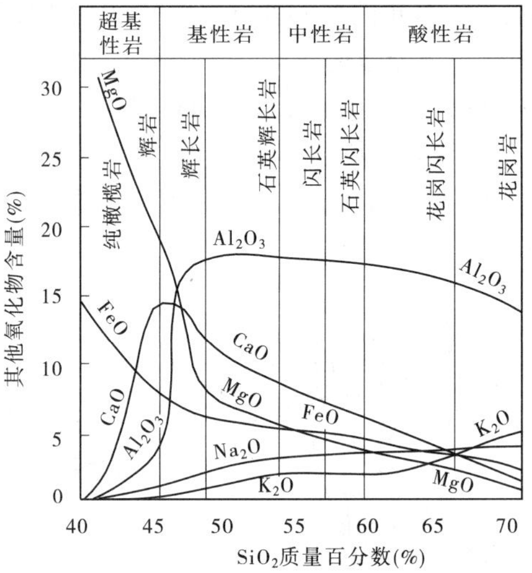

图 1-28　岩浆岩化学成分关系

表 1-7　岩浆岩的化学分类

岩石类别	SiO_2含量(%)	FeO、Fe_2O_3、MgO、CaO	Na_2O、K_2O
酸性岩	>65	少	多
中性岩	52～65	↓	↓
基性岩	45～52		
超基性岩	<45	多	少

(二)岩浆岩的矿物成分

岩浆岩的矿物组成是岩浆岩分类和鉴别的主要根据,对了解岩石成因、形成条件、化学成分和物理性质等都有重要意义。组成岩浆岩的矿物大约有 30 多种,常见的矿物不过 10 余种,其中主要以硅酸盐类矿物为主,按含量由多到少分别是长石、石英、橄榄石和辉石、角闪石、云母(黑云母和白云母)、磷灰石、钛铁矿和磁铁矿等矿物。但是对具体岩石来讲,这些矿物并不是同时存在的,而通常仅由 2～3 种主要矿物组成,例如,花岗岩的主要矿物成分是石英、正长石和黑云母，辉长岩的主要矿物成分是基性斜长石和辉石。

1. 岩浆岩中矿物分类

1）按化学成分或颜色分类

按矿物的化学成分或颜色可分为硅铝矿物和铁镁矿物两类。

（1）硅铝矿物。是指矿物中 SiO_2 和 Al_2O_3 的含量较多，不含 FeO 和 MgO，而由 K^+、Na^+、Ca^{2+} 与 SiO_2 和 Al_2O_3 组成的铝硅酸盐矿物。如正长石、斜长石和石英，它们在肉眼下观察多呈白色、肉红色或灰白色，故又称为浅色矿物。

（2）铁镁矿物。是指富含 Fe^{2+}、Mg^{2+} 的硅酸盐矿物。如橄榄石、辉石、角闪石、黑云母等，因为在肉眼观察时颜色较深，多呈黑色、棕色、墨绿色等，故常称为暗色矿物。

岩浆岩中暗色矿物和浅色矿物的相对含量可作为鉴定岩浆岩和岩浆岩分类的重要标志之一。岩浆岩中暗色矿物的百分含量，通常称为色率。根据色率可以大致判断岩浆岩的类别，见表 1-8。这两类矿物占岩浆岩矿物平均总含量的 99%，所以称为岩浆岩的造岩矿物。

表 1-8 岩浆岩的颜色和比重变化

岩石类别	主要矿物	颜色	比重
酸性岩	石英、斜长石、正长石	浅	小
中性岩	斜长石、角闪石	↓	↓
基性岩	斜长石、辉石		
超基性岩	橄榄石、辉石	深	大

2）按照矿物在岩浆岩中含量的多少和在岩浆岩分类上所起的作用分类

按照矿物在岩浆岩中含量的多少和在岩浆岩分类上所起的作用，可以分为主要矿物、次要矿物和副矿物三类。

（1）主要矿物。是指某种岩石中含量较多（体积百分含量大于 10%）的矿物，而这类矿物是岩石分类的依据。岩浆岩中最主要的造岩矿物只有 10 余种，它们是石英类、斜长石类、正长石类、云母类、角闪石类、辉石类、橄榄石类和副长石类（霞石、白榴子石等），其中长石类占 59%，石英类占 12%。

（2）次要矿物。是指某种岩石中含量较少（体积百分含量为 1% ~ 10%）的矿物，而这类矿物是岩石进一步分类的依据。例如花岗岩中含少量角闪石者，称为角闪花岗岩。主要矿物和次要矿物是因不同岩石而定的，如角闪石在花岗岩中是次要矿物，但在闪长岩中则是主要矿物。

（3）副矿物。是指岩石中含量最少（体积百分含量小于 1%）的矿物，肉眼不易看见，处于从属地位，一般对岩石分类不起作用。常见的副矿物有磁铁矿、磷灰石等。

3）按岩浆岩矿物的成因类型分类

按岩浆岩矿物的成因类型可分为原生矿物、他生矿物和次生矿物。

（1）原生矿物。是指从岩浆中结晶出来的矿物，前述的各种浅色矿物、暗色矿物和副矿物均属此类，是构成岩浆岩的主体矿物。

（2）他生矿物。这些矿物一般在正常的岩浆岩中不出现，多半是由于岩浆同化了围岩和捕虏体使其成分发生变化而形成。如花岗岩浆同化了碳酸盐类的岩石，则形成富含钙的硅酸盐矿物，如钙铁榴石、硅灰石等；如同化了泥质岩石，则常形成堇青石、红柱石等富铝矿物。

(3)次生矿物。在岩浆形成后,由于受到风化作用或岩浆后期热液蚀变作用形成的矿物,由原生矿物变化而形成的新矿物,称为次生矿物。如橄榄石蚀变成的蛇纹石或伊丁石,钾长石风化而成的高岭石,暗色(铁镁)矿物分解成的褐铁矿。这些次生矿物交替原生矿物后,还常保留有原生矿物的外形——假象。

2. 岩浆岩的矿物结晶顺序和共生组合规律

上述各种主要造岩矿物在岩浆冷凝过程中具有一定的结晶顺序。1922 年鲍文(N. T. Bowen,美国)曾在实验室观察玄武岩浆的冷却结晶过程,同时结合野外观察,得出岩浆岩主要造岩矿物的结晶顺序以及它们的共生组合关系,称为鲍文反应系列,如图 1-29 所示。

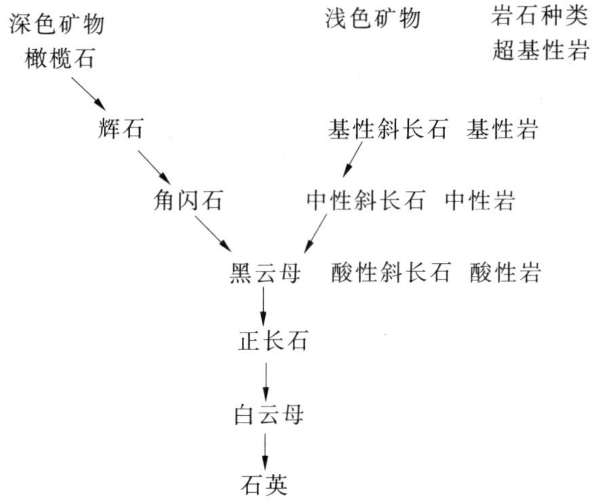

图 1-29　鲍文反应系列

深色矿物从橄榄石开始,逐渐变化到黑云母;浅色矿物则从基性斜长石开始,连续演变到酸性斜长石。然后,两个系列归结到正长石、白云母,最后结晶的是石英。横行表示在同一水平位置上的矿物,大体上是同时结晶的、按照共生规律组合成一定类型的岩石。例如,辉石和基性斜长石组合形成基性岩;角闪石和中性斜长石组合形成中性岩。如果在纵的方向上相距很远,则矿物共生的可能性很小,如橄榄石和石英根本不能共生。由此可见,各类岩浆岩之所以具有一定的矿物组成,就是受矿物的这种共生组合规律所控制的。

三、岩浆岩的产状

岩浆岩体以一定形态产出。其产状是指岩体的大小、形状及其与周围岩石的接触关系和分布特点。按照岩浆活动和冷凝成岩的情况,岩浆岩体可具有各种复杂的产状,大致有以下几种(如图 1-30 所示)。

(一)深成侵入岩体的产状——岩基和岩株

(1)岩基。是一种规模宏大的深成侵入岩体,下部直接与岩浆相连,分布面积一般大于 60 km^2,多由花岗岩或花岗闪长岩构成,岩性均匀稳定,是良好的建筑物地基。如三峡坝址区就选定在面积约 200 km^2 的花岗岩 - 闪长岩岩基的南部。

(2)岩株。是一种形体较岩基小的岩体,出露面积一般小于 60 km^2,常是岩基边缘的分枝或是独立的侵入体,平面形状多呈浑圆形,其下与岩基相连,岩性均一,也是良好的地基。

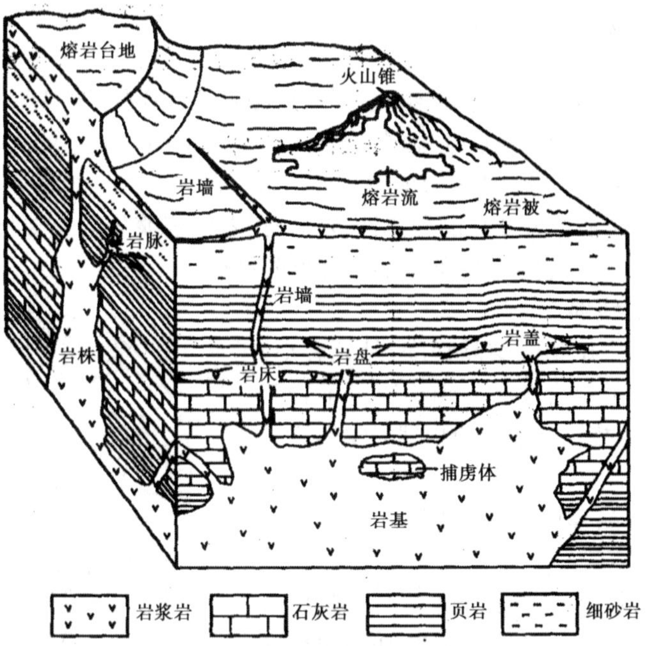

图 1-30 岩浆岩的产状

(二)浅成侵入岩体的产状——岩脉、岩墙、岩床、岩盘

(1)岩脉和岩墙。岩浆沿着围岩裂隙侵入并切断岩层所形成的厚度较小的狭长形岩体称为岩脉;与围岩层理或片理斜交,厚度较大且近于直立的岩脉称为岩墙。

(2)岩床和岩盘。由流动性较大的岩浆沿着围岩的层面侵入而形成的板状侵入岩体称为岩床,其表面无明显凸凹,厚度为数米至数百米不等,岩床多以基性岩为主;若岩浆顺岩层侵入,使岩层隆起而成蘑菇状的岩体,称为岩盘(又称为岩盖),分布范围可达数平方千米,多由酸性、中性岩石组成。

(三)喷出岩体的产状——熔岩盖、熔岩流、火山锥

喷出岩的产状受岩浆性质、火山喷发方式和古地理环境等条件控制。常见的有熔岩盖(熔岩被)、熔岩流、火山锥等。

(1)熔岩盖(熔岩被)。是指覆盖广大地区的熔岩体,面积达几百平方千米到数十万平方千米,厚度表现出大面积的稳定性。我国南方二叠纪峨嵋山玄武岩,河北省张家口北部汉诺坝玄武岩,东南沿海地区中性、酸性熔岩等都是大熔岩盖。熔岩盖多属裂隙喷发形成。

(2)熔岩流。是沿沟谷及低洼处流动形成的窄长带状的熔岩体。它有时与熔岩盖过渡,多属裂隙式或中心式喷发形成。

(3)火山锥。由熔岩及火山碎屑物组成的锥形岩体,多由中心式喷发造成,包括火山口及其周围的岩体。火山锥本身的构造复杂,由岩性和外观的不同,可划分为许多类型,常见的有盾型和立锥型两种。如著名的日本富士山就是锥型火山。

火山口、火山锥体往往是在两组断裂的交汇处,它们分布排列的方式无不受到断裂的控制,著名的五大连池火山群就是生动的实例。

四、岩浆岩的结构与构造

在研究岩浆岩时，除要鉴定其矿物成分外，还必须了解这些矿物是以什么样的方式组合构成岩石的。岩浆在不同的地质环境(如在地表或地下不同深度)冷凝时，由于物理化学条件(如温度、压力)的不同和物质成分的变化而形成不同岩浆岩。岩浆岩的结构和构造反映了岩石形成环境与物质成分变化的规律性，是区分、鉴定岩浆岩的重要标志，也是岩石分类和定名的重要依据之一，它还直接影响岩石强度的高低。

(一)岩浆岩的结构

结构是指岩石中矿物的结晶程度、晶粒大小、晶体形状及其之间的组合关系。结构决定了岩石内部的连接情况，直接影响岩石的物理力学性质。

1. 根据矿物结晶程度分类

根据矿物的结晶程度，岩石可分为如下几类(如图 1-31 所示)：

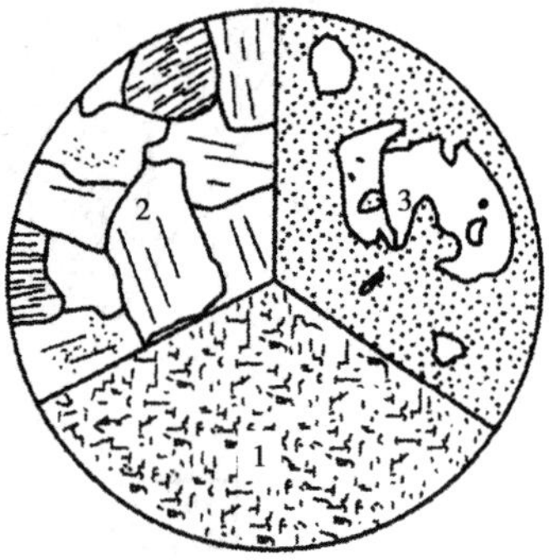

1—非晶质(玻璃质)结构;2—全晶质结构;3—半晶质结构

图 1-31　根据结晶程度划分的三种结构

(1)全晶质结构：是指岩石全部由结晶矿物组成的结构。全晶质结构是岩浆在温度、压力缓慢降低，结晶条件充分情况下形成的。这种结构是侵入岩所有的，尤其在深成侵入岩中最常见，如花岗岩。

(2)半晶质结构：是指岩石中矿物既有结晶矿物又有玻璃质的结构。半晶质结构主要是浅成岩具有的结构，有时在喷出岩中也能见到，如喷出岩中流纹岩。

(3)非晶质结构：是指岩石全部由非晶质矿物组成的结构，又称为玻璃质结构。非晶质结构是在岩浆喷出地表迅速冷凝来不及结晶的情况下形成的，为喷出岩特有的结构，如黑曜岩。

2. 根据矿物的晶粒大小分类

根据矿物的晶粒大小，岩石可分为如下几类：

(1)显晶质结构：是指岩石全部由结晶较大的矿物组成的结构。显晶质结构用肉眼或放大镜即可辨认，这种结构是在温度和压力较高，岩浆温度缓慢下降的条件下形成的。常见于深成岩中，如花岗岩。

(2)隐晶质结构：是指岩石全部由结晶微小的矿物组成的结构。隐晶质结构用肉眼和放大镜均看不见晶粒，只有在显微镜下才可识别。肉眼观察时，岩石表面呈致密状，微粗糙，有时与玻璃质难以区别。但是具隐晶质结构的岩石没有玻璃光泽及贝壳状断口，脆性程度低，有韧性，常具有瓷状断口。常见于浅成岩和喷出岩中。

(3)玻璃质结构：是指岩石全部由非晶质矿物组成的均匀、致密似玻璃的结构。

3. 根据矿物颗粒的相对大小分类

根据矿物颗粒的相对大小，岩石可分为如下几类(如图 1-32 所示)：

1)等粒结构

等粒结构是指岩石中的矿物全部是显晶质粒状，同种主要矿物结晶颗粒大小大致相等的结构。等粒结构是深成岩特有的结构。按矿物结晶颗粒大小，等粒结构可进一步划分为

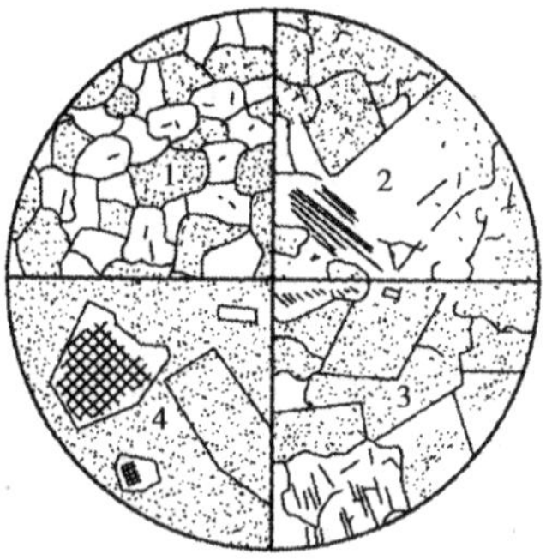

1—等粒结构；2—不等粒结构；3—似斑状结构；4—斑状结构

图1-32　根据颗粒的相对大小划分的结构类型

粗粒结构（矿物结晶颗粒平均直径大于5 mm）、中粒结构（矿物结晶颗粒平均直径为5～2 mm）、细粒结构（矿物结晶颗粒平均直径为2～0.2 mm）和微粒结构（矿物结晶颗粒平均直径小于0.2 mm）四类，颗粒直径大于10 mm者，可称为巨晶、伟晶结构。

应当注意，岩石中矿物颗粒大小均一的情况比较少见，这里指的矿物颗粒的绝对大小，是指岩石中主要矿物的粒径基本相近时的平均值。在标本上进行粒度测量时，需要选择同一种主要矿物来测量，通常以长石作标准。

2）不等粒结构

不等粒结构是指岩石中同种主要矿物结晶颗粒大小不等、相差悬殊的结构。不等粒结构中较大的晶体矿物叫斑晶，细粒的微小晶粒或隐晶质、玻璃质叫基质（石基）。斑晶是在地下深处，高温、高压条件下先形成，结晶程度好、颗粒较大的晶粒，随着携带着斑晶的岩浆上升至浅处或喷出地表，温度、压力急骤降低，使未凝固的岩浆迅速冷凝，因而这部分矿物结晶程度不好，形成较小的晶粒、隐晶质或来不及结晶的玻璃质。

不等粒结构按其颗粒相对大小又可分为斑状结构和似斑状结构两类。斑状结构是基质为肉眼或放大镜不能分辨的隐晶质或玻璃质的结构，斑状结构是浅成岩或喷出岩的重要特征。似斑状结构是基质为颗粒较小、显晶质的结构。似斑状结构多见于深成岩体的边缘或浅成岩中，它不同于斑状结构，现列表区别，见表1-9。

表1-9　斑状结构与似斑状结构的区别

特征	类型	
	斑状结构	似斑状结构
基质	隐晶质或玻璃质，少数情况下可为微粒结构	显晶质，粒度可为细粒、中粒，甚至粗粒
斑晶	常是高温矿物，如高温石英、透长石	低温稳定矿物
成因	斑晶早生成，基质晚形成，常见于浅成岩和喷出岩中	斑晶和基质差不多同时形成，常见于浅成侵入岩和部分深成侵入岩中

一般侵入岩多为全晶质等粒结构。喷出岩多为隐晶质致密结构或玻璃质结构，有时为斑状结构。

4.根据矿物的自形程度

矿物的自形程度是指矿物晶体发育的完整程度。岩石按矿物的自形程度可分为如下三种结构：

(1)自形(晶)结构。自形晶指矿物晶粒具有完整的晶面，这种晶体多半是在有足够的时间和空间的情况下生成的。如果岩石中大多数矿物是由自形晶组成的，就称为自形晶结构。在许多单矿物岩中，如橄榄岩中可见到，它们往往是岩浆结晶分异产生的自形晶下沉堆积造成的。

(2)半自形(晶)结构。半自形晶指晶体发育不完整，部分晶面完整，部分为不规则的轮廓，这说明在结晶时，很多矿物都在析出，互相干扰，没有自由空间，条件不允许它发育充分。如果岩石中大多数矿物由半自形晶组成或自形程度不等的矿物组成，则称为半自形晶结构。大多数深成侵入岩都具有这种结构。

(3)他型(晶)结构。他型晶是指晶体无一完整晶面，形状多不规则。在岩石中呈他型晶的矿物，主要是由于晶体生长时已无自由生长的空间形成的。若岩石几乎全是由他型晶粒组成的，则称为他型晶结构。

以上所述是从四个不同的方面来认识和描述岩浆岩结构的，但常常在同一个岩石中可以同时反映出这四个方面的结构特征，如花岗岩多为全晶质，粗粒，半自形粒状，显晶质结构。

(二)岩浆岩的构造

构造是指岩石中不同矿物集合体的排列、充填和空间分布的特点，它反映岩石的外貌特征，构造特征主要取决于岩浆冷凝时的环境。岩浆岩常见的构造有以下几种：

(1)块状构造。岩石中矿物颗粒均匀分布，无定向排列，不呈层次，呈致密块状，称为块状构造。块状构造在岩浆岩中最为常见。

(2)带状构造。是由岩石各组成部分的成分和粒度的差异，相间排列成带状分布。带状构造主要发育在基性、超基性岩中。如辉长岩中的较多暗色矿物辉石和橄榄石与浅色矿物斜长石交替排列呈带状分布，如图1-33所示。

(3)流纹状构造。是酸性熔岩中最常见的构造。因岩浆边流动边冷凝，而在岩石中形成不同颜色矿物和拉长的气孔，且呈定向排列的构造，如图1-34所示。它是在熔浆流动过程中形成的，不仅流纹岩具有这种典型的流纹状构造，粗面岩、安山岩中也有。在浅成侵入体、潜火山体边缘相有时也可见到。

图1-33　带状构造

图1-34　流纹状构造

(4)气孔和杏仁状构造。指当熔浆喷溢到地面时，由于温度和压力骤然降低，其中所含挥发成分达到过饱和，它们从岩浆中分离出来，形成大量气泡，这些气泡一部分逸散于大气中，一部分则由于岩浆迅速冷却凝固而保留在岩石中形成空洞，这就是气孔状构造，如图 1-35 所示。

气孔的形状有云朵状、倒水滴状、浑圆状、管状、串珠状以及不规则状等，一般气孔的拉长方向指示岩流流动的方向，有些气孔的形状与岩浆黏度有关，如基性岩浆黏度小，因此基性熔岩的气孔多半呈圆形；酸性岩浆黏度大，其熔岩中的气孔多为不规则状。有的岩石孔极多，以致岩石呈泡沫块体，有时能在水中漂浮，谓之浮岩。如果孔洞中被后期形成方解石、石英、玉髓等矿物充填，形如杏仁，则称为杏仁状构造，如图 1-36 所示。气孔和杏仁状构造多出现在浅成岩和喷出岩中，如部分玄武岩和安山岩。

图 1-35　气孔状构造

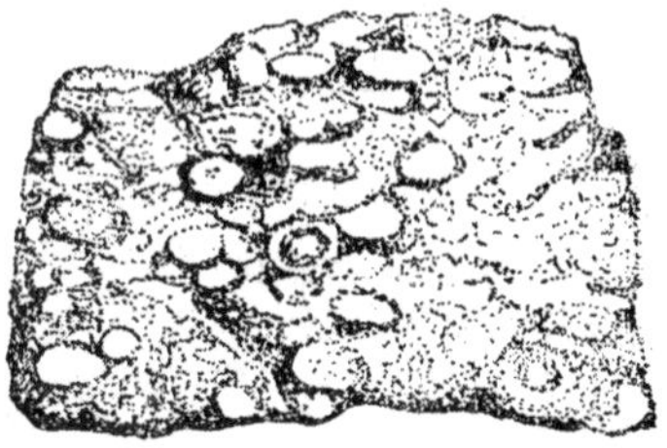

图 1-36　杏仁状构造

(5)枕状构造。是海底溢出的基性熔岩流中常见的构造，状似枕头，大小不等，互相堆积，每一个枕体，一般顶面上凸，底面较平，外部为玻璃质壳，向内逐渐为显晶质，二者之间还可有同心层状分布的气孔或杏仁体。枕状熔岩常有沉积物充填，其中还可以找到海相化石。枕状构造发育于熔岩层的顶面上，据此可了解熔岩层的顶、底面，如图 1-37 所示。

图 1-37　枕状构造

五、岩浆岩的分类和常见的岩浆岩

(一)岩浆岩的分类

自然界的岩浆岩是多种多样的，它们之间在矿物成分、结构、构造、产状及生成条件等方面都存在着差异。为了认识岩浆岩之间的内在联系和变化规律，反映岩石的成因等以便于应用，就必须对岩浆岩进行分类。岩浆岩分类的主要依据是：以岩石的化学成分和矿物组成为基础，结合岩石的结构、构造和产状等特征进行综合分类。

根据岩石中的化学成分(主要是 SiO_2 的含量多少)，大致可分为酸性岩(SiO_2 含量 > 65%)、中性岩(SiO_2 含量为 65% ~ 52%)、基性岩(SiO_2 含量为 52% ~ 45%)及超基性岩(SiO_2 含量 < 45%)四类。每一类岩石所含的矿物成分是不同的。按照矿物在岩石中含量的

多少，可分为主要矿物和次要矿物。主要矿物是指某种岩石中含量较多的矿物，它们是岩石分类的依据；次要矿物在岩石中含量较少。

如果岩石中的化学成分和矿物成分基本相同，但其产状不同，则岩石的结构、构造也不同。所以，对上述每一类岩石综合考虑其产状和结构、构造等因素，又可划分为深成岩、浅成岩和喷出岩。根据上述分类原则，可制成常见岩浆岩分类及肉眼鉴定表，见表 1-10。

表 1-10 常见岩浆岩分类及肉眼鉴定

<table>
<tr><td colspan="5">岩石类型</td><td>酸性岩</td><td colspan="2">中性岩</td><td>基性岩</td><td>超基性岩</td></tr>
<tr><td colspan="5" rowspan="2">SiO_2含量（%）</td><td>>65</td><td colspan="2">65～52</td><td>52～45</td><td><45</td></tr>
<tr><td colspan="3">以 Si、Al 为主</td><td colspan="2">以 Fe、Mg 为主</td></tr>
<tr><td colspan="5">颜色</td><td>肉红、灰白</td><td>灰红、肉红</td><td>灰、灰绿</td><td>灰黑、黑绿</td><td>黑、绿黑</td></tr>
<tr><td colspan="3" rowspan="2">矿物成分</td><td colspan="2">主要矿物</td><td>石英、
正长石</td><td>正长石</td><td>角闪石、
斜长石</td><td>辉石、
斜长石</td><td>橄榄石、
辉石</td></tr>
<tr><td colspan="2">次要矿物</td><td>黑云母
角闪石</td><td>角闪石
黑云母</td><td>辉石
黑云母</td><td>角闪石
橄榄石</td><td>角闪石</td></tr>
<tr><td colspan="2">成因</td><td>产状</td><td>结构</td><td>构造</td><td colspan="5">岩石名称</td></tr>
<tr><td rowspan="2">侵入岩</td><td>深成岩</td><td>岩基
岩株</td><td>全晶质、
等粒</td><td>块状
带状</td><td>花岗岩</td><td>正长岩</td><td>闪长岩</td><td>辉长岩</td><td>橄榄岩、
辉岩</td></tr>
<tr><td>浅成岩</td><td>岩脉
岩墙
岩盘
岩床</td><td>半晶质
等粒
似斑状
斑状</td><td>块状
气孔状</td><td>花岗斑岩</td><td>正长斑岩</td><td>闪长玢岩</td><td>辉绿岩</td><td>橄玢岩
（少见）</td></tr>
<tr><td colspan="2" rowspan="2">喷出岩</td><td>熔岩流
火山锥</td><td>隐晶质
玻璃质
斑状</td><td>块状
气孔状
杏仁状
流纹状
枕状</td><td>流纹岩</td><td>粗面岩</td><td>安山岩</td><td>玄武岩</td><td>苦橄岩</td></tr>
<tr><td>喷出堆积</td><td>玻璃质
碎屑状</td><td>块状
气孔状</td><td colspan="4">浮岩、黑曜岩、火山凝灰岩、火山碎屑岩</td><td>少见</td></tr>
</table>

注：斑岩和玢岩都是具斑状结构的浅成侵入岩或部分喷出岩，长石类斑晶以斜长石为主时称玢岩，以正长石为主时称斑岩。

表 1-10 中的纵向表示矿物成分相同而结构不同的岩石，横向表示矿物成分不同而成因、结构、构造相似的岩石。自左至右如由花岗岩到橄榄岩，岩石中浅色矿物由多到少，深色矿物由少到多，岩石颜色由浅色转变到深色。岩石在横向上从左至右，由酸性、中性变为超基性，在酸性岩中，二氧化硅呈过饱和状态，部分单独析出，即为石英，且含量较多。在中性岩中，二氧化硅呈饱和状态，在岩石中没有或仅有少量石英出现。在基性岩和超基性岩中，二氧化硅为不饱和状态，岩石中无石英出现。

（二）常见的岩浆岩

1. 酸性岩类（花岗岩－流纹岩类）

1）花岗岩

花岗岩为酸性深成岩，常为肉红色或灰白色，全晶质细粒、中粒或粗粒结构，块状构造。花岗岩含有大量石英（体积约占30%），正长石多于斜长石，暗色矿物以黑云母为主，并有少量的角闪石（总计不超过10%）。花岗岩分布广泛，抗压强度大，岩块抗压强度可达120～200 MPa，质地均匀坚实，颜色美观，是优质天然建筑材料。产状常呈巨大的岩基或岩株，是良好的建筑物地基。但花岗岩易风化，风化深度可达50～100 m。

2）花岗斑岩

花岗斑岩成分与花岗岩相同，为酸性浅成岩，斑状结构，斑晶由钾长石、石英组成，基质多由细小的长石、石英及其他矿物构成，块状构造。斑晶以石英为主时称为石英斑岩。

3）流纹岩

流纹岩是酸性喷出岩，呈岩流状产出，颜色一般较浅，大多是灰、灰白、浅红、紫红等颜色。流纹岩常具有流纹状构造，斑状结构，斑晶多由长石、石英等矿物组成，基质多由隐晶质和玻璃质的矿物组成。流纹岩坚硬，抗压强度略低于花岗岩，可作为良好的建筑材料。但作为建筑物地基时需要注意下伏岩层和接触带的性质。

2. 中性岩类（正长岩－粗面岩类）

1）正长岩

正长岩多为肉红色、浅灰色，全晶质等粒结构或似斑状结构，块状构造，主要矿物为正长石，其次为黑云母、角闪石等，有时含少量的斜长石和辉石，一般石英含量极少。其物理力学性质与花岗岩相似，常与花岗岩共生，但不如花岗岩坚硬，且易风化，常呈岩株产出。

2）粗面岩

粗面岩呈肉红、浅灰等颜色，斑状结构，斑晶为正长石，一般石英含量极少，基质很细，为隐晶质，块状构造，表面具有细小孔隙，表面粗糙。若岩石中有石英斑晶，可称为石英粗面岩。

3）闪长岩

闪长岩是中性深成岩体，呈灰色或浅绿灰色，主要矿物成分为斜长石、角闪石，次要矿物为辉石、云母等，暗色矿物在岩石中占35%。闪长岩含石英时称为石英闪长岩，呈全晶质等粒状结构，块状构造，分布广泛，多为小型侵入体产出。其结构致密，强度高且具有较高韧性和抗风化能力，岩块抗压强度可达130～200 MPa，可作为各种建筑物的地基和建筑材料。

4）安山岩

安山岩为中性喷出岩，矿物成分与闪长岩相当，常呈灰绿、灰紫等颜色，斑状结构，斑晶以斜长石和角闪石为主，基质为隐晶质或玻璃质，块状构造，有时具气孔状、杏仁状构造，常以熔岩流产出，是分布较广的中性喷出岩。

3. 基性岩类（辉长岩－玄武岩类）

1）辉长岩

辉长岩为基性深成岩体，多呈灰黑色、黑色，主要矿物为基性斜长石和辉石，次要矿物为橄榄石和角闪石。全晶质等粒结构，块状构造，常呈岩盘或岩基产出，岩石坚硬，抗风化能力强，具有很高的强度，岩块抗压强度可达200～250 MPa。

2) 辉绿岩

辉绿岩多为灰绿色、黑绿色。其矿物成分与辉长岩相当,常含方解石、绿泥石、绿帘石及蛇纹石等矿物。隐晶质致密结构,常具有杏仁状构造,多呈岩床或岩脉产出。辉绿岩本身抗压强度也很高,但因节理往往较发育,易风化破碎,使强度大大降低。

3) 玄武岩

玄武岩是岩浆岩中分布较广泛的基性喷出岩,呈黑色、褐色或深灰色。玄武岩主要矿物成分与辉长岩相同,但常含有橄榄石颗粒,呈隐晶质细粒或斑状结构,具有孔状构造,当气孔中为方解石、绿泥石等所充填时即构成杏仁状构造,岩石致密、坚硬、性脆。玄武岩岩块抗压强度为 200 ~ 290 MPa,具有抗磨损、耐酸性强的特点。

4. 超基性岩(橄榄岩类)

橄榄岩是深成岩,呈深绿色、黑绿色,主要矿物为橄榄石和辉石,次要矿物为角闪石,全晶质等粒结构,块状构造。

六、岩浆岩的工程地质特征

岩浆岩的工程地质特征主要取决于岩浆岩的形成环境和岩浆岩的成分,特别是形成环境,它控制着岩浆岩的结构、构造及矿物之间的联结能力,也决定了岩石的工程地质性质。

(一)深成岩

深成岩往往形成巨大的侵入体,具结晶联结,晶粒粗大均匀,致密块状,力学强度高,孔隙率小,裂隙不发育,一般透水性弱,抗水性强。岩体大、整体稳定性好,故可作为建筑物的良好地基和天然建筑材料。但深成岩往往由多种矿物结晶组成,抗风化能力较差,加之受地质构造破坏的影响,更易风化破碎,裂隙比较发育,强度和抗水性都减弱,但可储存裂隙水。因此,应注意对其风化程度和深度的调查研究。

(二)浅成岩

浅成岩中细晶质和隐晶质结构的岩石透水性小,力学强度高,抗风化性能较深成岩强,通常也是较好的建筑地基。但斑状结构岩石的透水性和力学强度变化较大,特别是脉岩类,岩体小,且穿插于不同的岩石中,易蚀变风化,裂隙发育,使岩石强度降低,透水性增强。

(三)喷出岩

喷出岩由于结构、构造多种多样,产状不规则,厚度变化大,岩性很不均一,所以其强度和透水性相差悬殊。

致密状玄武岩的重度、密度较大,强度高,抗风化能力较强,可作为良好的地基和建筑材料。但玄武岩常具有气孔状构造和原生柱状节理,使岩石强度降低,透水性增强。第四系多期性喷发的玄武岩,常覆盖在松散堆积物或软弱岩层上,这就需要考虑该层玄武岩体本身是否稳定,下伏岩层是否会产生沉降变形,接触带是否漏水等。玄武岩柱状节理发育,可形成陡坡,常产生崩塌现象。

流纹岩的斑晶较细,基质多为玻璃质,常具流纹状构造,岩性各向异性,强度变化也较大。

地壳表层出露的火成岩以花岗岩和玄武岩的分布为最广,我国东南沿海如浙、闽地区,流纹岩也有较广泛的分布。

单元四 沉积岩

沉积岩又称为水成岩,是地表或接近于地表的岩石在常温、常压条件下,遭受风化剥蚀破坏的产物,经搬运、沉积和固结成岩作用形成的岩石。沉积岩的最显著的外观特征是成层性,其次还是三大类岩石中唯一可包含大量动植物化石的岩石,这一特点与岩层的厚度、层内物质构成、岩层颜色以及层面特征都反映了岩石形成时的地球环境特征。因其状如书页的形态加上每一页(层)上大量的地质历史信息使沉积岩赢得了“地质历史的书页”之称。

沉积岩在地表分布极广,是地球表面分布最广泛的一类岩石。其质量不到地壳总质量的5%,但却覆盖了地球表面3/4的面积。许多矿产资源如石油、天然气、煤、有色金属等都蕴藏在沉积岩中。同时,沉积岩也是地下水的储集层,还有各种工程建筑如水库大坝、房屋建筑、道路、桥梁等几乎都以沉积岩为地基,沉积岩本身也是建筑材料的重要来源,因此研究沉积岩的物质成分、结构与构造特征有重要的实际意义。

一、沉积岩的物质成分特征

组成沉积岩的物质主要是母岩的风化产物,因此沉积岩的化学成分和矿物成分与母岩有着不可分割的联系。然而,风化、搬运、沉积和成岩等一系列地质作用对母岩物质的改造,使沉积岩的化学成分和矿物成分又有自己的特征。

(一)化学成分特征

沉积岩物质成分主要来源于先成的各种岩石的碎屑、矿物和溶解物质,但归根结底是来源于岩浆岩的风化产物,因此沉积岩的化学成分与岩浆岩基本相似,主要由SiO_2、Al_2O_3、Fe_2O_3、FeO、CaO、MgO、Na_2O、K_2O、H_2O、TiO_2及CO_2等10多种氧化物组成。然而由于沉积岩是在常温常压下、氧化环境、水分丰富的条件下形成的,与岩浆岩成因截然不同,所以在化学成分方面与岩浆岩也有一些重大差异。这些差异主要表现在:

(1)在Fe_2O_3和FeO的对比关系上:在沉积岩和岩浆岩中铁的总量大致相同。但沉积岩中Fe_2O_3的含量多于FeO,而岩浆岩中则FeO的含量略多于Fe_2O_3,这显然是沉积岩形成于地表富含自由氧的条件下使大部分Fe^{2+}氧化为Fe^{3+}所致。

(2)在Na_2O和K_2O的对比关系上:沉积岩中K_2O的含量多于Na_2O,而岩浆岩中则相反。其主要原因是岩浆岩风化分解后产生的Na_2O常形成易溶盐类(氯化物、硫酸盐类),溶于海水当中。而含钾矿物如白云母在地表条件下相当稳定,黏土矿物又易于吸附钾,故母岩中的K_2O大部分含在白云母碎屑和黏土吸附物中进入沉积岩。

(3)沉积岩中富含H_2O和CO_2,还有沉积岩中常含有较多的有机质成分,而在火成岩中没有有机质,H_2O和CO_2的含量也极微。这显然是由于沉积岩形成于地表条件下所致。

(二)矿物组成

组成沉积岩的矿物有160余种,但常见的仅有20多种。如石英、长石、云母、黏土矿物、方解石、白云石、菱铁矿、石膏、硬石膏、石盐、铁及锰的氧化物和氢氧化物。但每种沉积岩一般由13种主要矿物组成。组成沉积岩的矿物成分按成因有下列几种类型。

1. 碎屑物质

碎屑物质是指原岩经风化破碎而生成的呈碎屑状态的物质,包括岩石碎块、碎屑矿物和火山碎屑三大类物质。碎屑矿物又称为继承矿物,是指原岩经过风化后继承下来的抗风化能力较强的石英、长石、白云母等原生矿物颗粒。火山碎屑是指火山喷出的岩浆冷凝碎屑以及火山通道内和四壁岩石碎屑,主要指火山灰、火山砾、火山块等物质。

2. 黏土矿物

黏土矿物主要是由含铝硅酸盐类的原岩经化学风化作用分解后所产生的新矿物,如高岭石、伊利石、蒙脱石等。黏土矿物粒径小于0.005 mm,具有很大的亲水性、可塑性及膨胀性。

3. 化学沉积矿物

化学沉积矿物是从真溶液或胶体溶液中沉淀出来的或经生物化学沉积作用形成的矿物,如方解石、白云石、石膏、岩盐、铁和锰的氧化物或氢氧化物等。

4. 有机质及生物残骸

有机质及生物残骸是由生物残骸经有机化学变化而形成的矿物,如贝壳、珊瑚礁、硅藻土、泥炭、石油等。

5. 胶结物

在沉积岩的组成物质中还有另外一种特殊的成分——胶结物,这些胶结物通过矿化水的运动被带到沉积物中,并把松散沉积物颗粒胶结起来。它们来自原始沉积物矿物的溶解和再沉淀的物质,对沉积岩的颜色、坚硬程度有很大影响。常见的胶结物有以下几种:

(1)硅质。胶结物成分为SiO_2,呈灰白,所胶结岩石坚固,强度高,抗水性和抗风化性强。

(2)铁质。胶结物成分为$Fe(OH)_3$和Fe_2O_3,呈黄褐色或砖红色,强度仅次于硅质胶结物。

(3)钙质。胶结物成分为Ca、Mg的碳酸盐,呈灰白色,强度比较低,具有可溶性,与稀盐酸作用起泡。

(4)泥质。胶结物成分为黏土,多呈黄褐色,所胶结的岩石硬度小,强度低,易碎,易风化,遇水后易泡软松散。

(5)石膏质。胶结物成分为$CaSO_4$,具有可溶性,硬度小,强度低,胶结不紧密。

二、沉积岩的颜色

颜色是沉积岩最醒目的标志,它反映了岩石的成分、结构和成因。地质工作者对颜色比较重视,描述岩石时总把颜色放在最前面,并把它作为分层、对比和推断古地理条件的重要标志之一。

沉积岩的颜色按成因可分为原生色和次生色。原生色又可分为继承色和自生色。

(1)继承色。继承色取决于碎屑物质的颜色,常为碎屑岩所具有。如纯石英砂岩呈白色,是由无色透明的碎屑石英造成的;长石砂岩呈肉红色是因碎屑长石是浅红色,而长石是由花岗岩中的浅红色长石机械破坏而来,故叫继承色。

(2)自生色。自生色取决于沉积和成岩阶段形成的自生矿物的颜色,为大部分黏土岩、化学岩和部分碎屑岩所具有的颜色。如含Fe^{3+}的就呈红色或黄褐色;海绿石砂岩呈绿色,是因其中含有绿色的自生矿物海绿石。

(3)次生色。次生色是在后生作用或风化作用过程中,原生色发生次生变化而形成的。

如露头上所见的红褐色砂岩，有时可能是原来的黄铁矿、菱铁矿氧化生成红褐色的褐铁矿所致。

原生色的特点是在同一层内常稳定不变；而次生色则呈斑点状，或沿裂隙空洞分布，可切穿层理，在风化带发育。沉积岩的原生色一般反映了岩石的特殊组分的沉积环境。例如，由方解石组成石灰岩本应呈白色，但含有机质时，多呈深灰色至灰黑色，显示是还原环境中沉积形成的。呈红色、褐红色、黄棕色的沉积岩，一般含 Fe、Al 的氧化物或氢氧化物，反映岩石在氧化条件下生成，是浅水、炎热气候环境中的产物。绿色岩石则代表弱氧化或弱还原的介质条件。

一般来说，沉积岩粒度越细、越潮湿，观察面越阴暗，颜色越深；反之则浅。在自然界常见的是原生色和次生色都有的混合色。描述颜色必须观察岩石的新鲜面，并说明是在怎样的状态下观测的。

三、沉积岩的结构与构造

（一）沉积岩形成过程

沉积岩形成的条件和方式决定其结构与构造，因此需先了解沉积岩的形成过程。沉积岩的形成是一个漫长而复杂的外力地质作用过程，一般都经过松散破碎、搬运作用、沉积作用、成岩作用四个阶段。

1. 松散破碎阶段

地表或接近地表的岩石，在温度变化、大气、水及生物长期的作用下，使原来坚硬完整的岩石，逐渐破碎成大小不同的碎屑，甚至改变了原来岩石的矿物成分和化学成分，形成一种新的风化产物。

2. 搬运作用阶段

岩石风化作用的产物，除少部分残留原地堆积外，大部分被剥离原地经流水、风及重力作用等，搬运到低地。在搬运过程中，不稳定成分继续受到风化破碎，破碎物质经受磨蚀，棱角不断磨圆，颗粒逐渐变细。

3. 沉积作用阶段

当搬运力逐渐减弱时，被携带的物质便陆续沉积下来。在沉积过程中，大的、重的颗粒先沉积，小的、轻的颗粒后沉积。因此，具有明显的分选性。最初沉积的物质呈松散状态，称为松散沉积物。

4. 成岩作用阶段

松散沉积物堆积越来越厚，在上覆物质的压力和一些胶结物质作用下，便逐渐使沉积物质压密、脱水、孔隙减小、固结而形成坚硬的岩石。这种作用也称为固结成岩作用。

（二）沉积岩的结构

沉积岩的结构是指组成岩石的物质颗粒大小、形状及其组合，它是沉积岩分类、命名的重要依据。沉积岩的结构随其成因类型的不同而各具特点，主要有以下几种。

1. 碎屑结构

碎屑结构是指碎屑物质被胶结物胶结起来的一种结构，是碎屑岩最基本的结构。碎屑物质包括岩石碎屑、矿物碎屑、石化的生物遗体及碎片和火山碎屑物等。碎屑结构又可以按粒度、分选性、磨圆度和胶结类型等进行细分。

1）粒度

碎屑颗粒的大小称为粒度。在碎屑岩中粒度的变化是连续的，为了研究和应用方便，将它分为一系列等级，称为粒级。按碎屑颗粒的大小划分为三个粒级和相应的碎屑结构：

（1）砾级。粒径大于 2 mm——砾状结构。

（2）砂级。粒径为 0.05 ~ 2 mm——砂状结构。

（3）粉砂级。粒径为 0.005 ~ 0.05 mm——粉砂状结构。

2）分选性

在自然界中由一个粒级碎屑单独组成的岩石很少，多数是由几个粒级的碎屑混合而成的。

在碎屑岩中相同粒级的碎屑颗粒相对集中程度称为分选性。分选性按同一粒级碎屑颗粒集中程度表示。如同一粒级碎屑颗粒达 75% 以上者，为分选性好；同一粒级碎屑颗粒达 50% ~ 75% 者，为分选性中等；小于 50% 者，为分选性差。

3）磨圆度

磨圆度是指碎屑颗粒的棱和角被磨蚀圆化的程度，一般分为四级，如图 1-38 所示。

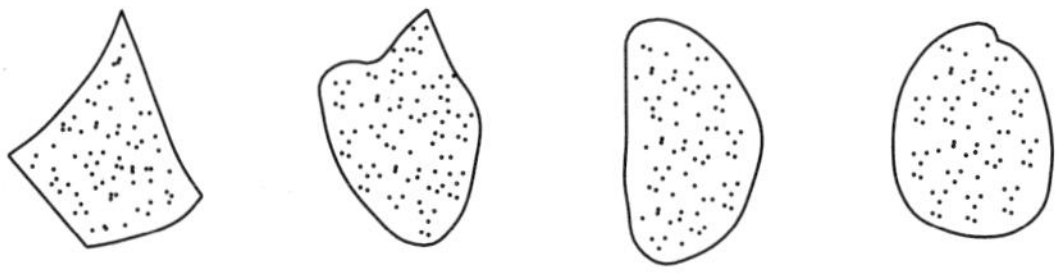

(a)棱角状　(b)次棱角状　(c)次圆状　(d)滚圆状

图 1-38　碎屑颗粒磨圆度分级

（1）棱角状结构。棱角尖锐，说明碎屑颗粒未经搬运或搬运距离很短。

（2）次棱角状结构。碎屑颗粒的棱和角稍有磨蚀，但棱和角仍清晰可辨，说明碎屑经过短距离搬运。

（3）次圆状结构。棱角有显著磨损，但碎屑的原始轮廓尚可看出，说明碎屑经过较长距离搬运。

（4）滚圆状结构。棱角已全部磨圆，碎屑的原始轮廓消失，说明碎屑经过长距离搬运和磨损。

4）胶结类型

胶结类型是指碎屑物与填隙物（包括胶结物和杂基）之间的关系，主要有以下三种类型（如图 1-39 所示）：

（1）基底胶结。当胶结物含量较多时，碎屑颗粒孤立地分散于胶结物之中，互不接触，且距离较大，此时碎屑颗粒散布在胶结物的基底之上，故称为基底胶结。这种胶结方式通常较牢固，其牢固程度视胶结物成分而定。它通常是高密度流（如浊流、泥石流）快速堆积的产物。

（2）孔隙胶结。当胶结物含量不多时，碎屑颗粒互相接触，胶结物充填在颗粒之间的孔隙中，称为孔隙胶结，其牢固程度很不均一，同种胶结物情况下通常牢固性比基底胶结差。表明碎屑颗粒的沉积早于胶结物，常为稳定的持续的簸选动力环境，如河流边滩、滨海波浪带的海滩。

（3）接触胶结。只有在颗粒接触处才有胶结物胶结，故胶结物的数量很少，颗粒间的孔

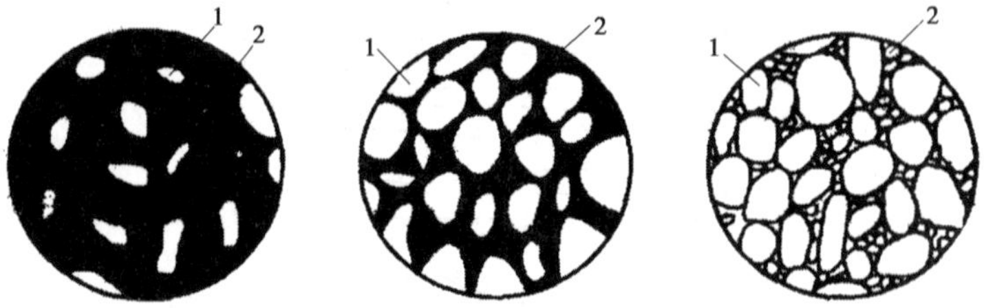

(a)基底胶结 (b)孔隙胶结 (c)接触胶结

1—碎屑颗粒;2—胶结构

图1-39 沉积岩的胶结类型

隙大都是空洞时,透水性强,这种胶结方式最不牢固。如在干旱区的砂层,溶液由毛细管作用上升,在碎屑颗粒接触点处沉淀而成。

碎屑岩胶结物的种类和胶结类型与岩石的工程性质密切相关。硅质胶结的岩石坚硬,而泥质胶结的岩石松软;基底胶结牢固,而接触胶结的牢固程度最差。所以,研究碎屑结构时不仅要分析胶结物的成分,还应注意其胶结类型。

2. 泥质结构

泥质结构指由大量颗粒粒径小于0.005 mm的细小碎屑和黏土矿物组成的结构。外观呈均匀致密的泥质状态,特点是手摸有滑感,用刀切呈平滑面,断口平坦。泥质结构是泥岩、页岩等黏土岩的主要结构。

3. 晶粒结构(化学结构)

由溶液中沉淀或重结晶,纯化学成因所形成的结构,如粒状结晶结构、致密状结构(隐晶质结构)、鲕状及结核状等,它是溶液溶质达到过饱和后逐渐积聚生成的。晶粒结构是石灰岩、白云岩等化学岩的主要结构。

4. 生物化学结构

岩石几乎全部是由生物遗体与碎片组成的结构,是生物化学岩所具有的结构,如生物碎屑结构、贝壳结构、珊瑚结构等。

(三)沉积岩的构造

1. 层理构造

沉积岩最重要的一个特征是成层产出,也就是说具有层理构造,是区别岩浆岩和变质岩的主要标志。沉积岩在形成过程中,是一层一层逐渐沉积下来的,不同时期、不同环境,其沉积物的颜色、矿物成分、颗粒大小等方面的差异或变化显示出成层现象叫层理。

当沉积物连续不断沉积,在成分上基本均匀一致的沉积组合称为层,相邻两个层之间的界面叫层面。一个单元岩层上、下层面之间的垂直距离称为岩层厚度。根据岩层的厚度可分为巨厚层(>1 m)、厚层(0.5~1 m)、中厚层(0.1~0.5 m)和薄层(<0.1 m)。岩层的厚度可在一定范围内保持不变,也可以在横向或纵向上变厚或变薄、尖灭或呈透镜状,如图1-40所示。

根据层理的形态和成因,层理可分为下列三种类型,如图1-41所示,不同类型的层理反映了当时形成的地理环境的变化。

1)水平层理

层理面与层面相互平行呈水平状,称为水平层理,如图1-41(a)所示,主要见于细粒岩

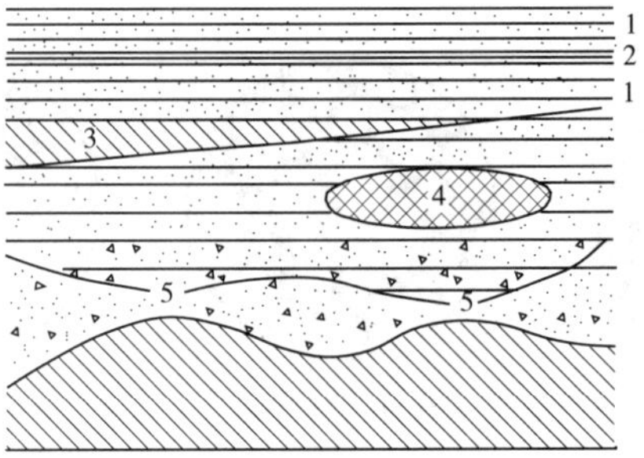

1—层状岩层;2—夹层;3—尖灭层;4—透镜体;5—狭缩

图 1-40 沉积岩的产状

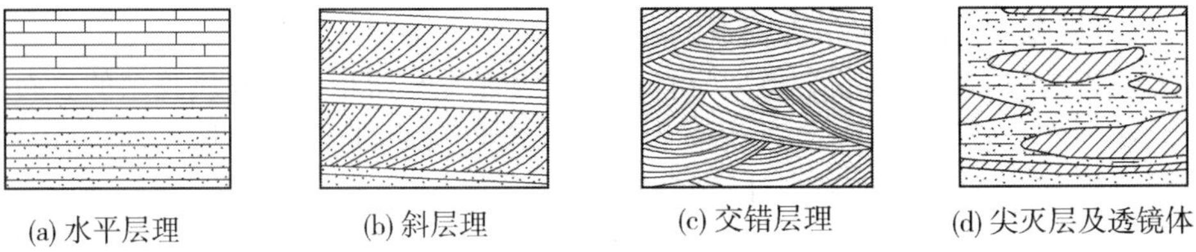

图 1-41 沉积岩层理形态示意图

石(如黏土岩、粉细砂岩等)中。说明是在沉积环境比较稳定的条件下形成的,如广阔的海洋和湖底、河流的堤岸带等,从悬浮物或溶液中缓慢沉积而形成。

2)斜层理

层内微细层理向一个方向倾斜,与另一组水平层理成角度相交,称为斜层理,如图 1-41(b)所示。这种层理在河流及滨海三角洲的沉积物中均可见到,主要是由单向水流造成的。

3)交错层理

不同方向斜层理相互交错,称为交错层理,如图 1-41(c)所示。交错层理经常出现在风成沉积物(如沙丘)或浅海沉积物中,是由于风向或水流动方向变化而形成的。

4)尖灭层及透镜体

有些岩层一端厚,另一端逐渐变薄以至消失,这种现象称为尖灭层。若岩层中间厚,向两端不远处的距离内尖灭,则称为透镜体,如图 1-41(d)所示。

2. 层面构造

未固结的沉积物,由于搬运介质的机械原因或自然条件的变化(风、流水)及生物活动,在层面上留下的痕迹并被保存下来,如波痕、泥裂、雨痕,称为层面构造。

1)波痕

波痕是指沉积物在沉积过程中,由于风力、流水或海浪等的作用,在沉积岩层面上保留下来的波浪痕迹,如图 1-42 所示。

2)泥裂

黏土沉积物表面由于失水收缩而开裂成不规则的多边形裂隙,称为泥裂。泥裂的裂缝上宽下合,常被泥沙等物质填充,如图 1-43 所示。

3)雨痕

雨痕是指在沉积物表面经受雨滴打击遗留下来的痕迹。

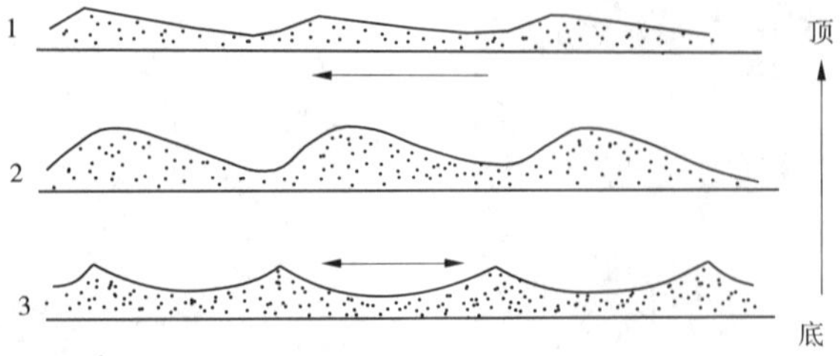

1—风成波痕;2—水流波痕;3—浪成波痕

图 1-42 各种不同成因波痕

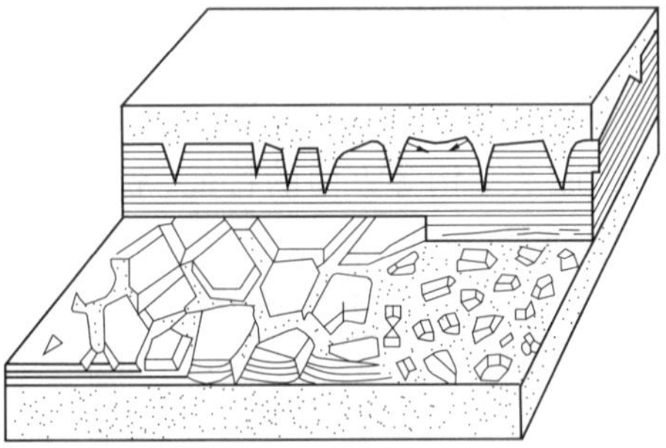

图 1-43 泥裂生成、掩埋示意图

3. 结核

在沉积岩中,含有一些在成分上与围岩有明显差别的物质团块称为结核。结核由某些物质集中凝聚而成,外形常呈球形、扁豆状及不规则形状。如石灰岩中的燧石结核主要是SiO_2在沉积物沉积的同时以胶体凝聚方式形成的;黄土中的钙质结核是地下水从沉积物中溶解 $CaCO_3$后在适当地点再结晶凝聚形成的。

4. 化石

沉积岩中常保存有各种生物的化石,即生物的遗体和遗迹(动物的骨骼、甲壳、蛋卵、足迹及植物的根、茎、叶等),经石化交代作用保留下来称为化石,如图 1-44 所示,如树木化石、三叶虫化石、鱼类化石等,是沉积岩的重要特征。化石是推断沉积物的古地理、古气候变化的主要依据之一,也是划分地层地质年代的重要依据之一。

(a)鳞木 (b)雷氏三叶虫

图 1-44 几种典型化石

(c)鱼

(d)青蛙

续图 1-44

四、沉积岩分类及常见的沉积岩

（一）沉积岩分类

依据沉积岩的成因、物质组成及结构等方面的特征，常将沉积岩分为碎屑岩类、黏土岩类、化学及生物化学岩类三大类，见表 1-11。

表 1-11　沉积岩分类

<table>
<tr><th colspan="2" rowspan="2">岩类</th><th colspan="2" rowspan="2">结构</th><th rowspan="2">主要矿物成分</th><th colspan="2">主要岩石</th></tr>
<tr><th>松散的</th><th>胶结的</th></tr>
<tr><td rowspan="6">碎屑岩类</td><td rowspan="3">火山碎屑岩</td><td rowspan="6">碎屑结构</td><td>粒径 >100 mm</td><td>熔岩碎块、火山灰尘</td><td>火山块、火山弹</td><td>火山集块岩</td></tr>
<tr><td>粒径 100 ~ 2 mm</td><td>熔岩碎屑、晶屑、玻屑</td><td>火山碎屑</td><td>火山角砾岩</td></tr>
<tr><td>粒径 <2 mm</td><td>火山灰</td><td>火山灰</td><td>凝灰岩</td></tr>
<tr><td rowspan="3">沉积碎屑岩</td><td>砾状结构（粒径 >2 mm）</td><td>岩石碎屑、岩块</td><td>角砾、碎石、块石</td><td>角砾岩、砾岩</td></tr>
<tr><td>砂质结构（粒径 2 ~ 0.05 mm）</td><td>多为耐风化的矿物如石英、长石、白云母及岩石碎屑</td><td>砂土</td><td>石英砂岩、长石砂岩、岩屑砂岩</td></tr>
<tr><td>粉质结构（粒径 0.05 ~ 0.005 mm）</td><td>多为石英，次为长石、白云母及很少岩石碎屑</td><td>粉砂土</td><td>粉砂岩</td></tr>
<tr><td colspan="2" rowspan="2">黏土岩类</td><td colspan="2" rowspan="2">泥质结构（粒径 <0.005 mm）</td><td>黏土矿物为主，含少量石英、云母等</td><td>黏土</td><td>泥岩</td></tr>
<tr><td>黏土矿物，有的含有机质</td><td></td><td>页岩</td></tr>
<tr><td colspan="2" rowspan="5">化学及生物化学岩类</td><td rowspan="5">晶粒结构及生物结构</td><td rowspan="2">致密状、粒状、鲕状</td><td>方解石为主，次为白云石</td><td></td><td>石灰岩、泥灰岩</td></tr>
<tr><td>白云石、方解石</td><td></td><td>白云质灰岩、白云岩</td></tr>
<tr><td rowspan="3">结核状、鲕状、纤维状、致密状</td><td>石英、蛋白石、硅胶</td><td>硅藻土</td><td>燧石岩、硅藻岩</td></tr>
<tr><td>钾、钠、镁的硫酸盐及氯化物</td><td></td><td>石膏、岩盐、钾盐</td></tr>
<tr><td>碳、碳氢化合物、有机物</td><td>泥岩</td><td>煤、油页岩</td></tr>
</table>

(二)常见的沉积岩

1. 碎屑岩类

1)火山碎屑岩

火山碎屑岩包括火山集块岩、火山角砾岩和火山凝灰岩。

火山碎屑岩是由火山喷发的碎屑物质在地表经短距离搬运或就地沉积而形成的。在火山活动时,除溢出熔岩流形成各类喷出岩外,还喷出大量的碎屑物质。火山喷发出的碎屑物质按其形状和大小可分为火山弹(粒径 >100 mm)、火山砾(粒径 100 ~2 mm)及火山灰(粒径 <2 mm)等。这些物质堆积在火山口周围,固结成各种复杂的火山碎屑岩。火山碎屑岩按碎屑物质粗、细可分为以下几类:

(1)火山集块岩。由 50% 以上粒径大于 100 mm 的火山碎块组成,碎屑大部分带有棱角,胶结物主要为火山灰和一些细小的碎屑物质,呈集块结构,岩块坚硬。

(2)火山角砾岩。粒径 100 ~2 mm 的碎屑占 50% 以上,碎屑具有棱角或稍加磨圆,胶结物为火山灰、火山角砾结构,块状构造。

(3)火山凝灰岩。由粒径小于 2 mm 的火山灰组成,碎屑多具棱角,分选性差,凝灰结构,重度小,易风化为蒙脱石,遇水膨胀、软化,强度低,抗压强度一般为 8 ~75 MPa。由于火山凝灰岩含有的玻璃质矿物较多,常作水泥原料。

2)沉积碎屑岩

沉积碎屑岩包括砾岩和角砾岩、砂岩、粉砂岩。

(1)砾岩和角砾岩。碎屑岩中颗粒粒径大于 2 mm 的碎屑颗粒称为砾石或角砾。圆状和次圆状且砾石含量大于 50% 的岩石称为砾岩。如果砾石为未被磨圆且呈棱角状或次棱角状,称为角砾岩。砾岩和角砾岩主要由岩屑组成,矿物成分多为石英、燧石,胶结物有硅质、泥质、钙质或其他化学沉淀物。胶结物的成分与胶结类型对砾岩的物理力学性质有很大影响,如硅质基底胶结的石英砾岩非常坚硬,难以风化,而泥质胶结的砾岩则相反。

(2)砂岩。由 50% 以上的砂粒胶结而成的岩石。根据颗粒大小、含量不同,砂岩可分为粗粒、中粒、细粒及粉粒砂岩。按颗粒的主要矿物成分,砂岩又可分为石英砂岩、长石砂岩、碎屑砂岩和粉砂岩等。①石英砂岩(石英含量大于 95%)一般为硅质胶结,呈白色,质地坚硬。②长石砂岩(长石含量大于 25%)呈浅红色或浅灰色,颗粒圆度、分选性都较差,中粗粒居多。③碎屑砂岩成分复杂,色暗,表面粗糙,颗粒的圆度及分选性较差。④粉砂岩中颗粒粒径为0.05 ~0.005 mm 的颗粒含量大于 50%,成分以石英为主,常含有云母,颗粒圆度差,泥质含量高,常有水平层理。砂岩的强度较高,但遇水浸泡后强度则会大大降低,尤其泥质胶结的砂岩,性能较差,钙质胶结的砂岩易被酸性水溶蚀。

(3)粉砂岩。由直径 0.075 ~0.005 mm 的砂粒经胶结而生成。粉砂岩成分以石英为主,其次是长石、云母和岩石碎屑。

2. 黏土岩类

黏土岩(又称为泥质岩)。黏土岩是沉积岩中分布最广的一类,是指主要由粒径小于 0.005 mm 的颗粒组成的,含大量高岭石、伊利石、蒙脱石的黏土矿物的岩石。此外,黏土岩还含有少量的石英、长石、云母和碳酸盐(方解石、白云石等),以及有机质(煤、石油)。大多数黏土岩属于母岩风化产物经过机械搬运沉积而生成。黏土岩一般都具有可塑性、吸水性,耐火性,有重要的工程意义。常见的黏土岩有两种,即泥岩和页岩。

(1)泥岩。是固结程度较高的一种黏土岩,以层厚和页状构造不发育为特征,层理不明显,呈块状构造。泥岩一般为土黄色,常因混入钙质、铁质等而使颜色发生变化。固结不紧密、不牢固,强度低,遇水易软化且强度显著降低,饱水试样的抗压强度可降低50%左右。

(2)页岩。以具页片状构造为特征,层理十分发育,很容易沿层理方向裂开成薄片,岩性致密均一,强度小,不透水,有滑感,颜色多为土黄色或黄绿色,如含较多的炭质或铁质,则岩石相应呈黑色或褐红色。页岩由于基本不透水,通常作为隔水层。但页岩质地松软,易于风化呈碎片,强度低,遇水易软化,抗滑稳定性差。

3. 化学和生物化学岩类

这类岩石是沉积盆地中化学或生物化学作用的产物,由碳酸盐组成的岩石,以石灰岩分布最为广泛,其次为白云岩。多数岩石结构致密,性质坚硬,强度高,但具有可溶性,在水流作用下形成溶蚀裂隙、洞穴、地下河等。

(1)石灰岩。石灰岩简称灰岩,俗称青石,主要化学成分为碳酸钙,矿物成分以结晶的细粒方解石为主,含少量白云石等矿物,颜色多为深灰色、浅灰色,质纯灰岩呈白色,具有致密状、鲕状、竹叶状等结构,性脆。石灰岩,常含有大量生物介壳、骨骼的碎片,遇酸剧烈起泡可作为鉴别标志。石灰岩具有可溶性,所以在石灰岩发育地区,常形成石林、溶洞等自然景观。

(2)白云岩。主要由白云石组成,常含有少量的方解石、石膏、燧石、黏土等矿物,颜色多为灰白色、浅灰色,含泥质时呈浅黄色,隐晶质或细晶粒状结构。白云岩与石灰岩的外貌很相似,但白云岩加冷稀盐酸不起泡或微弱起泡,只有在加热的稀盐酸中才起泡,在野外露头上常以许多纵横交叉似刀砍状的溶沟为其特征。

(3)泥灰岩。石灰岩中均含有一定数量的黏土矿物,含量达30%~50%时称为泥灰岩。泥灰岩颜色有灰色、黄色、褐色、红色等,它与石灰岩区别,泥灰岩滴盐酸起泡后留有泥质斑点。它是黏土岩和石灰岩之间的过渡类型。

五、沉积岩的水文地质与工程地质特征

沉积岩的层理构造,使得岩层的工程地质性质显示出各向异性,而且不同类型的沉积岩其水文地质与工程地质特征也相差较大。

(一)胶结的碎屑岩

胶结的碎屑岩包括砾岩、砂岩和粉砂岩,其水文地质与工程地质特征主要取决于胶结物成分、胶结类型和碎屑颗粒成分。

1. 碎屑岩的水文地质特征

碎屑岩的含水性和透水性主要取决于岩石本身的孔隙率及孔隙的连通情况。通常采用有效孔隙率来衡量,它是岩石中互相连通的孔隙空间体积与岩石总体积的百分数。岩石孔隙率的大小与碎屑结构(粒度、分选性、颗粒排列情况)有关。碎屑粒度越均匀,棱角越少,则孔隙率越长。另外,它还与胶结类型和胶结物成分有关,基底式胶结孔隙率最小,孔隙式胶结孔隙率次之;接触式胶结孔隙率最大。一般情况下,孔隙率大则连通情况好。但也有例外,砂砾岩孔隙率虽小(30%左右),但孔隙大,孔隙连通好,故透水性好,可成为含水层。

2. 碎屑岩的工程地质特征

碎屑岩的工程地质特征主要取决于胶结物成分、胶结类型及碎屑的成分和性质。如硅

质胶结的岩石，强度高，抗水性强；钙质、石膏质和泥质胶结的岩石，强度低，抗水性弱，在水的作用下，可溶解或软化。此外，基底式胶结的岩石比较坚固，且强度高，透水性较弱；接触式胶结的岩石则强度较低，透水性较强；而孔隙式胶结的岩石，其强度和透水性介于两者之间。一般情况下，粉砂岩强度较砂砾岩差，其中硅质胶结的石英砂岩，强度比其他砂岩要高；而钙质、石膏质和泥质胶结的砂砾岩，尤其粉砂岩，强度极低，抗风化能力弱，遇水容易溶解或软化。

多数凝灰岩及凝灰质砂岩结构疏松，强度低，极易风化成蒙脱石等黏土矿物，遇水后易吸水膨胀、软化，在工程建筑上应特别予以注意。

（二）黏土岩

1. 水文地质特征

总的来说，黏土岩是不透水层，具有隔水性能，常用作隔水层和防渗层。但受到构造变动产生裂隙时，也可以沟通相邻含水层的地下水。含有易溶矿物的黏土岩（如钙质页岩）由于易溶矿物被溶解，岩石中产生大量的溶洞、溶缝，也可以储集地下水。

2. 工程地质特征

黏土岩强度低，特别是抗剪强度低，遇水易崩解、软化或泥化，可引起岩层滑动，因而常成为控制岩体稳定的关键。黏土岩风化后易成碎片，故属于半坚硬的岩石。黏土岩的这种力学性质很大程度上取决于本身的化学成分和黏土矿物的种类，如炭质、泥质和钙质成分较高的黏土岩，很易软化和风化，而硅质页岩则不易软化和风化。因此，在黏土岩分布区考虑工程地质条件时，要特别注意黏土岩成分的研究和浸水后的软化程度。

（三）化学岩及生物化学岩

化学岩及生物化学岩抗水性弱，常具有不同程度的可溶性。硅质成分化学岩的强度较高，但性脆易裂，整体性差。碳酸盐类岩石如石灰岩、白云岩等具中等强度，一般能满足水工设计要求，但存在于其中的各种不同形态的喀斯特，往往成为集中渗漏的通道，在坝址和水库的地质勘察中，应查清喀斯特的发育及分布规律。易溶的石膏、岩盐等化学岩，往往以夹层或透镜体存在于其他沉积岩中，质软，浸水易溶解，常常导致地基和边坡失稳。

上述各类沉积岩都具有成层分布规律，存在着各向异性特征，因此在工程建设中尚需特别重视对其成层构造的研究。另外，砂岩、砾岩和石灰岩的孔隙率较大时，往往储存有较丰富的地下水资源，一些水量较大的泉流，大多位于石灰岩分布区或其边缘部位，是重要的水源地。

单元五　变质岩

地壳运动、岩浆活动等所造成的物理化学条件的变化，使地壳中原已生成的岩石（无论是岩浆岩、沉积岩或是早已生成的变质岩）在基本保持固体状态的条件下成分、结构、构造发生一系列改变（改造和转变）的作用，称为变质作用。由变质作用形成的新的岩石称为变质岩。由岩浆岩所形成的变质岩，称为正变质岩；由沉积岩所形成的变质岩，称为副变质岩。

变质岩在地球的发展演化过程中占有重要的地位。地壳形成历史的7/8的时间是前寒武纪，前寒武纪的岩石几乎全为变质岩。变质岩的分布占大陆面积的1/5以上。

我国的变质岩分布较广。如华北地台基底的结晶片岩、片麻岩；扬子准地台浅变质的板岩、千枚岩;地台之间古生代以后的各造山带也出露有各种类型的变质岩。在变质岩中还赋存有大量的金属和非金属矿产,其中铁矿的储量尤为丰富,如著名的鞍山式铁矿、大冶式铁矿均产于变质岩之中。再者,变质岩的结构、构造较之原岩已有所不同,岩石的强度和透水性等均有很大的变化,具有新的水文、工程性能,因此变质岩的研究对矿产和地下水的寻找以及建筑工程设施的布置,均有重要的意义,对于追溯地球的历史也是有帮助的。

一、变质作用的影响因素

影响和控制变质作用发生的主要因素有温度、压力及具有化学活动性的流体(气体和溶液),它们主要来源于地壳运动和岩浆活动,故变质作用属于内力地质作用。

(一)温度

温度是热力的标志,是变质作用得以进行的能量来源,所以也是变质作用最主要和最积极的因素。大多数变质作用是在温度升高的条件下进行的。

变质作用热的来源包括三个方面:一是地热,当地壳下沉,使岩层接近深处时,受到主要来源于放射性元素的蜕变热的地热的影响;二是岩浆热,当岩浆侵入围岩时,岩石受到岩浆热能的影响;三是构造运动所产生的摩擦热,其影响范围较小。根据岩石熔融温度资料,目前认为变质作用高温界限不超过 850 ~ 900 ℃(岩浆作用温度下限)。

岩石在高温的作用下,可以引起两方面的变化:

(1)重结晶作用。岩石在高温作用下,会使内部质点的活力增强,导致质点重新排列,使晶粒变粗,称重结晶作用。例如石灰岩在高温下可以变成结晶较粗的大理岩。

(2)促进矿物成分间的化学反应,产生新的高温变质矿物,使岩石的矿物成分组合发生改变,这种反应向着吸热和脱水的方向进行。如硅质石灰岩当温度达到 470 ℃高温时,SiO_2 与 $CaCO_3$ 化合生成硅灰石,其反应式为

$$\underset{\text{方解石}}{CaCO_3} + SiO_2 \rightarrow \underset{\text{硅灰石}}{CaSiO_3} + CO_2\uparrow$$

在高温下,高岭石和其他黏土矿物可以变为红柱石,其反应式为

$$\underset{\text{高岭石}}{H_4Al_2Si_2O_3} \rightarrow \underset{\text{红柱石}}{Al_2SiO_5} + \underset{\text{石英}}{SiO_2} + 2H_2O$$

(二)压力

除温度条件外,岩石发生变质还需在一定的压力作用下进行,这种压力可根据作用的方式和性质分为静压力、粒间流体压力和定向压力三大类。

1. 静压力

静压力又称为均向压力,是指各个方向相等的围压,主要是由上覆岩石重量引起的,其数值近于上覆岩层的重量。通常用巴(b)或千巴(kb)来表示,1 巴等于 0.987 个大气压。岩石承受的静压力随其所处深度的增加而加大,根据岩石的平均比重计算,每加深 1 km,静压力则增加 0.275 kb。静压力也是变质作用的决定性因素之一,许多变质作用也是在压力升高的条件下达到一定限度后发生的。例如由红柱石变成蓝晶石(二者属同质异象,Al_2SiO_5),只有压力大于 5 kb 时才能出现这一转变,如图 1-45 所示。

静压力在变质过程中的主要作用如下:

(1)控制变质反应的方向,影响反应温度。例如硅质灰岩变成硅灰石大理岩的过程中

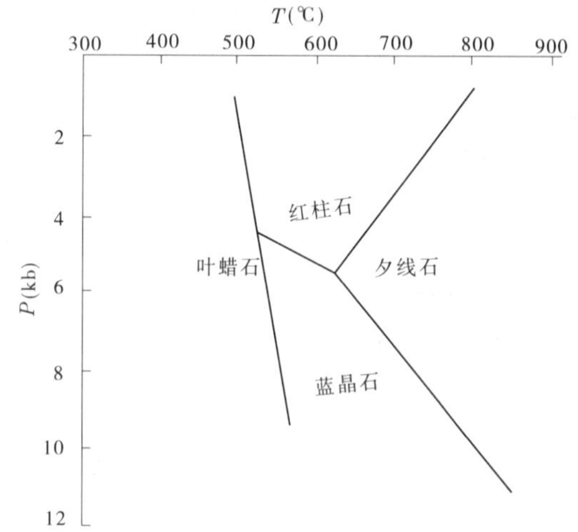

图 1-45 同质异象变形稳定的 P—T 范围(理查逊等,1969)

将产生 CO_2,若压力很高,CO_2 不能逸出,方解石即无法分解并同 SiO_2 发生反应生成硅灰石;若此时完成这一反应,必须提高反应温度,如图 1-46 所示。

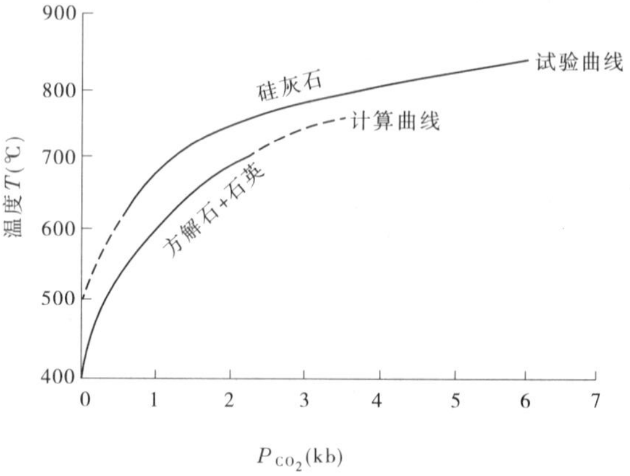

图 1-46 CO_2 饱和压力下形成硅灰石反应的 P—T 关系(Harker 等,1956)

(2)促使晶格紧密、密度大、摩尔体积小的矿物形成。例如辉长岩中的钙长石(密度为 2.76 g/cm^3)和橄榄石(密度为 3.4 g/cm^3)在高压下,可生成石榴子石(密度为 3.5 ~4.3 g/cm^3),其反应式为

反应矿物	$CaAl_2Si_2O_8$ +	$(Mg,Fe)_2SiO_4$ →	$Ca(Mg,Fe)_2Al_2[SiO_4]_3$
	钙长石	橄榄石	石榴子石
平均密度(g/cm^3)	2.76	3.4	3.9
摩尔体积(cm^3)	43.9	101.1	121.0

(3)压力决定某些变质矿物的同质异象变体,如蓝晶石(Al_2SiO_5),如图 1-45 所示,当温度为 600 ℃左右时,压力高于 5 kb 出现蓝晶石,否则形成红柱石。

应当指出的是,在变质过程中若温度不升高到一定限度,单是压力本身不会引起原岩矿物成分的明显改变。例如一些地区的古老岩层长期深埋于地壳内 10 ~20 km 深处,静压力可达 3 ~6 kb,但并未发生明显的变质现象,其原因盖源于此。

2. 粒间流体压力

粒间流体压力指存在于岩石颗粒之间,岩石的显微裂隙及毛细孔中的流体物质,主要为水、二氧化碳、氧等。它们的存在会对周围的物质,包括孔隙四周的壁、顶、底赋予一定的压力,这种压力就称为粒间流体压力。

在地壳浅部,裂隙发育,岩石的比重大于流体的比重,则静压力大于粒间流体压力。在地壳深部,裂隙不发育,上覆岩石的负荷压力全部传导给流体,则流体压力等于静压力。流体压力中各组分的分压分别记为 P_{H_2O}、P_{CO_2},…,其数值与各自的组分在流体中的相对摩尔分数成正比,流体总压力也等于各组分分压之和,即 $P_f = P_{H_2O} + P_{CO_2} + \cdots$。流体对涉及流体参与的变质反应的温度有一定的影响。如反应:

$$CaCO_3 + SiO_2 \rightarrow CaSiO_3 + CO_2 \uparrow$$

方解石　石英　硅灰石

当 P_{CO_2} 升高时,变质反应的温度增高,如图 1-46 所示。此外,流体压力的加大还可以促进岩石颗粒的重结晶作用。

3. 定向压力

定向压力又称为应力,是一种侧向压力,其强度在空间上变化较大,随构造运动的性质而定。在地壳活动带(造山带)及断裂带,构造运动强烈,因此产生很强的应力场,并且随着构造运动的发展,它的出现是有阶段性的,空间分布上也不均匀,一般近地表较强,随深度增加而减弱,但其绝对强度目前尚无确切资料。定向压力主要使岩石中的矿物变形和定向排列,形成变质岩中的常见构造——片理构造;使岩石破碎时形成碎裂构造。此外,岩石破碎后产生的裂隙使溶液易于流动,细碎的岩石或矿物粉粒也易于溶解,可间接地促进变质作用,出现一些低温变质矿物如绿泥石、绢云母等。

(三)具有化学活动性的流体

在变质作用过程中,虽然岩石基本保持固态,但仍然有少量流体参加。其成分以 H_2O 和 CO_2 为主,也有一些 F、Cl、B 等,流体总量不超过 1% ~2%。流体主要来自受变质的沉积岩,因为沉积岩平均含水率达 5.54%,CO_2 达 3.86%;一部分来自岩浆的分馏产物,也可能来自地壳深部上升的流体,即所谓“深部热液”。化学活动性流体所起的作用是:

(1)溶剂作用。它促使组分的溶解和扩散,从而加速重结晶作用和重组合作用;在交代作用中它可带入和带出组分,引起原岩成分的变化。

(2)构成变质矿物。流体中的 H_2O 和 CO_2 可直接参与变质反应而生成变质矿物,如在橄榄石变成蛇纹石和菱镁矿的反应中,H_2O 和 CO_2 的有无及多少将直接控制变质矿物的生成与否,其化学反应式如下:

$$2Mg_2SiO_4 + 2H_2O + CO_2 \rightarrow H_4Mg_3Si_2O_9 + MgCO_3$$

橄榄石　蛇纹石　菱镁矿

在变质岩中含 H_2O 或 $(OH)^-$ 的矿物很多,如沸石、绿泥石,角闪石、黑云母等,所以 H_2O 和 CO_2 的动态对变质岩的矿物成分影响很大。又如

$$3MgCO_3 + 4SiO_2 + H_2O \rightarrow Mg_3[Si_4O_{10}][OH]_2 + 3CO_2 \uparrow$$

菱镁矿　热水　滑石

(3)降低岩石的熔化温度。如花岗岩,当其不含 H_2O 时,在 950 ℃时熔融;而在高压下

饱含 H_2O 时，在(640±20)℃时就熔化了，这对混合岩化有重大影响。

化学活动性流体除对变质岩的形成有重大影响外，对变质成矿也起着重大作用，在变质过程中有用元素(Fe、Cu、P、B 等)的迁移与富集均有赖于此类液体。

应当指出，在变质过程中控制变质作用进行的各种物理因素(温度、压力)和化学因素(化学活动性流体)并不是孤立存在的，它们几乎是同时存在的，而且互相制约、互相影响，只是在不同地质条件下，在不同变质时期内，其中一个因素往往起主导作用，而其他则是次要因素。一般来讲，温度常常起最主要的作用，其次是静压力。仅在地壳浅部，当流体压力大于静压力时，流体才成为影响平衡的一个独立因素。应力对岩石的结构、构造和变质反应的速度有重要的影响，但它不是决定变质矿物共生组合的物化平衡因素。不管哪种因素都是岩石变质的外部条件，而这些条件必须通过岩石的内在因素即内部根据起作用。外因决定变质作用的方式与强度，如石灰岩在不同的温度条件下，重结晶的程度也不相同；而内因则决定变质产物的性质，如同是在岩浆温度影响下，石灰岩变成大理岩，砂岩可变成石英岩，或者几乎没有什么变化。

二、变质作用类型

根据引起岩石变质的地质成因和变质作用因素，变质作用主要分为四种类型，分别是接触变质作用、动力变质作用、区域变质作用和混合岩化作用，如图 1-47 所示。

Ⅰ—岩浆岩；Ⅱ—热接触变质作用

1—动力变质作用；2—热接触变质作用；3—接触交代变质作用；4—区域变质作用

图 1-47 变质作用类型示意图

(一)接触变质作用

接触变质作用是由于岩浆活动的侵入，在岩浆高温的影响下，使接触带的围岩发生重结晶或产生新矿物的作用。当地壳深处的岩浆上升侵入围岩时，围岩受岩浆高温的影响产生变质，所以这种变质作用仅局限在侵入体与围岩的接触带内，是一种局部性变质作用，常规模不大，距侵入体越远，围岩变质程度越浅；有时也可伴有热水溶液交代(化学成分的交换)作用，引起化学成分的变化。静压力和应力的作用较为次要。

根据变质过程中侵入体与围岩间有无化学成分的相互交代，接触变质作用可分为热接触变质作用和接触交代变质作用两种类型。

1. 热接触变质作用

热接触变质作用也称为热力变质作用,是由于岩浆侵入体释放的热能使接触带附近围岩的矿物成分和结构、构造等发生变化的一种变质作用。这种以高温为主导因素的作用主要表现为原岩成分的重结晶,产生新的矿物组合和新的结构、构造,而化学成分基本上没有发生变化,如石灰岩经重结晶变为大理岩、石英砂岩则变为石英岩等。

2. 接触交代变质作用

接触交代变质作用是由于岩浆成分结晶晚期析出的大量挥发成分和热液,通过交代作用使接触带附近的侵入体与围岩在岩性和化学成分上均发生变化的一种变质作用。这种作用与热接触变质作用的区别在于围岩温度升高的同时还有化学成分的进入和带出,如钾长石中钾与岩浆中钠离子交代形成钠长石。接触交代变质作用的特点是:在固态条件下进行,交代前后岩石的总体积几乎不变,原矿物的溶解和新矿物的形成几乎同时进行。接触交代变质作用主要发生在酸性、中性侵入体与石灰岩的接触带,而且往往产生矽卡岩。

(二)动力变质作用

动力变质作用也称为碎裂变质作用,是在构造运动产生的强构造应力作用下使原岩及其组成矿物发生变形、机械破碎及轻微的重结晶现象的一种变质作用。由于应力性质和强度不同,这种作用可形成断层角砾岩、糜棱岩等,同时有蛇纹石、叶蜡石、绿帘石等变质矿物产生。动力变质作用主要发生在岩层的强烈褶皱带,或沿断裂带呈条带状分布,分布范围不广,但是由于岩石受挤压而破碎,故容易风化,抗剪强度低,对工程建筑来说是不利的。

(三)区域变质作用

区域变质作用是与地壳的发生和发展密切相关的一种地质作用,它是由于地壳活动带在一定的发展阶段上地热流异常和构造运动的强应力场所导致的变质作用。地热流异常以其高值为特点,是区域变质作用的主要因素。地壳活动带是发生区域变质作用的基本地质背景,在该活动带内除区域变质作用外,尚可发生大规模的沉降、造山运动和岩浆活动,它们在发展时间上、空间分布上彼此相关。岩石常呈大面积或带状分布,长数百千米至数千千米,宽数十千米至数百千米,例如中欧的阿尔卑斯造山带,我国的山东泰山、山西五台山、河南嵩山等地的古老变质岩都是由区域变质作用形成的,并常伴有混合岩和岩浆岩。因此,可以简单理解区域变质作用是指由于大规模地壳运动和岩浆活动引起的高温高压作用下使地下深处广大地区岩石发生的变质作用。

区域变质作用因素以温度、定向压力、静压力为主,间或有流体作用;变质作用方式以重结晶、重组合为主;交代作用不占主导地位。因而在区域变质作用中原岩的化学成分基本不变,但所形成的岩石普遍具有结晶片理及其他定向性结构,低变质区常保留了某些矿物及结构、构造,而高变质区常伴随混合岩化作用及岩浆作用。

(四)混合岩化作用

这一类型变质作用是变质作用的一个最高发展阶段,是在变质作用的基础上,随地壳内部热流继续作用,原有变质岩的低熔组分(如石英)发生重熔或受深部流体的持续影响,使已成变质发生部分熔融状态下的结晶和交代成固体状态下的渗透、注入、交代,从而使原有岩石重新调整、改造成为成分不均匀、形态多样的、性质介于正常结晶片岩和岩浆岩之间的一类岩石的转化过程,常出现于中、大规模变质地区。在前寒武纪结晶基底和寒武纪后的一些变质活动带常广泛发育。

在变质活动带，混合岩化和花岗岩浆作用有密切的关系，它的出现与否以及发育程度如何，标志着变质演化阶段中的热流变化，也代表着变质作用的晚期特点。

变质作用过程基本上是在固态下进行的，所以变质岩的产状仍然保留了原生岩石的产状。但是由于受到强烈的挤压，原生岩石的产状也可能发生某些变化，例如原生岩体在压力作用方向上受到强烈的压缩等。

三、变质岩的特征

变质岩以其特有的变质矿物、结构和定向构造区别于岩浆岩和沉积岩。

（一）变质岩的化学成分

变质岩的化学成分取决于原岩的化学成分，另外还与变质作用类型的变质强度有关。在变质过程中，如果没有组分的带出和带入，则变质岩的化学成分基本上保持着原岩的化学成分。由于变质岩的原岩多种多样，化学成分也比较复杂。总的来说，不外乎以下十几种氧化物。主要有 SiO_2、Al_2O_3、Fe_2O_3、FeO、MnO、CaO、MgO、Na_2O、K_2O、H_2O、CO_2、TiO_2 和 P_2O_5 等。但是不同的变质岩，各种氧化物的含量变化极大，并往往与原岩成分有关。如原岩为黏土岩，则 Al_2O_3 含量高；如原岩为石英岩，则 SiO_2 含量高；如原岩为碳酸盐岩，则 CaO、MgO 含量高。

在变质过程中，如果有成分的带出、带入，则变质岩的化学成分就取决于原岩成分和交代作用两种因素。

（二）变质岩的矿物成分

变质岩的矿物成分取决于原岩的化学成分和岩石形成时的物理化学条件。组成变质岩的矿物种类很多，一部分是和岩浆岩、沉积岩共有的矿物，而另一部分是变质作用所产生的新的矿物——变质矿物，这些矿物是在变质环境下产生的稳定矿物，又叫变晶矿物。变质矿物是变质岩矿物成分的最大特征，可以作为鉴别变质岩的标志。

最常见的变质矿物有石榴子石、蓝闪石、绢云母、绿泥石、红柱石、阳起石、透闪石、滑石、硅灰石、石墨、十字石、蓝晶石、硅线石、蛇纹石等。同时，这些矿物具有变质分带指示作用，如绿泥石、绢云母多出现在浅变质带，蓝晶石代表中变质带，而硅线石存在于深变质带中，因此把这类矿物称为标准变质矿物。

变质岩中的矿物大部分是定向压力条件下的产物，所以往往具有片状或伸长的形状，细绿泥石、云母、滑石、石墨等都是按一定方向排列的片状矿物，而角闪石、阳起石等则具有显著的单向延长性。

（三）变质岩的结构

变质岩的结构是指变质岩的变质程度、颗粒大小和连接方式，按变质作用的成因及变质程度不同，可分为变晶结构、变余结构和碎裂结构。

1. 变晶结构

变晶结构是变质岩最重要的结构，变质岩是先成岩石在固态下重结晶的岩石，这种作用也叫变晶作用。由变晶作用所形成的结构叫变晶结构。由于变晶、生长几乎是同时进行的，所以变晶多为他型或半自形，矿物结晶程度不反映结晶先后顺序，而反映结晶力的强弱。结晶力强的矿物，自形程度较好，如石榴子石、红柱石等；结晶力弱的矿物，自形程度较差，如石英、长石、方解石等。变质岩的变晶结构与岩浆岩的结构相似，为了区别起见，一般在岩浆岩结构名称前加"变晶"两字。变晶结构按矿物形态特点可分为以下几种：

(1)等粒变晶结构。等粒变晶结构矿物晶粒大小大致相等，多呈他型，互相镶嵌很紧，不具定向排列，如大理岩、石英岩等，如图1-48所示。等粒变晶结构根据颗粒粗细又可分为粗粒(粒径大于3 mm)变晶、中粒(粒径为1～3 mm)变晶、细粒(粒径小于1 mm)变晶及显微变晶结构(在显微镜下才能分辨)。

(2)斑状变晶结构。斑状变晶结构与岩浆岩的斑状结构相似，在细粒的基质上分布着一些较大的晶体叫变斑晶，如某些片麻岩和片岩常有这种结构。变斑晶自形程度较好，是结晶力较强的矿物，如十字石、石榴石、蓝晶石、硬绿泥石、透闪石、透辉石、金云母等，这一点和岩浆岩的斑晶不同，岩浆岩中的斑晶主要取决于矿物的结晶先后，而变质岩中的变斑晶与变晶基质往往是同时或稍晚形成的。若变斑晶中包裹有大量基质矿物，则称为包含变晶结构，如图1-49所示。

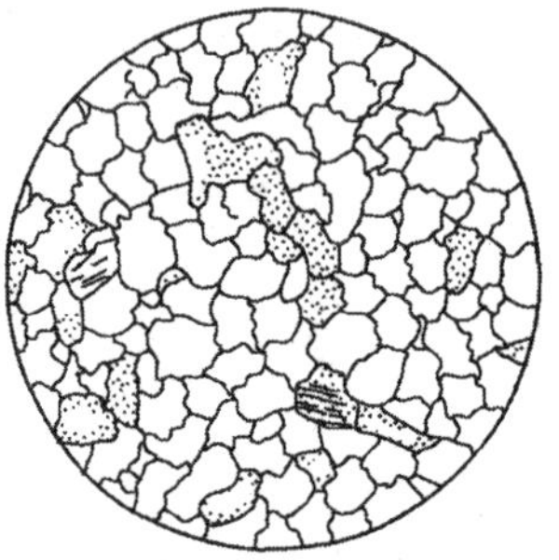

图1-48　显微镜下石英岩的等粒变晶结构

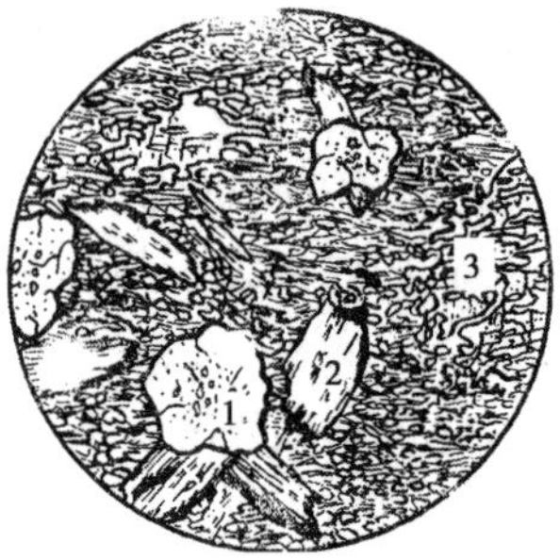

1—石榴石变斑晶（包含有基质）；
2—黑云母变斑晶；3—基质

图1-49　斑状变晶结构

(3)鳞片变晶结构。岩石主要由云母、绿泥石、滑石等片状矿物组成，它们多呈定向排列而形成片理构造，常见于千枚岩和片岩中。

(4)鳞片粒状变晶结构。岩石由多数粒状矿物(如长石、石英)和少数片状矿物(如云母等)组成，一般两者相间定向排列构成片麻构造，常见于片麻岩中。

2. 变余结构

变余结构是变质岩一种过渡结构，由于变质作用进行不彻底，原岩的矿物成分和结构特征部分被保留下来，即构成变余(残留)结构。如泥质砂岩变质，泥质胶结物变成绢云母和绿泥石，而其中碎屑物质(如石英)不发生变化，便形成变余砂状结构。还有其他的变余结构，如与岩浆岩有关的变余斑状结构、变余花岗结构。在研究变质岩的生成时，这种变余结构可明确指示原岩的类型。

3. 碎裂结构

局部岩石在低温下(脆性状态)受定向压力作用下矿物及岩石本身发生弯曲、破碎，而后又被黏结起来而形成的新结构，称为碎裂结构。这种结构常具条带和片理，是动力变质中常见的结构，根据破碎程度可分为碎裂结构、碎斑结构、糜棱结构，如图1-50和图1-51所示。

(四)变质岩的构造

变质岩的构造是指岩石中矿物排列和分布特点，与岩浆岩及沉积岩有着显著的区别，是鉴定变质岩的可靠特征，按其成因可分为三类，即定向构造、块状构造和变余构造。

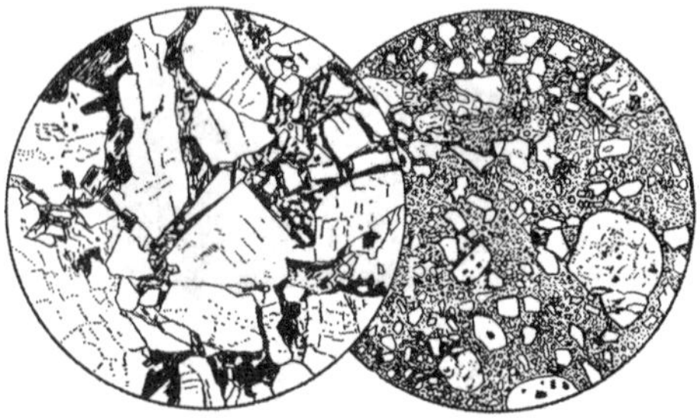

图 1-50 碎裂结构

图 1-51 糜棱结构

1. 定向构造

定向构造是变质岩最特殊的构造,也是鉴别变质岩的重要根据。它又有以下几种常见类型。

1) 片理构造

片理构造是变质岩最常见的定向构造。岩石中的片状、板状及柱状矿物在定向压力作用下相互平行排列,沿此排列方向易使岩石裂开成薄片,这种特性称为片理,裂开的面称为片理面。片理延伸不远,片理面可能是平的、弯曲的或波状的,并且平滑光亮,据此可与沉积岩的层理及层理面相区别。根据矿物组合和重结晶程度,片理构造又可分为:

(1) 板状构造。在温度不高而以压力为主的变质作用下,由极细小的显微片状矿物平行排列而形成一组相互平行的板理面。岩石结构致密,矿物肉眼不能分辨,可沿一定方向极易分裂成均一厚度薄板,这是板岩特有的构造,如图 1-52 所示。

(2) 千枚状构造。岩石中由细小片状变晶矿物定向排列所成的似片状构造,结晶细微,片理面上具丝绢光泽,有时可见细小的绢云母,还常见小挠曲、小皱纹,易沿片理面劈成薄片状。岩石中矿物重结晶程度比板岩高,是千枚岩特有的构造,如图 1-53 所示。

图 1-52 板状构造

图 1-53 千枚状构造

(3) 片状构造。岩石中由大量显晶鳞片状矿物(如云母、绿泥石)定向排列和分布所形成的薄层片状的构造,岩石中各组分全部重结晶,而且肉眼可以看出矿物颗粒,片理面上光泽很强,沿着劈理极易劈成不平整薄板的特征,是片岩特有的构造,如图 1-54 所示。

(4) 片麻状构造。这是一种变质程度很深的构造,岩石中由显晶鳞片状变晶矿物、柱状变晶矿物(如黑云母、白云母、绢云母、绿泥石、角闪石等)和粒状变晶矿物(如长石、石英等)相间定向排列和分布所形成的断续的条带状构造,称为片麻状构造,如图 1-55 所示,这是片麻岩特有的构造。

图 1-54　片状构造

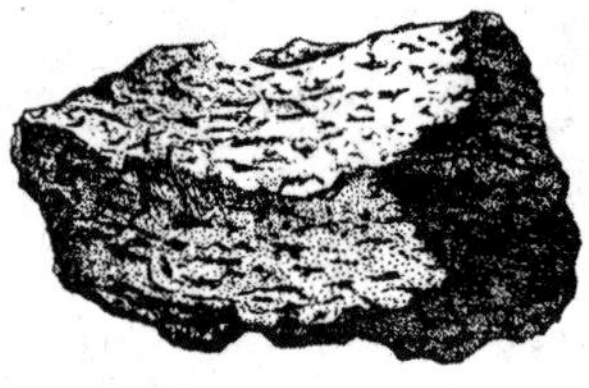

图 1-55　片麻状构造

2)条带状构造

条带状构造是一种特殊的片麻构造,由不同的变晶矿物成分和结构交替而成的或宽或窄的条带构造,极似片麻状构造,但条带构造的各条带界线清楚,并有较好的连续性。条带构造具有不同的成因,有的是由原来的沉积岩层理构造残留而成的,有的是深色片状构造岩石被浅色岩浆物质顺层贯入而成的,后者常是混合岩的特征。

2. 块状构造

当变质作用中没有定向、高压这些因素时,形成的变质岩中矿物排列无一定方向,结构均一,不能定向裂开。一般由粒状结晶矿物组成,如部分大理岩和石英岩具此种构造。这种构造与火成岩的块状构造相似,但又不完全一样。

3. 变余构造

变余构造是变质岩中保留下来的原岩的构造,如变余气孔构造、变余层理构造、变余波痕构造等,是恢复原岩的重要标志。

四、变质岩分类及主要变质岩的特征

(一)变质岩分类

大多数变质岩与其他类型岩石最明显的区别是具有特殊的片理构造和变质矿物。因此,变质岩首先是根据其构造特征分为片理状和块状岩类,再按其矿物组成进行分类和命名。主要变质岩分类见表 1-12。

表 1-12　变质岩分类

构造		岩石名称	结构	主要矿物成分	变质作用类型
片理构造	片麻状构造	片麻岩	粒状变晶结构	石英、长石、云母、角闪石等	区域变质作用(从片麻岩到板岩变质程度由强到弱递减)
	片状构造	片岩	鳞片状、叶片状变晶结构	云母、角闪石、绿泥石、石墨、滑石、石榴子石等	
	千枚状构造	千枚岩	鳞片状变晶结构	绢云母、石英、长石、绿泥石等	
	板状构造	板岩	变余结构,部分变晶结构	石英、绢云母、黏土矿物等	
块状构造		大理岩	粒状变晶结构	方解石、白云石等	接触变质作用或区域变质作用
		石英岩	粒状变晶结构	石英等	
条带状构造		糜棱岩	碎裂(糜棱)结构	原岩细破碎物	动力变质作用

(二)主要变质岩的特征

1. 片麻岩

片麻岩具有明显的片麻状构造,外表颜色深浅不一,呈肉红色、灰色、深灰色,主要矿物为长石、石英，长石含量一般多于石英，其次为云母、角闪石、辉石等，有时也含有硅线石、石榴子石、蓝晶石等特征变质矿物。这类岩石变质程度较深，矿物大都重结晶，且结晶粒度较大，肉眼可以辨识，是变质程度较深的区域变质岩。岩石力学性质在垂直片麻理方向上的强度要比其他方向上大得多。

2. 片岩

片岩以片状构造为其特征，主要由云母、石英矿物组成，其次为角闪石、绿泥石、滑石、石墨、石榴子石等。以不含长石区别于片麻岩，变质程度比千枚岩深，比片麻岩浅。根据片岩中片状矿物种类不同分云母片岩、角闪石片岩、绿泥石片岩、滑石片岩等。片岩由于片理发育，易沿片理裂开，易风化，强度较低。

3. 千枚岩

千枚岩是具有千枚状构造的浅变质岩，变质程度比板岩深，比片岩浅，多由黏土矿物、粉砂岩变质而成，主要矿物有绢云母、石英、长石、绿泥石，具有细粒鳞片变晶结构。岩石中片状矿物形成细而薄的连续的片理，沿片理面呈定向排列，致使这类矿物具有千枚状结构，千枚岩工程性质较弱，易风化破碎，在荷载作用下易产生蠕动变形和滑动破坏。

4. 板岩

板岩是页岩经浅变质而成，多为深灰色至黑灰色，有时也呈绿色及紫色，主要成分是泥质矿物，肉眼不易辨别，结构致密均匀，具有板状构造，沿板状构造易于裂开成薄板状。通过击打，板岩会发出清脆声，可据此与页岩区别。板岩能加工成各种石板作为建筑材料。板岩透水性弱，可作隔水层，但在水的长期作用下会软化、泥化形成软弱夹层。

5. 石英岩

石英岩由石英砂岩和硅质岩变质而成，主要矿物以石英为主，其次为云母、磁铁矿、角闪石，一般呈白色，油脂光泽，具有变余粒状结构，块状构造，是一种极坚硬、抗风化能力很强的岩石，岩块抗压强度可达 300 MPa 以上，可作为良好的建筑物地基。但因性脆，石英岩较易产生密集性裂隙，形成渗漏通道，所以应采取必要的防渗措施。

6. 大理岩

大理岩因盛产于大理而得名，由较纯石灰岩和白云岩在区域变质作用下经重结晶而成，具有细粒、中粒和粗粒结构，主要矿物为方解石和白云石，纯大理岩呈白色(故又称为汉白玉)，含有杂质时带有灰色、黄色、蔷薇色，具有美丽花纹，质地坚实但硬度不大，易于加工，是贵重的雕刻和建筑石料，如北京天坛柱子由大理岩雕刻而成。但其主要化学成分为碳酸钙，易被酸腐蚀，从而失去光泽而变得多孔粗糙，影响美观。大理岩与石英岩的区别在于其加盐酸起泡，硬度比石英岩小。

五、变质岩工程地质特征

变质岩的工程地质特征与变质作用的类型及原岩性质有关，起控制作用的主要因素是岩石的构造和矿物成分。由于岩石在变质过程中形成某些变质矿物，如滑石、绿泥石、绢云母等，则其力学强度会相对降低，抗风化能力变差，使一些变质岩稳定性较差。变质岩的片理构造发育，使岩性各向异性，平行片理较垂直片理方向的强度降低，透水性增强，工程建筑中应注意研究其在垂直及平行于片理构造方向上工程性质的变化。

接触变质作用的变质岩因经过重结晶，强度一般较原岩增高。但变质程度各处不一，距侵入体越近，越易变质，在很小的范围内变质程度就相差悬殊，岩性很不均一。接触变质的岩石，常因受地壳构造运动的影响而裂隙发育，加上有小岩脉穿插，岩性显得复杂多样，其工程地质性质变化较大。

动力变质作用的变质岩工程性质取决于碎屑矿物的成分、粒径大小和压密胶结程度。但通常胶结不好的，孔隙、裂隙就发育，岩石强度也变低。

区域变质作用的变质岩分布范围广，厚度大，变质程度和岩性较均一，但因多数岩石具片理构造，使岩性各向异性。随着片理的发育，云母、绿泥石、滑石等含量增加，岩石强度显著降低。一般来说，板岩、千枚岩、云母片岩、滑石片岩及绿泥石片岩等岩石的工程地质性质较差，而片麻岩、石英岩及大理岩等岩石致密坚硬，岩性比较均一，强度高，是良好的建筑物地基。但裂隙发育时，可使其工程地质性质也变差。

变质岩中往往裂隙发育，在裂隙发育部位或较大断裂带部位，常常形成裂隙含水带，这样的地区可作为小规模的地下水源地。

单元六　三大类岩石的辨认及工程地质性质

一、三大类岩石的辨认

由于三大类岩石形成条件不同，它们在产状、矿物组成、结构、构造等方面也各具特点。据此，可对三大类岩石进行属性辨认比较和分类鉴定。肉眼鉴定包括室内和野外，室内学生结合岩石标本在实习课中进行，野外认识实习应在对岩石基本知识完整学习基础上进行。

（一）三大类岩石的关系和属性比较

三大类岩石之间的关系如图 1-56 所示，它们的属性辨认比较和分类鉴定见表 1-13。

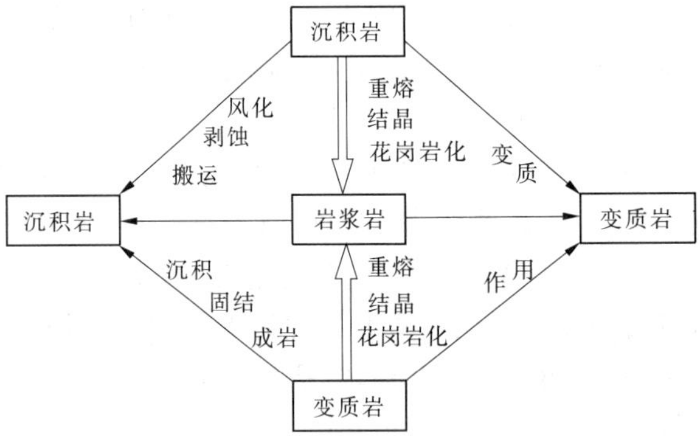

图 1-56　三大类岩石之间的关系

（二）三大岩类鉴定和定名

1. 肉眼鉴定步骤

肉眼对岩石辨认并进行鉴定和分类，除在野外要充分考虑其产状特征外，在室内对于标本的观察，最关键的是要抓住它的结构、构造、矿物组成等特征。具体步骤如下。

表 1-13　三大类岩石属性辨认比较和分类鉴定

属性	岩石类别		
	岩浆岩	沉积岩	变质岩
成因	由岩浆冷却凝固形成	已成岩石破坏的产物、生物作用的产物等经搬运、沉积和固结而成	已成岩石在高温高压及化学活动物质的影响下变质而成
产状	侵入或喷出成各种形状之岩体	多为层状	一般同变质前的岩石产状
矿物	直接由岩浆生成的原生矿物:长石、石英、角闪石、辉石、云母等	所含原生矿物呈碎屑状,有在沉积过程中形成的新矿物,如方解石、白云石、高岭石等	含有在变质过程中形成的新变质矿物,如刚玉、绢云母、绿泥石、蛇纹石等
结构	各种粗细的等粒结晶结构、隐晶质结构、玻璃质结构、斑状结构等	碎屑岩为砾状、砂状、粉砂状、棱角状、滚圆状等结构,化学岩多为致密状或结晶粒状,生物岩多为贝壳状等结构	多为变晶结构,少数为残余结构、碎裂结构
构造	气孔状、杏仁状、流纹状、带状、枕状、块状等构造	层理、化石、结核、雨痕、波痕等	片麻状、片状、千枚状、板状、块状

1)观察岩石的构造

构造从岩石的外表上就可反映它的成因类型:如具气孔、杏仁、流纹构造形态一般属于岩浆岩中的喷出岩类,具层理构造以及层面构造时是沉积岩类,具板状、千枚状、片状或片麻状构造时属于变质岩类。应当指出,岩浆岩和变质岩构造中,都有块状构造。如岩浆岩中的石英斑岩标本,变质岩中的石英岩标本,表面上很难区分,这时应结合岩石的结构特征和矿物成分的观察进行分析:石英斑岩具岩浆岩的似斑状结构,其斑晶与基质矿物间结晶联结,石英斑岩中的石英斑晶具有一定的结晶外形,呈棱柱状或粒状;经过重结晶变质作用形成的石英岩,往往呈致密状,肉眼分辨不出石英颗粒,且基质坚硬、性脆。

2)观察岩石的结构

不同成因岩具有不同结构,可根据其特点对岩石进行进一步的分类。如岩浆岩中深成侵入岩类多呈全晶质、显晶质、等粒结构,而浅成侵入岩类常呈斑状结晶结构。沉积岩中根据组成物质颗粒的大小、成分、联结方式可区分出碎屑岩、黏土岩、化学及生物化学岩类。

3)分析岩石的矿物组成和化学成分

岩石的矿物组成和化学成分分析对岩石的分类和定名也是不可缺少的,特别是与岩浆岩的定名关系尤为密切,如斑岩和玢岩,同属岩浆岩的浅成岩类,其主要区别在于矿物成分。斑岩中的斑晶矿物主要是正长石和石英,玢岩中的斑晶矿物主要是斜长石和暗色矿物(如角闪石、辉石等)。沉积岩中的次生矿物如方解石、白云石、高岭石石膏、褐铁矿等不可能存在于新鲜的火成岩中。而绢云母、绿泥石、滑石、石棉、石榴子石等为变质岩所特有。因此,根据某些变质矿物成分的分析,就可初步判定岩石的类别。

4)岩石特有性质

在肉眼鉴定岩石标本时,常有许多矿物成分难以辨认,如具隐晶质结构或玻璃质结构的岩浆岩，泥质或化学结构的沉积岩，以及部分变质岩，由结晶细微或非结晶的物质成分组成，一般只能根据颜色的深浅、坚硬性、比重的大小和“盐酸反应”岩石特有的性质进行初步判断。如岩浆岩中深色成分为主的，常为基性岩类；浅色成分为主的，常为酸性岩类。沉积岩较为坚硬的多为硅质胶结或硅质成分的岩石，比重大的多为铁、锰含量多的岩石，有“盐酸反应”的一定是碳酸盐类岩石等。

2. 三大岩类的观察与描述

1）岩浆岩的观察与描述

对岩浆岩的观察，一般是观察其颜色、结构、构造、矿物成分及其含量，最后确定其岩石名称。

（1）观察岩浆岩的颜色。

肉眼鉴定岩浆岩，首先看到的就是颜色。颜色基本可以反映出岩石的成分和性质。对岩浆岩进行肉眼鉴定，第一步就是要依据其颜色大致定出属于何种岩类。比如，若是浅色，一般为酸性岩（花岗岩类）或中性岩（正长岩类）；若是深色，一般为基性岩或超基性岩。由酸性岩到基性岩，深色矿物的含量逐渐增多，岩石的颜色也就由浅到深。同时，要注意区别岩石新鲜面的颜色和风化后的颜色。还可根据其中深色矿物与浅色矿物的相对含量来进行描述，如深色矿物含量超过60%者为深色岩，在30% ~60%者为中色岩，在30%以下者为浅色岩。

（2）观察岩浆岩的结构与构造。

根据结构与构造可区分出是属深成岩类、浅成岩类或是喷出岩类。根据岩石中各组分的结晶程度，可分为全晶质、半晶质和玻璃质等结构。不仅要对全晶质的结构区分出显晶质或隐晶质结构，还要对其中的显晶质结构岩石按其矿物颗粒大小，进一步细分出等粒、不等粒、粗粒或细粒等结构。对具有斑状结构的岩石要描述斑晶成分、基质的成分及结晶程度。假如岩石中矿物颗粒大，呈等粒状、似斑状结构，则属深成岩类；假如矿物颗粒微细致密，呈隐晶质、玻璃质结构，则一般皆属喷出岩类；假如岩石中矿物为细粒及斑状结构，即介于上述两者之间，则属于浅成岩类。观察岩石中矿物有无定向排列，进而就能推断岩石的形成环境、含挥发组分多少以及岩浆流动的方向。若无定向排列称之为块状构造；若有定向排列，则可能是流纹构造、气孔构造或条带状构造。深成岩、浅成岩大多是块状构造，喷出岩为流纹构造和气孔构造等。对于岩石中有规律排列的长柱状矿物、气孔捕虏体等均要观测其方向。对于那些在接触面上有规则排列的片状矿物，要描述其组成成分，并测其产状要素。

（3）观察岩浆岩的矿物成分。

矿物成分是岩石定名最重要的依据。岩浆岩类别是根据 SiO_2 含量百分比确定的，而 SiO_2 含量可在岩石矿物成分上反映出来。假如有大量石英出现，说明是酸性岩；如果有大量橄榄石存在，则表明是超基性岩；如果只有微量或根本没有石英和橄榄石，则属中性岩或基性岩。假如岩石中以正长石为主，同时所含石英又很多，就可判定是酸性岩；倘若以斜长石为主，暗色矿物又多为角闪石，则属于中性岩；若暗色矿物多系辉石，则属基性岩。对岩石中凡能用肉眼识别的矿物均要进行描述。首先要描述主要矿物形态、大小及其性质。其次，要对次要矿物作简略描述。

（4）为岩浆岩定名。

在肉眼观察和描述的基础上确定岩石名称。要注意在岩石名称前面冠以颜色和结构，比如,可将某岩石定名为浅灰色粗粒花岗岩。

另外,在野外还要注意查明岩浆岩体的产状,即岩体的空间分布位置、规模大小以及与围岩的接触关系等,结合岩石的结构与构造,以推断岩石的形成环境。也要注意不同侵入体或同一侵入体之间的岩性变化、时间顺序及相互关系。

火山碎屑岩的鉴别比较困难。因为它在成因上具有火山喷发和沉积的双重性,是一种介于岩浆岩与沉积岩之间的过渡型岩石,常常依其成因特点、物质成分、结构、构造和胶结物的特征来区别于碎屑岩。

2)沉积岩的观察与描述

沉积岩是分布于地表的主要岩类。它种类繁多,岩性变化较大。野外识别沉积岩,其最显著的宏观标志就是成层构造,即层理。据此,很容易与岩浆岩、变质岩相区别。根据沉积岩成因、结构和矿物成分,可进一步区分出次一级的类别。凡具碎屑结构,即碎屑粒径大于0.005 mm,被胶结物胶结而成的岩石,是碎屑岩;凡具泥质结构,即粒径小于0.005 mm,质地均匀、较软,有细腻感,常具页理的岩石,是黏土岩;凡具化学和生物化学结构,多为单一矿物组成的岩石,是化学岩和生物化学岩。由于各类沉积岩的岩性差别,因此在鉴定方法上也不相同。

(1)碎屑岩的肉眼鉴定。

鉴定碎屑岩时着重观察其岩石结构与主要矿物成分。首要的是看碎屑结构。抓住这一特征,就不会与其他岩石相混淆了。要仔细观察碎屑颗粒大小:粒径大于2 mm是砾岩,粒径为2~0.05 mm是砂岩,粒径为0.05~0.005 mm是粉砂岩。粉砂岩颗粒肉眼难以分辨,用手指研磨有轻微砂感。按砂岩的粒径又可定出粗砂岩(粒径为2~0.5 mm)、中砂岩(粒径为0.5~0.25 mm)和细砂岩(粒径为0.25~0.05 mm)。对于砾岩,首先应注意观察其颗粒形状,颗粒外形呈棱角状者是角砾岩,颗粒外形呈圆状或次圆状者为砾岩。其次,看碎屑岩的矿物成分(碎屑颗粒成分和胶结物成分)。砾岩类的碎屑成分复杂,分选性较差,颗粒较大,一般不参与定名;砂岩主要矿物成分有石英、长石和一些岩石碎屑。在碎屑岩中,常见的胶结物有铁质(氧化铁和氢氧化铁)、硅质(二氧化硅)、泥质(黏土质)、钙质(碳酸钙)等。铁质胶结物多呈红色、褐红色或黄色。硅质最硬,小刀刻不动。钙质滴稀盐酸起泡。弄清楚了结构和成分,就可为碎屑岩定名。例如,碎屑矿物成分以石英为主,其含量超过50%,长石和岩屑含量均小于25%的砂岩,称为石英砂岩。也可按其胶结物命名,如可称某岩石为铁质石英砂岩。碎屑岩中可见化石,但一般保存较差。

(2)黏土岩的肉眼鉴定。

鉴定黏土岩的主要依据是其泥质结构。黏土岩矿物颗粒非常细小,肉眼仅能按其颜色、硬度等物理性质及结构、构造来鉴定。它多具滑腻感,黏重,有可塑性、烧结性等物理性质。若是纯净的黏土岩,一般为浅色的土状岩石。层理是黏土岩最明显的特征,因此人们就按黏土岩层理(层理厚度小于1 mm称为页理)及其固结程度进行分类,将固结程度很高、页理发育,可剥成薄片者称为页岩。页岩常含化石。黏土岩中以页岩为主。将那些固结程度较高、不具页理,遇水不易变软者称为泥岩。最后,根据颜色与混入物的不同进行命名,如可称为紫红色铁质泥岩、灰色钙质页岩等。

(3)化学岩和生物化学岩的肉眼鉴定。

此类岩石中分布最广和最常见的有碳酸盐岩、硅质岩、铁质岩和磷质岩,尤以碳酸盐类岩石分布为广。有无生物遗骸是判断属于生物化学岩或是化学岩的标志。化学岩成分常较单一。它多为单矿物岩石，故此，可按其矿物的物理性质进行鉴定。化学岩具有化学结构，即结晶粒状结构和鲕状结构等；生物化学岩具生物结构，即全贝壳结构、生物碎屑结构等。

综合上述，在观察和描述沉积岩时应注意：要描述岩石整体的颜色，区分岩石是碎屑结构、泥质结构或结晶结构和生物结构等；据其矿物成分、颗粒大小及颜色上的差异，观察岩石的层理，注意层面上波痕、泥裂等构造特征；要描述组成岩石的主要矿物、碎屑物及胶结物等成分。对砾石的形状、大小、磨圆度和分选性等特征要描述，并要确定胶结类型，以及胶结程度。

对沉积岩命名时应遵循"颜色 + 胶结物 + 岩石名称"的法则。此外，还需注意沉积岩体形状、岩层厚度及产状、风化程度、化石保存情况及其类属。

3）变质岩的观察与描述

我国区域变质岩系十分发育，自太古界到中生界均有出露。其变质岩石类型十分复杂，主要有片麻岩、粒状岩石（变粒岩、浅粒岩）、片岩、千枚岩、变质硅铁质岩、大理岩、变质铁镁质岩及区域混合岩等。有关原岩建造主要有超基性到酸性喷出岩（包括熔岩、凝灰岩）、硬砂岩、各种沉积岩及不同性质的侵入岩。上述变质岩类均属不同的原岩建造经受不同时期、不同类型区域变质作用的结果。区域变质作用的主要类型大致可分为地壳演化早期造岩阶段的区域中高温变质作用，以及造岩阶段之后与造山运动有关的区域动力热流变质作用、区域低温动力变质作用和埋深变质作用。不同成分的原岩经受不同类型的区域变质作用，在一定的高温、压力条件下，形成各具特征的矿物和常见矿物共生组合，并因之分别构成不同温压条件的麻粒岩相、角闪岩相（高角闪岩相、低角闪岩相）、绿片岩相（高绿片岩相、低绿片岩相）、蓝闪石片岩相（蓝闪绿片岩相、蓝闪石—硬柱石片岩相）及次绿片岩相（浊沸石相和葡萄石—绿纤石相）。在全球构造位置上，我国处于欧亚板块、太平洋板块及印度洋板块的结合部位，地质环境差异较大，发展历史很不相同，因而区域地质各具特色，造成变质岩石类型复杂，岩石相对难以识别。

在野外鉴别变质岩的方法、步骤与前述岩浆岩类似，但主要是根据其构造、结构和矿物成分。这是因为变质岩的构造和结构是其命名和分类的重要依据。

（1）观察岩石的构造和结构特征并进行分类。

先根据构造和结构特征，初步鉴定变质岩的类别。譬如，具有板状构造者称为板岩，具有千枚状构造者称为千枚岩等。具有变晶结构是变质岩的重要结构特征。例如，变质岩中的石英岩与沉积岩中的石英砂岩尽管成分相同，但前者具变晶结构，而后者却是碎屑结构。

（2）观察岩石中的矿物成分含量和特有矿物并进行定名。

根据矿物成分含量和变质岩中的特有矿物进一步详细定名。一般来讲，要注意岩石中暗色矿物与浅色矿物的比例，以及浅色矿物中长石和石英的比例，因这些比例关系与岩石的鉴定有着极大关系。例如，某岩石以浅色矿物为主，而浅色矿物中又以石英居多且不含或含有较少长石，就是片岩；若某岩石成分以暗色矿物为主，且含长石较多，则属片麻岩。变质岩中的特有矿物，如蓝晶石、石榴子石、蛇纹石、石墨等，虽然数量不多，但能反映出变质前原岩以及变质作用的条件，故也是野外鉴别变质岩的有力证据。关于板岩和千枚岩，因其矿物成分较难辨识，板岩可按"颜色 + 所含杂质"方式命名，如可称为黑色板岩、炭质板岩；千枚岩可按其"颜色 + 特征矿物"命名，如可称为银灰色千枚岩、硬绿泥石千枚岩等。

(3)观察地质体产状、变质作用的成因。

最后,在野外还要观察地质体产状、变质作用的成因。比如,石英岩与大理岩两者在区域变质岩与接触变质岩中均有,就只能根据野外产状和共生的岩石类型来确定。假如此类岩石围绕侵入体分布,并和板岩共生,则为接触变质作用形成;假如此类岩石呈区域带状分布,并和具片状或片麻状构造的岩石共生,则为区域变质作用形成。

对变质岩我们也应描述岩石总体颜色,注意其岩石结构。若为变晶结构,则要对矿物形态进行描述。注意观察岩石中矿物成分是否定向排列,以便描述其构造。用肉眼和放大镜观察可见的矿物成分应进行描述。若无变斑晶,就按矿物含量多少依次描述;若有变斑晶,则应先描述变斑晶成分,后描述基质成分。至于其他方面,如小型褶皱、细脉穿插、风化情况等,亦应作简略描述。在为变质岩定名时,应本着“特征矿物 + 片状(或柱状)矿物 + 基本岩石名称”的原则。如可将某岩石定名为蓝晶石黑云母片岩。

二、岩石的工程地质性质

岩石的工程地质性质是指岩石与工程建筑有关的性质,主要包括物理性质、水理性质和力学性质。岩石的工程地质性质直接关系到建筑物修建是否经济合理与安全可靠。因此,通过工程地质勘察对岩石的工程地质性质进行定性分析,同时要对岩石的各种试验指标进行定量分析,最后对岩石的工程性质做出综合评价,为工程设计、施工提供可靠的依据。

(一)岩石的物理性质

岩石的物理性质是岩石的基本工程地质性质,主要是指岩石的重力性质和孔隙性质,包括天然重度、相对密度、孔隙率等。

1. 天然重度(γ)

天然重度指包括孔隙在内的单位体积岩石的重量,即试样重力与试样体积的比值,称为重度。

$$\gamma = \frac{W}{V} \tag{1-1}$$

式中 γ——岩石重度,kN/m^3;

W——岩石的重力,kN;

V——岩石的体积,m^3。

岩石的天然重度取决于组成岩石的矿物成分、空隙发育程度及含水率。大多数岩石的重度为 23 ~ 28 kN/m^3。

2. 相对密度(G_s)

相对密度指岩石固体部分的质量与同体积 4 ℃纯水的质量比值,即

$$G_s = \frac{m_s}{V_s \rho_w} \tag{1-2}$$

式中 G_s——岩石的相对密度;

m_s——岩石固体的质量,g;

V_s——岩石体积,cm^3;

ρ_w——4 ℃水的密度,g/cm^3。

岩石相对密度的大小取决于组成岩石矿物的相对密度及其在岩石中的相对含量。矿物

的相对密度越大，则岩石的相对密度也越大，如超基性岩、基性岩含铁镁矿物较多，其相对密度较大，酸性岩则相反。岩石的相对密度介于2.5～3.3。

3. 空隙率(n)

岩石的空隙率指岩石的孔隙、裂隙和溶隙的体积与岩石总体积的比值，常用百分数表示：

$$n = \frac{V_n}{V} \times 100\% \tag{1-3}$$

式中 n——岩石空隙率(%)；

V_n——岩石孔隙、裂隙、溶隙的体积，cm^3；

V——岩石的总体积，cm^3。

一般坚硬岩石的空隙率小于3%，疏松多孔的岩石空隙率较大，大于10%。

岩石空隙性主要取决于岩石的结构和构造，也受外力因素的影响。由于岩石中孔隙、裂隙发育程度相差很大，其空隙率的变化也很大。例如，三叠系砂岩的空隙率为0.6%～27.2%，碎屑沉积岩的时代越新，其胶结越差，则空隙率越高。结晶岩类的空隙率较低，很少大于3%。随着空隙率的增大，透水性增大，岩石的强度降小，削弱了岩石的整体性，同时又加快了风化作用，使空隙又不断扩大。

(二)岩石的水理性质

岩石的水理性质指岩石和水相互作用时所表现出的有关性质，包括透水性、吸水性、软化性、溶解性和抗冻性。

1. 透水性及渗透系数

岩石的透水性是指在一定压力下，岩石允许水通过的能力。岩石的透水性大小主要取决于岩石中孔隙、裂隙的大小和连通情况。岩石的透水性用渗透系数K来表示。

2. 吸水性及吸水率

岩石在一定试验条件下的吸水性能称为岩石的吸水性。它取决于岩石的空隙数量、大小、开闭程度、连通与否等情况。表征岩石吸水性的指标有吸水率、饱水率和饱水系数等。

1)吸水率

吸水率指岩石试件在常压下(1个标准大气压)所吸入水分的质量与岩石试样干质量的比值，用百分数表示：

$$\omega_a = \frac{m_{w1}}{m_s} \times 100\% \tag{1-4}$$

2)饱水率

饱水率指在高压(15 MPa)或真空条件下岩石吸入水的质量与干燥岩石质量之比的百分数，即

$$\omega_{sa} = \frac{m_{w2}}{m_s} \times 100\% \tag{1-5}$$

3)饱水系数

饱水系数是指岩石的吸水率与饱水率的比值，即

$$k = \frac{\omega_a}{\omega_{sa}} \tag{1-6}$$

式中 ω_a、ω_{sa}——岩石的吸水率及饱水率；

m_{w1}——常压条件下岩石吸入水的质量，g；

m_{w2}——煮沸或真空抽气条件下岩石吸入水的最大质量，g；

m_s——岩石固体的质量，g；

k——饱水系数。

饱水系数反映了岩石大开空隙与小开空隙的相对数量，饱水系数越大，表明岩石的吸水能力越强，受水作用越加显著。饱水系数可作为岩石抗冻性的间接指标。k 值越大，表明这种岩石吸水后留有的空间很有限，当水结冰体积增大时，将会直接胀碎岩石，故抗冻性较差。一般认为饱水系数 $k<0.8$ 的岩石抗冻性较强，岩石的饱水系数一般为0.5~0.8。

3. 软化性及软化系数

岩石受水的浸泡作用后，其力学强度和稳定性趋于降低的性能称为岩石的软化性。软化性的大小取决于岩石的空隙性、矿物成分及岩石结构、构造等因素。

岩石软化性大小常用软化系数来表示，为岩石试件的饱和抗压强度与干抗压强度的比值，即

$$k_r = \frac{R_c}{R} \tag{1-7}$$

式中 k_r——岩石的软化系数；

R_c——岩石的饱和抗压强度，kPa；

R——岩石的干抗压强度，kPa。

软化系数是判定岩石抗风化和抗冻性的间接指标，一般认为软化系数 $k_r>0.75$ 的岩石是软化性弱、抗冻性和抗风化性强的岩石。

4. 溶解性及溶解度

岩石的溶解性是指岩石溶解于水的性质，常用溶解度或溶解速度来表示。溶解度是指可溶岩石水溶液的饱和浓度(mg/L)。岩石的溶解性主要取决于岩石的化学成分，但和水的性质有密切关系，如一般淡水溶解能力小，富含 CO_2 的水具有较大的溶解能力。自然界中常见的可溶性岩石有石灰岩、白云岩、石膏、岩盐等。

5. 抗冻性及抗冻系数

岩石抵抗冻融破坏的能力称为抗冻性，常用抗冻系数和质量损失率来表示。抗冻系数是指饱和岩石试件在 $-20\sim20$ ℃温度下，反复冻融25次后的干抗压强度与冻融前干抗压强度之比，用百分数表示。

$$k_d = \frac{R_2}{R_1} \times 100\% \tag{1-8}$$

式中 k_d——岩石的抗冻系数；

R_1——岩石冻融前干抗压强度，kPa；

R_2——岩石冻融后干抗压强度，kPa。

岩石的抗冻性主要取决于岩石中大开孔隙的发育情况、造岩矿物的亲水性、可溶性矿物含量、岩石的强度、粒间连接以及含水率等因素。由坚硬矿物组成，且具强结晶连接的致密岩石，其抗冻性较强。一般认为 $k_d>75\%$ 为抗冻的岩石。

(三)岩石的主要力学性质

岩石的力学性质是指岩石受到外力作用后发生变形和破坏的特点。岩石在外力作用下

首先发生变形,当外力增加到某一数值时,岩石便开始破坏。岩石的力学性质指标主要有变形指标和强度指标。

1. *岩石的变形*

岩石在外力作用下,其内部应力状态发生变化,使各质点改变位置,引起岩石形状和尺寸的改变,称为变形。岩石的变形可分为弹性变形和塑性变形。一般岩石同时具有弹性和塑性,因此岩石的变形和一般固体材料有显著的区别:一般固体材料的变形有一个明显的屈服点,在屈服点以前表现为弹性变形,在屈服点以后表现为塑性变形;而岩石则在产生弹性变形的初期,甚至在开始出现弹性变形的同时便出现塑性变形。这是因为岩石由不同的矿物组成,而不同矿物具有不同的弹性限度,而且岩石还具有孔隙裂隙,有的岩石还具有胶结物成分。因而,岩石在某一荷载下,对于一部分矿物还是在弹性限度以内,处于弹性变形,但对另一部分矿物则已超出了弹性限度,而发生塑性变形了。岩石中的孔隙裂隙压密,也构成了塑性变形。

岩石的变形规律可用应力—应变曲线表示。根据应力—应变曲线,可以得到表征岩石变形特征的常用物理参数,即岩石的变形模量、弹性模量和泊松比。

1) *岩石的应力—应变关系*

根据不同方法的岩石变形试验,可得到三种应力—应变关系:逐级连续加载应力—应变关系;恒量重复加载、卸载应力—应变关系;变量重复加载、卸载应力—应变关系。

(1)逐级连续加载应力—应变关系。逐级连续加载是连续递增荷载施加于岩样上(单轴压缩)。对一般坚硬岩石,由其应力—应变曲线,可将变形过程大致划分为三个阶段,如图 1-57 所示:

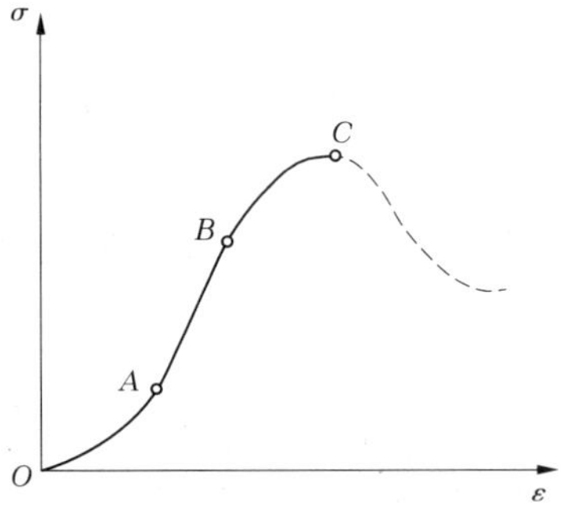

图 1-57　岩石的应力—应变关系

①压密阶段。开始加载,应变较大,但随着荷载加大,应变反而渐减(图 1-57 中的 *OA* 段)。这是由于岩石中裂隙的压密所致。当荷载卸除后,其可恢复的部分为岩石弹性变形的组成部分;而不能恢复的部分,为塑性变形的组成部分。此段变形以塑性变形为主。

②近似直线变形阶段。随荷载继续加大,应力与应变基本上按比例增长,图 1-57 中的 *AB* 段呈近似直线。当荷载卸除后,岩石几乎可恢复原状,这是岩石弹性变形的主要阶段。

③破坏阶段。随着荷载继续增大,变形量不断增大,应力与应变的关系呈明显的非线性,此时由直线转变为曲线(图 1-57 中的 *BC* 段),即应变比应力的增长率大得多,最后直至岩样破坏。需要指出的是,岩石全面破坏后的承载能力虽然在降低,但并不是立即全部丧失,而是仍然具有一定的承载能力。工程中常将岩石的这种尚存的承载能力称为岩石的残

余强度。

(2)恒量重复加载、卸载应力—应变关系。每次加载、卸载量相等,并重复加载、卸载多次,试验所获得的应力—应变关系曲线如图1-58所示。其变形特点是:每次加载与卸载曲线都不重合,围成一环形面积,称为回滞环。当每次卸载后再加载到原来荷载并继续增加时如图1-58(a)所示,则曲线沿着单调加载曲线上升,其形状与连续加载情况基本一致,说明反复加、卸载过程并未改变岩石变形的基本习性,这种现象也称为岩石记忆。

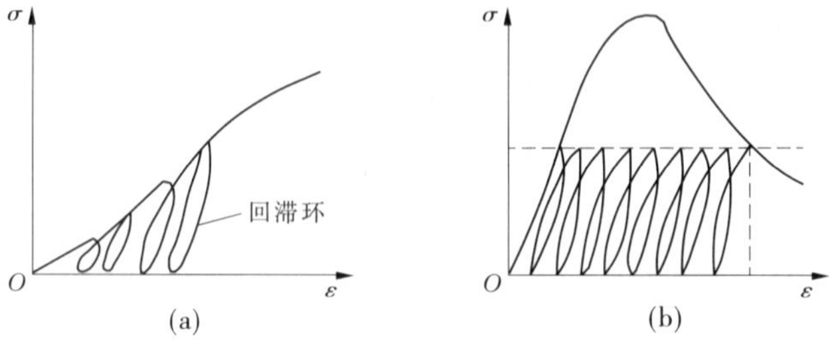

图1-58 反复加载与卸载时的试验曲线

(3)变量重复加载、卸载应力—应变关系。当应力在弹性极限以上某一较高应力下反复加载、卸载时(如图1-58(b)所示),将导致变形进一步增加,直至破坏。破坏时的应力低于峰值强度,常称为疲劳强度。而疲劳破坏点的应变,由循环应力的上限与应力—应变全过程曲线卸载支线的交点所给定。

2)岩石的变形指标

岩石的变形指标主要有弹性模量、变形模量和泊松比。

(1)弹性模量(E)和变形模量(E_0)。

$$E = \frac{\sigma}{\varepsilon_e} \tag{1-9}$$

$$E_0 = \frac{\sigma}{\varepsilon_e + \varepsilon_p} \tag{1-10}$$

式中 E——弹性模量,kPa;

E_0——变形模量;

σ——压应力,kPa;

ε_e、ε_p——弹性应变和残余塑性应变。

显然,岩石的弹性模量(E)比变形模量(E_0)的数值要大些。岩石越坚硬,抵抗变形的能力就越大,因而变形模量越大;反之,软弱岩石变形模量较小。对于完整、坚硬的岩石,E和E_0值相差很小;但岩石越破碎,风化越严重,则两者相差也越大。所以,可根据E和E_0的差值判断岩石的风化程度和破碎程度,也常用弹性模量作为岩石分类的指标,或研究强度及破坏机制的重要指标。

(2)泊松比μ。岩石在轴向压力作用下,除产生纵向压缩外,还会产生横向膨胀,这种横向应变ε_H与纵向应变ε_V的比值,称为泊松比,即

$$\mu = \frac{\varepsilon_H}{\varepsilon_V} \tag{1-11}$$

泊松比越大,表示岩石受力作用后的横向变形越大。岩石的泊松比一般为0.1~0.4。

岩石的变形指标可用来计算岩石变形，并作为基础设计的重要依据。常见岩石的变形指标见表 1-14。

表 1-14　常见岩石的变形指标

岩石名称	变形模量 E_0（$\times 10^7$ kPa）	泊松比 μ	岩石名称	变形模量 E_0（$\times 10^7$ kPa）	泊松比 μ
花岗岩	5～10	0.1～0.3	页岩	0.2～8	0.2～0.4
流纹岩	5～10	0.1～0.25	石灰岩	5～10	0.2～0.35
闪长岩	7～15	0.1～0.3	白云岩	5～9.4	0.15～0.35
安山岩	5～12	0.2～0.3	板岩	2～8	0.2～0.3
辉长岩	7～15	0.1～0.3	片岩	1～8	0.2～0.4
玄武岩	6～12	0.1～0.35	片麻岩	1～10	0.1～0.35
砂岩	0.5～10	0.2～0.3	石英岩	6～120	0.08～0.25

2. 岩石的强度

岩石受力作用后有压碎、拉断及剪断等破坏形式，所以岩石的强度指标可分为抗压强度、抗拉强度和抗剪强度。

1）岩石的抗压强度

岩石的抗压强度是指岩石在单向压力作用下，抵抗压碎破坏的能力，用岩石达到破坏时的极限压应力表示，即

$$R_c = \frac{P}{A} \tag{1-12}$$

式中　R_c——岩石的单轴抗压强度，kPa；

P——岩石开始破坏时的荷载，kN；

A——垂直荷载的岩石试件的受压面积，m^2。

各类岩石的抗压强度值差别很大，它主要取决于岩石颗粒之间的联结情况，而这又和岩石的矿物成分、生成条件有关。一般牢固联结的岩浆岩、变质岩和胶结的沉积岩的抗压强度可达 1×10^5～2×10^5 kPa，甚至更大。部分岩浆岩、云母片岩、绿泥石片岩、千枚岩及胶结弱的沉积岩的抗压强度较小，只有 5×10^4～10×10^4 kPa 或更小；弱胶结的泥质砂岩、砾岩及泥灰岩等软弱岩石的抗压强度有时甚至只有 3×10^3～10×10^3 kPa。

岩石的抗压强度可分为干抗压强度和湿抗压强度两种。一般在天然含水状态下测定的抗压强度为干抗压强度，在饱水状态下测定的抗压强度为湿抗压强度，湿抗压强度一般小于干抗压强度。在水利工程建筑中，考虑建筑物与水的作用，一般采用湿抗压强度指标来评价岩体的稳定性。

2）岩石的抗拉强度

岩石的抗拉强度是指岩石在单向拉伸时，抵抗拉断破坏的能力，以拉断破坏时的最大拉应力来表示。测定岩石抗拉强度的方法有直接拉伸法和间接拉伸法两种。由于直接拉伸法制备试件困难且试验技术较复杂，故目前多采用间接拉伸法。间接拉伸法中又以劈裂法和点荷载试验应用最广。

劈裂法是采用ϕ5 cm×5 cm 的圆柱体试件，横置于压力机的承压板上，并在试件与上、下承压板间各放一根垫条，然后加压，使所加压力变为一线荷载，试件中产生垂直于上、下荷载作用方向的张应力，使试件沿竖向直径裂开破坏，如图 1-59 所示。岩石的抗拉强度根据弹性理论按下式计算：

$$R_t = \frac{P_t}{\pi Dh} \tag{1-13}$$

式中　R_t——岩石的抗拉强度，kPa；

P_t——试件破坏荷载，kN；

D——试件直径，m；

h——试件长度，m。

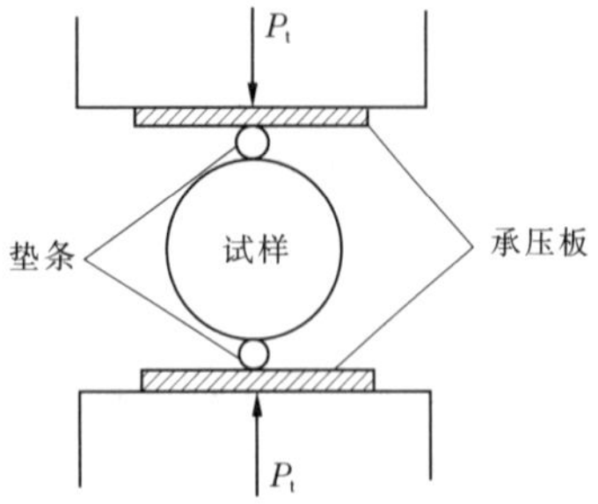

图 1-59　劈裂法试验装置

在劈裂试验中，试件破坏面的位置严格受施加的线荷载方位控制，很少受试件中已有结构面的影响，这一点与直接拉伸试验不同。

岩石抗拉强度的影响因素与抗压强度的影响因素相同，也包括岩石本身性质和试验条件两方面。但起决定作用的还是岩石本身的性质，诸如矿物成分、矿物颗粒间的连接及空隙性等。由于岩石的抗拉强度远小于抗压强度，在工程设计中不是控制值，因此一般很少测定。

3）岩石的抗剪强度

岩石的抗剪强度是指岩石抵抗剪切破坏的能力，以岩石被剪破时的极限剪应力表示。根据岩石不同的剪切破碎形式，岩石的抗剪强度试验可分为抗剪断试验、抗剪试验和抗切试验三种，如图 1-60所示。试验后将分别得出抗剪断强度、抗剪强度、抗切强度。

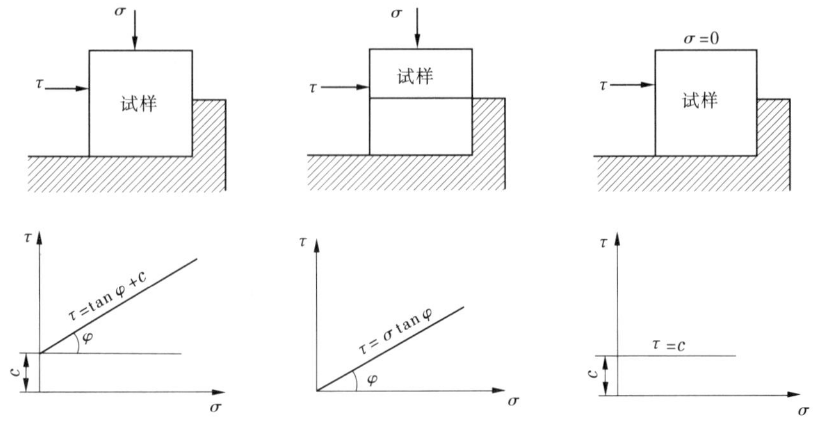

(a)抗剪断试验与抗剪断强度曲线　(b)抗剪试验与抗剪强度曲线　(c)抗切试验与抗切强度曲线

图 1-60　岩石抗剪强度试验原理示意图

(1)抗剪断强度。是指在一定法向压力作用下，沿预定剪切面剪断时的最大剪应力，如图 1-60(a)所示。岩石的抗剪断强度用式(1-14)计算：

$$\begin{cases}\tau = \sigma\tan\varphi + c \\ \tan\varphi = f\end{cases} \tag{1-14}$$

式中 τ——岩石的抗剪断强度,kPa;

σ——剪裂面上的法向应力,kPa;

φ——岩石的内摩擦角,(°);

f——岩石的摩擦系数;

c——岩石的黏聚力,kPa。

当法向应力一定时,岩石的抗剪断强度主要取决于岩石的摩擦系数和黏聚力。坚硬、新鲜岩石有牢固的结晶联结和胶结联结,故其抗剪断强度很高。一般内摩擦角在30°~40°以上,黏聚力可达几千千帕以上。

(2)抗剪强度。是指在一定法向压力作用下,沿岩石已有破裂面在剪坏时的最大剪应力,如图1-60(b)所示。抗剪强度用式(1-15)计算:

$$\tau = \sigma\tan\varphi \tag{1-15}$$

式中 τ——岩石抗剪强度(摩擦强度),kPa;

σ——剪裂面上的法向应力,kPa;

φ——岩石的内摩擦角,(°)。

它反映了岩石中微结构面或人工破裂面上的摩擦阻力。显然,抗剪强度是沿着岩石破裂面或软弱面等发生剪切滑动的指标,它大大小于该岩石的抗剪断强度。一般坚硬岩石的内摩擦角为27°~35°。

(3)抗切强度。是指无法向应力($\sigma=0$)时,沿预定剪切面剪断时的最大剪应力,实际上也就是黏聚力 c,如图1-60(c)所示。

$$\tau = c \tag{1-16}$$

室内剪切试验测定的通常是岩石的抗剪断强度,常用的方法有直剪试验、变角板剪切试验和三轴试验等。

抗切强度 τ 常用来校核抗剪断试验的岩石黏聚力 c 值。岩石的抗剪强度和抗压强度是常用来衡量岩石(体)稳定性的指标,是工程设计中较为重要的定量分析依据。

一些常见岩石的物理力学指标见表1-15。

表1-15 岩石的物理力学指标

岩石名称	重度(kN/m^3)	相对密度	孔隙率(%)	吸水率(%)	软化系数	抗压强度(MPa)	弹性模量(GPa)	内摩擦角(°)
花岗岩	22.6~27.5	2.50~2.84	0.04~3.5	0.1~0.7	0.72~0.95	110~210	33~69	28~37
闪长岩	24.7~29.0	2.60~3.10	0.2~3.0	0.11~0.4	0.60~0.90	150~270	22~114	28~35
辉绿岩	24.8~29.1	2.60~3.10	0.3~6.38	0.2~5.0	0.60~0.90	123~287	69~79	34~42
流纹岩	25.5~26.0	2.50~2.73	0.9~2.3	0.14~1.97	0.75~0.95	120~250	22~114	27~35
安山岩	22.6~27.0	2.60~2.80	1.1~4.15	0.3~4.5	0.75~0.91	110~240	20~106	27~40
玄武岩	24.8~30.4	2.60~3.10	0.35~3.0	0.3~2.8	0.80~0.95	110~200	34~106	29~36
凝灰岩	22.9~25.0	2.56~2.78	1.5~7.5	0.5~7.5	0.52~0.86	100~250	22~114	24~35

续表 1-15

岩石名称	重度（kN/m^3）	相对密度	孔隙率（%）	吸水率（%）	软化系数	抗压强度（MPa）	弹性模量（GPa）	内摩擦角（°）
砾岩	24.0～26.6	2.67～2.71	0.4～10.0	0.3～2.4	0.50～0.96	40～200	10～114	33～39
砂岩	21.6～27.1	2.60～2.75	1.0～20.0	0.2～9.0	0.21～0.97	20～180	13～54	25～39
页岩	22.6～26.5	2.57～2.77	0.4～7.6	0.5～6.0	0.24～0.74	10～100	10～35	19～28
石灰岩	23.0～27.2	2.48～2.85	0.5～3.5	0.1～4.5	0.70～0.90	70～160	10～80	28～35
泥灰岩	23.0～27.0	2.70～2.80	1.0～10.0	0.5～8.2	0.44～0.54	35～60	13～53	19～32
板岩	22.7～27.0	2.68～2.81	6.3～13.5	0.5～0.82	0.39～0.79	60～200	22～34	27～40
千枚岩	26.6～28.0	2.71～2.96	0.4～3.6	0.5～0.8	0.67～0.96	30～140	22～34	26～54
片岩	26.3～28.6	2.72～3.02	0.7～3.0	0.1～0.6	0.70～0.93	60～220	2～80	27～48
片麻岩	26.0～27.4	2.69～2.82	0.7～2.2	0.1～0.7	0.75～0.97	80～180	15～70	33～43
石英岩	26.0～27.0	2.70～2.75	0.1～2.8	0.1～0.4	0.94～0.96	150～240	45～142	32～60

【小贴士】

1. 矿物是地壳中的化学元素在地质作用下形成的具有一定化学成分和物理性质的单质或化合物，岩石是由一种或多种矿物在地质作用下形成的具有一定结构和构造的自然集合体。平常所说的石头按专业术语应称为岩石，如雨花石就是自然形成岩石；人造石头称为工艺岩石，如人造大理石；其他星球上来的陨石称为宇宙岩石。

2. 对三大类岩石应从岩石的形成原因、矿物组成、产状、结构、构造、工程地质性质等方面进行比较学习。

【知识链接】

地壳是由岩石组成的，凡是研究与地壳有关的学科，都离不开矿物学和岩石学。如研究岩石变形和破裂的构造地质学、工程地质学，研究地壳中岩石的生成顺序和时代的地层学，研究地壳中元素分布、迁移和变化规律的地球化学；研究构造和成分的地球物理学；研究地下水的赋存和运动条件的水文地质学等。矿物学和岩石学是地质学的基础学科。

【工程案例】　长江三峡坝址选择

长江三峡坝址选址论证历经 34 年时间（1955～1989 年），其实最早是美国垦务局设计总工程师、誉满全球的坝工专家萨凡奇博士于 1946 年考察时从地形和工程的角度选了三条坝址，都在南津关，南津关是三峡的峡口，河面只有 200 m，但地质状况很不理想，该地区 200 多 km 几乎是灰岩和页岩。宜昌市三斗坪在已建成的葛洲坝上游约 40 km 处，有 20 多 km 地段是花岗岩，是理想的坝址。但否定南津关坝址意味着损失 10 多 m 水头，就是减少 200 万 kW 装机。争论进入了相持阶段，最后提出一个新设想，用“三斗坪——葛洲坝”二坝化一坝圆满解决，也圆了“天堑变通途”“高峡出平湖”的梦。1992 年第七届全国人民代表大会第五次会议审议并通过了《关于修建长江三峡工程决议》，这时三峡工程才正式由论证走向实施阶段。1994 年 12 月 14 日长江三峡工程正式开工。

作为大坝坝址选择，从地形上最好是河面狭窄“V”字形峡谷，地质条件最好是无大断层和皱褶地区，岩性为坚硬的岩浆岩。南津关虽然河面狭窄，地形较理想，但灰岩是微溶岩石，其中碳酸钙长期与水流作用下形成碳酸氢钙而出现溶洞会使大坝发生渗漏，页岩是沉积岩，页岩质地松软，易于风化呈碎片，强度低，遇水易软化，抗滑稳定性较差，从岩性分析是不良地质条件；三斗坪地势较平坦，河谷开阔，地形不是最理想，但地质条件好，主要由抗压强度高的花岗岩构成，岩体内断层、裂隙不发育，且大部分成胶结状态，透水性微弱，具有修建混凝土高坝优势，这是现三峡大坝选址的重要原因。

案例说明地质环境制约了工程建筑，作为地壳物质组成的矿物和岩石的性质与工程安全及经济是戚戚相关的，作为一位工程建筑设计人员或施工人员，对矿物和岩石性质必须要有一定了解。

【阅读与应用】 Francis 重力拱坝失事

美国加州 Francis 重力拱坝高 68 m，于 1928 年 3 月 12 日失事。失事原因是其右岸为红色砾岩，强度很低，且属黏土胶结，干燥时坚硬，浸水后吸水碎裂，并含有易于溶解的石膏等薄层；而左岸中云母片岩倾向河床，当时其溃决的大坝破碎成若干块体。

该案例又进一步说明矿物和岩石构成的地质环境与建筑工程的安危密切相连。大家可以上网查阅更多案例进行分析。

小　结

1. 地球概况

我们生活在地球上，地球提供给我们物质基础和生存环境。本项目主要介绍地球的概况和组成地壳的物质——矿物和岩石的主要性质，为寻找矿产资料和岩土工程的分析奠定了一定基础。其主要内容如下：

(1) 地球是太阳系行星家族中的一个壮年成员，是一个平均半径为 6 371 km 的旋转椭球体。地球具有圈层结构：外部圈层主要为大气圈、水圈和生物圈；内部圈层为地壳、地幔和地核三个。固体地球的主要物理性质有密度、重力、压力、地热、地磁、弹性和塑性。

(2) 地质作用。

- 地质作用
  - 内力地质作用
    - 能量来源：地球自转产生的动能和放射性元素蜕变产生的热能
    - 表现形式：构造运动、岩浆活动、变质作用和地震等
    - 作用结果：塑造山岭与凹地，是地形变化的主导因素
  - 外力地质作用
    - 能量来源：太阳辐射热能、重力位能及天体引力
    - 表现形式：风化、剥蚀、搬运、沉积和硬结成岩作用等
    - 作用结果：削平高山，填平凹地

由于地质作用使地球表面起伏不平，有大陆与海洋、高山与平原等地球表面各种形态。陆地表面形态按高程和起伏状况分为山地、丘陵、平原、高原和盆地等；海底地形有大洋盆地、海沟、大陆架、大陆坡等。

2. 矿物

矿物是指地壳中的化学元素在地质作用下形成的具有一定化学成分和物理性质的单质或化合物。矿物化学成分常用结构式来表示，具有一定化学成分特征。组成岩石的矿物称为造岩矿物，主要有 20 多种。造岩矿物的物理性质主要有形态、颜色、条痕、光泽、解理、断口、透明度、硬度以及其他特性等，它们是肉眼鉴定矿物的重要标志。通过学习，要认识常见

的十几种造岩矿物。

3. 岩石

岩石是矿物的天然集合体,按其形成原因分为岩浆岩、沉积岩、变质岩三大类。岩浆岩是岩浆作用的产物,变质岩是变质作用的产物,沉积岩是沉积作用的产物,它们都有各不相同的矿物成分、结构构造特征和代表岩石。

(1)岩浆岩是由岩浆冷凝而成。岩浆岩的主要矿物成分有石英、正长石、斜长石、角闪石、辉石、橄榄石、黑云母等。深成岩呈全晶质等粒结构,块状构造。浅成岩多为斑状结构。喷出岩呈隐晶质、斑状结构,流纹状、气孔和杏仁状、枕状及块状构造。

(2)沉积岩的物质组成有碎屑物质、黏土矿物、化学沉积矿物、有机质及生物残骸等。沉积岩的结构包括碎屑结构、泥质结构、化学结构及生物化学结构。特有的构造包括层理构造、层面构造和化石。

(3)变质岩特有的变质矿物有滑石、蛇纹石、绿泥石、石榴子石等。变质岩的结构包括变晶结构、变余结构、碎裂结构。变质岩特有的构造包括板状构造、千枚状构造、片状构造和片麻状构造。

(4)岩石的工程地质性质包括物理性质、水理性质和力学性质,其各种指标是定量评价岩石工程性质的可靠依据。

复习题

1. 名词解释:地质作用、地壳、矿物、造岩矿物、类质同象、解理、断口、硬度、光泽、岩石、岩浆岩、岩浆、岩浆作用、侵入作用、喷出作用、风化作用、沉积作用、侵入岩、喷出岩、沉积岩、变质岩、结构、构造。

2. 地球的内圈分为哪三圈? 外圈分为哪三圈?

3. 简要说明内、外力地质作用的区别。影响外力地质作用的主要因素是什么?

4. 肉眼鉴定矿物主要依据哪些特征?

5. 由黄铁矿及黏土矿物组成的岩石对工程建筑物有哪些影响?

6. 写出下列各组矿物的鉴定特征以及主要区别:

(1)石英、长石、方解石、石膏。

(2)角闪石、辉石、黑云母、橄榄石。

7. 按 SiO_2 的含量不同,岩浆岩可划分为哪四种类型?

8. 简述酸性、中性、基性、超基性的岩浆岩化学成分和矿物成分特征。

9. 简述岩浆岩常见产状、结构、构造。

10. 试比较下列岩石间的异同点:

(1)花岗岩——辉长岩。

(2)流纹岩——玄武岩。

(3)闪长岩——安山岩。

11. 简述沉积岩形成的阶段。

12. 简述沉积岩的结构、构造特征。

13. 什么是变质作用? 影响变质作用的因素有哪些? 变质作用有几种类型?

14. 岩浆岩、沉积岩和变质岩的代表性岩石各有哪些?

15. 对比区分下列名词:

(1)解理——断口——硬度。

(2)斑状结构——半晶质结构。

(3)流纹状构造——层理构造——片理构造。

(4)结晶质——非晶质——隐晶质——玻璃质。

16. 下列岩石之间有何区别及联系?

(1)花岗岩——花岗片麻岩。

(2)页岩——千枚岩。

(3)石英砂岩——石英岩。

(4)石灰岩——大理岩。

(5)片岩——黏土岩。

17. 把下列物质按矿物、岩浆岩、变质岩或沉积岩进行归类:

石英、石英砂岩、方解石、正长岩、石灰岩、花岗岩、石英岩、大理岩、玄武岩、千枚岩、流纹岩、黏土岩、石膏、黑云母、砾岩、片麻岩、闪长岩、板岩。

18. 表征岩石工程地质性质的指标有哪些?

技能训练　工程地质实训

试验一　矿物的认识与鉴定

一、试验目的

(1)学会根据矿物的形态和物理性质等特征,用肉眼鉴定常见矿物的技能及掌握描述矿物的方法,并写出简单的鉴定报告。

(2)掌握几种常见造岩矿物的鉴定特征。

二、试验准备工作

复习每类矿物的共同特征以及每种矿物的主要鉴定特征。检查矿物标本、摩氏硬度计、小刀、放大镜、无釉瓷板、稀盐酸等试验用品是否齐全。

三、试验方法与步骤

肉眼鉴定矿物的大致过程是先从观察矿物的形态着手,然后观察矿物的光学性质、力学性质,进而参照其他物理性质或借助于化学试剂与矿物的反应,最后综合上述观察结果,查阅有关矿物特征鉴定表,即可定出矿物的名称,同时要求记住常见矿物的鉴定特征。

(一)矿物的形态

矿物的形态有晶体形态和集合体形态两类。

(1)晶体形态。即同种矿物聚在一起的各种形态,常见的造岩矿物形态有纤维状、柱状、板状、片状、鳞片状、粒状等。

(2)集合体形态。矿物在自然界中多呈集合体产出,故集合体形态的描述具有实际意义。常见的有晶簇状、结核状、鲕状、肾状、钟乳状、葡萄状、放射状等。

(二)矿物的物理性质

矿物的物理性质是多种多样的,主要有以下几方面特征:

(1)颜色。矿物的颜色极为复杂,是矿物对可见光波的吸收作用产生的。按成色原因有自色、他色、假色等。

(2)光泽。矿物的光泽是矿物表面的反射率的表现,按其强弱程度可分为金属光泽、半金属光泽和非金属光泽。常见的有玻璃光泽、珍珠光泽、丝绢光泽、油脂光泽、蜡状光泽、土状光泽等。

用人为方法严格划分光泽等级是困难的,要多观察、慢慢体会、逐步掌握。

(3)解理。解理为矿物重要鉴定特征。解理等级及区分的办法如下:

①极完全解理:极易裂开成薄片,片大而完整,平滑光亮。

②完全解理:易成解理块,面平整,见断口。

③中等解理:碎块可见小面,既有解理又有断口,呈阶梯状。

④不完全解理:碎块可见小面,断口贝壳状,参差不齐。

后两者难区分,有时可写成中等—不完全解理。矿物解理的完全程度和断口是互相消长的。

(4)硬度。常用的确定矿物硬度的方法为刻划法,刻划工具除摩氏硬度计外,常可借助指甲(2.5)、小刀(5.5~6)、石英(7),在野外使用时较方便。

污染手的为1,不污染手而指甲能划动时为2,指甲划不动而刀刻极易者为3,刀刻中等者为4,刀刻费力者为5,刀刻不动而石英能刻动者为6,石英为7。

硬度常因集合体方式及后期变化而降低,所以刻划时要先找到矿物的单体及新鲜面。

四、试验内容与安排

(一)试验标本

黄铁矿、石英、正长石、方解石、角闪石、辉石、橄榄石、白云母、黑云母、高岭石。

(二)试验举例

1. 石英(SiO_2)

形状:柱状或块状。颜色:乳白色或无色。条痕:无色。光泽:玻璃光泽、油脂光泽。硬度:7。解理:无。断口:贝壳状。

主要鉴定特征:形状、光泽、颜色、条痕、断口。

2. 方解石($CaCO_3$)

形状:菱形粒状或块状。颜色:白色或无色。条痕:无色。光泽:玻璃光泽。硬度:3。解理:三组完全。

主要鉴定特征:形状、解理、硬度、与稀盐酸反应起泡。

3. 正长石($KAlSi_3O_8$)

形状:短柱状或板状。颜色:肉红色。条痕:白。光泽:玻璃光泽。硬度:6。解理:中等,解理面成直角。

主要鉴定特征:解理、光泽、颜色。

4. 黑云母($K(MgFe)_3(OH)_2(AlSi_3O_{10})$)

形状:片状或鳞片状。颜色:黑色或棕黑色。条痕:无。光泽:珍珠光泽。硬度:2 ~ 3。解理:一组完全。

主要鉴定特征:形状、光泽、颜色、解理。

5. 角闪石($Ca_2Na(Mg、Fe)_4(AlFe)[(Si、Al)_4O_{11}]_2(OH)_2$)

形状:长柱状。颜色:绿黑色。条痕:淡绿。光泽:玻璃光泽。硬度:6。解理:两组解理交成 124°(56°)。断口:锯齿状。

6. 黄铁矿(FeS_2)

形状:立方体或块状。颜色:铜黄色。条痕:绿黑。光泽:金属光泽。硬度:5 ~6。解理:无。断口:参差状。

主要鉴定特征:形状、光泽、颜色、条痕。

五、地质试验报告

常见矿物肉眼鉴定报告见表 1-16。

表 1-16 常见矿物肉眼鉴定报告

班级______ 姓名______ 学号______ 日期______

评阅老师______ 成绩______

序号	矿物名称	形状	颜色	条痕	光泽	透明度	硬度	解理或断口		其他

六、思考题

(1)肉眼鉴定常见矿物时,主要依据哪些特征?

(2)石英、长石、方解石的区别是什么?

试验二　常见三大类岩石的鉴定

一、实习目的与要求

(1)复习矿物鉴定方法,学习三大类岩石的鉴定。

(2)对三大类岩石的基本分类特点进行综合比较和总结。

(3)在区别三大类岩石的矿物组成、结构、构造特点的基础上,对常见岩石进行综合肉眼鉴定。

二、实习准备工作

全面复习项目一单元二至单元六的内容,特别是单元六的三大类岩石的辨别。

三、岩石的综合肉眼鉴定提示

(1)三大类岩石间的转化关系。不同类型的岩石在自然界并非孤立存在的,而是在一定条件下相互依存,并不断地进行转化。这种由原岩转变成新岩的过程,不是,也不可能是简单地重复,新生成的岩石不仅在成分上,而且在结构、构造上与原岩均有极大的差异。

(2)各类常见岩石的主要特征。常见三大类岩石以其固有的特点相互区别,见表1-13。

(3)肉眼鉴定步骤按单元六中三大类岩石鉴定和定名进行。

四、实习方法

(1)由学生参照本书中有关各类岩石特征描述,自行对教学大纲中要求的全部岩石标本做综合观察。选定外观相似,但成因不同的岩石标本(如花岗岩与片麻岩、石英砂岩与石英岩、砾岩与斑岩等)做深入地分析和对比。

(2)如有条件,可将岩石磨片(如花岗岩、玄武岩、片麻岩、片岩、鲕状灰岩等)进行偏光显微镜下观察,便能更清楚地鉴别岩石的结构及矿物成分。

五、作业及测验题

(1)简述粗面岩与闪长玢岩的区别。

(2)对比下列各组矿物、岩石的异同点:

纤维状石膏—石棉;方解石—白云石;石英—正长石;黏土岩—泥灰岩;板岩—页岩;硅质灰岩—白云岩;火山角砾岩—断层角砾岩(或糜棱岩)。

(3)在课前复习、课内系统观察的基础上,对6~8块未记名岩矿标本(其中矿物标本1~2块)进行肉眼鉴定测验(按表1-17格式填写)。表中对于矿物主要鉴定特征描述包括颜色、化学成分、硬度、解理、光泽、透明度、与稀盐酸的反应等,对于岩石则主要描述颜色、矿物组成、结构、构造等特征。

表 1-17　三大类岩石的综合肉眼鉴定实习报告

班级__________　姓名__________　学号__________　日期__________

评阅老师__________　成绩__________

标本号	主要鉴定特征描述	岩石类别	岩石名称

项目二　地质构造

学习目标

1. 掌握相对地质年代及绝对地质年代的含义，了解岩层相对地质年代的划分，熟悉地质年代表。

2. 掌握岩层产状及产状要素的含义，了解岩层产状的测定和表示方法。

3. 熟悉各种常见地质构造的含义、组成要素、分类及其特征，正确认识这些地质构造对工程建设的重要意义。

4. 了解地质图的含义及类型，熟悉褶皱、断层、地层接触关系等在地质图上的表示方法及特征，并能阅读和分析一般地质图。

5. 掌握地震、活断层的基本概念和基本特征，了解对工程建筑的影响。

【技能目标】

1. 初步掌握阅读、分析综合性地质图方法，并学会绘制地质剖面图。

2. 熟悉野外地质调查工作的基本方法，掌握罗盘仪操作以及地质实习报告编写。

【学习导入】

由于地壳运动导致组成地壳的岩层或岩体发生变形或变位的现象，以及残留于地壳中的空间展布和形态特征称为地质构造。地质构造不仅包括岩层的倾斜构造、褶皱构造和断裂构造三种基本形态，还包括隆起和凹陷等形态。这些形态都是地壳运动的产物，并与地震有着密切的联系。地质构造大大改变了岩层或岩体原来的工程性质，如褶皱和断裂使岩层产生弯曲、破裂和错动，破坏了岩层或岩体的连续性和完整性，降低了岩层稳定性，并增大了其渗透性，使建筑地区工程地质条件复杂化。因此，研究地质构造不但对阐明和探讨地壳运动发生、发展规律具有理论意义，而且对建筑工程的布置、设计、施工及正常使用也都具有重要的实际意义。

单元一　地质作用与地质构造

一、地质作用

自然动力引起地壳物质组成、内部结构及表面形态变化和发展的自然作用，称为地质作用。引起地质作用的自然力叫地质营力。根据地质营力作用可以把地质作用分为内力地质作用和外力地质作用。地质作用可以是物理作用或化学作用，也可以是生物作用。地质作用详细内容在项目一中已讨论了，这里不再重复。

二、构造运动与地质构造

构造运动也称为地壳运动，指由内力地质作用引起的地壳组成物质和结构发生变形、变位的运动。如地壳的隆起和下沉、岩层的弯曲和错断以及地震等。

地质构造是地壳运动的产物，地壳运动在岩层和岩体中遗留下来的各种变形或变位的形迹称为地质构造，简称构造。它是研究地壳运动的性质和方式的依据，有原生构造和次生构造之分。地质构造的规模大小不一，大的如构造带，可以纵横数千千米，小的如矿物晶粒的变形等。褶皱、节理和断层是最基本的地质构造，地层接触关系和岩层产状反映了地质构造的时空特征。

现代地壳活动主要是地表形变、活断层、地震和火山活动等，这些活动不仅直接影响工程建筑的安全稳定，同时由它们引起的崩塌、滑坡、砂土地震液化等，也会造成不同程度的地质灾害。地壳运动及形成的各种构造形迹对岩体稳定性和渗透性都有很大的影响。因此，在大型工程建筑中都必须进行详细的勘察研究。

每一地区的地质构造，都是长期以来地质历史发展演变的结果。为了准确判断地质构造形态，必须先了解地质年代和岩层状态的基本知识。

单元二　地质年代与地层年代的确定

一、地质年代的概念与地质年代的划分

地球形成到现在大约已有 40 多亿年的历史，在这漫长的岁月中，可把整个地球历史分成若干自然发展阶段（或时间段落），称为地质年代。地质年代包括绝对年代和相对年代两种。绝对年代是指地层形成到现在的实际年龄，目前主要根据岩石中某种放射性元素及其蜕变产物的含量而计算出岩石生成后距今的实际年数，越是老的岩石，地层距今的年数越长。每个地质年代单位应为开始于距今多少年前，结束于距今多少年前，这样便可计算出共延续多少年。例如，中生代始于距今 2.3 亿年前，止于 6 700 万年前，延续 1.2 亿年。相对年代是表示地层相对新老关系的时代顺序，主要根据生物演化和地壳运动等重大变化来划分。地质学家和古生物学家根据地层自然形成的先后顺序，将地层分为 5 代 12 纪。各类动、植物化石出现的早晚是有一定顺序的，越是低等的，出现得越早；越是高等的，出现得越晚。

地质年代单位按级别从大到小，可以划分为宙、代、纪、世、期……。宙是国际地质年代中延续时间最长的第一级地质年代单位。整个地质时期可以分为古生物化石稀少的隐生宙和古生物化石丰富的显生宙。宙内还可划分为代，整个地质年代可以分为太古代、元古代、古生代、中生代及新生代。它们标志着生物演化的几个主要发展阶段。代内又划分为纪，纪内再划分为世、期。宙、代、纪、世是国际通用的地质时间单位，期以下为区域性地方单位。

与上述地质年代单位分别对应的国际性地层空间划分单位是宇、界、系、统，区域性地层单位是阶和带。如古生代形成的地层称为古生界，寒武纪形成的地层称为寒武系。上述两组地质年代单位和地层单位划分对照见表 2-1，我国的地质年代划分见表 2-2。

表 2-1　地质年代单位和地层单位划分对照

地质年代单位	地层单位	使用范围
宙 代 纪 世	宇 界 系 统	国际性的
期 时	阶 带	全国或大区域性的
	群 组 段 层	地方性的

国际性地质年代表是将地球上的各种地质事件,按其发生的先后顺序,进行系统的时代编排后列出的反映地质历史的时间表。在国际性地质年代表的基础上,根据某区域的地质特点,将该区域中发生的各种地质事件按其发生的先后顺序编排出来的地质历史时间表,称为地方性地质年代表,这些地区往往不含化石或很稀少,其时代不能准确划定,或该地区跨越不同的地质年代。因此,只能根据生物特征和沉积间断等情况来划分地层的单位和年代。这种只限于在某个地区适用的划分,按级别由大到小称为群、组、段、层。

二、地层年代的确定方法

确定和了解地层的年代,在工程地质工作或找矿工作中是很重要的。同一年代形成的岩层常有共同的工程地质特性。比如在四川盆地广泛分布的侏罗纪和白垩纪地层,因含有多层易遇水泥化的黏土层,致使凡有这个年代地层分布的地区滑坡现象都很常见。而不同年代形成的相同名称的岩层,往往岩性也有区别。因此,在分析地质构造时,必须首先查明地层的年代关系,才能进行。

在野外地质工作中,用得较多的是以相对年代来确定地层的新老关系,可用以下几种方法来确定。

(一)地层层序法

地层层序法是以沉积岩的生成原理来确定地层的新老关系。在正常情况下,当沉积岩形成后,位于下面的地层较老,位于上面的地层较新。在地壳变动剧烈的地区,有时老岩层在上,新岩层反而在下面,如这时仍用这种方法,将会得出错误的结论。有时同一地层厚度较大,分布较广,难以确定新老关系,可借助岩石单层沉积规律确定顶底,区分上、下。

表 2-2 地质年代表

地质年代 代(界)	纪(系)		世(统)	国际代号		距今年数(百万年)	主要构造运动	主要特征
新生代Kz	第四纪		全新世	Q	Q_4			现代地势地貌，多次冰山活动，出现人类
			更新世		Q_{1-3}	1.6	喜马拉雅运动	
	第三纪R	新近纪	上新世	N	N_2			地球表面初具现代轮廓，我国多数为陆地沉积的岩层及火山岩系等。哺孔动物发达，显花植物繁盛
			中新世		N_1	23		
		古近纪	渐新世	E	E_3			
			始新世		E_2			
			古新世		E_1	65		
中生代Mz	白垩纪		晚白垩世	K	K_2		燕山运动	后期地壳运动剧烈，岩浆活动广泛，海水大部分退出大陆，多形成内陆盆地沉积的砂岩、页岩并夹煤层，爬行运动称雄，裸子植物繁盛
			早白垩世		K_1	135		
	侏罗纪		晚侏罗世	J	J_3			
			中侏罗世		J_2			
			早侏罗世		J_1	205		
	三叠纪		晚三叠世	T	T_3		印支运动	
			中三叠世		T_2			
			早三叠世		T_1	250		
古生代Pz	晚古生代Pz2	二叠纪	晚二叠世	P	P_2		海西运动	我国海陆变迁频繁，华北普遍缺失泥盆系和早石炭纪沉积，以后多为海陆交互沉积地层，主要是砂岩、页岩、灰岩广泛夹有煤层。华南多为浅海沉积、主要为石炭系，在二叠纪晚期为海陆互沉积，这时主要生物为孢子植物及两栖类
			早二叠世		P_1	290		
		石炭纪	晚石炭世	C	C_3			
			中石炭世		C_2			
			早石炭世		C_1	355		
		泥盆纪	晚泥盆世	D	D_3			
			中泥盆世		D_2			
			早泥盆世		D_1			
	早古生代Pz1	志留纪	晚志留世	S	S_3	410	加里东运动	我国大部分地区处于浅海环境，主要沉积物是石灰岩或页岩。华北缺失晚奥陶系及志留系地层。海生无脊椎动物繁盛
			中志留世		S_2			
			早志留世		S_1	438		
		奥陶纪	晚奥陶世	O	O_3			
			中奥陶世		O_2			
			早奥陶世		O_1	510		
		寒武纪	晚寒武世	$\in$	$\in_3$			
			中寒武世		$\in_2$			
			早寒武世		$\in_1$	570	蓟县运动	
元古代Pt	震旦纪		晚震旦世	Z	Z_3		晋宁运动 吕梁运动	海浸广泛，岩层一般未变质或轻微变质，有藻类化石，可能是地球上最早出现的生物
			中震旦世		Z_2			
			早震旦世		Z_1	800		
						2 500	五台运动	
太古代Ar						4 000		由于经历了剧烈的地壳运动，岩层普遍变质，形成片岩、片麻岩系，没有发现生物痕迹
地球发展初期						4 600		

（二）古生物化石法

沉积岩中保存的地质时期生物遗体或遗迹称为化石，如骨骼、茎、叶、足印、粪便等，其中可用作确定地层地质年代的已灭绝的古动物或古植物化石，称为标准化石。在漫长的地质历史时期内，生物从无到有，从简单到复杂，从低级向高级发生不可逆转的发展演化。因此，不同地质年代的地层中就会有不同的古生物化石及其组合，而在相同地质时期的相同地理环境下形成的地层，含有相同的化石。这样就可以根据地层中的古生物化石来确定地层年代。如我国北方中奥陶纪地层中含珠角石，寒武纪地层中含雷氏三叶虫化石等，如图2-1所示。

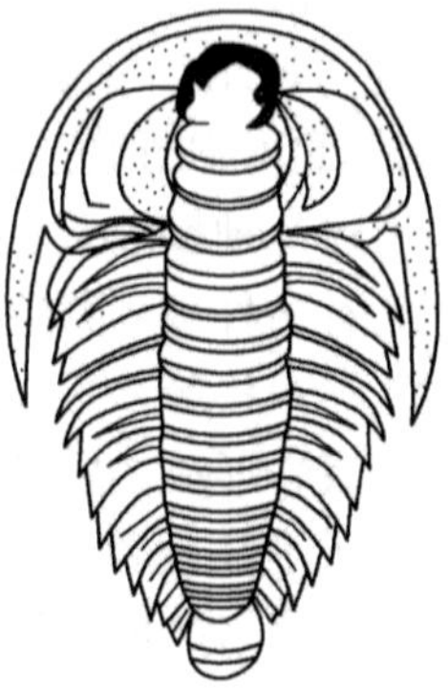

图2-1 三叶虫化石

（三）岩性对比法

一般在同一地质年代，同样环境下形成的地层，其岩石成分、结构构造、岩层组合应该是相似的。根据这个道理，如某一局部地区的地层年代已经确定后，对另一地区可通过岩性对比来大致确定其地层的年代。例如华北奥陶纪中期，普遍沉积的是质纯的石灰岩和白云质灰岩；在很多地方发现了化石。如果在同一沉积环境下的一些地区，这一层未找到化石，但已知该层上、下层位的时代和接触关系，就可以通过岩性对比来确定它的年代。

（四）地层接触关系法

1. 整合接触

当一个地区长期处于地壳运动相对稳定的条件下，即沉积盆地缓慢下降，或虽上升但未超过沉积基准面以上，或地壳升降与沉积处于相对平衡状态，沉积物则一层层地连续堆积而没有沉积间断。这样一套相互平行或近于平行的新老地层之间的接触关系，称为整合接触，如图2-2(a)所示。其主要特征是：地层连续，没有尖端，岩层是互相平行的，时代是连续的，岩性和生物演化递变，产状基本一致。

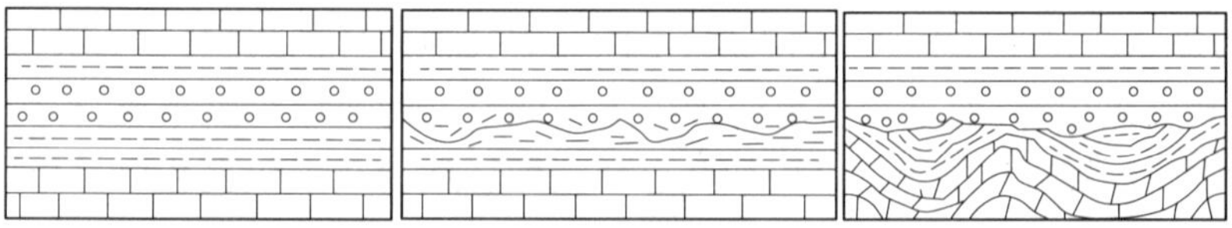

(a)整合接触 (b)假整合接触 (c)角度不整合接触

图2-2 沉积岩接触关系

2. 不整合接触

沉积接触的上、下两套地层之间的沉积间断，代表地质历史中一定的时间间隔。在此期间，或者是由于区域上升而没有接受沉积，或者是已沉积的地层又被侵蚀。不整合接触面上、下的岩层，由于在时间上发生了阶段性的变化，岩性及古生物等都有显著的不同。因此，不整合接触就成为划分地层相对地质年代的一个重要依据。不整合接触面以下的岩层先沉积，年代比较老；不整合接触面以上的岩层后沉积，年代比较新。不整合的类型有两种，即平行不整合和角度不整合。

(1)假整合接触。假整合接触又称为平行不整合接触，如图2-2(b)所示，主要是不整合面上、下两套地层的产状彼此平行，但之间存在地层缺失，代表地壳运动以上升和下降为主。

(2)角度不整合接触。角度不整合面起伏不平，往往保存着底砾岩和古风化痕迹，如图2-2(c)所示。角度不整合面的存在标志着地壳曾发生强烈的地壳运动，造成地层年代不连续，据此可判断地壳运动的大致时代。

上述几种接触类型是沉积岩之间或某些变质岩之间的关系。此外，岩浆岩和其他围岩之间还有两种接触类型可以判断其新老关系。

3. 沉积接触

岩浆岩形成之后，经长期风化剥蚀，后来在剥蚀面上又产生新的沉积，剥蚀面上部的沉积岩层无变质现象，而在沉积岩的底部往往存在由岩浆岩组成的砾岩或风化剥蚀的痕迹。这说明岩浆岩的形成年代早于沉积岩的地质年代，如图2-3(a)所示。

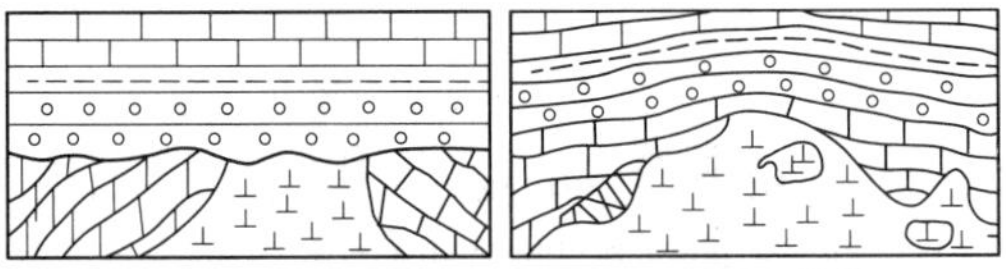

(a)沉积接触　　(b)侵入接触

图2-3　岩浆岩与沉积岩的接触关系

4. 侵入接触

岩浆侵入体侵入沉积岩层之中，使围岩发生变质现象，说明岩浆侵入体的形成年代晚于发生变质的沉积岩层的地质年代，如图2-3(b)所示。

单元三　水平构造和倾斜构造

由两个平行或近于平行的界面所限制的、同一岩性组成的层状岩石叫岩层。岩层的上、下界面叫层面，分别称为顶面和底面。岩层的顶面和底面的垂直距离称为岩层的厚度。任何岩层的厚度在横向上都有变化，有的厚度比较稳定，在较大范围变化较小；有的逐渐变薄，成为尖灭或透镜体。岩性基本均一的岩层，中间夹有其他岩性的岩层，称为夹层，如砂岩含页岩夹层、砂岩夹煤层等；如果岩层由两种以上不同岩性的岩层交互组成，称为互层，如砂岩、页岩互层，页岩、灰岩互层等。夹层和互层反映构造运动或气候变化所导致的沉积环境的变化。

由于形成岩层的地质作用、形成时的环境和形成后所受的构造运动的影响不同，岩层在地壳中的产出形态也各不一样。岩层在地壳中的空间方位和产出状态称为岩层产状。大部分沉积岩形成于广阔、平坦的沉积盆地中，其原始状态多呈水平或近水平，并且老的岩层先形成在下面，新的岩层后形成在上面，这种层位称为正常层位，但由于构造运动常使岩层层位发生倾斜、直立，甚至倒转现象，因此岩层构造常分为水平构造和倾斜构造两种。

一、水平构造

水平构造亦称为水平岩层，岩层的层面基本上是一个水平面，即岩层的同一层面处的海拔基本相同，如图2-4所示，在广阔的海底、湖盆、盆地中沉积的岩层，其原始产状大都是水平或近于水平的。在水平构造地区，如果未受侵蚀或侵蚀不深，在地表往往只能见到最上面较新的地层；只有在受切割很深的情况下，才能出露下面较老的岩层。

图 2-4 水平构造

二、倾斜构造

岩层层面和大地水平面之间具有一定夹角(0°～90°)的岩层称为倾斜构造,亦称为倾斜岩层。例如在沉积盆地的边缘形成的岩层,某些在山坡山口形成的残积、洪积层,某些风力、冰川形成的岩层,堆积在火山口周围的熔岩及火山碎屑层等,常常是原始堆积时就是倾斜的。但是,在大多数情况下,岩层受到构造运动而发生变形、变位,形成倾斜的产状。若在一定范围内岩层的产状大体一致,则称为单斜构造,如图 2-5 所示。单斜构造往往是褶皱构造的一部分。单倾构造的岩层,倾角较小(小于 35°)时在地貌上往往形成单面山,倾角较大(大于 35°)时在地貌上往往形成猪背岭。

图 2-5 单斜构造

三、岩层产状

岩层在地壳中的空间方位和产出状态称为岩层产状。岩层产状用岩层面在空间的延伸方向和倾斜程度来确定,除水平岩层成水平状态产出外,一切倾斜岩层的产状均以其走向、倾向和倾角表示,称为岩层产状三要素,如图 2-6 所示。

（一）岩层产状要素

1. 走向

岩层层面与任一水平面的交线称为走向线，也就是同一层面上等高两点的连线；走向线两端延伸的方向称为岩层的走向，岩层的走向有两个方向，彼此相差 180°，如走向北东 30°即南西 210°。岩层的走向表示岩层在空间的水平延伸方向。

2. 倾向

倾向指岩层面上最大倾斜线在水平面上投影所指的方向。该投影线是一条射线，被称为倾向线，只有一个方向。倾向线与走向线互为垂直关系（相差 90°），走向的方位角加或减 90°，即得倾向的方位角。

3. 倾角

倾斜线与其在水平面上的投影线间的夹角，叫真倾角，简称倾角，它是岩层面与水平面间的最大夹角。在不垂直岩层走向线的任何方向上量得的倾角，叫假倾角或视倾角。倾角的大小表示岩层的倾斜程度。真倾角只有一个，而视倾角可以有无数个，任何一个视倾角都小于该层面的真倾角，如图 2-7 所示。

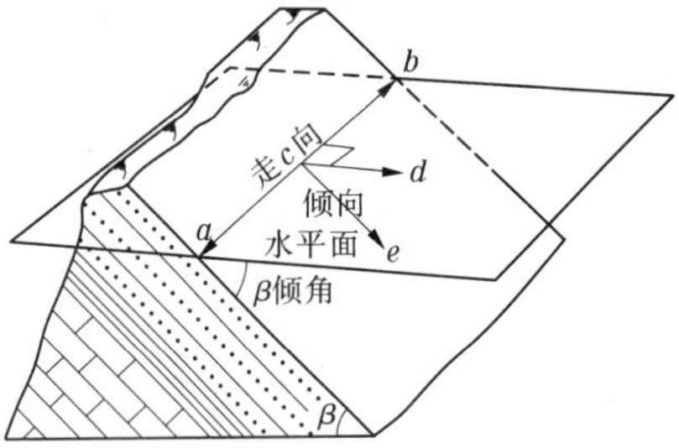

图 2-6　岩层产状要素

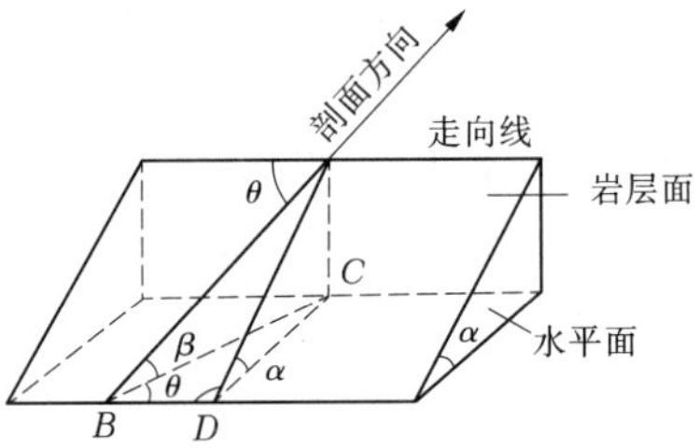

图 2-7　真倾角与视倾角的关系

（二）岩层产状的表示方法

岩层产状有两种表示方法：①方位角表示法，一般记录倾向和倾角，如 SW205°∠65°即倾向为南西 205°、倾角 65°，其走向为 NW295°或 SE115°；②象限角表示法，一般测记走向、倾向和倾角，如 N65°W25°SW 即走向为北偏西 65°、倾角为 25°，向南西倾斜。

岩层的产状三要素在地质图上可用符号 ⅄ 25°来表示，长线表示走向，短线表示倾向，数字代表倾角。

（三）岩层产状要素的测量方法

测量岩层的产状要素必须用地质罗盘，如图 2-8 所示。地质罗盘的外形为方形（长方形）和八边形，它的主要构件有磁针、顶针、制动器、倾斜仪和底盘等。另外，在底盘上还有带刻度的圆盘和水准气泡。刻度从 0°～360°，按逆时针方向刻制，东与西的位置和实际相反。罗盘上的 N 表示北（0°），E 为东（90°），S 为南（180°），W 为西（270°）。比如测得一个数据是 60°，60°在 N 与 E 之间，则表示为 NE60°；若测得数据为 300°，300°在 N 与 W 之间，则表示为 NW300°。60°与 300°都称方位角。

测走向时将罗盘的长边（即 NS 边）与层面贴靠、放平、固定水准气泡居中后，指北针所指的度数即为所求的走向。测倾向时用罗盘的 N 极指着层面的倾斜方向，使罗盘的短边（EW 边）与层面贴靠、放平，指北针所指的度数即为所求的倾向。测倾角时将罗盘竖起以其

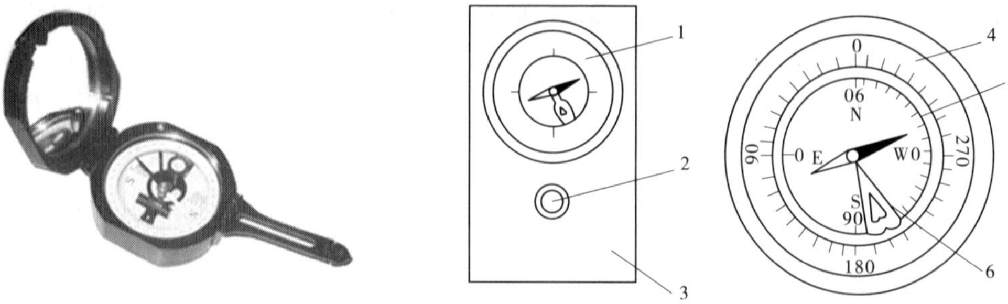

(a) 八边形地质罗盘示意图　(b)长方形地质罗盘示意图　(c)刻度盘示意图

1—刻度盘及指针;2—水准气泡;3—托盘;4—上刻度盘;5—下刻度盘;6—倾角指示针

图 2-8　地质罗盘构造简图

长边贴靠层面,并与走向线垂直,罗盘指针上挂的倾斜仪所指度数就是所求的倾角,如图 2-8 所示。走向和倾向都用方位角表示。因为走向具有两个指向,可用两个方位数值表示,两者相差 180°,如 NE35°、SW215°;倾向仅有一个指向,只用一个方位数值表示,如 SE125°。倾角的变化介于 0°~90°,如∠45°。上述产状合在一起记录为 NE 35°,SE,∠45°。

单元四　褶皱构造

原始产状的岩层在构造运动所产生的地应力作用下,形成一系列的波状弯曲,称为褶皱构造,如图 2-9(a)所示。把其中一个弯曲称为褶曲,褶曲是组成褶皱的基本单位,两个以上褶曲的组合,才叫褶皱。在自然界总是一个褶曲连着另一个褶曲。

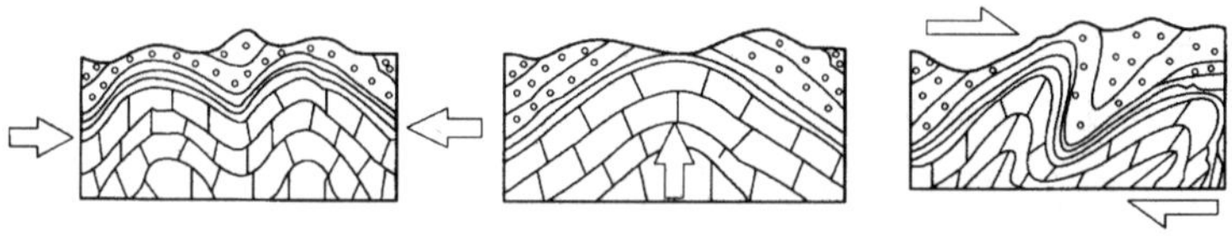

(a)水平挤压　(b)垂直作用力　(c)力偶的作用

图 2-9　褶皱构造的力学机制

从成因上讲,褶皱主要是由构造运动形成的,它可能是由升降运动使岩层向上拱起和向下拗曲,但大多数是在水平运动下受到挤压而形成的,而且缩短了岩层的水平距离。褶皱构造形成的力学机制如图 2-9 所示。

自然界的褶皱千姿百态、复杂多样,褶皱规模也变化极大,小至手标本或显微镜下的微观褶皱,大至卫星相片上的区域性或地壳规模褶皱。褶皱的研究对于揭示地质构造及其形成发展具有重要意义。此外,许多矿产包括金属、非金属、煤、石油、地下水等都受褶皱构造的影响和控制。因此,褶皱构造的研究具有重要的理论和实际意义。

一、褶曲要素

褶曲的各个组成部分叫褶曲要素。一个褶曲由下列部分组成:褶曲的核心(中心)部分叫核部,但往往把褶曲出露地表最中心部分的岩层称为核,如图 2-10 所示;褶曲核部两侧的岩层叫翼部;翼部岩层与水平面间的最大夹角称为翼角;由褶曲一翼转另一翼过渡的弯曲部分叫转折端；对称平分两翼的假想面称为轴面；轴面与水平面的交线称为轴线；轴面与褶曲岩层某一层面的交线称为褶曲枢纽。枢纽可以是水平的、倾斜的，也可以是波状起伏的。枢纽表示褶曲延伸方向上产状的变化；翼角大小反映褶曲的强烈程度；轴线方向表示褶曲延伸方向。

二、褶曲的类型

（一）褶曲的基本类型

褶曲的类型很多，但基本类型只有背斜和向斜两种，如图 2-11 所示。

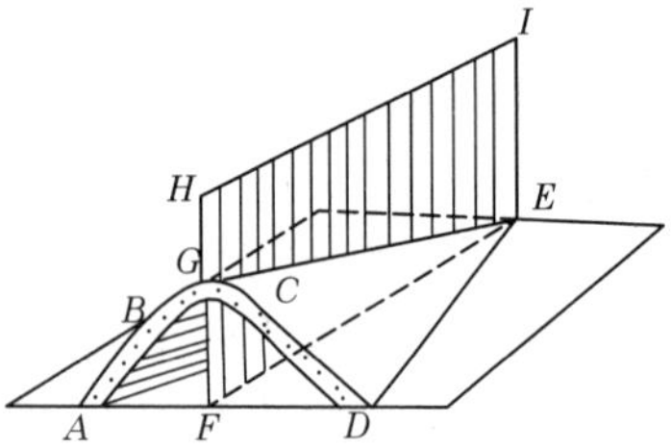

AB、CD—翼；被 ABGCD 包围的内部岩层—核；
BGC—转折端；EG—枢纽；EFHI—轴面；EF—轴线

图 2-10　褶曲要素示意图

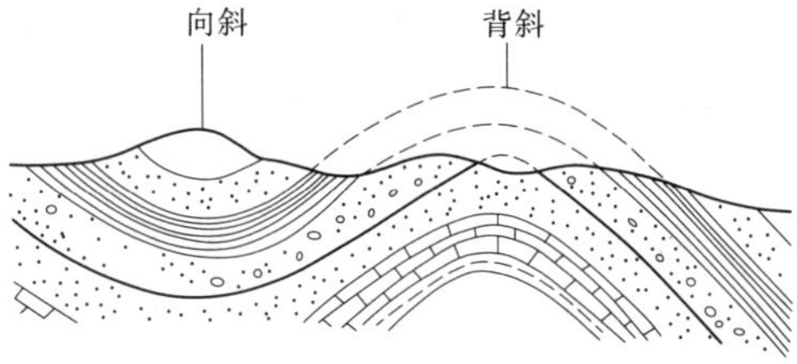

图 2-11　背斜和向斜剖面示意图

（1）背斜褶曲。在横剖面上的形态特征是岩层向上弯曲，自核部向两侧（翼部）岩层时代依次由老到新，两翼岩层常相背向外倾斜。在平面上自核部向两翼依次对称出现新岩层。

（2）向斜褶曲。在横剖面上的形态特征是岩层向下弯曲，两翼岩层多相对向内倾斜，自核部向两侧（翼部）岩层时代依次由新到老。在平面上自核部向两翼依次对称出现老岩层。

（二）褶曲的形态类型

1. 根据轴面产状及两翼特点分类

根据轴面产状并结合两翼特点分类，褶曲可分为直立褶曲、倾斜褶曲、倒转褶曲、平卧褶曲、翻卷褶曲，如图 2-12 所示。

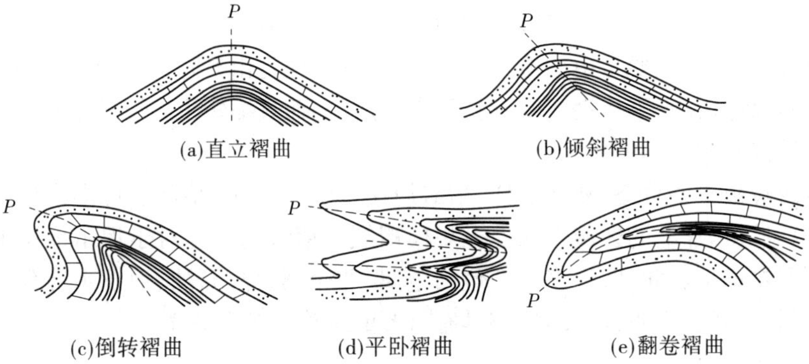

P—横剖面上的轴迹

图 2-12　褶曲的轴面产状分类

（1）直立褶曲。直立褶曲轴面直立，两翼倾角近相等，两翼向不同方向倾斜且对称分布，故又称为对称褶曲。

(2)倾斜褶曲。倾斜褶曲轴面倾斜，两翼倾角不等，两翼向不同方向倾斜但不对称，故又称为不对称褶曲。

(3)倒转褶曲。倒转褶曲轴面倾角更小，两翼向同一方向倾斜，其中一翼岩层发生倒转，两翼角相等或不等。

(4)平卧褶曲。平卧褶曲也叫横卧褶曲，轴面水平或近于水平，两翼岩层的产状也近于水平；一翼层位是正常的，另一翼层位发生倒转。

(5)翻卷褶曲。翻卷褶曲轴面翻转向下弯曲，此种褶曲在外观上是向(背)斜，实际上是背(向)斜，通常由平卧褶曲转折端部分翻卷而成。

上述五种褶曲，基本上反映了褶曲变形程度从轻微到强烈、从简单到复杂的过程以及水平挤压力的不同强度。但不能绝对化，褶曲变形程度有时与岩性和构造条件等有关。

2. 根据枢纽的产状分类

根据枢纽的产状，褶曲可分为水平褶曲、倾伏褶曲，如图 2-13 所示。

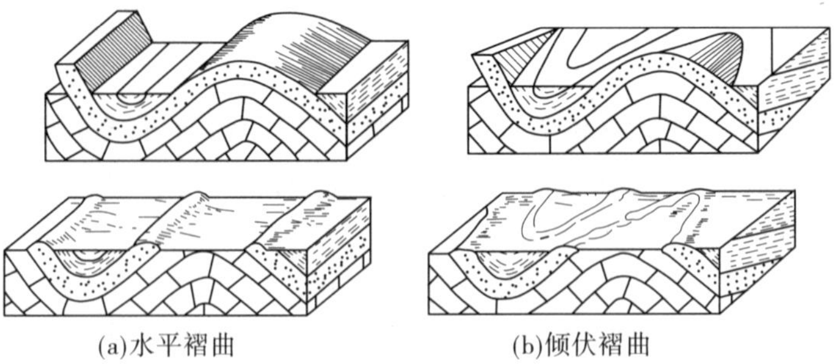

图 2-13　水平褶曲和倾伏褶曲

(1)水平褶曲。水平褶曲的枢纽近于水平，两翼岩层走向大致平行并对称分布，如图 2-13(a)所示。

(2)倾伏褶曲。倾伏褶曲的枢纽倾斜，两翼岩层走向不平行，在平面上一端收敛于转折端，另一端撒开，岩层呈“之”字形分布，如图 2-13(b)所示。枢纽与其在水平面上投影的夹角，称为倾伏角。倾伏褶曲的倾伏角介于 10°～80°

严格地说，自然界褶曲的枢纽很少是水平的，大多数都是倾伏的。大规模的褶皱，其枢纽往往也是有起伏的。倾竖褶曲比较少见，但在岩层陡立地区，如密云溪翁庄地区，即出现枢纽向东南倾伏近 80°的一个两翼开阔的倾竖向斜构造。

3. 根据褶曲的平面形态分类

不同类型的褶曲，其平面形态也不一样。根据褶曲的平面形态分类有：

(1)线形褶曲。线形褶曲又称为长褶曲，褶曲轴向方向延伸很远，长与宽之比大于 10∶1。

(2)长圆形褶曲。长圆形褶曲又称为短轴褶曲，长与宽之比为 10∶1～3∶1。

若为背斜称为短背斜，若为向斜称为短向斜。它们在平面上的投影形态近似椭圆形。

(3)浑圆形褶曲。浑圆形褶曲长宽之比小于 3∶1，平面投影近似圆形。若为背斜称为穹窿，若为向斜称为构造盆地，如图 2-14 所示。还有一种穹窿构造，其核部为很厚的岩盐层，并刺穿上覆岩层，此种穹隆称为盐丘。

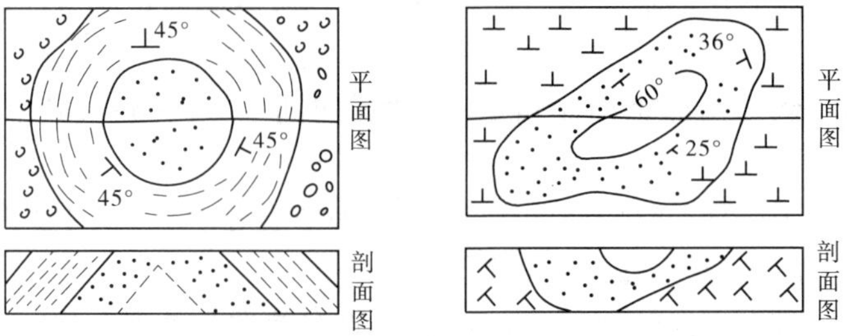

(a)窟窿盆地　　(b)构造盆地

图 2-14　穹窿与构造盆地

上述短背斜、短向斜、穹隆、构造盆地等常常独立存在。其中，短背斜、穹隆、盐丘等是最理想的储油构造，是石油地质工作的重要勘探对象之一。

三、褶皱构造的野外识别

在野外少数情况下，如沿山区河谷或道路两侧，岩层的弯曲可能直接暴露，是背斜还是向斜一目了然。在多数情况下，地面岩层呈倾斜状态，无法看清岩层的弯曲全貌，应按科学的方法进行客观分析。

在一般情况下，地形上的高低并不是判别背斜与向斜的标志。岩石变形之初，背斜为高地，向斜为低地，这时的地形是地质构造的直观反映。但经过较长时间的剥蚀后，由于背斜轴部裂隙发育，岩层较破碎，且地形突出，剥蚀作用进行得较快，形成背斜谷。与此相反，向斜轴部岩层较为完整，并常有剥蚀产物在轴部堆积，故其剥蚀速度较慢，最终导致向斜的地形较相邻背斜高，形成向斜山。

因此，在野外进行地质调查及地质图分析时，为了认识褶皱，首先可沿垂直岩层走向的方向进行观察，查明地层的层序，确定地层的时代并测量岩层的产状要素；然后根据以下三点分析判断是否存在褶皱，并确定其基本类型和形态特征。

(1)根据地层分布规律，判断是否有褶皱存在。沿选定的调查路线，垂直于岩层走向进行观察，当地层出现对称重复分布时，便可判断存在褶皱构造；若岩层虽有重复出露现象，但并不对称分布，则可能是断层，不能认为是褶皱。

(2)对比地层时代的新老关系，确定褶曲基本类型。对比褶曲核部和两翼岩层的时代新老关系，若核部地层时代较老，两侧依次出现渐新的地层，为背斜；反之，为向斜。

(3)根据两翼岩层的产状分布规律，判断褶曲的形态类型。沿垂直岩层的走向调查两翼的倾向和倾角上的变化，以便查明褶曲是直立的、倾斜的还是倒转的。

如图 2-15 所示，区内岩层走向近东西，从南北方向观察，有志留系及石炭系地层两个对称中心，其两侧地层重复对称出现，所以该地区有两个褶曲构造。再分析地层新老组合关系。左半部的褶曲构造，中间是新地层 C，两侧较老地层依次为 D 和 S，故为向斜；右半部的褶曲构造，中间是老地层 S，两侧对称分布的较新地层依次为 D 和 C，故为背斜。最后根据上述向斜两翼岩层倾向相反、倾角相近，应定为直立向斜；背斜两翼岩层均向北倾斜，一翼层序正常，一翼倒转，应定为倒转背斜。

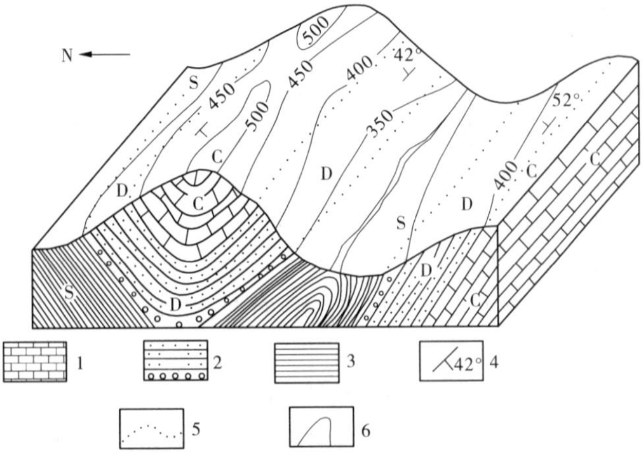

1—石炭系;2—泥盆系;3—志留系;4—岩层产状;5—岩层界线;6—地形等高线

图 2-15 褶皱构造立体图

四、褶皱与工程建设

褶曲构造在地壳中广泛分布,在强烈褶皱区对工程建设影响较大,容易遇到工程地质问题。褶曲的核部是岩层强烈变形的部位,一般在背斜的顶部和向斜的底部发育有拉张裂隙,这些裂隙把岩层切割成块体。在变形强烈时,沿褶曲核部常有断层、节理发育,使岩石破碎,岩石强度降低,渗透性增强,所以工程地质条件较差。此外,地下水多聚积在向斜核部,背斜核部的裂隙也往往是地下水富集和流动的通道。因此,在水利工程、隧道工程或桥梁工程等选址时,应尽量考虑避开褶曲轴部地段。

在褶曲的翼部,会出现另一类工程地质问题。褶曲两翼岩层倾斜容易造成顺层滑动,特别是当岩层倾向与坡向一致,且岩层倾角小于坡角,或岩层中夹有如页岩、云母片岩、滑石片岩、软弱岩层等时应慎重对待。

褶皱的规模、形态、形成条件和形成过程各不相同,而工程所在地往往是褶皱构造的局部部位。对比和了解褶皱构造的整体乃至区域特征,对于选址、选线及防止突发性事故是十分重要的。

单元五 断裂构造

地壳中岩石,特别是脆性较大和靠近地表的岩石,受力后发生变形,当作用力超过岩石的强度时,岩石的连续性和完整性遭到破坏而发生断裂和错动,形成断裂构造。通常根据断裂岩块相对位移的程度,把断裂构造分为节理和断层两大类。若断裂两侧的岩石沿断裂面没有发生明显的位移,或仅有微量的位移,称为节理;若断裂两侧的岩石沿断裂面发生了较大的位移,称为断层。断裂构造和褶皱构造一样,是地壳中普遍发育的基本构造形式之一。

一、节理

节理是普遍存在于岩体中的裂缝，又称为裂隙。节理大小不一，常见的为几十厘米至几米，长的可延伸几百米，甚至上千米。节理只出现在地表附近的岩石中，深入地下 12 km 时便不会再出现。因为岩石因温度高热而具有一种塑性，而岩石只能在具有脆性时才可能产生节理。

节理的成因是多种多样的，由构造运动产生的节理叫构造节理，它往往与褶皱、断层有着密切的成因联系。有的节理是在成岩过程中形成的，如玄武岩的柱状节理，这种节理称为原生节理。有的节理是岩石形成后，由风化作用、崩塌、滑坡、冰川及人工爆破等外动力作用下产生的裂隙，称为次生节理。

岩石中的节理发育是不均匀的。影响节理发育的因素很多，主要有构造变形的强度、岩石形成时代、力学性质、岩层的厚度及所处的构造部位。例如，在岩石变形较强的部位，节理发育较为密集。同一个地区形成时代较老的岩石中节理发育较好，而形成时代新的岩石中节理发育较差。岩石脆性大而厚度小时节理易发育。在断层带附近及褶曲轴部，往往节理较发育。沿着节理劈开的面称为节理面。节理面的产状和岩层的产状一样，用走向、倾向和倾角表示。

（一）节理的力学成因分类

构造节理按力学性质可分为张节理和剪节理。岩体中那些形态细微、分布密集、相互平行排列的构造节理，称为劈理。

1. 张节理

张节理是在张应力作用下产生的节理，多发育褶曲轴部等张应力集中的部位，如图 2-16 所示。张节理具有如下特征：

（1）多具有张开裂口，裂口上宽下窄并往下尖灭的“V”字形。节理面粗糙不平，面上没有擦痕，节理有时为矿脉所填充。

（2）在碎屑岩中的张节理，常绕过砂粒和砾石，节理随之呈弯曲形状。

（3）产状不稳定，在岩石中往往延伸不远。单个节理短而弯曲，若干张节理常以侧列关系出现。

（4）张节理的节理间距较大，分布稀疏而不均匀，很少密集成带。

（5）常平行出现，或呈雁行式（斜列式）出现，有时沿着两组共轭呈“X”形的节理断开形成锯齿状张节理，称为追踪张节理，如图 2-17(a)所示。

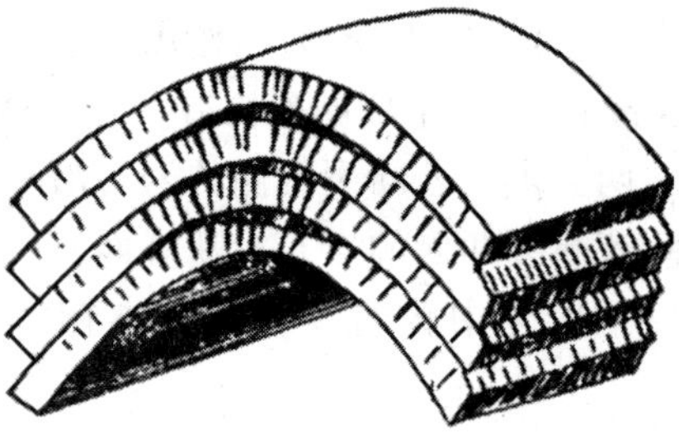

图 2-16　背斜中的张节理

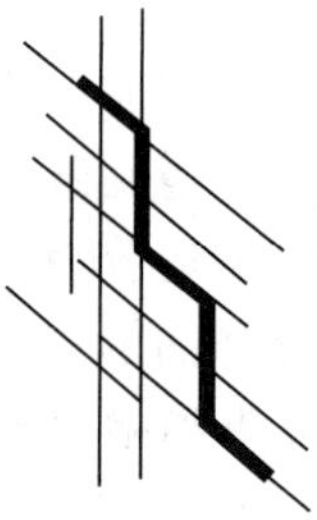

(a)追踪张节理

(b)雁行张节理

图 2-17　张节理

2. 剪节理

剪节理是在剪应力作用下产生的节理，又称为剪切节理。剪节理具有下述主要特征：

(1)剪节理常具紧闭的裂口，沿节理面可有轻微位移，因此在面上常具有擦痕、镜面等。剪节理面平直光滑，这是由于剪节理是剪破(切割)岩层而不是拉破(裂割)岩层。

(2)在碎屑岩中的剪节理，常切开较大的碎屑颗粒或砾石，切开结核、岩脉等。

(3)剪节理产状比较稳定，在平面中沿走向延伸较远，但穿过岩性差别显著的不同岩层时，其产状可能发生改变，反映岩石性质对剪节理方位有一定程度的控制作用。

(4)剪节理一般发育较密，即相邻两节理的间距较小，且常呈等间距均匀分布，密集成带。但节理间距的大小又同岩性与岩层厚度有着密切的关系：硬而厚的岩层中的间距大于软而薄的岩层中的间距。同时，剪节理发育的疏密还与应力作用情况有关。

(5)剪节理常平行排列、雁行排列、成群出现，或两组交叉(称"X"形节理，亦称共轭节理)。两组节理有时一组发育较好，一组发育较差，呈羽列现象，通常一条剪节理由多条互相平行的小剪裂面组成，微小剪裂面呈羽状排列，故称羽状剪节理，如图2-18所示。沿每条小节理向前观察，下一条节理依次在左侧搭接的称左列，反之称右列。运用这一现象可判断两侧错动方向。

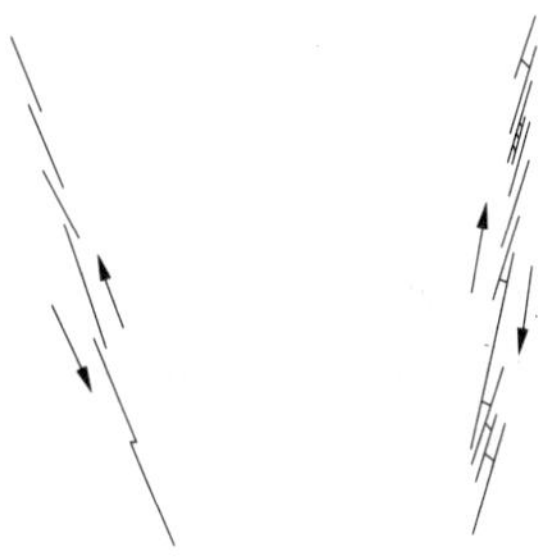

(a)右列　(b)左列

图2-18　羽状剪节理

(二)节理的几何分类

节理的几何分类指按照节理与其所在的岩层或其他构造的关系进行的分类。实际上这种几何分类与力学成因有密切关系，即一定的几何关系可反映一定的力学成因。

根据节理与所在岩层的产状要素的关系，可以将节理分为：

(1)走向节理。节理的走向与所在岩层的走向大致平行。

(2)倾向节理。节理的走向与所在岩层的走向大致垂直。

(3)斜向节理。节理的走向斜交于所在岩层的走向。

(4)顺层节理。节理面大致平行于岩层层面。

二、断层

断层是破裂面两侧岩块有显著位移的构造。断层往往由节理进一步发展而成，就其力学性质来源，它们并无本质区别。断层的规模大小相差悬殊，小的在岩石手标本上即可看到，大的可延伸数十千米以上。断层所波及的深度差别也很大，深的切穿岩石圈或地壳而到达地幔，浅的可能只在地表。断层也是常见的构造现象之一，不仅对工程岩体的稳定性和渗透性、地震活动和区域稳定有重大的影响，而且是地下水的良好通道和汇集的场所。

(一)断层的几何要素

断层的几何要素包括断层本身的基本组成部分以及与阐明断层空间位置和运动性质有关的具有几何意义的要素，主要有断层面、断层线、断盘及断距等，如图2-19所示。

1. 断层面

断层面是指相邻两岩块断开或沿其滑动的断裂面。它可以是平面，也可以是弯曲或波

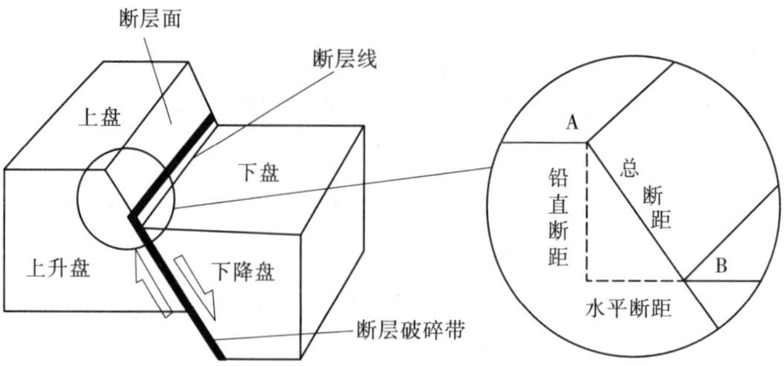

图 2-19　断层要素示意图

状起伏的面。多数断层是一个带，其中发育着一系列密集的破裂面，或者杂乱堆积着由断裂作用形成的各种岩块，带宽从几厘米到几十千米。断层面的产状也用走向、倾向、倾角来表示。

2. 断层线

断层面与地面的交线称为断层线，它表示断层的延伸方向。它可以是一条直线，也可以是一条曲线或波状弯曲的线。断层线的形状取决于断层面的产状和地形起伏条件，特别是在大比例尺地质图上，这种断层线随地形变化而弯曲的现象就更为明显。

3. 断盘

断层面两侧发生显著位移的岩块称为断盘。如果断层面是倾斜的，位于断层面以上的岩块叫上盘，位于断层面以下的叫下盘。如果断层面是直立的，可根据断块与断层线的关系命名，如断层线的走向为东西，则可分别称两盘为南盘和北盘。从运动角度看，很难确定断层面两侧岩盘究竟是怎样移动的，可能是一侧上升，另一侧下降；也可能是两侧同向差异上升或两侧同向差异下降。因此，在实际工作中根据相对位移的关系来判断上升和下降，相对上升的岩块叫上升盘，相对下降的岩块叫下降盘。

4. 断距

断层两盘相对错开的距离称为断距。岩层原来相连的两点，沿断层面错开的距离称为总断距。总断距的水平分量称为水平断距，铅直分量称为铅直断距。

（二）断层类型

1. 断层基本类型

根据断层面产状和两盘相对运动的方向，可分为以下三种类型，如图 2-20 所示。

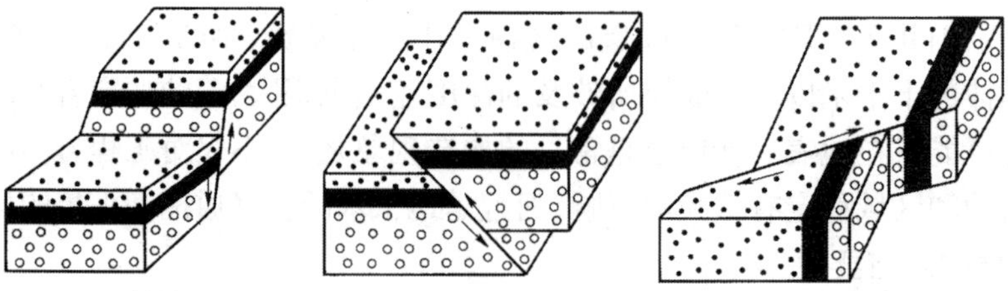

(a) 正断层　(b) 逆断层　(c) 平移断层

图 2-20　断层类型示意图

1) 正断层

上盘相对下降，下盘相对上升的断层叫正断层，如图 2-20(a) 所示。正断层面的倾角一般较陡,多在45°以上。正断层主要是在张力或重力作用下形成的。正断层的特点是岩石破碎带较宽,并常具有棱角状、大小不一的破碎岩块,此岩块称断层角砾,胶结后形成断层角砾岩。

2) 逆断层

逆断层是指上盘沿断层面相对上升,下盘相对下降的断层,如图2-20(b)所示。按断层面倾角大小可分为断层面大于45°的冲断层、断层面倾角为25°~45°的逆掩断层、断层面倾角小于25°的碾掩断层。

逆断层一般是地壳中岩层在水平方向受挤压作用形成的。因此,这种断层的走向一般和最大主压应力方向垂直。其特点是破碎带宽度较小,断层面呈舒缓波状,常有上、下方向的擦痕。逆断层在构造运动强烈的地区出现较多。

3) 平移断层

平移断层是指两盘沿断层面做相对水平移动的断层,如图2-20(c)所示。平移断层也叫平推断层。一般认为平移断层是地壳岩层受到水平扭应力作用形成的。因此,断层面较陡,甚至直立,断层面的特点和剪切节理面相似,断层面较平直、光滑。

此外,在野外还常见到有些断层两盘相对移动是斜向的,属于平移断层和正断层或逆断层之间的过渡类型,如平移正断层、平移逆断层(以上、下方向移动为主)及正平移断层、逆平移断层(以水平方向移动为主)。

2. 断层的组合类型

在自然界中,有时断层不是单独存在的,而是成组成群有规律地出现。因为在同一构造应力场的作用下,它们具有成生联系。常见的断层组合形式有以下几种。

1) 阶梯状断层

两条以上的倾向相同而又互相平行的正断层,其上盘依次下降,这样的断层组合称为阶梯状断层,如图2-21所示。它在地形上常表现为阶梯状下降或阶梯状上升的块状山地。

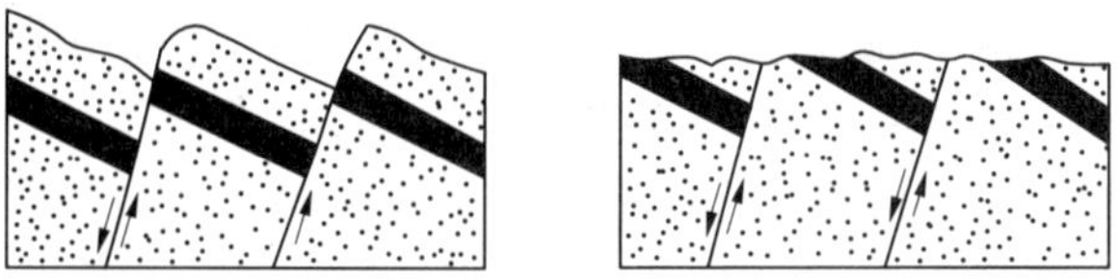

(a)未经剥蚀　(b)经受剥蚀

图2-21　阶梯状断层示意图

2) 叠瓦状断层

两条以上的倾向相同而又互相平行的逆断层,其上盘依次向上推移,形如叠瓦,这样的组合称为叠瓦状断层,又称叠状构造,如图2-22所示。这种断层组合常常和一系列倒转褶曲相伴生,其断层面的倾向和褶曲轴面的倾向大体一致,断层线的走向和褶曲轴的走向大致平行。

3) 地堑

两条或两组大致平行的断层,其中间岩块为共同的下降盘,其两侧为上升盘,这样的断层组合叫地堑,如图2-23(a)所示。组成地堑的断层在地表一般表现为正断层,但也有地堑

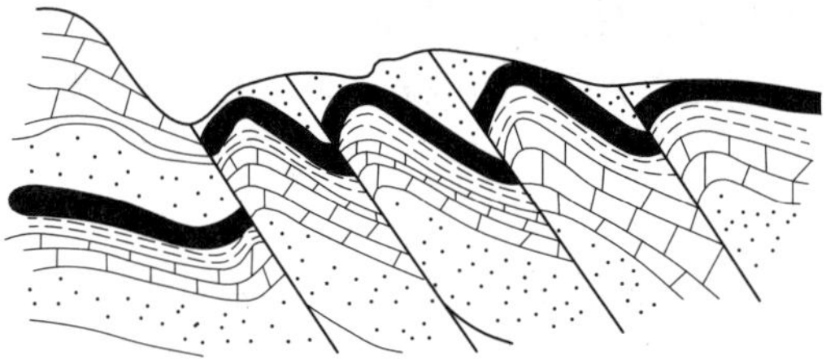

图 2-22　叠瓦状断层示意图

在地下一定深度，正断层为倾向相反的逆断层所代替。

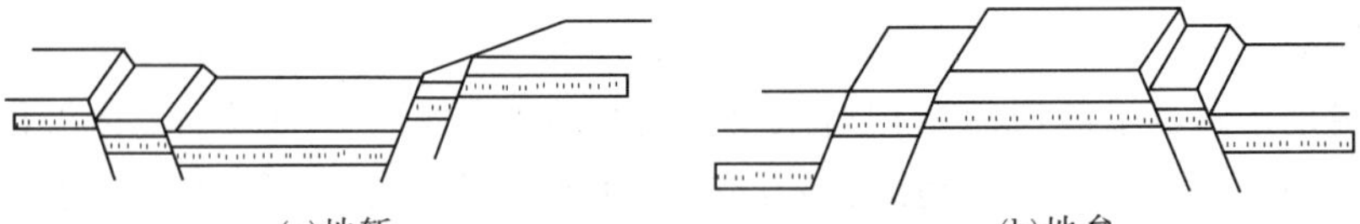

图 2-23　地堑和地垒示意图

在地形上地堑常造成狭长的凹陷地带，如欧洲的莱茵河谷、我国的汾河河谷等都有地堑构造。地堑还常控制着后来盆地的发育，如我国华南的一些第三纪红色盆地。著名的长达 6 500 km 的东非大裂谷就是一个巨型地堑。

4）地垒

两条或两组大致平行的断层，其中间岩块为共同的上升盘，其两侧为下降盘，这样的断层组合叫地垒，如图 2-23（b）所示。组成地垒的断层一般是正断层，但也可能是逆断层。地垒构造往往形成块状山地。无论是地堑还是地垒，其两侧断层可能是一条，也可能是由若干条断层组成的阶梯状断层。

地堑和地垒常常共生，如图 2-24 所示，两个地堑之间形成一个地垒，两个地垒之间形成一个地堑。在古老的硬性地块地区，由于区域性的构造运动，常常导致岩块的断裂，形成块状山地。在许多大平原下边的基岩，也多为断裂所分割，潜伏着隆起和凹陷，实际上是埋藏于松散岩层下边的地堑和地垒构造。它们不仅控制着沉积盆地的发育，而且在凹陷盆地中还控制着石油的形成和富集。

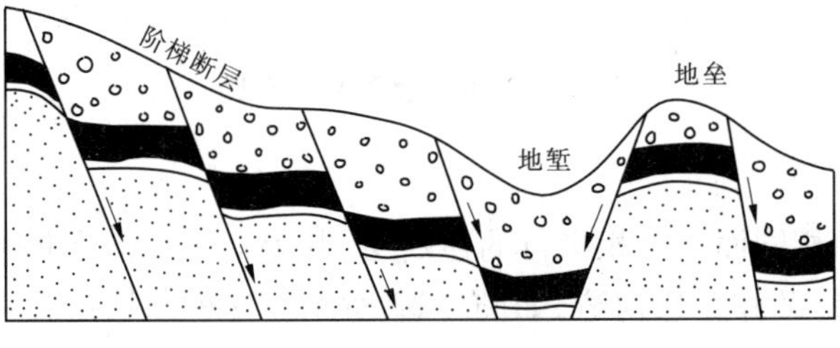

图 2-24　断层的组合类型

（三）断层的野外识别

在野外进行勘察工作时，由于岩层受到风化剥削、沟谷切割、第四系松散岩土覆盖等多种因素的影响,对断层的存在及其类型和错动方向等,往往不能直接观察或不易分辨清楚。因此,有必要根据断层的地形地貌、地层分布、伴生节理和岩性特征等方面的识别标志来判断。

1. 断层面和断层带上的标志

1) 断层擦痕

断层擦痕指断层两侧的岩石因相互滑动和摩擦而在断层面上留下的痕迹,如图 2-25 所示。断层擦痕常表现为一系列彼此平行的且较均匀细密的线条,或为系列相间平行排列的擦脊和擦槽。利用断层擦痕可以判断断层两盘的相对移动方向:顺擦痕方向用手摸,感觉光滑的方向即表示另一盘滑动的方向。

图 2-25 断层擦痕

在擦痕的滑面上有许多小陡坎,称为阶步。阶步常需垂直于擦痕方向延伸,但延伸一般不远。阶步间常彼此平行排列,其陡的一侧的倾向常指示另一盘的滑动方向。

2) 断层滑(镜)面

断层两盘相对错动,可引起断层面上的温度升高,使一些铁、锰、钙、硅等成分的物质粉末重熔,敷在断层面上形成一层光滑的薄膜,称为断层滑(镜)面。

3) 断层破碎带及构造岩

规模较大的断层常形成断层破碎带,其宽度从几厘米至数十米不等。断层两盘岩石相互错动、摩擦、搓碎,使原来的岩石碎成角砾、细粉或泥,这种由断层错动所形成的岩石称为构造岩。破碎带内常见的构造岩有断层角砾、碎裂岩、糜棱岩和断层泥,如图 2-26 所示。

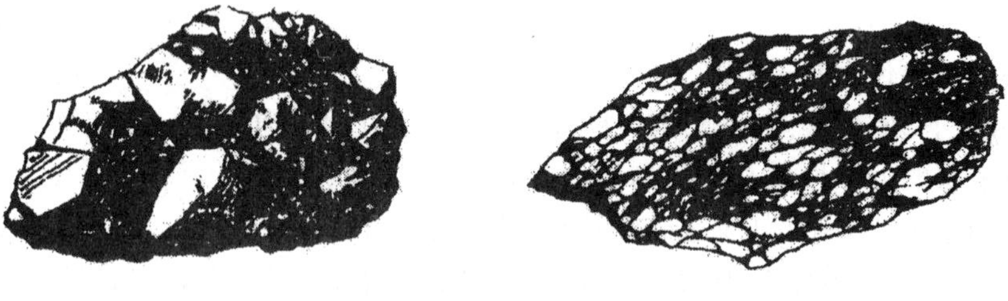

图 2-26 砂岩断层中的角砾岩与磨砾岩

2. 岩层上的标志

(1) 岩层的不连续。断层常把原来连续的地层、矿脉、岩脉、变质带以及各种构造线错开,使它们发生不连续或中断现象,如图 2-27 所示。

(a) (b) (c)

图 2-27 断层造成的不连续标志

(2)岩层的重复或缺失。沿垂直于岩层走向的方向进行观察,岩层存在不对称的重复或缺失,则说明有平行于岩层走向的断层存在。利用地层重复与缺失还可以判断断层两盘的相对运动方向,如图 2-28 所示。

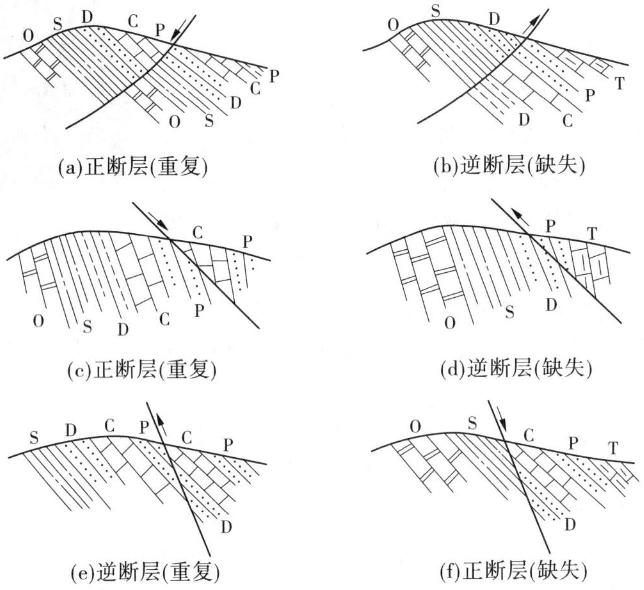
(a)正断层(重复)　(b)逆断层(缺失)
(c)正断层(重复)　(d)逆断层(缺失)
(e)逆断层(重复)　(f)正断层(缺失)

图 2-28　断层引起的地层重复和缺失

3. 断层两侧的伴生构造标志

在断层面的一侧或两侧,常形成一些伴生的褶皱、节理等构造,作为断层存在的证据,并可用以判断断层的力学性质和两盘的移动方向。

(1)牵引褶皱。牵引褶皱又名拖拉褶皱,指断层两盘相对错动时,两侧岩层受到拖拉而形成的弧形弯曲现象,通常表现为单个褶曲,且离断层稍远,岩层即恢复正常产状。根据弯曲形状可判别断层的错动方向:弧形弯曲凸向指向本盘的错动方向,如图 2-29 所示。

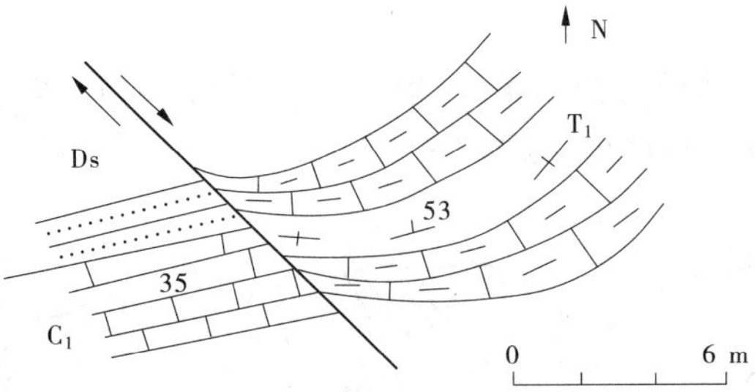

图 2-29　南京汤山平移断层带中的牵引构造(字母代表地层代号)

(2)伴生节理。断层两侧的岩层由于断层剪切滑动而诱导的局部应力所产生的节理,称为伴生节理,如图 2-30 所示。这类节理主要有张节理和剪节理。伴生张节理具有一般张节理的特征,两壁张开,且越接近断层面,节理壁距越大;与断层斜交而成的锐角指向本盘的移动方向。伴生剪节理也具有剪节理的一般特征,两组共轭剪节理往往一组比较发育,两组节理中,其中一组以大角度与断层相交,另一组以小角度(小于 24°)与断层相交。

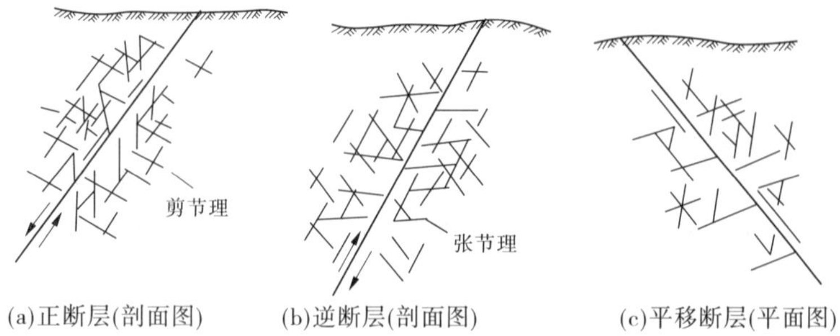

图 2-30　断层附近的伴生节理示意图

4. 断层的间接(地貌、水文、植被等)标志

(1)断层崖和断层三角面。断层面(一般是上升盘)露出地表形成悬崖,称为断层崖,如图 2-31 所示。有时沿着断层线,由于两侧岩石性质不同,在差异侵蚀作用下亦可形成陡坡或悬崖,称为断层线崖。多数断层崖形成后,受到流水的侵蚀切割,形成"V"形谷,谷与谷间形成一系列三角形面,称为断层三角面,如图 2-32 所示。

图 2-31　断层崖

图 2-32　断层三角面

(2)山脉错开或中断。山脉的山脊或山峰一般顺着岩层的走向延伸,如果突然错开、中断或呈大角度拐弯,或截然与平原相接触,则可考虑有断层的可能性。

(3)断层谷、断陷湖和断层泉。顺断层线或地堑常形成断层谷,或形成一系列断陷湖盆。有时沿断层线出现一系列泉水。如内蒙古凉城县岱海,就是一个断陷湖。如果水系突然呈直角转折也可能与断层(或节理)有关。

(4)植被变化。断层线两侧因岩性不同、土壤性质不同,可以有规律地生长着各种植被;有时断层带为地下水富水带,生长着茂盛的或喜湿的植被。

单元六　地质图

用规定的符号、线条和色彩等来反映一个地区地质条件和地质历史发展的图件,称为地质图,也就是地层、地质构造等地质现象在地面上出露的界线(地质界线)在地形图上的水平投影。地质图可以表示一个地区的岩性、地层顺序及时代、地质构造、矿产分布等内容,是指导地质工作的重要图件,同时地质图又是地质勘察工作的最重要成果之一。它不仅能表明地质情况,而且能表示出地表以下一定深度的地质条件,所以是地质找矿建筑物的规划、设计和施工的重要基础资料之一。

一、地质图的基本内容

地质图的种类繁多,用来表示一个地区的地形、地层岩性、地质构造、地壳运动及地质发展历史的地质图称为普通地质图,习惯上简称为地质图。还有许多用来表示某一项地质条件,或服务于某项国民经济的专门性地质图,如专门表示地下水条件的水文地质图,服务于各种工程建设的工程地质图等。一幅完整的符合标准的地质图应包括以下基本内容。

(一)平面图

平面图是地质图的主体部分,包括如下几点内容:

(1)地理概况。包括图区所在的地理位置(经纬度、坐标线)、主要居民点位置(城镇、乡村所在地)、地形地貌的特征等。

(2)一般地质现象。包括各种不同地质年代的地层种类、岩性、产状、分布规律及地层界线、各种地质构造类型等。

(3)特殊的地质现象。包括崩塌、滑坡、泥石流、喀斯特、泉和重要的蚀变现象等。

(二)地质剖面图

剖面图是了解地下一定深度地层分布和地质构造的。在平面图上,选择一条至几条有代表性的图切剖面,以表示岩性、褶皱、断层的空间展布形态及产状、地貌特征等。剖面线的方向要求与主要构造线垂直,以便清楚地反映出构造形态。剖面图的比例尺最好与平面图一致。为了专门目的,垂直比例尺需要放大时,岩层和断层的倾角要进行换算,以免歪曲构造形态。剖面图一般 1 ~ 2 个,放在平面图的下方或左侧。

(三)综合地层柱状图

综合地层柱状图是反映地层最大厚度岩性和接触关系的,并按照下老上新的顺序排列。为工程目的而编制的综合地层柱状图要有岩层工程地质性质的说明。

(四)图例

图例是用各种符号和颜色来表示的,主要说明地质图中所用线条符号和颜色的含义,按照沉积地层层序、地质构造和其他地质现象的顺序排列。凡是地质图中包括的内容,图例都要反映出来,否则不容易阅读。图例常放在地质图的右侧或下部,具体要求在相关规范中会有详细的规定。

(五)图名

一般形式是地名加附加名称加地质图。地名是反映其地理位置的,附加名称是说明地质图性质的。例如青山水库库区综合地质图、宁陆河地区地质图等。

（六）比例尺

比例尺是用来反映地质图精度的，常用的是数字比例尺和线条比例尺。地质图是以同比例尺的地形图为底图编制而成的。比例尺越大，内容越详细，地质现象表达得就越清楚。比例尺的大小由工程的类型、规模、设计阶段和地质条件的复杂程度确定。按工作的详细程度或工作阶段的不同，地质图可分为大比例尺（1∶1 000 ~ 1∶25 000）地质图、中比例尺（1∶50 000 ~ 1∶100 000）地质图和小比例尺（1∶200 000 ~ 1∶1 000 000）地质图。

（七）责任栏

责任栏说明地质图的编制单位、编审人员、成图日期等。

（八）说明书

说明书是地质勘测成果中的重要资料。它以简练的文字照图说话，把地质图的内容和特征以文字的形式表达出来。可以说明地质图中难以表达的内容。若是水文地质图，还要有对地下水水质和水量评价的说明；若是工程地质图，要有对各个建筑物的工程地质评价。运用地质平面图、地质剖面图、综合地质柱状图和说明书，互相补充，综合分析，就会对一个地区的地质条件有比较完整和深入的了解。

二、地质现象在地质图上的表示方法

地质现象是指地质年代、褶皱、断层和地层接触关系。由于其形态、类型、空间分布和形成时代及相互关系不同，在地质图上的表现就会具有不同的特征。

（一）不同岩层产状在地质图上的表现

由于岩层产状不同、地形起伏不同，岩层在地面或反映在地质图上的形状也不一样。不同产状岩层分界线的分布与等高线是有密切关系的，其特征分别叙述如下。

1. 水平岩层

岩层分界线与地形等高线平行或重合，如图 2-33（a）所示，呈封闭的曲线。水平岩层的厚度为该岩层顶面和底面的标高差。岩层的层面基本上是水平的，在水平岩层没有发生倒转的情况下，时代较新的岩层叠置在较老的岩层之上。如果岩层只遭受了轻微的剥蚀，则地面上只出露最上部的一套新岩层。时代越老的岩层，出露的高程越低；时代越新的岩层，出露的高程越高。在沟谷中，地质分界线呈“V”字形，其转折端指向沟谷上游。在山丘上，地质分界线呈同心环状围绕着山顶；在斜坡上，岩层分界线呈条带状展布，如图 2-33（b）所示。

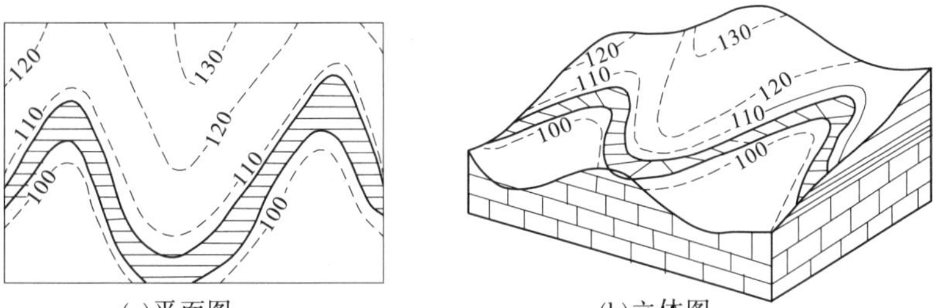

(a)平面图　　(b)立体图

图 2-33　水平岩层在地质图上的表示

2. 倾斜岩层

原来呈水平状态的岩层，如果受到地壳运动的影响产生倾斜，则可形成倾斜岩层。在一定范围内，如果一系列岩层大致平行且向同一个方向倾斜，就是单斜岩层。在地质图上，倾斜岩层的地质分界线与地形等高线呈相交的曲线延伸。当倾斜岩层穿越沟谷或山脊时，地质界线均呈“V”字形态。根据岩层倾向、倾角和地形坡向、坡度间的不同组合，有以下三种情况。

(1)当岩层倾向与地面坡向相反时，地质分界线与地形等高线呈相同方向弯曲，且地质分界线的弯曲度总是比地形等高线的弯曲度要小。即在沟谷处，岩层分界线的“V”字形尖端指向沟谷的上游；穿越山脊时，“V”字形尖端指向山脊的下坡，如图 2-34 所示。

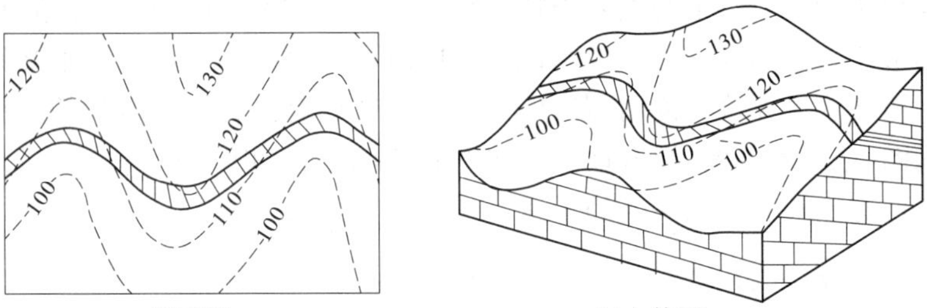

(a)平面图　　(b)立体图

图 2-34　倾斜岩层在地质图上的表示(一)

(2)当岩层倾向与地面坡向相同且岩层倾角大于地面坡角时，在地质图上，地质分界线与地形等高线呈相反方向弯曲。即在沟谷中，地质分界线的“V”字形尖端指向沟谷的下游，而在山脊上，则指向山脊的上坡，如图 2-35 所示。

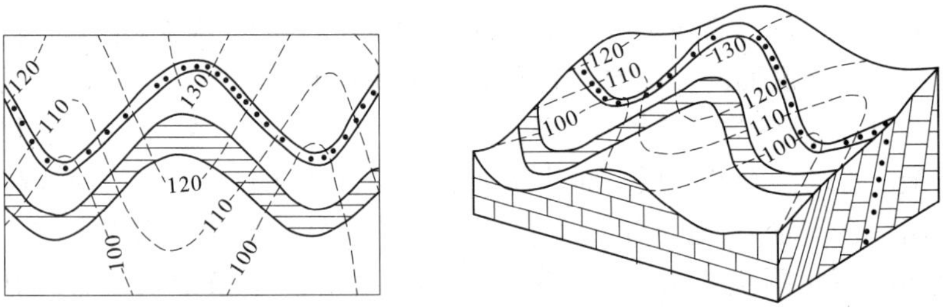

(a)平面图　　(b)立体图

图 2-35　倾斜岩层在地质图上的表示(二)

(3)当岩层倾向与地面坡向相同且岩层倾角小于地面坡角时，在地质图上，地质分界线与地形等高线也是呈相同方向弯曲，但地质分界线的弯曲程度明显大于地形等高线的弯曲程度，如图 2-36 所示。

3. 直立岩层

倾角为 90°或近于 90°的岩层称为直立岩层。直立岩层在地表的出露情况完全不受地形的影响，其地质分界线在地质图上是一条直线。只有当直立岩层的走向发生改变时，其地质分界线在平面图上才有相应的转折或弯曲。

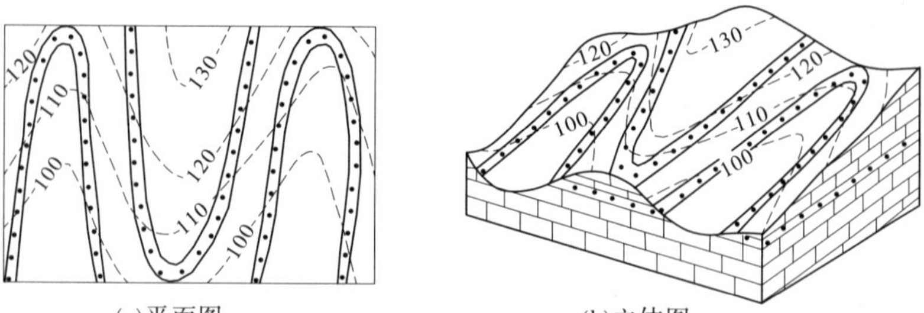

(a)平面图　　(b)立体图

图 2-36　倾斜岩层在地质图上的表示(三)

(二)地质构造

1. 岩层产状

在地质图上所用的岩层产状符号见表 2-3。

表 2-3　岩层产状符号

岩层特征	所用符号	说明
水平岩层		长线表示走向,短线表示倾向
倾斜岩层		长线表示走向,短线表示倾向,数字表示倾角
直立岩层		箭头表示新岩层
倒转岩层		箭头表示倒转后的倾向

2. 褶皱

在地质平面图上主要是通过对地层分布、年代新老和岩层产状进行分析,其方法和褶皱野外识别方法相同。也有些地质图上用一定的符号标在褶曲轴部,表明褶皱的类型、性质。具体符号有:“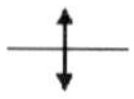”表示背斜,“”表示向斜。

3. 断层

在地质平面图上是通过地层分布特征和规定符号来表示断层的。用地层分布特征来分析断层和野外识别断层方法相同。一般断层符号表示方法见表 2-4。在表 2-4 中,除平移断层外,符号中的长线表示断层出露位置和断层面走向,垂直长线带箭头的短线表示断层面的倾向,数字表示断层面的倾角。垂直于长线不带箭头的短线表示该盘为下降盘。平移断层是用平行于长线带箭头的短线来表示两盘的相对位移方向的。

表 2-4　断层符号表示方法

断层	正断层	逆断层	平移断层
符号	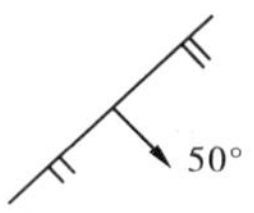	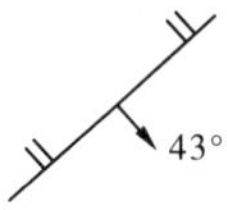	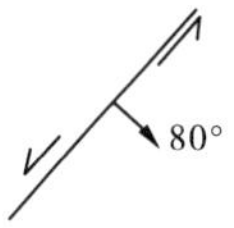

(三)岩层接触

1. 整合接触

如图 2-37 所示,在地质图上两套岩层界线大致平行,岩层年代是连续的,新老岩层关系用实线“———”表示。

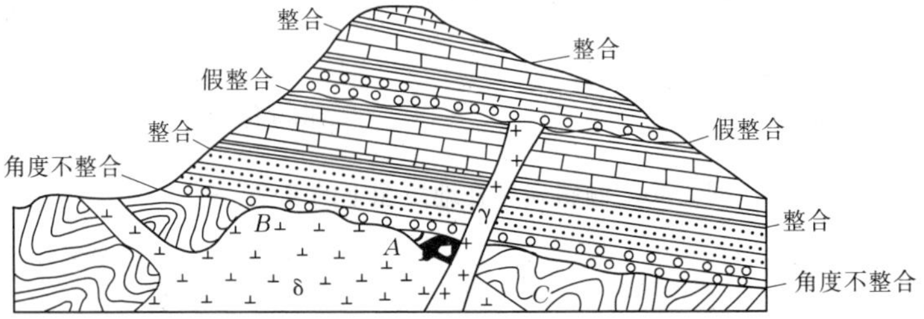

AB—沉积接触面;AC—侵入接触面;δ—侵入岩体;γ—岩脉

图 2-37　岩层接触关系示意图

2. 假整合接触

假整合接触又称平行不整合。在地质图上的特征表现为岩层分界线大致平行,两套岩层之间缺失某些地质年代的岩层。在剖面图上岩层分界线起伏不平,在接触面间常分布一层底砾岩,新老岩层关系用虚线“— — — —”表示。

3. 角度不整合接触

在地质图上的特征是新岩层掩盖住老岩层的界线,新岩层底部为不整合面(线),不整合线两侧岩层产状不同,呈交角接触,并且中间显著缺失某些地质年代的地层,新老岩层关系用波浪线“~~~~~~~~”表示。

4. 沉积接触

先生成的岩浆岩遭受风化剥蚀,后在其上又沉积了新的沉积岩(如图 2-37 中的 AB 面)上。在地质图上的特征表现为岩浆岩的边界线被沉积岩界线截断。

5. 侵入接触

先成的岩层被后期的岩浆侵入(如图 2-37 中的 γ),此时围岩因受岩浆影响而产生蚀变现象。在地质图上的特征表现为沉积岩被岩浆岩穿插而零乱分布,沉积岩界线被突然截断。

三、地质图的阅读分析

(一)地质图阅读的步骤和方法

(1)首先看图名和比例尺。图名表示图幅所在的地理位置,比例尺表示图的缩小程度和精度。此外,还应注意图的出版时间、制图人等。

(2)阅读图例。了解图中有哪些岩层及其新老关系等。图例一般在图框的右侧,地层用颜色或符号表示,按自下而上、由老到新的顺序排列。每一图例为一长方形,其中注明地层符号,右方写明地层年代及岩性。岩浆岩一般放在沉积岩图例之下。构造符号放在岩层符号之下,一般顺序是岩层产状、褶皱、断层等。河流、地下水、剖面线等依次在构造符号之后。

(3)分析地形。了解本区地形起伏及山川形势。

(4)综合分析地层分布、地质构造及地质发展历史。

①了解地层分布规律及新老地层之间的接触关系。

②分析有无褶皱，褶曲的类型、规模、轴部和翼部的位置等；分析有无断层，断层的性质、规模及分布情况，断层与褶皱的关系等。

③阅读图上岩浆岩分布情况，岩浆岩与褶皱、断裂的关系。

④综合分析地层与地质构造之间的关系，了解全区地质发展历史。

⑤在上述阅读分析的基础上，对图幅范围内的区域地层岩性条件和地质构造分布结合工程建设的要求，进行初步分析评价。

（二）宁陆河地区地质图的阅读分析

根据上述读图原则，现以宁陆河地区地质图为例分析读图，根据宁陆河地区地质图和地层柱状图（如图 2-38 和图 2-39 所示），对该地区地质条件分析如下。

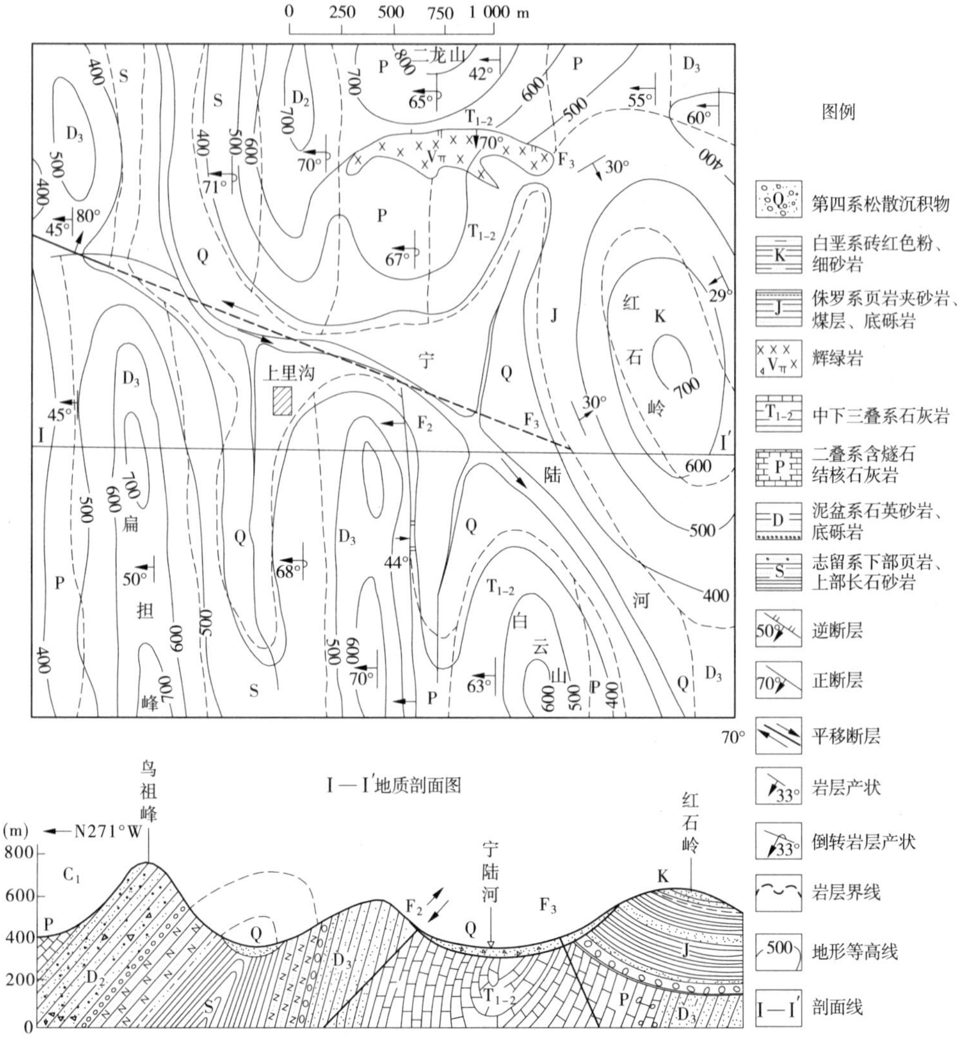

图 2-38　宁陆河地区地质图

1. 比例尺

该地质图比例尺为 1∶25 000，即图上 1 cm 相当于实际距离 250 m。

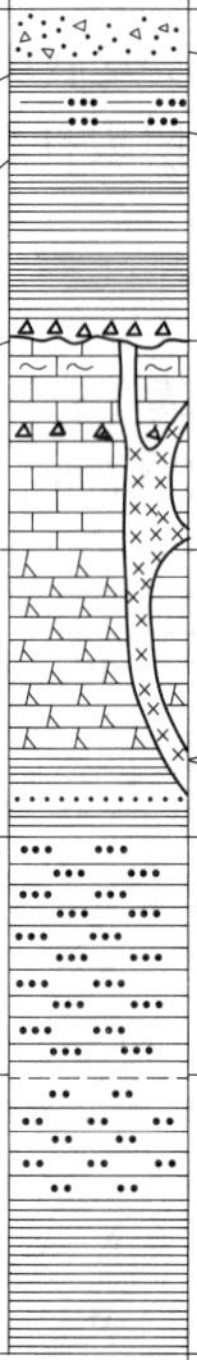

地层单位 界	系	统	阶	代号	层序	柱状图 (1:25 000)	厚度 (m)	地质描述及化石	备注
新生界	第四系			Q	7		0~30	松散沉积层	
								角度不整合	
中生界	白垩系			K	6		111	砖红色粉砂岩、细砂岩，钙质和泥质胶结，较疏松	
								整合	
	侏罗系			J	5		370	浅黄色页岩夹砂岩，底部有一层砾岩，靠下部有一层厚达50 m的煤层	
								角度不整合	
	三叠系	中下统		T_{1-2}	4		400	浅灰色质纯石灰岩，夹有泥夹岩及鲕状灰岩	
								整合	
古生界	二叠系			P	3		520	黑色含燧石结核石灰岩，底部有页岩，砂岩夹层，有珊瑚化石	
								顺张性断裂辉绿岩呈岩墙侵入，围岩中石灰岩有大理岩化现象	
								平行不整合	
	泥盆系	上统		D_3	2		400	底砾岩厚度2 m左右，上部为灰白色、致密坚硬石英岩，有古鳞木化石	
								平行不整合	
	志留系			S	1		450	下部为黄绿色及紫红色页岩，可见笔石类化石，上部为长石砂岩，有王冠虫化石	

审查		校核		制图		描图		日期		图号	

图 2-39　宁陆河地区综合地层柱状图

2. 地形地貌

本区东部为红石岭，西南为扁担峰，高程均在 700 m 以上；图幅北部为二龙山，南部为白云山，中部地势较低，宁陆河自西北流向东南，全区最高点的二龙山（高程 800 多 m）与最低点的河谷（高程 300 多 m）最大相对高差约 500 m。区内地形明显受地层、构造、岩性的控制，山脉延伸与地层走向一致，大体为南北向延伸。石灰岩、石英砂岩及白垩纪细砂岩常形成高山，宁陆河沿断层带发育。

3. 地层岩性

本区出露地层包括志留系（S）、泥盆系上统（D_3）、二叠系（P）、中下三叠系（T_{1-2}）、侏罗系（J）、白垩系（K）及第四系（Q）。其中，泥盆系主要分布在西部扁担峰一带，侏罗系与白垩系分布在东部红石岭周围，第四系主要沿河谷发育。

区内泥盆系上统与志留系地层产状一致，但其间缺失泥盆系下中统沉积，且在泥盆系上统底部有砾岩存在，二者呈假整合接触。二叠系与泥盆系之间缺失石炭系地层，二者也为假整合接触。图上侏罗系与下伏 D_3、T_{1-2}、P 三个时代地层相接触，故为不整合接触；第四系与下伏地层也为不整合接触；其余地层均为整合接触。

北部出露的辉绿岩体因受 F_1 断层控制，大体为东西向延伸，侵入于 P 与 T_{1-2} 石灰岩中，而伏于侏罗系之下，故其侵入时代应在三叠纪以后、侏罗纪之前。

4. 地质构造

(1)褶皱构造。十里沟至扁担峰一带为一倒转背斜,大致为南北向延伸,轴部出露地层为志留系页岩及长石砂岩,两翼由上泥盆系及二叠系石英砂岩、石灰岩组成。两翼地层对称分布,均向西倾,西翼倾角约 45°;东翼倒转,倾角较陡,约 70°。

图幅东南部为白云山倒转向斜,轴向接近南北,轴部由中下三叠系石灰岩组成,两翼由二叠系、上泥盆系地层组成。西翼倒转,倾角稍陡;东翼倾角较缓。

上述倒转向斜之东为红石岭向斜,大体呈北西—南东向延伸,两翼相向倾斜,倾角约 30°,为一直立向斜褶曲,由侏罗系、白垩系地层组成。

(2)断裂构造。本区较大断层有三条,其中 F_1 断层大致呈东西向延伸,断层面倾向为南,倾角约 70°,沿断层有辉绿岩体侵入,断层南盘(上盘)相对下降,北盘(下盘)相对上升,故为一正断层。

F_2 断层大致呈南北向延伸,断层面倾向为西,倾角 44°,由断层两盘出露地层时代可以看出,西盘属上升盘,东盘属下降盘,故断层为一逆断层,该断层与倒转背斜轴向基本一致,由于断层影响,下盘地层明显变窄。

F3 断层大体呈北西—南东向延伸,断层倾角近于直角。又从断层两侧志留系与上泥盆系地层界线可以看出,东北盘地层界线明显向西错动,故为一平移断层。

5. 地质发展简史

本区地质发展历史的分析如下:从区内地层、岩性、地层接触关系及地质构造等地质特征分析,本区经受多次构造运动,其中以发生在 T_{1-2} 之后、J 之前的一次构造运动规模最大(相当于印支运动),使全区褶皱隆起,升出海面:由于受构造运动所产生的水平挤压力的影响,褶皱形态较为复杂,形成了一系列的倒转褶曲及断层,并沿断层有岩浆侵入活动。

从 D_3 与 S 之间、P 与 D_3 之间存在的假整合接触关系来看,本区这个时期地壳运动主要表现为升降运动;T 末期地壳又复下降,沉积了 J 与 K 陆相沉积;K 之后本区受构造运动的影响,J、K 地层形成较为舒缓的褶皱。

四、地质剖面图的绘制

以图 2-40 为例,地质剖面图的绘制步骤如下。

(一)选择剖面图位置

根据地质平面图绘制剖面图时,先进行地形、地层、岩石、构造和其他地质特征分析。剖面线应尽量垂直于图区内地层走向和区域构造线方位,切过尽量多的地层、岩石和构造单元,并将所选择的剖面位置标绘在地质图上。

(二)绘制地形剖面线

沿所选择的剖面线选择能够控制和表示其地形变化特点的地形高程点,并按地质图比例尺大小把它们投影到以某一高程为基准线的剖面上,然后将各点依次连接成圆滑连接线即得到地形剖面线。

(三)投影地质界线点

将与剖面线相交的所有地质界线点都投影到相应的地形剖面线上,覆盖层下的地质界线按其沿走向延伸与剖面线之交点进行投影。

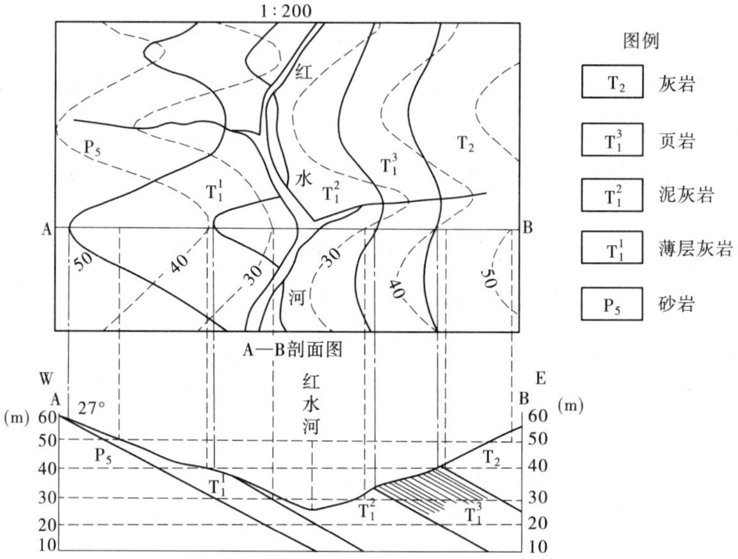

图 2-40　倾斜岩层地质剖面图的绘制

(四)标绘地质界面

根据地质图上各地质界线与剖面线交点附近的界面产状及其相互关系标绘出地形剖面图上相应的各地质界面。

(五)整饰

按下列地质剖面图饰要求进行图面整饰:

(1)剖面图比例尺与地质图的比例尺应一致,两端标出地形等高线标高。

(2)注明剖面方位、主要地形地貌控制点。

(3)图例及剖面图中相应内容的修整。

(4)剖面图放置:左北右南、左东右西,左北西右南东、左南西右北东。

(5)剖面图图名一般放置在中间正上方或正下方。

单元七　地震与活断层

一、地震

(一)地震概念及相关知识

地震主要是构造运动所引起的现今地壳震动的一种地质现象。强烈的地震严重地威胁着广大人民生命财产的安全和国家社会主义建设事业。因此,修建建筑物,特别是大型重要建筑物时,应当研究建筑区发生地震的可能性及影响程度,以便采取相应的防震抗震措施。

地壳内部发生震动的地方称为震源。在地面上与震源正相对应的地方称为震中。地震所引起的震动,自震源向各方传播,其强度随距离的增加而递减。一般情况下,震中区受影响最大,距震中越远影响越小。地面上受震影响相同点的连线称等震线。强震时,震中区常成为受震害最严重的地震区,如图 2-41 所示。震源一般发生在地壳一定深度内,其下界深度为700 km。震源深度在70 km以内的称为浅源地震,震源深度在70～300 km的称为中源地震,震源深度在300～700 km的称为深源地震。

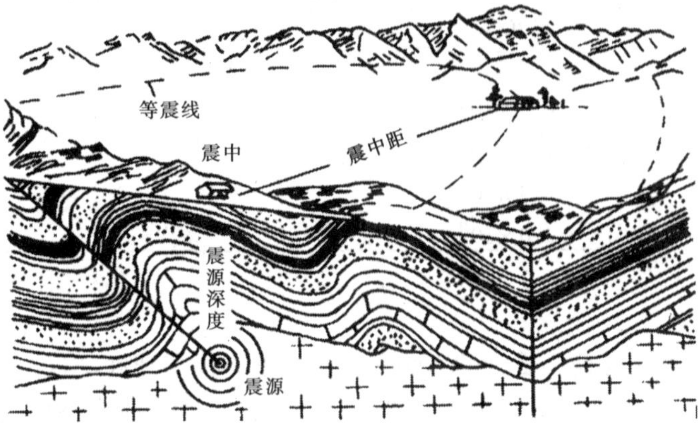

图2-41 震源、震中和等震线

(二)地震按成因类型分类

地震按成因可分为构造地震、火山地震、陷落地震及水库地震等。

1. 构造地震

由于地壳构造运动,在岩层中逐渐积累了巨大的地应力。当地应力超过某处岩层强度时,就会突然发生破裂和断层错动,岩层中积累的能量便急剧地释放出来,从而引起周围物质震动,并以弹性波(地震波)的形式向四周传播,待地震波传至地面,地面就震动起来,这种地震称构造地震。构造地震是地壳发生变形破裂的结果,占地震总数的90%。据统计其中有72%发生于地表以下33 km以上的地壳中,属浅源地震。深度大于300 km的仅占4%,震源越深对地面影响越小。浅源地震对地面破坏性最大,世界上所有灾害性地震都是浅源地震,我国发生的地震绝大多数也属于浅源地震。

2. 火山地震

在火山活动区,火山喷发引起附近地区发生震动,称为火山地震。

3. 陷落地震

由于石灰岩地区地下溶洞及旧矿坑的塌陷,或大规模的山崩等引起的地震,称为陷落地震或塌陷地震。这种地震影响范围小,也较少见。

4. 水库地震

水库地震是指由于水库蓄水引起的地震。它一般与水库区存在的活动性断裂构造有关,水库蓄水后诱发了断裂构造复活,从而产生了水库地震。

除水库地震外,在一定地质构造条件下,由人工向深的钻井中注水或抽水,以及地下核爆炸等都可能引起地震。

(三)地震震级和地震烈度

1. 地震震级

地震震级表示一次地震中释放出的能量大小,释放出的能量越多,震级越大。我国一般采用里氏震级。震级是根据仪器记录到的地震波的振幅来确定的,目前记录到的最大地震还没有超过8.9级的。1976年7月28日我国唐山发生的地震是7.8级,2008年5月12日四川汶川发生的地震是8.0级。表2-5是地震震级能量,一般7级以上地震称为大地震,5

级和 6 级地震称为强震,3 级和 4 级地震称为弱震或小震,3 级以下地震称为微震。

表 2-5　地震震级能量

震级	能量(erg)	震级	能量(erg)
1	2.0×10^{13}	6	6.3×10^{20}
2	6.3×10^{14}	7	2.0×10^{22}
3	2.0×10^{16}	8	6.3×10^{23}
4	6.3×10^{17}	9	3.6×10^{24}
5	2.0×10^{19}	10	1.0×10^{25}

2. 地震烈度

地震烈度是指地震时地面受到的影响和破坏程度。地震烈度不仅与震级有关,还和震源深度、距震中距离以及地震波通过的介质条件(如岩性、地质构造、地下水埋深)等多种因素有关。一般情况下,震级越高、震源越浅、距震中越近,地震烈度就越高。根据我国 1911 年以来 152 次浅震资料,地震震级(M)和震中烈度(I_0)有如下关系:

$$M = 0.66I_0 + 0.98$$

注意:震级和烈度是两个不同的概念,同一次地震,震级只有一个,而烈度则随地区的不同而不同。在工程建设中,划分建筑区的地震烈度是很重要的,因为一个工程建筑场地的选择、工程建筑的抗震措施等都与地震烈度有十分密切的关系。

地震烈度表通常是根据地震时地表的变化现象、建筑物的破坏程度、人的感觉、器物反应等划定的。除少数国家外,国际上普遍采用的是把地震烈度划分 12 度。表 2-6 是中国科学院地球物理研究所根据我国的实际情况编制的地震烈度鉴定标准表。

地震烈度表通常是根据地震发生后地面的宏观现象和定量指标两方面的标准划定的。目前,通用的地震烈度表还是以宏观现象描述为主,如人的感觉、器物反应、建筑物的破坏和地表现象等划定的。

3. 工程烈度标准

烈度的工程意义是作为抗震设防的标准,因此常分为基本烈度和设防烈度。

基本烈度是指一个地区在今后 50 年内,在一般场地条件下超越概率 10% 的地震烈度。它是在研究了区域内及毗邻地区地震活动规律后,对地震危险性做出的综合性平均估计和对未来地震破坏程度的预报。

设防烈度又称设计或计算烈度,它是指在基本烈度的基础上,考虑建筑物的重要性,将基本烈度加以适当调整,调整后设计采用的烈度叫设防烈度。大多数建筑物不需调整,基本烈度即为设防烈度。特别重要的建筑物须提高 1 度时,应按规定报请有关部门批准;对于次要建筑物,设防烈度可降低 1 度,但基本烈度为Ⅶ时,不降低。

(四)我国地震的分布

地震,特别是强地震的分布是不均匀的,往往密集于一定的地区和地带,这就是通常所说的地震区和地震带。世界上的地震主要集中在环太平洋地震带和喜马拉雅—地中海地震带。我国东部有环太平洋地震带的西太平洋地震带通过台湾省,并影响到福建、广东两省的沿海地区;我国西部和西南边界是喜马拉雅—地中海地震带经过的地方,这使我国西部地区地震活动性明显增强,也就使我国成为一个多地震的国家。我国强震震中分布如图 2-42 所示。

表 2-6 中国地震烈度鉴定标准

地震烈度	名称	地震加速度 a (cm/s^2)	地震系数 K_C	地震情况	地震震级
Ⅰ	无感震	<0. 25	$<\frac{1}{4\ 000}$	人不能感觉,只有仪器可以记录到	0 ~ 2
Ⅱ	微震	0. 26 ~ 0. 5	$\frac{1}{4\ 000}\sim\frac{1}{2\ 000}$	室内少数静止中的人有感觉	2 ~ 3
Ⅲ	轻震	0. 6 ~ 1. 0	$\frac{1}{2\ 000}\sim\frac{1}{1\ 000}$	少数人感觉地动(像有轻车从旁边过)不能即刻断定是地震。振动来自方向或持续时间有时约略可定	3 ~ 3. 5
Ⅳ	弱震	1. 1 ~ 2. 5	$\frac{1}{1\ 000}\sim\frac{1}{400}$	少数在室外的人和极大多数在室内的人都有感觉,家具等有些摇动,盘、碗和窗户玻璃振动有声。屋梁和天花板等略略作响,缸里的水或敞口器皿中的液体有些荡漾,个别情形惊醒睡觉的人	3. 5 ~ 4
Ⅴ	次强震	2. 6 ~ 5. 0	$\frac{1}{400}\sim\frac{1}{200}$	差不多人人都能感觉到,树木摇晃,如有风吹动。房屋及室内物件全部振动,并略略作响。悬吊物如帘子、灯笼、电灯等来回摆动,挂钟停摆或乱打,器皿中盛满的水溅出,窗户玻璃出现裂纹。睡觉的人惊逃户外	4 ~ 4. 5
Ⅵ	强震	5. 1 ~ 10. 0	$\frac{1}{200}\sim\frac{1}{100}$	人人都能感觉到,大部分惊骇跑到户外,缸里的水剧烈荡漾,墙上挂图、架上书籍掉落,碗碟器皿打碎,家具移动位置或翻倒,墙上灰泥发生裂缝,坚硬的房屋亦不免有些地方掉落一些泥灰,质量差的房屋受到相当的损伤,但还是轻的	4. 5 ~ 5
Ⅶ	损害震	10. 1 ~ 25. 0	$\frac{1}{100}\sim\frac{1}{40}$	室内陈设物品及家具损伤甚大。庙里的风铃叮当作响,池塘里腾起波浪并翻起浊泥,河岸砂碛处有崩滑,井泉水位有改变,房屋有裂缝,灰泥及塑雕装饰大量脱落,烟囱破裂,骨架建筑物的隔墙亦有损伤,质量差的房屋严重损伤	5 ~ 5. 75
Ⅷ	破坏震	25. 1 ~ 50. 0	$\frac{1}{40}\sim\frac{1}{20}$	树木摇摆,有时折断。重的家具物件移动很远或抛翻,纪念碑从座下扭转或倒下,建筑较坚固的房屋如庙宇也被损害,墙壁裂缝或部分裂坏,骨架建筑物隔墙倾脱。塔或工厂烟囱倒塌,建筑特别好的烟囱顶部亦遭到破坏。陡坡或潮湿的地方发生小裂缝,有些地方涌出泥水	5. 75 ~ 6. 5

续表 2-6

地震烈度	名称	加速度 a (cm/s^2)	地震系数 K_C	地震情况	地震震级
Ⅸ	毁坏震	50.1～100.0	$\frac{1}{20}$～$\frac{1}{10}$	坚固建筑物如庙宇损坏颇重，一般砖砌房屋严重破坏，有相当数量的倒塌，而且不能再住。骨架建筑物根基移动，骨架歪斜，地上裂缝颇多	6.5～7
Ⅹ	大毁坏震	100.1～250	$\frac{1}{10}$～$\frac{1}{4}$	大的庙宇、大的砖墙及骨架建筑连基础遭受破坏，坚固的砖墙发生危险的裂缝，河堤、坝、桥梁、城墙严重损伤，个别的被破坏，钢轨亦挠曲，地下输送管道破坏，马路及柏油街道起了裂缝与皱纹，松散软湿之地开裂有相当宽而深的长沟，且有局部崩滑。崖顶岩石有部分剥落，水边惊涛拍岸	7～7.75
Ⅺ	灾震	250.1～500	$\frac{1}{4}$～$\frac{1}{2}$	砖砌建筑全部坍塌，大的庙宇与骨架建筑亦只部分保存。坚固的大桥破坏、桥柱崩裂、钢梁弯曲（弹性大的大桥损坏较轻）。城墙开裂破坏，路基、堤坝断开，错离很远，钢轨弯曲且突起，地下输送管道完全破坏，不能使用，地面开裂甚大，沟道纵横错乱，到处土滑山崩，地下水夹泥沙从地下涌出	7.75～8.5
Ⅻ	大灾震	500.1～1 000.0	$>\frac{1}{2}$	一切人工建筑物无不毁坏，物体抛掷空中，山川风景变异，河流堵塞，造成瀑布，湖底升高，地崩山摧，水道改变等	8.5～8.9

注：$K_C = a/g$，a 为地震加速度，g 为重力加速度。

二、活断层

（一）活断层的概念与研究意义

活断层是指在全新地质时期（1 万年）内有过地震活动或近期正在活动，在将来（今后 100 年）可能继续活动的断裂。《岩土工程勘察规范》（GB 50021—2001）（2009 年版）规定：在全新世（1 万年）内有过地震活动或近期正在活动的断层定为全新活动断裂；其中近 500 年发生过地震震级大于或等于 5 级的断裂，或在今后 100 年内可能发生大于或等于 5 级的断裂，为发震断裂。

活断层是深大断裂复活运动的产物，国内外大量的研究结果表明，活断层往往是地质历史时期产生的深大断裂，在晚近期及现代地壳构造应力条件下重新活动而产生的。活断层可以使建筑物发生错动位移或发生地震，对工程建筑造成很大的甚至是无法抗拒的危害。因此，查明工程建筑地区有无活断层对工程建设的意义重大。

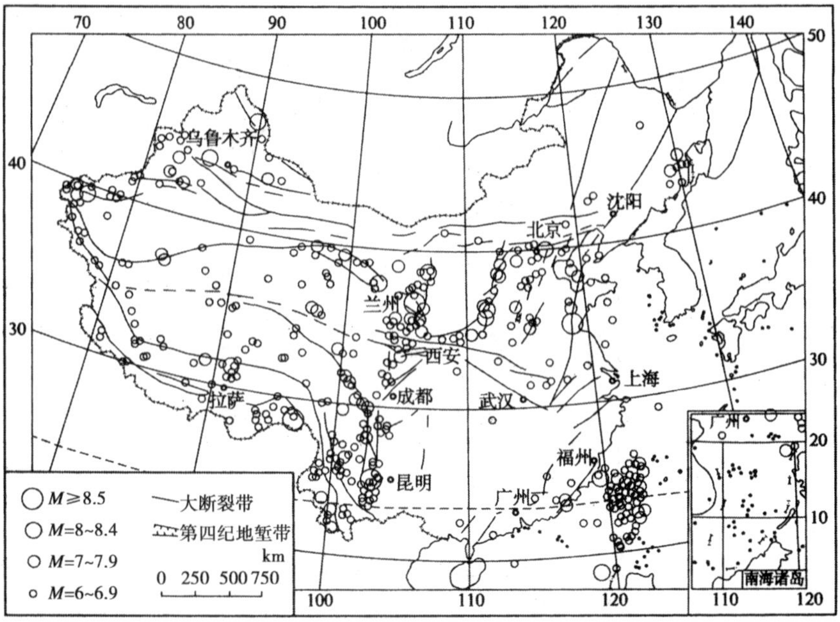

图 2-42 我国强震震中分布

(二)活断层分类

1. 按两盘相对错动方向分类

活断层按两盘相对错动方向可以分为平移断层、正断层、逆断层。平移断层通常称为走向滑动型断层,正断层、逆断层称为倾向滑动型断层。其中,走向滑动型断层最为常见,断层面多陡立,平直延伸,有的规模很大。这类断层往往能聚集较高的能量,常为发震断裂。倾向滑动型断层的逆断层也较常见,多为水平挤压形成,断层倾角较缓,错动时上盘上升,所以上盘地表变形较强烈,岩体破碎对建筑物危害较大,如 2008 年 5 月 12 日四川汶川地震即为此类型,破坏强烈的地区皆位于断层上盘。倾向滑动型断层的正断层多是由上盘向下移动造成的,同样也是上盘岩体破碎。

2. 按活动性质分类

活断层按其活动性质可分为蠕变型和突发型两类。

1)蠕变型活断层

蠕变型活断层是只有长期缓慢的相对位移,不发生地震或只有少量微弱地震的活断层,又称为动而不震型活断层。

2)突发型活断层

突发型活断层的断层错动位移是突然发生的,并发生强烈地震。第一,地震就是该断层错动所引起的,这种断层平时变形不大,可积蓄较大能量;第二,地震引起老断层错动,又称为断层复活,或产生新的断层。例如,1976 年唐山地震时,产生一条长 8 km 的地表错断,以 NE30°的方向穿过市区,最大水平断距达 1.63 km,垂直断距 0.7 m,错开了楼房、道路等一切建筑,如图 2-43 所示。

一般来说,活断层具有明显继承性特征,绝大多数活断层都是沿已经形成的老断层发生新的错位移动。活断层的长度可由几千米到几百千米,最大位移一般不超过 10 m。突发型

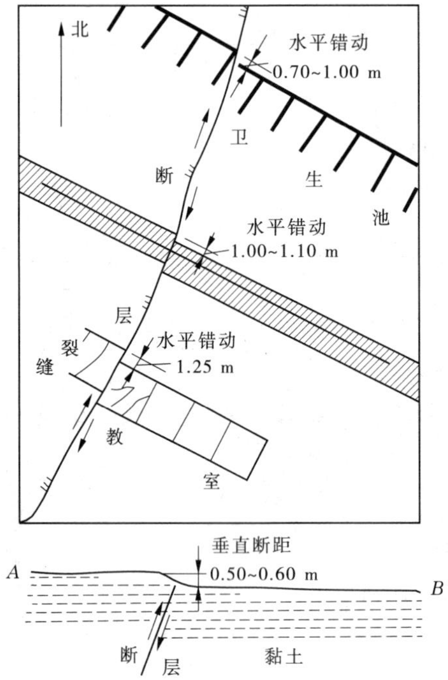

图 2-43 唐山地震地面断层错动(虢顺民等,1977)

活断层在突然错动时速率很快,可达 0.5 ~ 1 m/s,并在很短的时间内完成。蠕变型活断层的错动速率大多为年平均零点几毫米到几十毫米,如新疆孜尔水库坝址区活断层水平位移速率为 12 ~ 13 mm/年。

(三)活断层的判别标志

1. 直接标志

存在下列现象之一的断层,即可判断为活断层:

(1)错断晚更新世以来的地层,如郯城窑上村北,白垩系(K)逆掩于 Q_{3-4} 之上,如图 2-44 所示。该断裂为郯庐断裂的一部分。

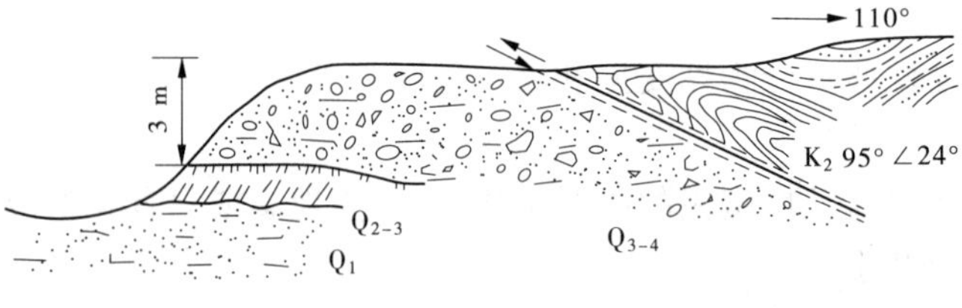

K_2—上白垩统砂岩;Q_1—下更新统泥质砂岩;Q_{2-3}—中上更新统亚砂土;Q_{3-4}—上更新统及全新统洪、坡积物

图 2-44 山东郯城窑上村北活断层剖面

(2)断裂带中的构造岩或被错动的脉体,经同位素年龄测定,小于 12 万年者。

(3)沿断层存在大于 0.1 mm/年的相对位移和变形。沿断层有历史和现代中、强地震震中分布。

(4)在构造上证实与已知活断层有共生或同生关系的断层。

2. 间接标志

具有下列现象之一者，可能为活断层，但需结合其他现象综合分析后才能确定：

(1)沿断层晚更新世以来形成的河流阶地发生错位，在跨越断层处，水系具有明显与断层同步转折的特征，或断层两侧晚更新世以来的沉积层厚度存在明显差别。

(2)沿断层地貌突然发生大范围变化，并且分布有新鲜的断层崖和断层三角面。

(3)沿断层有串珠状分布的泉水、沼泽、地热等异常带。

(4)古建筑、古陵墓等被断层错断。

(5)沿断层带有重力或磁力异常。

(四)活断层对工程建筑的影响及对策

我国活断层分布广泛，尤其在西南、西北、华北、东南沿海及台湾等地区。活断层对工程危害的例子在我国虽然不多，但因无法阻止其继续活动，一旦发生，后果严重，进行补救处理很难。

蠕变型活断层相对位移或速率不大时，对工程影响不大，当变形速率较大时，可导致建筑物地基不均匀沉降，致使建筑物拉裂破坏，尤其对于坝基危害较大，较小的开裂可造成高压渗透水流的潜蚀和冲刷，造成溃坝事故发生。如美国洛杉矶附近鲍尔德温山水库，库址距一条大断层仅 300 m，有几条小断层从坝下穿过。施工时沿断层做了沥青和黏土等封闭防渗和排水措施，但断层错动使封闭防渗层错裂 30 mm，如图 2-45 所示，水沿断裂渗流，使地基中的粉砂受到潜蚀，产生土洞，在 1963 年发生溃坝事故。

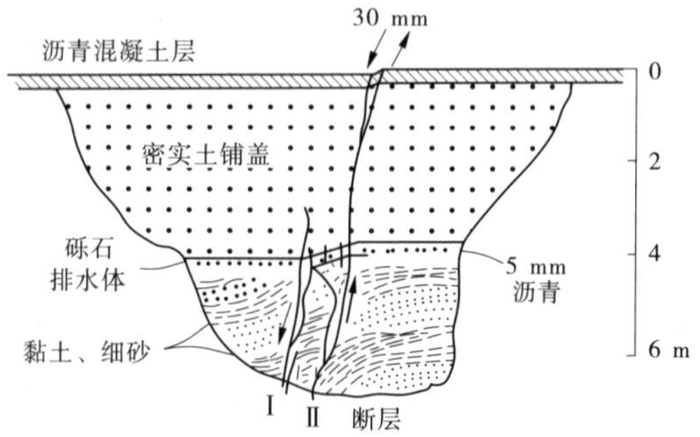

图 2-45　美国鲍尔德温山水库断层错断防渗层剖面图

突发型活断层伴随地震产生的错动距离一般较大，多为几厘米到几十厘米，这种危害是人类无法抗拒的。如美国 1906 年旧金山大地震，活断层使上晶泉坝错开 2.5 m，老圣安德烈斯坝错开 2 m；又如日本 2016 年 4 月由于内陆正下方的活断层的横向错位移动致九州岛熊本县熊本市发生 7.3 级地震，如图 2-46 所示地面开裂；又如我国宁夏石嘴山市红果子沟活断层使长城错断。

在工程建筑地区有突发型活断层时，任何建筑物都应该避免跨越活断层以及与其他构造活动的分支断裂，特别要避开 3.5 万年以来有过活动的断裂，将建筑工程选择于无活断层穿过的地区。

大中型水库工程应选择在地壳稳定的地区，活动性断裂将地壳分割成不同的断块，断块周边被断层所切割，断块内部无活动性断裂，往往形成相对稳定的区域，即所谓的“安全岛”。中国二滩水电站就是这样一个实例，如图 2-47 所示，三峡工程也同样处于这样一种稳定断块体上。

图 2-46　日本九州岛地震引起地面开裂

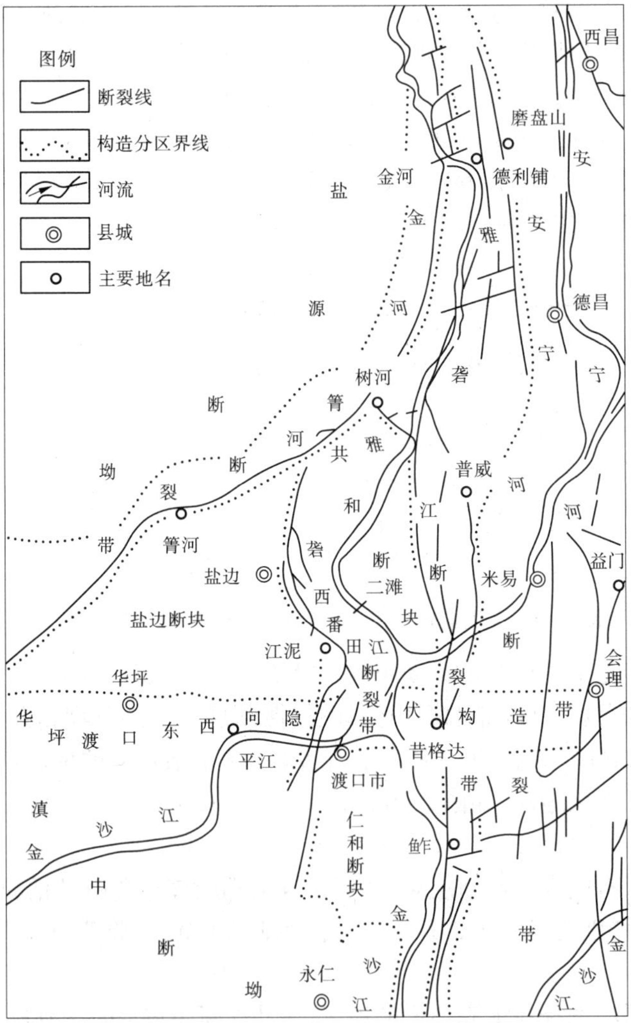

图 2-47　二滩水电站周围构造地质图

（中国水电顾问集团成都勘测设计研究院）

【小贴士】

断层与地震是相联系的,地震是地球内部物质运动的结果。这种运动反映在地壳上,使得地壳产生破裂,促成了断层的生成、发育和活动。“有地震必有断层,有断层必有地震”,断层活动诱发了地震,地震发生又促成了断层的生成与发育,因此地震与断层有密切联系。地震破坏给人们带来巨大经济损失的同时,也常给人们带来丰富的自然资源。

美国的加利福尼亚处在断层线上,断层给当地带来一百年一次的地震,每次地震造成的损失约为250亿美元。然而断层所形成的山脉使这一地区上空的太平洋的暖流和陆地气流的交汇形成了充沛的雨量,成为美国最富饶的农业区。第二,断层带是形成加利福尼亚州金矿的原因,这最初的淘金热,带给了近代加利福尼亚带最初的繁荣。第三,断层带发现的石油,迄今为止仍然是这一地区的主要经济资源,当地农业条件和稀有矿物使酿酒业有独特的优势。第四,断层带来的独特的地貌对旅游业的贡献。有经济学家做过计算,这些天然资源,每年带给加州的可计算价值是1 500亿美元,和地震所带来的百年毁灭相比,价值比为600:1。

【知识链接】

有关构造和地震知识可以参考构造地质学、大地构造学和灾害地质学等学科。

【工程案例】　法国的Malpasset拱坝

马尔帕赛(Malpasset)拱坝修建于1952~1954年,坝型为混凝土双曲薄拱坝,最大坝高66.5 m,坝底宽仅为6.9 m,坝顶宽1.5 m,坝顶长222.7 m,最大库容为5 000万m^3,坝顶中部有29.7 m的溢流段,全部混凝土方量为47 500万m^3,它是世界上最薄的拱坝之一。1959年12月2日拱坝失事,造成421人死亡。它的破坏是拱坝建筑史上的第一次巨大破坏事件,因此世界各国的水工建筑、工程地质、岩石力学的人员均非常重视。

经过详细检查后证明:设计与施工是没有问题的。坝基和坝肩的片麻岩体中,存在致命的细裂隙与断层,它们构成了滑动破坏的软弱结构面,而所有这些危险的断层与裂隙,在设计与施工中都没有注意到,当然更没有采取必要的防治措施。破坏主要是左岸拱座首先发生滑动所引起的,而拱座的滑动原因则是因岩体中裂隙抗剪强度不够,而且坝基也存在有软弱结构面(见图2-48、图2-49)。

地质构造作用使岩体完整性遭到了破坏,降低了岩石的强度,岩石裂隙增大,渗透水性增强,极易产生软弱结构面,断层面是极不稳定的滑动移面,在工程设计和施工中应加以重视。

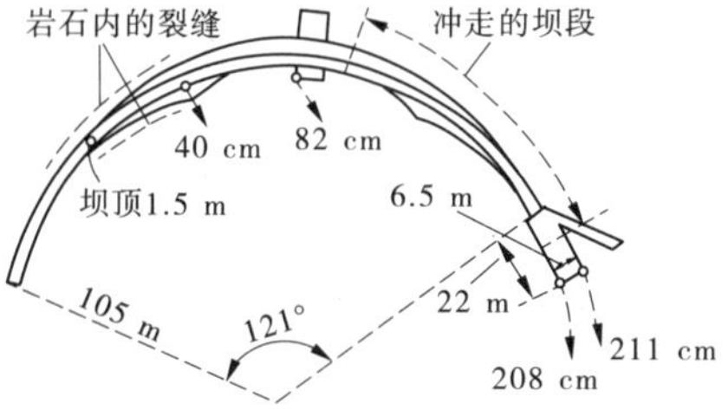

图2-48　马尔帕赛拱坝位移情况平面图

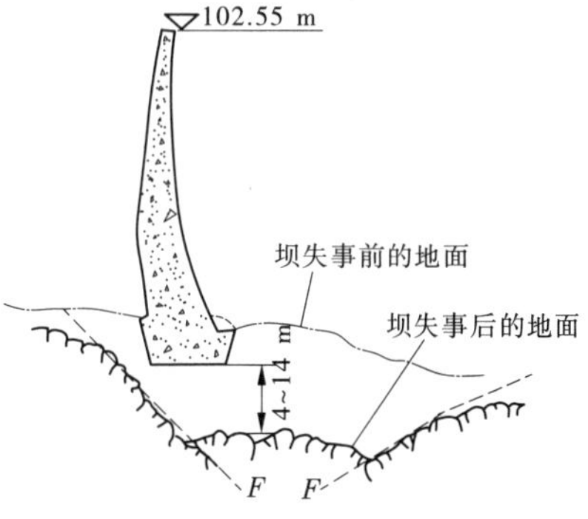

图2-49　马尔帕赛坝左坝头附近断面图

【阅读与应用】 5·12汶川地震

2008年5月12日14时28分4秒,汶川发生地震,震中位于四川省阿坝藏族羌族自治州汶川县映秀镇与漩口镇交界处。根据中国地震局的数据,此次地震的面波震级达8.0 Ms、矩震级达8.3 Mw(根据美国地质调查局的数据,矩震级为7.9 Mw),地震最大烈度达到Ⅺ度。地震波及大半个中国及亚洲多个国家和地区,北至辽宁,东至上海,南至香港、澳门、泰国、越南,西至巴基斯坦均有震感。

5·12汶川地震是一次浅源地震,震源深度为10~20 km,破坏性巨大,严重破坏地区超过10万km^2,其中极重灾区共10个县(市),较重灾区共41个县(市),一般灾区共186个县(市)。截至2008年9月18日12时,汶川地震共造成69 227人死亡,374 643人受伤,17 923人失踪,是新中国成立以来破坏力最大的地震,也是唐山大地震后伤亡最严重的一次地震。查阅资料分析5·12汶川地震发生的原因。

小　结

地质构造是岩层或岩体在地壳运动中,由于构造应力长期作用使之发生永久性变形变位的现象。地壳运动使岩石的连续性、完整性遭到破坏,特别是褶曲的核部和断层破碎带,工程条件较差,是工程建筑应该避开的地段。活断层可使建筑物错动位移或产生地震,对工程建筑的破坏是无法避免的。本项目主要介绍了地质年代、常见地质构造的特点和野外识别、地质图组成和阅读方法、地震与活断层的基本概念。

1. 地质年代

地质年代表是把地质年代单位和地层单位从老到新按顺序排列的表。

(1)地质年代的确定方法:绝对地质年代通过放射性元素来确定,相对地质年代通过地层层序法、古生物化石法、岩性对比法和地层接触关系法来确定。

(2)地质年代单位有宙、代、纪、世、期,对应的地层单位分别是宇、界、系、统、阶。

2. 地质构造

(1)单斜构造:倾斜岩层的产状要素有走向、倾向和倾角。

(2)褶皱构造:背斜、向斜。

(3)断裂构造:裂隙(节理)、断层(正断层、逆断层和平移断层)。

倾斜构造往往是褶皱和断裂构造的一部分,因此野外观测倾斜岩层的产状及其出露分布特征是研究地质构造的基础。

野外识别褶皱构造的地层依据是岩层呈有规律地对称重复出现,识别断层的地层依据是岩层中断、重复和缺失。

褶皱构造的核部裂隙较发育,不适宜布置工程建筑,对断层带工程建筑物应尽量避开。

3. 地质图

地质图是反映各种地质现象及地质条件的图件。在工程建设中常需沿建筑物轴线绘制地质剖面图,以了解地下的地层岩性和地质构造条件。

(1)类型:普通地质图、专门地质图。

(2)主要反映内容:地形地貌、地层岩性、地质构造。

(3)基本图件:地质平面图、地质剖面图、地层柱状图。

4. 地震和活断层

(1)地震主要是构造运动所引起的现今地壳震动的一种地质现象。

地震震级:是表示一次地震中释放出的能量大小。

地震烈度:指地震时地面受到的影响和破坏程度,我国分为12度。工程上常用基本烈度和设防烈度来作为抗震设防的标准。

震级与烈度关系:同一次地震,震级只有一个,而烈度则随地区的不同而不同。

(2)活断层:是指在全新地质时期(1万年)内有过地震活动或近期正在活动,在将来(今后100年)可能继续活动的断裂。活断层可以使建筑物发生错动位移或发生地震,对工程建筑造成很大危害。因此,查明工程建筑地区有无活断层对工程建设的意义重大。

复习题

1. 岩层产状包括哪些要素? 野外如何测定岩层的产状?
2. 褶曲由哪几个主要部分组成? 基本形式有哪些?
3. 如何依据地质平面图识别褶曲的类型?
4. 简述背斜成谷、向斜成山的原因。
5. 褶皱区如何布设工程建筑?
6. 张节理与剪节理如何识别?
7. 在野外怎样识别断层?
8. 断裂构造对工程建筑会产生哪些不利影响?
9. 一幅完整的地质图应包括哪几种图? 各自反映的主要内容是什么?
10. 水平岩层、倾斜岩层在地质图上的特征分别是什么?
11. 如何阅读、分析一幅地质图?
12. 何谓地震烈度、基本烈度和设防烈度? 烈度与震级有何关系?
13. 如何判断断层“死”与“活”?
14. 活断层对工程有何影响? 工程上对活断层应采取哪些防治措施?

技能训练 工程地质实训

一、综合性地质图的阅读和分析

(一)目的与要求

通过对图2-50、图2-51的分析,要求学生初步掌握:

(1)具有褶皱、断裂、不整合构造和岩浆活动地区地质图的分析方法。

(2)在具有上述地质构造的地质图上,绘制地质剖面图的方法。

(3)根据地质条件,分析区域地质发展史的方法。

(二)实习准备工作

(1)复习本书中“地质图的阅读分析”部分的内容。

(2)按标准色谱(见本书最后附录部分)将黑山寨地区地质图着色。一个“系”用一种基色，当“系”内有“统”时，再分深浅色调。

（三）实习内容

结合图2-50、图2-51按以下几个方面逐步深入地进行分析：

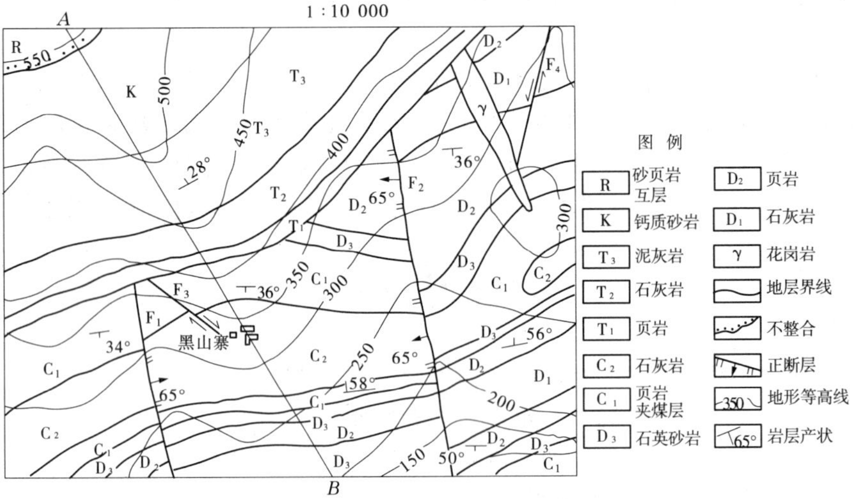

图2-50　黑山寨地区地质图

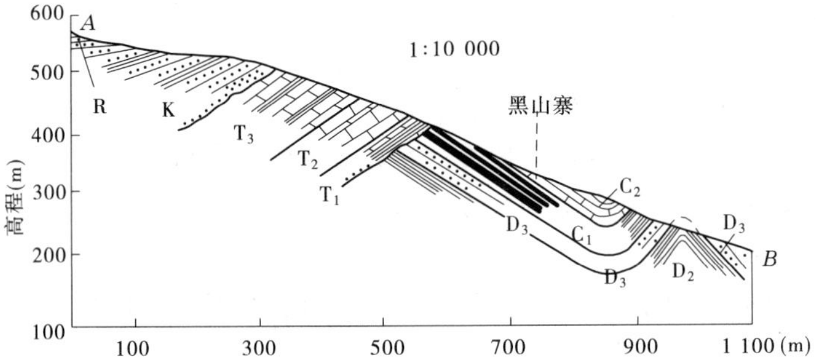

图2-51　黑山寨地区地质剖面图

1. 了解图名和比例尺

图件名称和比例尺反映了地质图所表示的基本内容、图幅的地点、范围及其精度。图2-50中的比例尺是1∶10 000，即图上的1 cm相当于实地距离100 m，图幅总面积1.2 km^2，反映的是我国南部黑山寨地区的地质概况。

2. 阅读图例，了解图区出露岩层的特征

该地区沉积岩层从老到新有：泥盆下统（D_1）石灰岩、泥盆中统（D_2）页岩、泥盆上统（D_3）石英砂岩、石炭下统（C_1）页岩夹煤层、石炭中统（C_2）石灰岩、三叠下统（T_1）页岩、三叠中统（T_2）石灰岩、三叠上统（T_3）泥灰岩、白垩系（K）砂岩。

除沉积岩外，还有花岗岩（γ）分布。

上述岩层分布说明，图区在地质发展过程中，在中石炭世以后、早三叠世以前，以及晚三叠世以后，白垩纪以前，曾两次上升为陆地，经受了风化剥蚀，故缺失了相应的沉积岩层，使石炭中统（C_2）石灰岩与三叠下统（T_1）页岩、三叠上统（T_3）泥灰岩与白垩系（K）砂岩间呈不整合接触(这一结论在地质剖面图上可以得到进一步论证)。此外,尚存在岩浆侵入活动。

在附有地层柱状图的地质图中,如图2-52所示,柱状图能清楚地显示出图区地层的正常层序、原始厚度、岩性特征,以及相互间的接触关系等内容。

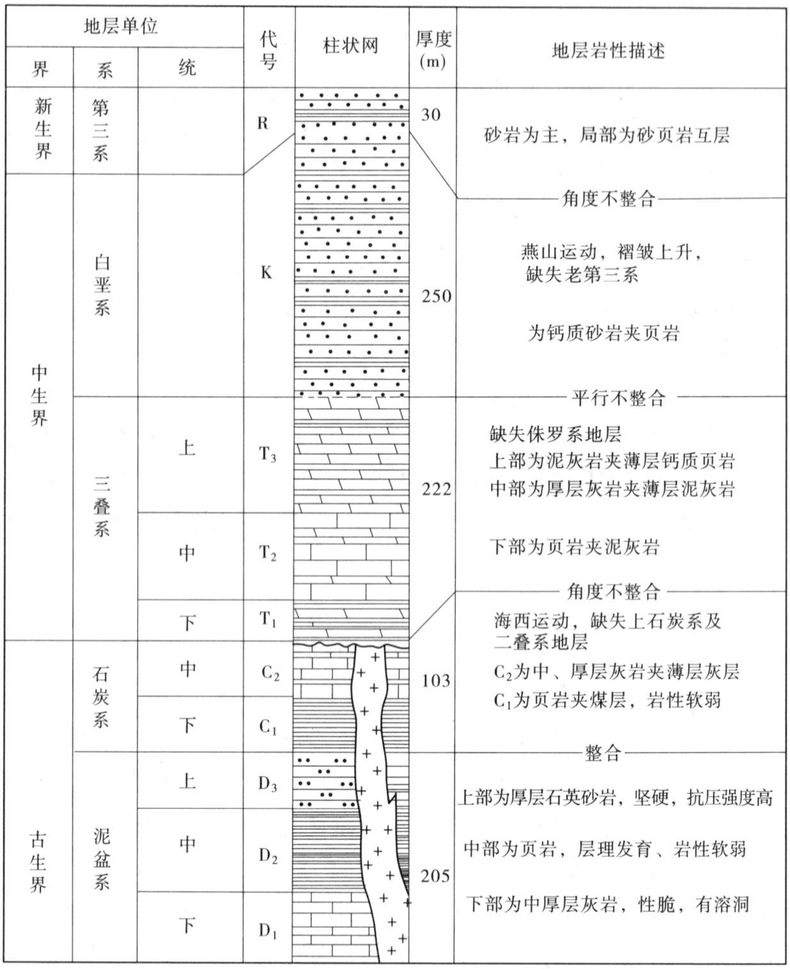

图2-52 黑山寨地区综合地层柱状图

3. 地形分析

从地形等高线的标示可知,图区地势西北部高,最高部位在550 m以上,向东南方向逐渐降至高程100 m以下,相对高差450 m左右,东部有一个高程为300 m的小山岗。图区有两条较大沟谷,呈近南北向展布。

4. 主要地质构造形态分析

1)地层分布规律及接触关系

地质年代较新的中生代地层均分布在图区的西北部,而年代较老的地层分布在图区的东、南、西南部。值得注意的是三叠下统(T_1)页岩的底部界线除与F_1、F_2两条断层以及花岗岩体界线相截外,还与古生代地层(D_1、D_2、D_3、C_1)界线相截,这证明了T_1岩层和C_2岩层间呈角度不整合接触。另外,在中生代地层中,白垩系(K)砂岩与三叠上统(T_3)泥灰岩之间,缺失了侏罗系(J),但是两者产状一致,说明K岩层与T_3岩层呈平行不整合接触。出露于图区东北部的火成岩体(γ),侵入于 D_1、D_2、D_3 和 C_1,岩层中,呈侵入接触,T_1 岩层与火成岩体里沉积接触,说明该火成岩体(γ)——花岗岩形成于早石炭世之后、早三叠世之前,它规模不大,基本上呈直线状分布,其产状应为岩墙。

2)褶皱

一个完整的褶曲的两翼岩层,是以某一岩层为中心,向垂直走向的两侧呈对称的条带分布的。图区的地层呈条带状分布,且地质界线与地形等高线相交,可知图区有褶皱存在。

中生代地层的产状是 NE63°, NW,∠34°(表示岩层的走向为北东 63°,倾向西北,倾角 34°,下同),呈单斜构造,如图 2-51 所示。

古生代地层中,较大面积出露的 C_2 地层,从东到西,贯穿整个图区下部,而其两侧又对称出露 C_1、D_3、D_2 地层,构成了图区范围内的规模最大的向斜构造。从图 2-50 可看出 C_2 地层的北翼和南翼均倾向黑山寨村,即该村大致位于向斜的核部。北翼倾角较缓(32° ~ 34°),南翼倾角较陡(56° ~ 58°),进一步说明它是一个轴面略向南倾斜的向斜构造。向斜轴在平面上略有变化,在黑山寨村附近,呈近东西向延伸,过 F_2 断层后,折转成北东 60°左右。按同样方法分析,尚可发现在该向斜的南面和北面各有一个背斜构造,南面的背斜核部地层为 D_2,两侧对称分布着 D_3(由于断层效应,在 F_2 右边,该背斜核部地层是 D_1,两侧对称出露 D_2、D_3 和 C_1),北面的背斜构造核部地层为 D_1,两侧对称出露 D_2,它们的轴向与向斜轴向基本一致。

3)断层

无论是正断层、逆断层还是平移断层,多数都可以造成岩层界线在走向上的不连续,从图 2-50 可以看出,F_1 和 F_2 是两条规模较大的断层,其走向均是 NW340°,倾角甚陡(通过仔细作图分析可知,F_1 断层的产状是 NW340°, NE, ∠65°;F_2 断层的产状是 NW340°, SW, ∠65°)。二者都横切向斜轴和背斜轴。从断层两侧向斜核部 C_2 地层出露宽度分析,说明 F_1 至 F_2 间岩体相对两侧下移(为下降盘),所以 F_1、F_2 断层在图区内组成了地堑式断裂。另外,还有 F_3 和 F_4 两条断层,前者走向 NW300°,后者走向为 NE15°,均为平移断层,且规模较小。由于褶皱和断层仅发育在古生代地层 $D_1 - C_2$ 中,并未影响 T_1,所以它们均形成于中石炭世之后、早三叠世之前。结合空间分布来分析,可知是处于同一构造应力场,是一次构造运动形成的,挤压应力来自南(略偏东)北(略偏西)方向,故褶曲轴呈近东(偏北)西(偏南)方向。F_1 和 F_2 是受到引张应力作用产生的,所以其延伸方向与压应力方向基本平行。而 F_3 和 F_4 则为剪应力所形成。构造线间的组合关系如图 2-53 所示。

4)地质构造发展简史分析

在图区中,整个泥盆纪直至中石炭世期间,地壳虽然存在着缓慢的升降运动,但幅度甚小,该地区一直处于沉积平面以下,接受沉积。中石炭世以后,受"海西运动"的影响,地壳发生剧烈变动,岩层褶皱产生断裂,伴随有岩浆侵入活动,使图区上升成陆地,遭受风化剥蚀。到早三叠世,又重新沉入海平面以下,接受海相沉积。到晚三叠世后期,地壳大面积平缓上升,再次成为陆地。侏罗纪期间,地壳运动处于暂时宁静状态,遭受风化剥蚀。直至白垩纪,才缓慢下降,处于浅海环境,形成钙质砂岩。在白垩纪后期,再次受"燕山运动"的影响,图区东南部大幅度上升,西北部上升幅度相对较小,中生代地层受到构造抬升作用,产生倾斜。中生代后期至今,无剧烈构造变动。

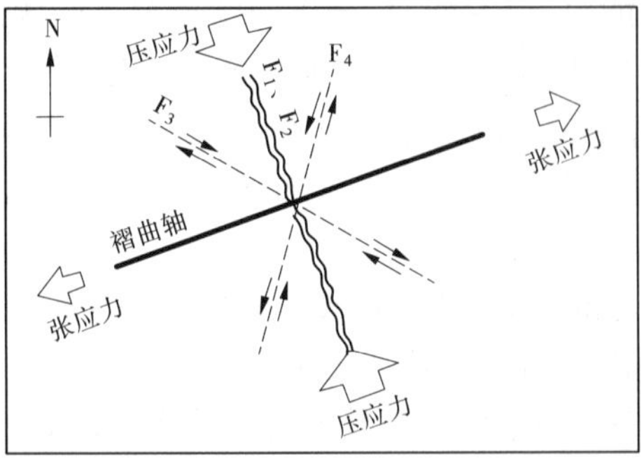

图 2-53　古生代地层中主要构造图解及应力场分析

(四)作业与思考题

(1)在地质图上,地层间的不整合接触、侵入岩体和断层都可以出现地质界线或构造线的不连续现象,它们之间有何不同?结合“黑山寨地区地质图”加以分析说明。

(2)阅读某地区地质图,如图 2-54 所示,回答下列问题(同时将时代、构造、岩性名称填在右侧空白图例中)。

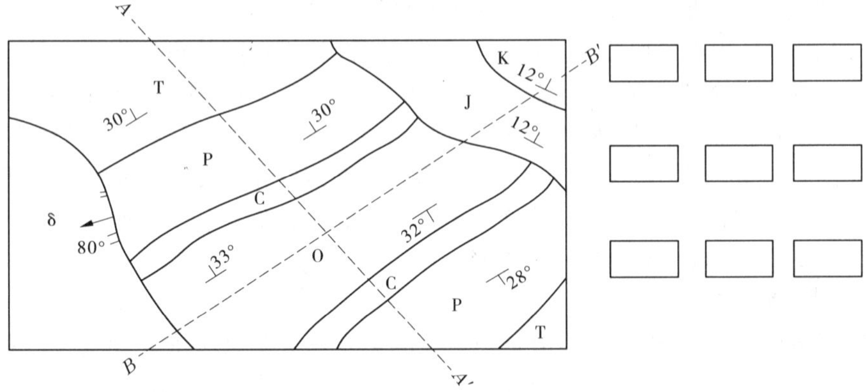

图 2-54　某地区地质图

①图幅内出露有哪些地质时代的岩层?

②有无岩浆岩侵入?属于什么岩石?

③有褶皱构造吗?是什么类型?用规定符号把轴线画在图的相应位置。

④有断裂构造吗?是什么类型?描述其产状要素。

⑤图区出露的地层之间有哪些类型的接触关系?

⑥试按 $A—A'$ 及 $B—B'$ 图切剖面,说明其地质构造特征。

二、野外地质实习

(一)地质实习目的、要求和注意事项

1. 实习目的

野外地质实习属教学实习性质,其目的在于巩固课堂所学的基本理论知识,联系实习现场和工程的实际,加以验证和拓宽,使学生获得感性知识,开阔视野,培养和提高实际工作能

力(如观察能力、动手操作能力、识图能力、分析问题与解决问题能力等);了解野外地质工作的基本方法,掌握一定的操作技能,以及训练编写实习报告等。

此外,走出校门在野外或工程现场进行地质实习,还可培养学生吃苦耐劳、艰苦奋斗、遵守纪律、团结协作等优良品质和增强集体观念,也有利于学生增强体魄和磨炼意志。

2. 实习要求

为了保证野外地质实习的顺利进行,并取得良好实习效果,对学生提出以下几项要求:

(1)排除干扰,专心听讲。当指导教师在实习现场(特别在工地上或途经城镇区、公路旁)讲解时,学生要克服过往人多嘈杂、外界干扰大的实际困难,集中精力,用心听讲,明确各地质点的主要观察内容和要求。

(2)做到"五勤"。即勤敲打、勤观察、勤测量、勤记录、勤追索。在各地质点上,按教师的具体要求,有重点地进行观察与描述,尤其对那些重要的地质现象更应把书本知识与现场实际联系起来,掌握其鉴别特征,并注意收集和积累第一手资料,做好文字记录与地质素描。以严肃认真、实事求是的科学态度,对待野外工作。

(3)熟练操作地质罗盘。对地质罗盘,要求了解其结构原理,掌握使用方法。运用地质罗盘测量地质界面的产状要素,需在实习过程中反复操作与训练,逐步达到运用自如、熟练的程度,并把它作为技能要求,列入本实习考核的一项内容。

(4)开动脑筋,积极参加现场讨论。实习开始时,教师在野外可能多讲一些,但随着实习不断深入,为了培养学生独立观察与分析能力,教师将逐步少讲或以提出问题的方式,让学生通过自己实际观察分析后回答或组织现场讨论。这样,就能给学生提供较多的观察与思考时间。为此,要求学生能抓住主要问题,迈开双脚,寻找证据,开动机器,善于把前后、左右与之相关的情况连贯起来思索。在现场讨论中,要敢于发表个人的见解(哪怕是不正确的),把它看成是锻炼和提高自己的好机会。当讨论中争执不下时,可以保留不同观点,但应重事实,重证据,尊重科学。

(5)实习回来应及时整理野外记录。当天的记录当天整理补充。如发现问题,应及时查清或予以改正。记录可随时让教师抽查。野外记录是学生最后编写实习报告的重要依据,其完整程度和充实与否,直接影响到实习报告的编写和报告质量的高低。

(6)实习结束时每人应按时递交一份自编的实习报告。实习报告作为学生实习的业务总结,也是教师评定实习成绩的依据之一。

总之,对学生来说,听讲、观察、操作、记录、思索和编写报告等是搞好实习的几个主要环节,要求学生思想上重视,严格要求自己,务必从实习一开始就抓紧进行。

3. 注意事项

(1)加强组织纪律性。实习期间,应遵守实习队的有关规定,按时出发,不擅自离队,有事向实习队请假。野外行进中,注意不踩坏庄稼,不顺手采摘瓜果。注意与当地群众搞好关系,自觉维护实习队和学校的声誉。

(2)要做好克服困难的思想准备。地质实习野外跋山涉水,路线长,体力消耗大,食、宿条件相对较差,比较艰苦;有时头顶烈日或遇上雨、雪恶劣天气,困难较多。因此,要求大家应有足够的思想准备,要发扬团结互助精神,师生共同努力,克服困难,以保证实习顺利进行,全面完成实习任务。

(3)注意健康、确保安全。实习时要特别注意饮食卫生和天气冷暖。在野外和工地上观察时,应注意上方的悬石和过往的车辆;当穿过施工场地时,千万当心放炮,提防施工机械碰撞。实习期间不准下河、下湖、下库游泳,以确保人身安全。

(4)爱护仪器设备。对借用的仪器及其他实习用品,其保管职责最好落实到人;实习结束后,应及时归还;如有丢失或损坏,要写出书面报告,按实验室管理规定赔偿。

(二)地质实习的主要内容

1.地层与岩性

(1)地层时代与岩性特征。

(2)地层厚度与出露情况。

(3)地层接触关系。

2.地质构造

(1)褶皱构造。

(2)断裂构造。

3.典型自然地质现象

典型自然地质现象包括喀斯特(岩溶)、滑坡、崩塌、泥石流、岩石风化等。

4.实习区建筑工程地质条件或水利工程地质条件

了解实习区工程的地质条件及其存在的主要工程地质问题及水文地质问题,应虚心向当地工程技术人员学习。

(1)一般工程地质条件。包括地形地貌、地层岩性、地质构造、地震基本烈度、自然(物理)地质现象、水文地质及天然建筑材料等条件。

(2)存在的主要工程地质问题或水文地质问题及其处理措施。

5.加强专业内容

结合不同专业要求,可适当加强某些实习内容:

(1)水文地质调查(如农田水利专业)。

(2)河流地貌及第四纪地质调查(如治河专业)。

(3)河流梯级规划中的地质评价或地下水资源评价(如水资源专业)。

此外,如有条件还可适当组织学生参观地质勘探(物探钻探、坑槽探)现场及野外试验等。

(三)地质实习安排

1.准备工作

(1)资料准备。包括实习区的区域地质和与工程有关的地质资料、图件,以及实习用图等。

(2)组织准备。由学生所在系出面成立地质实习队,并指定实习队的主要负责人;实习队下分班级或实习小组;出发前由系领导向学生进行实习动员,并提出具体要求。

(3)物质准备。包括实习用品(如地质罗盘、地质锤、实习用图、皮尺、钢卷尺、讲义夹等)、学习用品(如教材、实习指导书、记录簿、绘图工具、方格纸、报告纸等)以及生活用品(如衣物、餐具、雨具、水壶等)。

2.外业工作

(1)实习地点。

实习地点的选择应尽量满足上述实习内容和要求,选择在具有地质现象典型、内容丰富、资料较多、交通便利并能与工程相结合的地点，作为固定的实习基地或实践站。也可结合专业生产实习选择拟建的或在建的工程工地，或已建的工程进行实习，视各院校的具体情况而定。

（2）实习时间。

根据各专业的培养目标、要求和本课程地质实习大纲的规定，根据各院校多年来教学实践和经验，地质实习时间不应少于1～2周。因为：第一，实习大纲规定的内容较多，而且是基本的，对施工人员来说极为必要，时间太短就无法保证这些实习内容，达不到培养目标要求；第二，学生从接触野外地质实际开始，到最后具有初步的观察与分析能力，是一个逐步训练与提高的过程，时间短了不利于实际能力的培养与形成；第三，作为地质专业人员加强地质内容，应在实习这一教学环节上予以加强，让学生打好基础，较好地掌握地质基本知识。

3. 内业工作

外业结束后，应及时转入内业整理。学生应独立编写实习报告，包括文字和图件两部分。通过编写地质实习报告和绘制地质图件，不仅可使学生学会将野外观察、测量的实际资料经过系统整理和归纳，获得整体概念和规律性的认识，掌握和巩固本课程的基本内容，而且可从报告编写提纲的拟订，到内容素材的组织、编排，乃至文字、图件的表述，为学生提供一次学习机会，这对今后专业课程设计、毕业设计报告或论文的编写大有好处，作为一名地质工作者，这些基本功训练都是完全必要的。

（四）地质实习成绩评定

1. 成绩等级

根据教学计划规定，地质实习是单独考查、评定成绩的。成绩按优、良、中、及格和不及格五个等级评定。

2. 评定依据

教师评定实习成绩主要依据学生以下两个方面：

（1）实习表现。考查学生在实习期间出勤情况，实习态度是否认真，野外“五勤”做得怎样，主动性、积极性发挥如何，遵守实习纪律的好坏，以及是否发生事故等。

（2）实习报告质量。评定学生完成实习报告质量的高低，并考查其是否独立完成，有无抄袭他人现象等。

此外，教师还可通过问卷质疑、口试或结合平时考察、提问、抽查等情况，综合予以评定。

组织一次地质实习，国家和学校要花费大量的人力、物力和财力，要求学生充分重视，珍惜机会，积极配合，认真对待。通过实习能使学生在德、智、体的培养锻炼上得到一次全面的提高。

项目三 自然地质作用

学习目标

1. 了解风化作用的类型与岩体风化的分级。
2. 掌握暂时性流水的地质作用及河流地质作用和河流冲积特征。
3. 掌握岩溶的发育条件及特征,以及对工程建设的影响。
4. 熟悉影响斜坡稳定的主要因素及不稳定斜坡的防治措施。
5. 熟悉第四纪沉积物的工程地质特征,了解其对工程建设的影响。

【学习导入】

在工程地质学中,对建筑物的稳定、安全及人类生活环境有影响的自然地质现象,称为自然地质作用。自然地质作用的类型很多,本项目重点研究风化作用、河流的地质作用、岩溶作用(又称喀斯特)、滑坡、崩塌、泥石流、风和湖泊的地质作用。这些自然地质作用影响建筑物修建的技术可能性、经济合理性和安全可靠性。如建筑物所处地质环境的区域构造稳定问题、地基岩体稳定问题、地下硐室围岩稳定问题和边坡岩体稳定问题、水库渗漏问题、淤积问题、浸没问题、边岸再造及坝下游冲刷问题,以及与上述问题相联系的建筑场地的规划、设计和施工条件等方面的问题。

通过本项目的学习,我们要熟悉各种自然地质作用产生的地质因素,预测它们对建筑物可能产生的危害,并提出相对的防治措施。

单元一 风化作用

地表或接近地表的岩石,在大气、水和生物活动等各种风化应力作用下,使岩石的结构、构造、化学成分发生改变,甚至产生一系列的崩解和分解作用,称为风化作用。风化作用是最普遍的一种地质作用,在大陆的各种地理环境中,都有风化作用在进行。风化作用在地表最明显,随着深度的增加,其影响逐渐减小甚至消失。

风化作用使岩石破坏,改变了岩石的成分、结构、构造,使岩石的强度和物理性质大为降低,给工程建设带来不利影响。另外,许多不良地质现象,如滑坡、崩塌、泥石流,基本上是在风化作用的基础上逐渐形成和发展起来的。因此,研究风化作用的机制,分析岩石风化程度,对评价工程地质条件是必不可少的。

一、风化作用的类型

按作用因素与作用性质不同,风化作用分为物理风化、化学风化和生物风化三种类型。

(一)物理风化

物理风化是指在外力作用下,岩石在原地产生机械破碎,而不改变其化学成分的过程。产生物理风化的原因有温度变化、冻融作用、盐的结晶作用和释重作用。

1. 温度变化

地球表面的昼夜与四季都有明显温度变化。由于岩石是不良导热体,白天温度上升,岩石表面升温而膨胀,内部温度仍然较低,于是岩石内、外层之间出现温差及胀缩不一致,产生与表面平行的风化裂隙。晚上温度降低,岩石表面迅速散热降温,产生收缩,而岩石内部仍在缓慢地升温膨胀,于是形成与表面垂直的径向裂隙。这个过程反复进行,风化裂隙日益扩大增多,使岩石表面成层状剥落,坚硬岩石崩解、破碎。若风化裂隙使岩石的棱角逐渐消失而趋于圆化,形成大小不等的球体和椭球体,这种现象称为球形风化。

温度变化的速度与幅度,特别是变化速度,对物理风化作用的强度起着重要影响。温度变化越大,收缩与膨胀交替越快,岩石风化越剧烈。在干旱、半干旱地区,昼夜温差可达60~70 ℃;在沙漠地区,傍晚可以听到的炸裂声,就是因温度骤降而引起的物理风化。

2. 冻融作用

在一些高寒地区,进入岩石裂隙中的水,当温度降低到0 ℃以下时,液态的水就变成固态的冰,体积膨胀9%左右。由于体积增大,对岩石的裂隙可产生很大的压力(可达96~200 MPa),使岩石的裂隙加宽、加深,扩大了原有的裂隙。当温度升高至冰点时,冰又融化为水,体积减小,扩大的裂隙又有水进入。久而久之,就会使岩石崩解成碎块,这种物理风化作用又称为冻融风化作用。冻融风化作用主要发生在严寒的高纬度地区和低纬度的高寒山岳地区。

3. 盐的结晶作用

在干旱、半干旱地区,广泛分布着各种可溶盐类。有些盐类具有很大的吸湿性,能从空气中吸收大量的水分而潮解,最后成为溶液。温度升高,水分蒸发,盐分又结晶析出,体积显著增大。可溶性盐结晶时的撑裂作用,使岩石的裂隙逐渐扩大,导致岩石松散破坏。

4. 释重作用

在岩石地基、隧洞开挖过程中,由于施工开挖破坏了原有的应力状态,岩层顶面遭受剥蚀而卸荷,下部岩石释重,随之产生向上或向外的膨胀作用,形成裂隙。应力释放而产生的风化作用是十分强烈的,在矿山开挖施工时,掌子面上常可见有岩石炸裂飞出。在基坑周围可见平行于开挖面方向分布的裂隙,都是岩石释重产生的现象。岩石释重所形成的裂隙,为水和空气的活动提供了通路,使得风化作用更加剧烈。

物理风化的结果,产生许多岩石碎屑,大大增加了岩石与空气的接触面积,为化学风化、生物化学风化创造了条件。由于温度变化是物理风化的主要因素,所以干旱地区、高寒地区、缺少植被地区物理风化特别盛行。

(二)化学风化

在外界条件的影响下,岩石与水溶液和气体发生化学反应,改变了岩石化学成分,形成新的矿物的作用,称为化学风化作用。化学风化作用有溶解作用、氧化作用、水化作用、水解作用和碳酸化作用。

1. 溶解作用

水在自然界的分布十分广泛,在化学风化中占有重要位置。水溶解岩石中矿物的作用称为溶解作用。溶解作用的结果，使岩石中的易溶物质被逐渐溶解而随水流失，难溶物质则残留于原地。岩石由于溶解作用，削弱了颗粒间的结合力，降低岩石的强度，使岩石遭受破坏。自然界最易溶解的是卤盐类（岩盐、钾盐等），其次是硫酸盐（石膏、硬石膏），再次为碳酸盐类（石灰岩、白云岩、大理岩等）。岩石在水中的溶解作用一般比较缓慢，但在 CO_2、NO_2 和有机酸的作用下，水的溶解能力大大增加。在石灰岩地区，由于水对岩石的溶解作用，常形成溶洞、溶穴、石林等岩溶地貌。据估计，地球上的河流，每年带入海洋的可溶盐类高达 40 亿 kg。

2. 氧化作用

氧化作用指矿物与空气或水中的氧发生化学反应生成新矿物的现象，是地表一种普遍的自然现象，是化学风化作用的主要方式之一。自然界的有机化合物、低价氧化物和硫化物最易遭受氧化作用，尤其低价铁最易氧化成高价铁，从而使结晶格架破坏，例如：

$$\underset{\text{黄铁矿}}{2FeS_2} + 10H_2O + 9O_2 \rightarrow \underset{\text{褐铁矿}}{2(FeO_3 \cdot 3H_2O)} + 4H_2SO_4$$

黄铁矿经氧化形成褐铁矿，颜色由铜黄色变为褐黄色，硬度、比重都变小。同时产生的硫酸对岩石腐蚀性极强，可使建筑材料中混凝土、钢筋产生锈蚀，在工程中应予重视。

3. 水化作用

水化作用是指无水矿物与水结合，成为含水矿物，例如：

$$\underset{\text{硬石膏}}{CaSO_4} + 2H_2O \rightarrow \underset{\text{石膏}}{CaSO_4 \cdot 2H_2O}$$

水化作用的结果是产生了含水矿物。含水矿物的硬度一般低于无水矿物，同时在水化过程中结合了一定数量的水分子进入物质中，引起体积增加，对岩石产生破坏作用。

4. 水解作用

某些矿物溶解于水后，出现离解现象，其离解产物与水中 H^+、OH^- 离子发生化学反应，形成新的矿物，这种作用称为水解作用，例如：

$$\underset{\text{正长石}}{4K(AlSi_3O_8)} + 6H_2O \rightarrow 4KOH + 8SiO_2 + \underset{\text{高岭石}}{A1_4(Si_4O_{10})(OH)_8}$$

正长石经水解作用后，形成的 K^+ 中与水中 OH^- 离子结合，形成 KOH 随水流走，析出一部分 SiO_2 呈胶体溶液随水流失，其余部分可形成难溶于水的高岭石残留在原地。在炎热、潮湿的气候下，高岭石将进一步分解，形成铝土矿（$A1_2O_3 \cdot H_2O$）。

5. 碳酸化作用

溶解在水中的 CO_2 成为 H_2CO_3，可以分解岩石，称为碳酸化作用。碳酸盐类岩石，如石灰岩、白云岩等，在碳酸化作用下能够将比较难溶于水的碳酸盐转为易溶解的碳酸氢盐，从而加强了水对岩石的溶解作用，例如：

$$\underset{\text{碳酸钙}}{CaCO_3} + H_2O + CO_2 \rightarrow \underset{\text{碳酸氢钙}}{Ca(HCO_3)_2}$$

以上化学反应是可逆的，当存在充足的 CO_2 时，反应可以一直向右进行；当水溶液蒸发干燥达到饱和时，可脱水并释放出 CO_2，再变成 $CaCO_3$ 沉淀，反应向左进行。这种反应在石灰岩地区非常普遍，如石灰岩溶洞内的钟乳石就是向左反应的结果。

(三)生物风化

岩石在动、植物及微生物影响下发生的破坏作用,称为生物风化作用。生物风化作用包括生物物理风化作用和生物化学风化作用。

1. 生物物理风化作用

生物物理风化作用是生物的活动对岩石产生机械的破坏作用。例如,植物根系在岩石裂隙中生长,不断地撑裂岩石,从而引起岩石崩解破碎的"根劈"现象。穴居动物的挖掘,也可以使岩石崩解。人类的各种建设活动,如开挖隧洞、修路、开矿、农业耕作等,也可以看成是一种最剧烈的生物物理风化作用。

2. 生物化学风化作用

生物化学风化作用是通过生物的新陈代谢和生物死亡后的遗体腐烂分解来进行的。例如,植物和细菌在新陈代谢过程中,通过分泌有机酸、碳酸、硝酸等溶液腐蚀岩石;动植物死后遗体腐烂,一方面可供给植物生长的钾盐、磷盐和各种碳水化合物;另一方面因含有机酸,对岩石和矿物也有腐蚀作用。

在自然界中,上述三种风化作用是彼此存在、相互影响的。在不同的地区,它们作用强弱有主次之分,例如在干旱和高山地区,以物理风化为主,而在湿热多雨地区,则以化学风化和生物化学风化作用为主。

二、影响岩石风化的因素

岩石一经暴露地表,都会遭受不同程度的风化,但岩石性质及所处的环境不同,其风化程度是不相同的。影响岩石风化的因素很多,主要有岩石性质、气候、地质构造和地形条件等。

(一)岩石性质

岩石性质是影响岩石风化的重要因素。外界条件相同,岩石性质是造成风化程度差异的主要原因。岩石性质包括矿物成分、结构和构造等方面。

1. 矿物成分

各种造岩矿物对风化作用的抵抗能力是不相同的,造岩矿物的相对稳定性见表 3-1。

表 3-1　造岩矿物的相对稳定性

相对稳定性	造岩矿物
极稳定	石英
稳定	白云母、正长石、斜长石
不太稳定	角闪石、辉石
不稳定	黑云母、橄榄石、黑绿石、方解石、白云石、石膏、黏土矿物

一般情况下,矿物在风化中的稳定性由大到小的顺序是:氧化物 > 硅酸盐 > 碳酸盐 > 硫化物。当岩石中不稳定矿物含量较多时,其抗风化能力较弱;相反,当岩石中稳定和极稳定矿物含量较多时,其抗风化能力较强。一般认为岩浆岩抗风化能力由大到小的顺序为:酸性岩(花岗岩) > 中性岩(闪长岩、安山岩) > 基性岩(玄武岩) > 超基性岩(橄榄岩);变质岩抗风化能力由大到小的顺序为:浅变质岩 > 中等变质岩 > 深变质岩;沉积岩中的页岩、泥岩的

抗风化能力最差。

2. 结构和构造

岩石的结构和构造是影响岩石风化的另一个因素。岩石中矿物颗粒的粗细、均匀程度、胶结方式和胶结物的成分都影响着风化速度。

等粒结构的岩石胀缩性均一，比斑状结构岩石抗风化能力强；块状构造的岩石抗风化能力较强，而气孔状、杏仁状构造的岩石与水分、空气接触面积大，容易进行风化；具有片理构造的片麻岩、片岩、板岩、千枚岩、页岩，水分和空气容易进入片理和裂隙之中，从而加速其风化。

（二）气候

气候是影响岩石风化的重要因素，包括温度、湿度、降水量、蒸发量等。气温的高低对岩石的机械破坏程度、各种化学反应速度、生物界的生长有着重大影响；降水量多少关系到水在风化作用中的活跃程度，直接或间接影响到风化速度。生物的繁殖状况直接关系到生物风化作用的进行。所以，气候因素控制了风化作用类型和风化速度，在不同的气候区，风化作用类型、风化深度、残积物类型有显著的不同。气候明显地受纬度、地势等因素控制，具有分带性，在不同的气候区，岩石风化特点明显不同。

（1）极地气候区。由于温度低，以水的冻结融化而产生的物理风化作用强烈，化学风化作用微弱，岩石易破碎为巨大的碎屑，风化产物中黏土很少。

（2）沙漠干旱气候区。物理风化为主，以温度变化作用占优势。

（3）温带湿润气候区。温和多雨，植物生长茂盛，所以化学风化和生物风化占重要地位，水的冻结与温度变化变为次要因素。

（4）热带湿润气候区。温度较高，雨量充沛，植物茂盛，细菌繁殖迅速，水溶液中含酸类成分，化学风化与生物风化进行得强烈，风化深度大。如我国东南沿海地区，岩石的风化深度有的达数十米，甚至有的达百余米以上。

（三）地质构造

地质构造是促进岩石风化的重要因素。断层、节理、沉积间断面等，是风化营力深入岩石内部的良好通道，故在褶曲轴部、断层破碎带、裂隙密集带及不整合接触面等部位可见风化作用强烈，常形成较厚的风化层，有的形成几十米甚至更深的风化槽。

（四）地形条件

地形可影响到风化作用的速度、深度、风化产物的厚度及分布情况。地形条件包括地势高度、地势起伏程度和山坡的方向。地势高度影响到气候，在同一地区，高山具有明显的气候分带，山顶气候寒冷，山麓气候炎热，其生物特征显著不同，因而风化作用的类型随高度而变化。地势起伏程度对风化作用更有普遍意义，地形起伏较大、陡峭、切割深度大的地区，以物理风化作用为主，岩石表面风化后岩屑不断崩落，使新鲜的岩石直接暴露表面而遭受风化，风化产物较薄；地势低缓地区，风化产物多留在原地或只经过短距离的搬运，风化产物较厚，加上地表植被覆盖，温度变化较小，物理风化作用较弱。山坡的方向涉及日照强度，阳坡光照时间长，平均气温高，昼夜温差大，因而风化作用较阴坡强。

三、岩石风化带的划分

岩石风化后，其物理性质和化学成分将有不同程度的改变。由于受岩石性质、地质构造及其他因素的影响，岩石的风化程度和风化深度因地而异，风化层在平面上分布往往不连续，在垂直方向上的变化很大，而且不同风化程度的岩石之间是渐变的，其间并无明显的界限。

在风化层内，岩石在不同深度的风化程度是不同的，一般随深度增加而减弱。工程上常根据不同风化程度的岩石特征（如风化岩石的颜色、结构、构造和矿物组成）和物理性质的变化来分带。不同建筑行业对岩石风化程度的划分标准有不同的规定，《岩土工程勘察规范》（GB 50021—2001）（2009 年版）根据岩石的野外特征、波速比和风化系数，将岩石分为未风化、微风化、中等风化、强风化、全风化和残积土六个级别，见表 3-2。

表 3-2　岩石风化带的划分

风化程度	野外特征	风化程度参数指标	
		波速比 K_V	风化系数 K_f
未风化	岩质新鲜，偶见风化痕迹	0.9～1.0	0.9～1.0
微风化	结构基本未变，仅节理面有渲染或略有变色。有少量风化裂隙	0.8～0.9	0.8～0.9
中等风化	结构部分破坏，沿节理面出现次生矿物；风化裂隙发育，岩体被切割成岩块；用镐难挖掘，岩芯钻方可钻进	0.6～0.8	0.4～0.8
强风化	结构大部分破坏，矿物成分显著变化；风化裂隙很发育，岩体破碎，用镐可挖，干钻不易钻进	0.4～0.6	<0.4
全风化	结构基本破坏，但尚可辨认，有残余结构强度，可用镐挖，干钻可进	0.2～0.4	—
残积土	结构全部破坏，已风化成土块，锹、镐易挖掘，具可塑性	<0.2	—

注：1. 波速比 K_V 为风化岩石与新鲜岩石压缩波速之比。

2. 风化系数 K_f 为风化岩石与新鲜岩石饱和单轴抗压强度之比。

3. 岩石风化程度，除按表列野外特征和定量指标划分外，也可根据当地经验划分。

4. 花岗岩类岩石可采用标准贯入试验划分：$N>50$ 为强风化，$30<N\leq 50$ 为全风化，$N\leq 30$ 为残积土。

5. 泥岩和半成岩不进行风化程度划分。

通常在一个区域或一个剖面上从全风化到微风化均有发育，但并不是在任何地段、任何风化岩石的剖面上均存在六个连续的风化带，最常见的情况是缺失个别风化带或仅有一两个风化带。因此，在实际工程中必须做详细勘察才能正确地划分风化带。

四、残积物

地表岩石经过长期风化作用后，改变了矿物成分、结构和构造，形成的风化产物中一部分易溶物质被水溶液带走，大部分物质残留在原地，这种物质称为残积物（土），这种土层称为残积层。残积物是一种重要的第四纪松散沉积物，用 Q^{el} 表示。

残积物向上过渡为土壤层,向下逐渐过渡为风化岩层。土壤层、残积物和风化岩层形成了完整的风化壳。

残积物不具层理,碎屑物质大小不均匀,棱角分明,无分选,粒度成分受气候条件和母岩岩石性质控制。在干旱、寒冷地区,以物理风化为主,化学风化微弱,岩石风化多为棱角状的砂砾碎屑物质,缺少黏土矿物;在半干旱地区,除物理风化外,尚有化学风化作用,残积物中常形成黏土矿物、铁的氢氧化物和各种碳酸盐类;在气候湿润地区,化学风化活跃,物理风化不发育,残积物主要由黏土矿物组成,厚度较大;在气候炎热地区,由于高温多雨,残积物遭受强烈的溶解和淋滤作用,可溶性物质大量流失,残留下铝土矿和铁的氢氧化物等胶体。因为强烈的氧化作用,高价铁离子使残积物呈浅红色,形成红色的风化物,所以称为红土化作用。我国滇、黔、桂、粤等省,在第四纪更新世时期,在湿热气候下化学风化和生物风化剧烈,形成了广布大地的红土残积物。另外,在我国华南地区,白垩纪—第三纪的红色砂岩,在差异风化、重力崩塌、侵蚀、溶蚀等综合作用下形成红色风化层,即著名的“丹霞地貌”。

残积物成分与母岩岩石性质关系密切。花岗岩残积物中常含有由长石分解形成的黏土矿物,而石英破碎成砂土;石灰岩的残积物往往成为红黏土;页岩的残积物为黏性土,土的颜色与母岩具有明显的一致性。

残积物的厚度与地形有关,在山顶部位常被剥蚀,厚度较小甚至没有;平缓的斜坡和低洼地带不易剥蚀,厚度较大。

残积物的工程地质性质主要取决于矿物成分、结构和构造等因素。残积层的空隙较大,易遭受冲刷,强度和稳定性较差,压缩性高,透水性强。由于残积层孔隙多,成分和厚度很不均匀,一般不作为重要建筑物的地基。若要作为建筑物的地基,应考虑其承载力和可能产生的不均匀沉降。还有残积层结构比较松散,作为路堑边坡时,应考虑可能出现的坍塌和冲刷。

【小贴士】

最常见的风化现象是岩石的球状分化,这是因为岩石的外层易发生成层裂开和鳞片状剥落,兼之岩石内常有相互交错的裂缝,沿裂缝风化最深,棱角磨得最圆。在悬崖陡坡上的岩石,因风化而发生崩落,裂解下来的石块沿山坡滚动,最后在山坡脚下稳定的地方堆积下来,形成上尖下圆的锥形体,称为倒石锥。如果是一个平缓的山坡,崩落下来的岩块杂乱地堆积在那里,形成石滩或石海。

单元二　流水的地质作用

除气候极端寒冷或极端干燥的地区外,陆地上几乎到处可见地面流水。地面流水的侵蚀、搬运、沉积作用,是常见的外动力地质作用,是地壳变化、发展的强大地质营力。地面流水可分为片流、洪流、河流三种类型。片流和洪流仅出现在雨后或冰雪融化后的短暂时间内,因此它们都是暂时性流水。沿沟谷流动的经常性流水称为河流。

三种不同流水形态,是流水不同的发展阶段,相互之间存在着密切联系,并在一定条件下可以相互转化。但又各有特点,其侵蚀、搬运、沉积作用是不同的。

片流汇集于沟谷中,形成急速流动的水流,称为洪流。

一、暂时性流水的地质作用

(一)片流的地质作用及坡积物

1. 片流的侵蚀作用

片流是降雨或融雪顺斜坡无固定流道的、面状流动的细小流水,又叫坡面流。由于水层薄,流速小,水流分散,所以片流能比较均匀地冲刷斜坡上的松散物(主要是土壤和岩石风化的产物),像洗刷地面一样,把斜坡削去一层表皮,故称片状侵蚀。片状侵蚀作用与降雨强度、地形、地表岩性和植被等因素有关。当地形坡度较陡时,侵蚀就比较强烈。在一定地形条件下,如地表岩性疏松,降水量多且强度大,植被稀少,片流的侵蚀作用就较强烈。

2. 片流的堆积作用及坡积物

片流在进行侵蚀作用的同时,也有堆积作用。当坡地上端的分水岭以及坡面上受片蚀作用后,被冲刷的碎屑物质搬运到坡脚下沉积下来,就成为坡积物(层),用 Q^{dl} 表示,如图 3-1 所示。坡积层沿山麓呈环状分布,形似衣裙,故又称为坡积裙。坡积物的主要特点是磨圆度和分选性差,一般没有层理,孔隙率大,压缩性高。

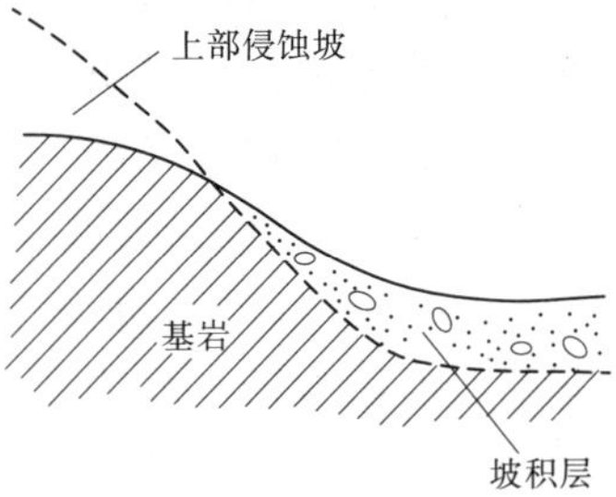

图 3-1　坡积物(层)示意图

坡积层有以下特征:

(1)坡积层可分为山地坡积层和山麓坡积层两种类型,其厚度变化较大,一般是中下部较厚,向山坡上部逐渐变薄甚至尖灭。

(2)由于搬运距离较短,故坡积层分选程度差,层理不明显,砂砾的磨圆度不高。

(3)坡积层多由碎石和黏性土组成,其成分与下伏的基岩无直接关联,这是它与残积物的明显区别。

(4)坡积层与下伏基岩面是倾斜的,沿此面容易产生滑坡,特别是当坡积物与下伏基岩接触带有水渗入而变得软弱湿润时,将显著减低坡积物与基岩顶面的摩阻力,更容易引起坡积层发生滑动,在工程建设中应予重视。

坡积物常与其他类型沉积物相混合。如在分水岭与斜坡过渡的缓坡地带,残积物经过一定的重力搬运,向下逐渐与坡积物过渡,形成残积—坡积物 Q^{el+dl};在山麓地带坡积物与洪积物混合,构成坡积—洪积物 Q^{dl+pl}。

(二)洪流的地质作用及洪积物

当暴雨或大量融雪产生的水流在山间低洼地带形成集水区,并迅速汇集成暂时性山洪急流,即山洪。由于山洪水量大、流速快、谷底坡度大,所以具有很强的侵蚀和搬运能力。

1. 洪流的侵蚀作用

山洪急流沿沟谷流动时,流速大,动能大,对沟谷的冲刷能力大。由冲刷作用形成的沟底狭窄、两岸陡峭的沟谷叫冲沟。初始形成的冲沟在洪流的不断作用下,可不断加深、拓宽和向沟头方向伸长,并可在冲沟沟壁上形成支沟。

冲沟的形成与降雨强度、地形和岩性有关。在松散土层覆盖地区,分布在斜坡上的小冲沟多系顺坡冲刷而成;在岩石性质均一和地形相同的坡面上,冲沟的间距大致相等,其排列方式主要由坡度所决定,一般在大于30°的坡地上多呈平行排列;在小于30°的坡地上,由于冲沟之间相互兼并而呈树枝状排列;在基岩裸露地区,冲沟除沿原始凹地发育外,常沿不同的构造线，如断层带、褶曲轴部和裂隙面发育。因此，冲沟的延伸方向、排列形式和排列密度，往往与地质构造和岩石性质特征密切相关。

在降水量集中、植被贫乏地区，由第四纪松散堆积物的地区，冲沟极易形成。如我国西北黄土高原地区，由于黄土垂直节理发育，冲沟的沟头往往形成陡坎。当水流流过时，在坎底掏空引起顶部崩塌，使陡坎不断后退，冲沟不断伸长，有时每年可延伸数米至十余米。由于强烈的下切作用，冲沟的横剖面呈 V 形，沟坡常处于不稳定状态，滑坡、崩塌时有发生。

冲沟的形成和发展，使地形遭受强烈的分割，蚕食耕地，破坏道路，同时将大量泥沙带入河流，成为下游河流和水库淤积的主要来源。

2. 洪流的堆积作用及洪积物

当山洪挟带大量的泥沙石块流出沟口时，由于沟底纵坡变缓，地形开阔，流速降低，搬运能力急剧减小，所挟带的石头、砂砾等粗大碎屑先在沟口堆积下来，较细的泥沙继续随水流被搬运，堆积在沟口外围一带。这种由洪流搬运并堆积的物质，称为洪积物 Q^{pl}。经过多次洪水搬运作用，在沟口一带就形成了扇形分布的堆积体，在地貌上称为洪积扇，如图 3-2 所示。洪积扇的规模逐年增大，有时与相邻沟谷的洪积扇相互连接起来，形成规模更大的洪积裙或洪积倾斜平原地貌。

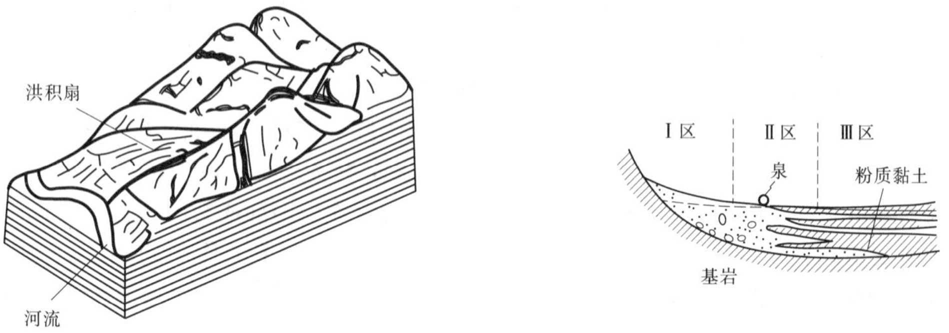

(a)鸟瞰图　　(b)剖面图

Ⅰ区—粗碎屑沉积区；Ⅱ区—过渡区；Ⅲ区—细碎屑沉积区

图 3-2　洪积扇示意图

洪积物是第四纪另一种松散堆积物，有以下主要特征：

（1）组成物质分选不良，粗细混杂，碎屑物质多带棱角，磨圆度不佳。

（2）有不规则的交错层理、透镜体、夹层和尖灭层。

（3）山前洪积层由于周期性的干燥作用，常含有可溶性岩类，在土粒间形成软弱结晶联结，遇水后结晶联结易受破坏。

洪积扇的工程地质特征：洪积扇主要分布于山麓坡脚的沟谷出口地带及山前平原，从地形上看，是有利于工程建筑的。由于洪积物在搬运和沉积过程中的某些特点，规模较大的洪积扇一般可分为三个工程地质条件不同的区段，如图 3-2（b）所示，接近沟口地段（Ⅰ区）颗粒粒径较大，以漂石、卵石为主，孔隙大，透水性强，地下水埋藏深，压缩性小，地基承载力高，是良好的天然地基和供水地段。对于水工建筑物来讲，应注意渗漏问题。洪积扇的边缘地带为细碎屑沉积区（Ⅲ区），颗粒的粒径细，主要以粉砂和黏性土为主，如果受到周期性的干燥作用，土中颗粒发生凝聚并析出可溶性盐类，洪积层结构较牢固，地基承载力也较高；洪积扇的中间为过渡地带（Ⅱ区），由于经常有地下水出露，水文地质条件较好，但对工程建筑不利。

二、河流的地质作用

由降水或由地下涌出地表的水汇集在地面低洼处，在重力作用下经常地或周期性地沿流水本身造成的河谷流动就是河流。河流的地质作用分为侵蚀作用、搬运作用和沉积作用三种形式。

（一）侵蚀作用

河流的侵蚀作用包括机械侵蚀和化学溶蚀两种，前者较为普遍，后者只是在可溶岩地区才比较明显。河流的侵蚀按侵蚀作用方向分为下蚀作用和侧向侵蚀作用等形式。

1. 下蚀作用

河流的下蚀作用是指河水及其所挟带的砂砾对河床基岩撞击、磨蚀，致使河床受侵蚀而逐渐加深。河流下蚀作用的强弱是由多种因素决定的，如河床岩石的软硬、河流含沙量的多少和河水的流速大小等。其中，后者是更重要的因素。山区河流由于地势高差大，河床坡度陡，故水流速度快，下蚀作用强；平原河流流速缓慢，一般下蚀作用微弱，甚至没有。

对于所有入海的河流，其河床下蚀的深度趋于海平面时，河水就不再具有位能差，流动趋于停止，因而河流的下蚀作用也就停止，通常将河流下蚀作用消失的平面称为侵蚀基准面。显然，海平面是河流下蚀作用的极限，通常称其为终极侵蚀基准面。此外，还有许多其他因素控制河流的下蚀能力，如主流对支流，湖泊、水库对流入其中的河流的控制等。由于这些因素本身是变化的，只是局部或暂时起控制作用，故称为局部或暂时侵蚀基准面。

侵蚀基准面只是一个潜在的基准面，并不能完全决定河流下蚀作用的深度。特殊情况下，某些河段能下蚀得比它低很多。另外，地壳升降对侵蚀下切的深度和位置也有很大影响。

下蚀作用在河流的源头表现为河谷不断地向分水岭方向扩展延伸，使河流增长。这种现象称为向（溯）源侵蚀。侵蚀能力较强的水系，可以把另一侧侵蚀能力较弱的水系的上游支流劫夺过来，称为河流袭夺。

2. 侧向侵蚀作用

侧向侵蚀作用是指河水对河岸的冲刷破坏。河水冲刷河岸边坡的下部坡脚，使岸坡陡倾、直立，甚至下部掏空形成反坡，然后岸坡坍塌破坏，河岸后退、河谷变宽、河道增长，或形成河曲等。

河水以复杂的紊流状态流动，其主流常是左右摇摆的呈螺旋状前进的曲线流动，或称环流，如图 3-3 所示。环流的表面水流流向凹岸，致使凹岸不断被冲刷淘空、垮落。侵蚀下来的物质又被环流底层的水流带向凸岸或下游堆积起来。随着侧向侵蚀作用持续进行，凹岸不断后退，而凸岸则向河心逐渐增长。结果导致河谷越来越宽，越来越弯，形成河

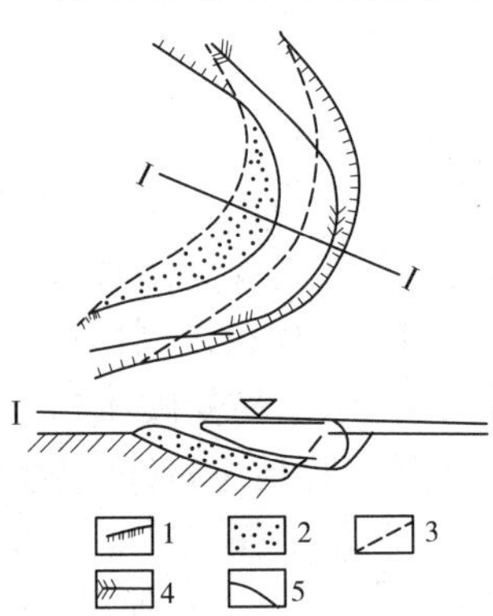

1—冲蚀岸；2—河流堆积物；
3—旧河床岸线；4—主流线；5—单向环流

图 3-3　河湾中水流的侧蚀与堆积示意图

曲，如图 3-4 所示。极度弯曲的河道称为蛇曲。当河曲发展到一定程度时，同侧上、下游两个相邻的弯曲之间的距离越来越小，洪水冲开狭窄地带，使河流裁弯取直。而被废弃的河道则逐渐淤塞断流，成为与新河道隔开的牛轭湖，遗留的河床称为古河床。如长江的下游荆江河段，河曲极为发育，从藕池口到城陵矶的直线距离仅 87 km，却有河曲 16 个，致使两地间河道长度达 239 km，对船只航行十分不利。这段河道经过多次变迁，由天然裁弯取直形成的牛轭湖也很多。

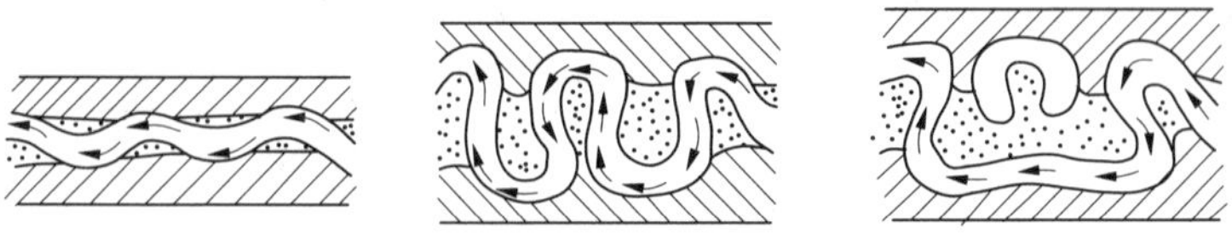

图 3-4　河曲发展形成牛轭湖示意图

河流的下蚀作用和侧向侵蚀作用常是同时存在的，即河水对河床加深的同时，也在加宽河谷。但一般在上游以下蚀作用为主，侧向侵蚀作用微弱，所以常常形成陡峭的 V 形峡谷。而河流的中、下游则侧向侵蚀加强，下蚀作用减弱，所以河谷宽、河曲多。

（二）搬运作用

河水挟带大量泥沙和溶解物质，不断地从上游向下游搬运，最后注入湖泊或海洋。河流搬运物质的方式有推运、悬运和溶运三种。

（1）推运：被搬运物质以滑动、滚动及跳跃等方式沿谷底运移，这些物质称为推移质。

（2）悬运：物质以悬浮状态在水中运移，这些物质称为悬移质。

（3）溶运：物质溶解在水中被搬运，这些物质称为溶解质，包括各种盐类等，其中以碳酸盐类为最多。

河水搬运物质能力的大小主要取决于河水的流量和流速，特别是流速。根据试验，河水搬运能力与流速的 6 次方成正比，即流速增加 1 倍，搬运能力可增加到 64 倍。所以，山区河流在洪水期间能搬运巨大的石块，而平原河流只能搬运淤泥、粉砂等细小颗粒的物质。河流搬运物质的数量是很可观的，例如黄河平均每年由流水带到陕县的泥沙可达 16 亿 t。据分析，陕县每立方米黄河水含沙量达 37.6 kg，洪水期可达 651 kg。

河流在搬运过程中，碎屑物质相互碰撞摩擦，棱角磨损，形状变圆。其磨圆度往往反映了搬运距离的远近。

（三）沉积作用及冲积物（Q^{al}）

当河床的坡度减小，或搬运物质增加而引起流速变慢时，则使河流的搬运能力降低，河水挟带的碎屑物质便逐渐沉积下来，形成层状的沉积物，这种作用称为沉积作用，沉积物质称为冲积物（层）（Q^{al}）。

沉积作用在河流的上、中、下游都可能发生，但主要发生在河流入海、入湖和支流入干流处，或者在河流的中、下游，以及河曲的凸岸，且大部分都沉积在海洋和湖泊里。河谷沉积只占搬运物质的少部分，而且多是暂时性沉积，很容易被再次侵蚀和搬走。

由于河流搬运物质的颗粒大小与流速有关，所以当流速减小时，被搬运的物质就按颗粒的大小或比重依次从大到小或从重到轻先后沉积下来，这就是沉积作用的分选性。因此，一般在河流的上游沉积较粗的砂砾石土，越往下游沉积的物质颗粒越细，多为砂土或黏性土，并可形成广大的冲积平原及河口三角洲。更细的胶体颗粒或溶解质多带入湖、海中沉积。

碎屑颗粒在搬运过程中,由于相互间或与河床之间的摩擦,颗粒棱角逐渐消失,最后颗粒被磨成球形、椭球形,称为磨圆作用。

河流形成的大量冲积物可以淤浅河床,改变河床的形状和水流状况,影响航运,也会引起水库淤积及引水建筑物被淤塞等现象。

综上所述,河流冲积物(层)具有明显的特征:组成物质的磨圆度及分选性好,有明显的水平层理或交错层理。随着沉积地段不同,其特征也有显著区别,见表 3-3。

表 3-3　冲积物的特征

沉积阶段	山前	山区	平原	三角洲
主要特征	形成冲积扇,其颗粒粗细分布和变化与洪积扇相似(扇顶颗粒粗大,扇边缘颗粒细小),但成层构造明显,厚度较大	由粗粒碎屑物质,如巨大的漂石和砾石组成,充填砂土等。强度较高,压缩性小,透水性强,地基条件较好,但注意渗漏和基坑涌水问题;砾石、砂常被用作建筑材料;厚度稳定、延续性好的砂、卵石层是丰富的含水层,可以作为良好的供水水源	冲积物分布广,厚度大,颗粒细,强度低。在冲积平原里特别注意冲积层中两种不良沉积物:一种是软弱土层,如牛轭湖中的淤泥、泥炭;另一种是容易发生流沙现象的细、粉砂层,遇到它们时应当采取专门的设计和施工措施	三角洲沉积物含水率高,常呈饱和状态,承载力较低。但其最上层,因长期干燥比较硬实,承载力较下面高,俗称硬壳层,可作为低层建筑物的天然地基

(四)河谷地貌

地貌,即地球表面的形态特征。地貌与地形一词的区别在于后者只是指单纯的地表起伏形态,而地貌除指地表起伏形态外,还包含其形成原因、时代、发展和分布规律等特征。地貌形态是各种内、外地质营力相互作用的结果,大型的地貌主要是由内力地质作用形成的,如大陆、海洋、山岳、平原等。小型的地貌主要是由外力地质作用所形成的,如山峰、山脊、冲沟、河谷等。

河谷是河流挟带着砂砾在地表侵蚀、塑造的线状洼地。河谷由谷底和谷坡两部分组成,如图 3-5 所示。谷底通常包括河床及河漫滩。河床是指平水期河水占据的谷底,或称河槽;河漫滩是河床两侧洪水时才能淹没的谷底部分,在枯水时则露出水面。谷坡是河谷两侧的岸坡。谷坡下部常年洪水不能淹没并具有陡坎的沿河平台叫阶地,但不是所有的河段均有阶地发育。谷肩(谷缘)是谷坡上的转折点,它是计算河谷宽度、深度和河谷制图的标志。

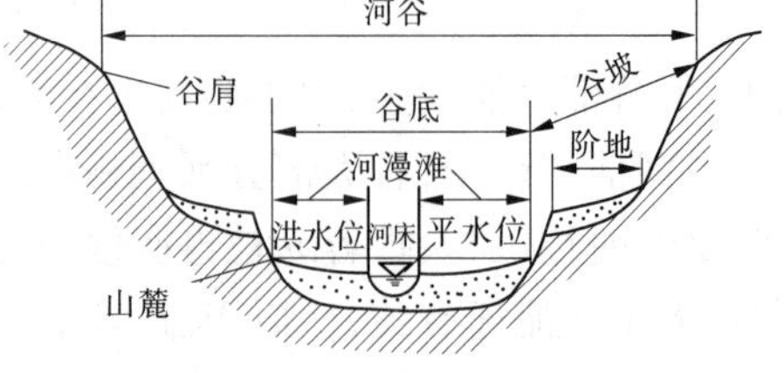

图 3-5　河谷的组成

河谷可划分为山区(包括丘陵)河谷和平原河谷两种基本类型,两种河谷的形态有很大差异。平原河谷由于水流缓慢,多以沉积作用为主,河谷纵断面较平缓,横断面宽阔,河漫滩宽广,江中洲发育,河流在其自身沉积的松散冲积层上发育成河曲和汊道。下面着重讨论山区河谷的地貌形态。

1.河谷的类型及特征

1)根据横断面形态特征分类

(1)峡谷。河谷的横断面呈V形,谷地深而狭窄,谷坡陡峭甚至直立,谷坡与河床无明显的分界线,谷底几乎被河床全部占据。两岸近直立,谷底全被河床占据者也称隘谷,如长江瞿塘峡。隘谷可进一步发展成两壁仍很陡峭,但谷底比隘谷宽,常有基岩或砾石露出水面以上的障谷。峡谷的河床面起伏不平,水流湍急,并多急流险滩。如金沙江虎跳峡,峡谷深达3 000 m,江面最窄处仅40~60 m,一般谷坡坡角达70°。长江三峡也是典型的峡谷地段。

峡谷的形成与地壳运动、地质构造和岩性有密切关系。地壳上升和河流下切是最普遍的成因。古近纪以来地壳上升越强烈的地区,峡谷也越深、越多。如位于喜马拉雅山地区的雅鲁藏布江大峡谷,是世界上最大、最深的大峡谷。位于横断山脉的澜沧江、怒江以及金沙江也都形成很深的峡谷。峡谷多形成在坚硬岩石地区,尤其在石灰岩、白云岩、砂岩、石英岩地区最为多见。如长江三峡是地壳上升地区,大部分流经石灰岩、白云岩分布的地段均形成峡谷。而经三斗坪坝址区至南沱,则为花岗岩地段,河谷较宽阔,岸坡较缓,河漫滩也常有分布。这与花岗岩的风化特征有关。

峡谷地段水面落差大。常蕴藏着丰富的水能资源。如金沙江虎跳峡在12 km的河段内,水面落差竟达220 m;另外,在其下游的溪洛渡峡谷地段也有很大落差,现正建设一座278 m高的混凝土拱坝和装机容量为1 260万kW的水电站。当在峡谷地段发育有河曲时,更可获得廉价的电能。如雅砻江锦屏大河湾段,只需建一低坝拦水,开凿约17 km长的引水洞,便可得到300 m的落差,设计装机容量为320万kW。永定河自官厅至三家店为峡谷地段,在约110 km长的河谷中,有300多m的落差,因有多处河曲,20世纪50年代即已在珠窝、落坡岭修建低坝(坝高分别为30多m和20多m),而在下马岭和下苇甸分别获得约90 m和70 m的水头,修建了引水式水电站。

(2)浅槽谷。又称U形河谷或河漫滩河谷。河谷横剖面较宽、浅,谷面开阔,谷坡上常有阶地分布,谷底平坦,常有河漫滩分布,河床只占谷底的一小部分。河流以侧向侵蚀作用为主,它是由V形谷发展而成的,多形成于低山、丘陵地区或河流的中、下游地区。

(3)屉形谷。其横断面形态为宽广的"凵"形,谷坡已基本上不存在,阶地也不甚明显,只有浅滩、河漫滩、江中洲、汊河等发育。其中,浅滩为高程在平水位以下的各种形态的泥沙堆积体,包括边滩、心滩、沙埂等。心滩不断淤高,其高程超过平水位时即转为江心洲。河流以侧蚀作用和堆积作用为主。它多分布在河流下游、丘陵和平原地区。

2)根据河流与地质构造的关系分类

(1)纵谷。其特征是河谷延伸方向与岩层走向或地质构造线方向一致。河流是沿软弱岩层、断层带、向斜或背斜轴等发育而成的。根据地质构造特征又可命名为向斜谷、背斜谷、单斜谷、断层谷、地堑谷等,如图3-6所示。

(2)横谷。其特征是河谷延伸方向与岩层走向或地质构造线方向近于垂直。河流横穿褶曲轴或断层线。当穿过向斜轴或较大的断层破碎带时,往往形成河谷开阔的宽谷;穿过背斜轴时常为狭窄的峡谷。重庆市北碚区的嘉陵江河段横切三个背斜、两个向斜，就是一个典型实例，如图 3-7 所示。

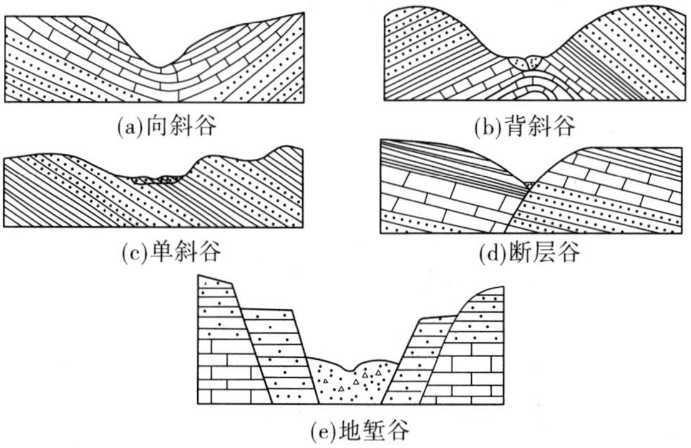

图 3-6　各种纵谷横剖面图

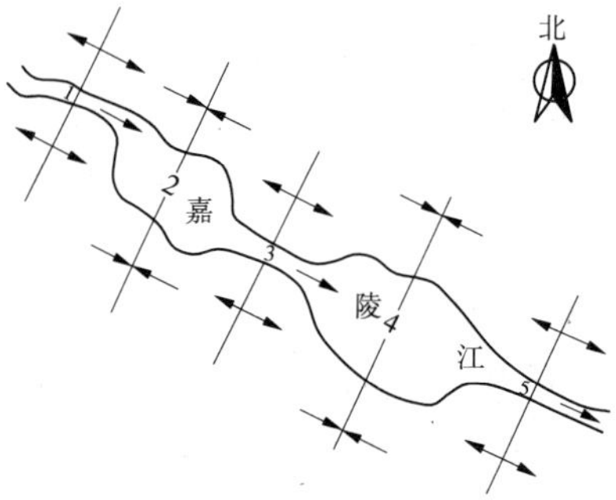

1—沥鼻峡背斜；2—澄江镇向斜；3—温塘峡背斜；4—北碚向斜；5—观音峡背斜

图 3-7　嘉陵江小三峡平面示意图

3）根据两岸谷坡对称情况分类

根据两岸谷坡对称情况，可分为对称谷和不对称谷。前者两岸谷坡坡度相近，如图 3-6（a）、（b）、（e）所示；后者一岸谷坡平缓、一岸陡峻，如图 3-6（c）、（d）所示，谷坡平缓的一岸常有河漫滩分布，河水主流常靠近陡坡一侧流过。

2. 河床地貌特征

山区河流，其河床的最大特征是不平整性，到处分布着岩坎、石滩、深槽和深潭等。

1）岩坎和石滩

岩坎由基岩构成，常常出现在软硬交替的岩层所组成的河段上，如图 3-8（a）所示。坚硬岩石横穿河床，由于水流差异性侵蚀，在河床纵剖面上形成许多阶梯。有时，断层横切河流也可以形成岩坎。河流在岩坎处形成急流。当岩坎高度大于水深时，即形成瀑布，如图 3-8（b）所示。在向源侵蚀的作用下，岩坎总是向上游后退，直至消失。

石滩是分布较长的浅水河床，可由基岩或堆积在河床中的块石和卵石构成。其中，堆积石滩常不稳定，在水流作用下较易移动、变形和消失，而基岩石滩较稳定。由于岩体规模和产状不同，基岩石滩可以是成片分布的礁石，也可以是横河向或顺河向的石埂（石梁）。大的基岩石滩是良好的桥梁、闸、坝的地基。

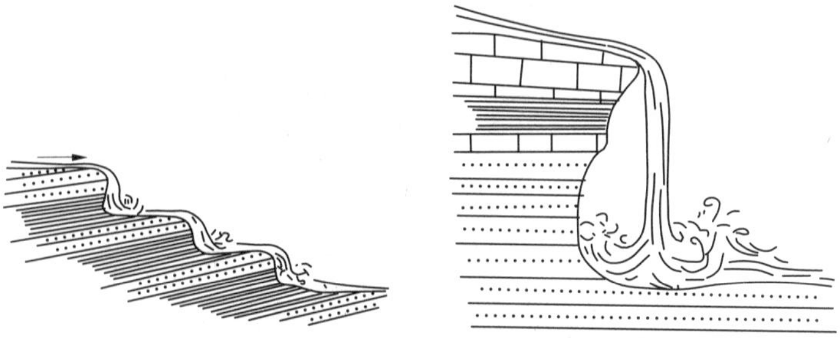

(a)岩坎 (b)瀑布

图 3-8 岩坎与瀑布

2）深槽和深潭

深槽和深潭是河床中常见的地貌形态，由于它们的存在，给水工建筑物的布置、基坑开挖、坝基防渗和稳定等带来了不少困难和问题。山区河流除水流的作用外，主要受地质构造因素的影响，如河床中的断层、节理密集带、不整合面和软弱夹层等抗冲刷能力较弱的部位，由于冲刷的不均一性而形成深槽。深槽一般和主流方向一致，深槽的规模有的很大，例如，四川某坝址深槽宽约 40 m，深约 70 m。深潭是一种深陷的凹坑，深度可达几米至几十米。它主要形成于软弱结构面的交汇处、岩体的囊状风化带和瀑布的下游。有时，挟带砂、砾石的漩涡流磨蚀河床基岩，也能形成深潭。

3）河漫滩

河漫滩是在河床两侧，洪水季节被淹没，枯水季节露出水面的一部分谷底，如图 3-5 所示。山区河谷中河漫滩较少出现，多在河曲的凸岸或局部河谷开阔地段才有，范围也较小。丘陵和平原地区的河谷则广泛分布，范围也大。有时河漫滩比河床的宽度大几倍甚至几十倍。河曲型河漫滩是河流侧蚀作用使河谷凹岸岸坡后退，凸岸堆积，河谷变弯，谷底展宽，不断发展而形成的。此外，还有汊道型及堰堤式河漫滩等。河漫滩处的沉积层，常常是下部颗粒相对较粗、上部较细，通常称为二元结构的沉积层，具斜层理与交错层理。

（五）河流阶地

在河谷发育过程中，由于地壳上升、气候变化、侵蚀面下降等因素的影响，使河流下切，河床不断加深，原先的河床或河漫滩抬升，高出一般洪水位，形成顺河谷呈带状分布的平台，这种地貌形态称为阶地，如图 3-9 所示。一般河谷中常常出现多级阶地。从高于河漫滩或河床算起，向上依次称为一级阶地、二级阶地等。一级阶地形成的时代最晚，一般保存较好，越老的阶地形态相对保存越差。

阶地的形成基本上经历了两个阶段。首先是在一个相当稳定的大地构造环境下，河流以侧蚀或堆积作用为主，形成宽广的河谷。然后，地壳上升，河流下切，于是便形成阶地。地壳稳定一段时间后，再次上升，便又形成另一级阶地。一般地壳上升愈强烈的地区，阶地也愈高。

根据成因，阶地可分为侵蚀阶地、基座阶地和堆积阶地三种类型。

1. 侵蚀阶地

其特点是阶地面上基岩直接裸露或只有很少的残余冲积物，如图 3-10（a）所示。侵蚀阶地只在山区河谷中常见，常作为厂房或桥梁等建筑物的地基。

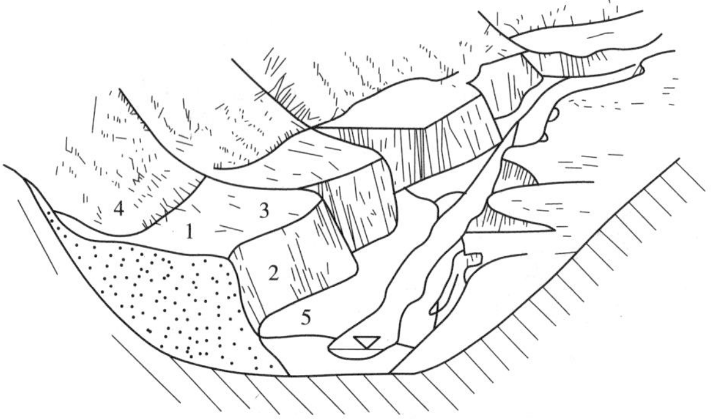

1—阶地面;2—阶坡;3—前缘;4—后缘;5—坡脚

图 3-9　阶地形态要素

2. 基座阶地

其特点是上部的冲积物覆盖在下部的基岩之上,如图 3-10(b)所示。它是由于后期河流的下蚀深度超过原有河谷谷底的冲积物厚度,切入基岩内部而形成的,分布于地壳上升显著的山区。

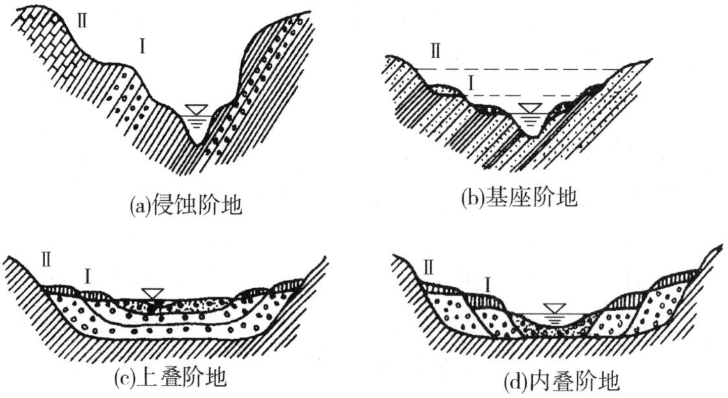

图 3-10　阶地的类型

3. 堆积阶地

堆积阶地完全由冲积物组成,反映了在阶地形成过程中,河流下切的深度没有超过冲积物的厚度。堆积阶地在河流的中、下游最为常见。堆积阶地又可进一步分为上叠阶地和内叠阶地两种。

上叠阶地的特点是新阶地的堆积物完全叠置在老阶地的堆积物上,如图 3-10(c)所示。说明地壳升降运动的幅度在逐渐减小,河流后期每次下切的深度、河床侧蚀的范围和堆积的规模都比前期规模小。

内叠阶地是指新的阶地套在老的阶地之内,如图 3-10(d)所示。每次河流冲积物分布的范围均比前次的小,反映它们在形成过程中,每次下切的深度大致相同,而堆积作用却逐渐减弱。

此外,由于地壳下降,早期形成的阶地被后期河流冲积物所掩埋,就形成埋藏阶地。

单元三 岩溶(喀斯特)作用

流水对可溶性岩石进行的一种以化学溶蚀为主、机械剥蚀为辅的地质作用过程及所产生的各种地质现象,总称为岩溶。岩溶往往形成各种奇特的地貌形态,这种地貌形态最初在南斯拉夫的喀斯特高原地区发育比较典型,故国际上称为喀斯特。

我国由石灰岩构成的岩溶地区分布很广,仅地表出露的面积就有 120 万 km^2,其中我国西南部的岩溶地区总面积达 55 万 km^2,尤其以桂、黔、滇最广泛,另外湘、粤、浙、鲁也有分布。

岩溶的发育、形成始终伴随着地球的地质发展史,我国主要的岩溶期有震旦纪、寒武纪、奥陶纪、泥盆纪、石炭纪、二叠纪、三叠纪、白垩纪、第三纪和第四纪。其中,第三纪以前发育的岩溶称为古岩溶,古岩溶形态多已被剥蚀破坏或被后期沉积覆盖或充填。

除裸露的石灰岩地区外,我国还有大面积的石灰岩分布区被浅层第四纪堆积物所覆盖,但其中岩溶现象发育也很典型,这种类型常见于北方地区。

岩溶对工程建设的影响很大。岩溶的发育使岩石产生孔洞,成为水库渗漏的通道;在岩溶地区修建隧洞,会遇到各种岩溶涌水地质问题;在各种桩基础工程中,岩溶的存在会降低岩石的完整性,大大降低岩石的强度和稳定性,影响建筑物的安全;抽取大量岩溶水,会产生地面塌陷、地裂缝等地质灾害。因此,对岩溶地貌形态、岩溶发育条件、岩溶发育规律的研究具有重要意义。

一、岩溶的形态

岩溶的形态多种多样,常见的形态有:岩石表面的溶沟、石芽;地形上的峰林、石林和溶蚀洼地;地表通向地下的落水洞、溶蚀漏斗;地下的溶孔、溶洞、地下暗河,以及岩溶堆积的石笋、石柱、钟乳石和石帷幕等,如图 3-11 所示。

(一)溶沟与石芽

地表水沿着可溶性岩石表面的裂隙进行溶蚀和冲蚀,使岩石表面形成一些细小的沟槽,称为溶沟。其深度由几厘米至几十厘米,最大不超过数米,长度差别较大。溶沟不断发育,沟槽之间岩石成为锥状柱体(称为石芽)。

(二)峰林与石林

峰林与石林都是石灰岩遭受强烈的溶蚀作用所形成的地貌。地面上形成的无数孤峭的石峰或石柱,前者称为峰林,后者称为石林。它们在我国广西、云南地区分布普遍。如广西的桂林为峰林地形,云南的路南为石林地形。

(三)溶蚀漏斗

溶蚀漏斗是岩石被溶蚀倒塌而形成的圆形或椭圆形、上大下小的漏斗或碟状地形,直径一般几米至百余米,其底部常有落水洞与地下溶洞相连。

(四)落水洞、竖井

落水洞由岩石中陡立的裂隙受水的溶蚀扩大而成。深度可达百余米,一般是地表水流入地下暗河的通道。如无水流入的竖向溶洞,称为竖井。

1—溶沟；2—石芽；3—溶蚀漏斗；4—溶蚀洼地；5—落水洞；6—溶洞；7—溶柱；8—天生桥；9—地下河及伏流；10—地下湖；11—钟乳石；12—石笋；13—石柱；14—隔水层；15—阶地；
Ⅰ—岩溶剥蚀面；Ⅱ—强烈剥蚀面发育的岩溶景观；Ⅲ—石林丘陵；
Ⅳ—洼地谷地发育带；Ⅴ—溶蚀平原

图 3-11　岩溶形态示意图

（五）溶蚀洼地

溶蚀洼地指由溶蚀作用所形成的宽阔的、不规则的封闭洼地，面积一般为数平方千米至数十平方千米，平面形态多呈圆形或椭圆形，其长轴一般沿构造线发育。洼地四周被陡壁包围，而底部平坦，其上覆盖着厚度不等的黏性土或碎石。当通道被堵塞而积水时，便形成岩溶湖。

（六）溶孔和溶洞

溶孔在岩石中呈蜂窝状分布，直径一般为数毫米至数厘米，主要在地下深处形成。溶洞是近似水平或倾斜的大型空洞，溶洞一般沿层面裂隙、断层或其他构造带发育，它是水平循环带的产物，是地下暗河的水平通道。

溶洞形成后，洞内开始产生碳酸钙的重新沉积，形成各种洞穴堆积地貌，如钟乳石、石笋、石柱和石幔等。

二、岩溶发育的基本条件

岩溶的发生与发展受多种因素的影响。总的来说，岩溶发育的基本条件有岩石的可溶性和透水性、水的侵蚀性和流动性。前两项是产生岩溶的内在因素，后两项是岩溶发生的外部条件。

（一）岩石的可溶性

1. 岩石的成分

岩石的成分不同，其溶解度也不一样。按成分可分为卤化盐类岩石（岩盐、钾盐等）、硫酸盐类岩石（石膏、硬石膏等）、碳酸盐类岩石（石灰岩、白云岩、白云质灰岩、大理岩等）。这三类岩石中，卤化盐类岩石的溶解度最大，其次是硫酸盐类岩石，碳酸盐类岩石的溶解度最小。但其中分布最广和对工程实践意义最大的是碳酸盐类岩石中的石灰岩。

碳酸盐类岩石由不同比例的方解石和白云石组成,并含有泥质、硅质等杂质。研究资料表明:方解石的溶解速度比白云石快得多,因此石灰岩比白云岩容易被溶蚀;白云质灰岩和石灰质白云岩,首先被溶解的是方解石,使白云石被残留下来,阻塞洞隙,使岩溶作用减弱;泥灰岩含有许多黏土矿物,经过溶蚀作用后,其表面残余的黏土颗粒也能堵塞洞隙,妨碍水流运动,影响岩溶作用的继续进行。故一般质纯的石灰岩,岩溶较发育,而泥灰岩、硅质灰岩等岩溶发育较差。例如,我国南方分布的泥盆系、石炭系、二叠系、三叠系和北方的中奥陶统的石灰岩一般岩性较纯,岩溶较发育;而北方震旦系的硅质灰岩、下奥陶统的白云质灰岩岩溶发育较差。

2. *岩石的结构*

岩石的结构对岩溶影响较大。矿物颗粒的大小、形状和结晶状况都控制着岩石的孔隙率。一般晶粒粗大或不等粒结构,由于抗风化能力差,节理裂隙发育,易于溶蚀;而晶粒较细、均匀致密的岩石,则不易溶蚀;对于生物碎屑岩和鲕状灰岩,主要由生物碎屑组成,孔隙大,岩溶最为发育;经过重结晶的亮晶灰岩,孔隙小,最不易溶蚀。如我国山东省,有些白云岩和泥质白云岩比纯灰岩的岩溶发育,这是因为这些岩石的结构主要是生物碎屑灰岩和鲕粒灰岩,其孔隙率大,溶孔发育。

(二)岩石的透水性

岩石的透水性加大了岩石与水的接触空间,使岩溶作用不仅限于岩石的表面,还能向深处发展。岩石的透水性取决于岩石的裂隙和孔隙度,其中裂隙比孔隙更为重要。岩石的裂隙由于成因不同,其性质和分布特点各不相同,其影响的岩溶发育部位也不相同。构造裂隙是水流的主要通道,因此岩溶发育的程度和分布方向往往与地质构造有密切关系。一般在断层带、裂隙密集带、褶曲轴部等部位,岩石破碎,地下水容易进行循环交替,岩溶最为发育;风化裂隙的存在,使地表附近的岩石破碎,有利于地下水的运动,因此在地表附近岩溶一般也比较发育。层间裂隙也是地下水进入岩石的通道,在可溶性与非可溶性岩石的界面上,由于地下水的流动、富集,岩溶往往也较发育。如北方下寒武统龙王庙阶$\in_1$的二段石灰岩,地下水下渗时受到一段页岩和太古代花岗片麻岩的阻挡,二段石灰岩岩溶发育,是较好的含水层。

可溶性岩石的孔隙度一般比较小,但在贝壳灰岩、珊瑚礁灰岩、生物碎屑灰岩中,孔隙大而多,对岩溶发育影响很大。

(三)水的侵蚀性

自然界的水是不纯的,含有许多化学成分。水对碳酸盐类岩石的溶解能力,主要取决于水中CO_2的含量,即所谓的侵蚀性CO_2。其含量越多,溶解能力越强。水中CO_2的来源,主要是雨水溶解空气中的CO_2。此外,土壤和地表附近强烈的生物化学作用,也是水中CO_2的重要来源。

在地下水向深处运动的过程中,由于不断溶解岩石,水中侵蚀性CO_2含量逐渐减少,地下水的溶蚀能力也随之下降;水温也影响水的溶解能力,温度越高,溶解能力越大;当水中含有Cl^-、SO_4^{2-}离子时,水对碳酸盐类岩石的溶解能力将增加。

(四)水的流动性

水的溶蚀能力与水的流动性关系密切。在水流停滞的情况下,随着水中CO_2不断消耗,水溶液达到饱和状态而丧失溶蚀能力。只有当地下水不断流动，与岩石广泛接触，源源不断地补充富含 CO_2 的水，岩溶才能继续进行。

地下水的流动性主要取决于降水量、水位差和岩石的透水程度。降水量和地下水循环系统的水位差越大，水的流动就越快。所以，多雨的湿润地区和新构造运动上升强烈地区，溶蚀作用比较强烈。相反，在干旱地区，降水较少，溶蚀作用微弱。新构造运动相对稳定的准平原区，地下水循环系统的水位差不大，溶蚀作用就不如山区强烈。

三、影响岩溶发育的因素

岩溶地貌的发育，除上述的四个基本条件外，气候、地质构造、地形、地貌、植被等因素对岩溶发育也有不同影响。其中，气候与地质构造的影响最明显。

（一）气候因素

气候是岩溶地貌发育的一个重要因素，气候因素主要包括降水量和气温的变化。降水量越大，下渗量越大，水流交替条件越好，越有利于溶蚀作用，岩溶越发育。在气候湿润区，植被茂盛，形成大量有机酸，加之土壤中微生物和有机质的分解，为入渗水流提供了大量的 CO_2，使水流经常保持很强的溶蚀性；在内陆和高山、高纬度地区，由于气候干燥寒冷，不利于岩溶发育。据统计，广西中部年溶蚀量为 0.12 ~ 0.3 mm，而河北地区的年溶蚀量为 0.02 ~ 0.03 mm，两者相差 6 ~ 10 倍，气候是影响我国南、北方岩溶地貌发育不同的主要原因。

（二）地质构造

岩溶发育与地质构造关系密切，岩溶区均受构造体系的控制。裂隙节理、断层破碎带、褶曲轴部、可溶性岩石与不可溶性岩石的界面等，这些部位岩层破碎，水流汇集，交换和运动条件好，溶蚀作用进行顺利而迅速，因而岩溶地貌发育。

1. 断层构造

断层是地下水的良好通道，所以沿断层带岩溶特别发育。断层的规模、性质、走向和断裂带的破碎程度及填充方式，都和岩溶发育密切相关。正断层属于张性断层，岩体破碎，破碎带一般为断层角砾岩，透水性强，有利于岩溶发育，断层的上盘一般比下盘发育；逆断层一般为压性断层，破碎带一般为大量的碎裂岩和糜棱岩，胶结好，孔隙率小，呈致密状态，不利于岩溶发育。平移断层破碎带内既有岩石的糜棱结构，也存在次一级的构造裂隙，对岩溶的发育，介于两者之间。

2. 褶皱构造

不同的褶曲形态，岩溶发育程度、部位也不相同。在背斜构造区，背斜轴部，张裂隙发育，有利于地下水向下渗流，岩溶发育常比其他部位高，形成一系列沿轴向分布的岩溶形态。背斜的两翼地段，裂隙岩溶发育较差；在向斜构造区，地下水富集于轴部，沿轴向排水，可形成暗河，因而岩溶风化强烈，逐渐向两翼减弱。

3. 单斜构造和水平构造

岩层倾角的大小不一，地下水流速和循环也不相同。倾角越大，地下水循环越剧烈，岩溶作用越强；水平构造或缓倾斜构造区，同一岩层在地表分布，促使岩溶均匀发育，形成单一的地貌景观，岩溶发育情况多由层面裂隙控制。

（三）地形、地貌

在不同地貌条件下，岩溶发育程度是不相同的。地面坡度的大小直接影响渗流量大小，在比较平缓的地方,地表径流速度慢,渗透量大,地下水运动和循环迅速;反之,地面坡度大,地表径流大,地下入渗量小,地下水运动和循环缓慢,影响岩溶发育程度。

在不同地貌部位或不同的地貌单位,岩溶发育程度也不相同。如高山、低山、平原地区的水动力条件不同,地下水的垂直分带也有很大变化。

四、岩溶发育的分带性

在被河谷切割的厚层可溶性岩层地区,地下水的流动大致可分为四个垂直带,如图3-12所示。

Ⅰ—垂直循环带;Ⅱ—过渡循环带;Ⅲ—水平循环带;Ⅳ—深部循环带

图3-12 地下水的垂直分带

(一)垂直循环带(包气带)

垂直循环带(包气带)位于地表以下,地下水位以上,平时一般无水或不为水饱和,故又称包气带。在降水后,水以垂直下渗为主,因而岩溶发育也主要以垂直形态为主,如漏斗、落水洞等。垂直循环带的厚度主要取决于地貌条件,地壳上升越剧烈,河谷下切越深,垂直循环带厚度越大;地壳相对稳定的平原区,河谷切割深度浅,垂直循环带的厚度较小。如广西山区的垂直循环带可达100 m以上,而在平原地区一般在10 m以下。

(二)水平循环带(饱水带)

水平循环带(饱水带)位于潜水面以下,为主要排水通道控制的饱和水层。该带水流主要沿水平方向运动,是地下岩溶形态主要发育地带,多发育水平型喀斯特,如地下河、水平溶洞等。水平循环带的厚度随着潜水面在不同季节的升降而变化,其厚度从补给区向排泄区逐渐加大。如贵州猫跳河的两侧,接近补给区的地段,水平循环带厚度仅5~10 m,而到达河谷排泄区地段,则厚达20~30 m甚至以上。

(三)过渡循环带

过渡循环带位于上述两带之间,潜水面随季节而变化。雨季潜水面上升,此带变为饱水带,地下水向河谷流动,为水平循环带;旱季地下水位下降,此带为垂直循环带,称为包气带。过渡循环带内既发育有水平岩溶形态,又发育有垂直岩溶形态,其厚度取决于地下水位的升降幅度。

(四)深部循环带

深部循环带位于水平循环带以下,此带内地下水运动不受河谷影响,其运动速度明显减小,因此溶蚀能力较弱。

在上述的四个带中,地下水的运动方式和强度不同,决定了岩溶形态、位置、延伸方向和规模大小也不相同。这四个分带可以因气候、地貌和构造的变动而发生变化。如果地壳上升,原来水平循环带可能转化为过渡循环带或垂直循环带;如果地壳下降,原来的垂直循环带和过渡循环带也有可能转化为水平循环带。

五、岩溶与工程建设

（一）岩溶地区的主要水文地质与工程地质问题

1. 地下水资源匮乏问题

岩溶地区岩溶水在空间的分布变化大，有的地方地下水汇集于溶洞孔道中，形成地下水很丰富的地区，而另一些地方水沿溶洞或孔隙流走，形成在一定范围内的严重缺水现象。它不仅给地下水勘察带来相当大的难度，也使一个地区地下水的补给、排泄和径流条件更加复杂了。

2. 岩溶渗漏问题

由于岩溶地区地下溶洞、溶蚀裂隙发育，修建水工建筑物往往遇到严重渗漏问题，那么能否成功地解决岩溶渗漏问题，是工程成败的关键。如库坝址选择不当或未能采取恰当的防渗措施，轻则造成水资源损失，重则使水库完全不能蓄水而失败，或者是处理的代价过高而经济上不合理。

岩溶渗漏工程地质研究的主要内容有是否漏水、渗漏通道分布、渗漏形式、渗漏量及有效的防渗处理措施等。要解决这一问题，需要查明岩溶发育规律、河谷及地下分水岭的地质结构及地下水的补给、径流和排泄条件等。

3. 天然洞穴区的地基稳定问题

在岩溶地区由于地基可能埋藏有溶蚀沟、地下洞穴，它们的存在破坏了岩体的完整性，大大降低了地基的承载力，影响建筑物的稳定。

4. 岩溶塌陷问题

岩溶塌陷多发生在覆盖型岩溶地区。在岩溶平原、洼地和谷地中，覆盖着较厚的松散土体，成为覆盖型岩溶地基。一般覆盖层中地下水埋藏较浅，当岩溶发育时，由于地下水流动，导致水位下降或水库渗漏等，均可能促使产生岩溶地面塌陷，造成道路破坏，建筑物下沉或倾倒。

5. 隧道涌水问题

在岩溶地区开挖矿山巷道、隧洞或地下厂房，可能出现大量涌水，将造成事故，给施工带来困难。

（二）岩溶危害的工程处理

1. 岩溶渗漏防治措施

在水利水电建设中，岩溶渗漏问题比较常见，防治措施也较多，主要是从两个方面来考虑：一是降低岩体的透水性，截断渗漏通道；二是合理导水导气。实践中要结合具体的地质条件，采用灌（浆）、堵（洞）、截（渗）、疏（导）等方法处理岩溶渗漏问题。

灌浆是借助钻孔向地下渗漏通道灌注水泥、沥青、黏土浆液，充填岩体中的洞穴、裂隙，以降低岩体的透水性，形成灌浆帷幕，达到防渗的目的。岩溶地区由于岩溶渗漏问题严重，以往认为建高坝大库不太可能。然而，高度为165 m的贵州乌江渡大坝，坝址为岩溶发育的石灰岩。在详细查明了岩溶发育规律，深入研究了石灰岩溶洞漏水问题等正确的地质资料保证下，采用了灌浆防渗治理措施，共灌浆处理1 100 m^3，深200 m，1979年已建成功。该工程的成功修建及正常运转，也为岩溶地区建高坝大库提供了范例。

堵洞是用块石、砂、混凝土、黏性土等材料，堵塞规模较大的岩溶洞穴，这是处理岩溶集中渗漏通道的有效方法。

2. 岩溶地基处理措施

当岩溶地基稳定不能满足要求时，必须事先进行处理，做到防患于未然。常视具体条件合理选择绕避、挖填、跨盖、灌注加固、强夯、桩基、复合地基和合理疏导水气等措施。

跨盖就是当基础下有小溶洞、溶沟、落水洞时，可采用钢筋混凝土梁板跨越或用刚性大的平板基础覆盖。

强夯适用于覆盖型岩溶区上覆松软土，通过强夯法使其压缩性降低，强度提高，以减少或避免土洞及塌陷的形成。

3. 岩溶水的处理

常与水流方向垂直设置截流措施，如截流盲沟、截水墙和截水洞等截断岩溶水渗入；为达到疏干某一范围的目的，也可用泄水洞、排水管、排水桥涵和排水沟以及堵塞或围堰法处理。

单元四　重力地质作用

斜坡上的风化碎屑物质或不稳定岩层，在重力作用以及流水作用的参与下向下发生位移，称为重力地质作用，由此产生的各种地貌称为重力地貌。

斜坡上的块体运动是多种多样的，有快速运动的崩塌、滑坡，也有缓慢运动的挠曲、倾倒等蠕动破坏；在地下水的参与下，有破坏力较大的泥石流，也有前述的坡积物，不同的运动方式产生了不同的重力地貌及其堆积物。

我国山区面积大，在各种工程建设中都会遇到挠曲、倾倒、崩塌、滑坡、泥石流等地质灾害，对交通、建筑物、农田等破坏性很大，因此研究重力地质作用及重力地貌类型，在生产实践中具有很大意义。本节重点介绍崩塌、滑坡、泥石流等重力地质作用。

一、崩塌

斜坡上的土体、岩体在重力作用下，突然向下崩落，称为崩塌。崩塌的运动速度很快，一般可达 5 ~ 200 m/s，多发生在 45°以上的陡坡上。岩土体以跳跃、滚动形式运动，直接坠落于地面，在坡上方形成陡坎，称为崩塌崖；在坡的下方形成碎石舌、倒石堆等。崩塌运动时没有固定的滑动面，其地质营力主要是重力地质作用，一般没有流水作用的参与，崩落物质主要由土和岩块组成。崩塌是斜坡破坏的一种形式，对水利、铁路、公路线的危害严重。因此，对崩塌类型、崩塌产生原因和崩塌堆积物的研究具有重大意义。

（一）崩塌类型

崩塌可分为山崩、崩岸、岩崩和岩屑崩落等类型。

1. 山崩

山崩是山区发生大规模崩塌的现象。在边坡很陡地区，在岩石的释重作用、冰劈作用、温差作用等物理风化作用下，沿陡坡边缘产生一系列的张裂隙，使边坡处于极不稳定状态。当遇到地震、爆破或人工开挖等触发因素时，岩体产生崩塌。山崩的规模可大可小，大规模的山崩破坏力巨大。如 1911 年帕米尔高原巴尔坦格河谷一次巨大山崩，崩落的体积达 36

亿～48 亿 m^3。在几秒的时间内，岩体从 600 m 的高处塌落下来，堵塞了河流，形成了长 75 km、深 262 m 的堰塞湖。

2. 崩岸

河岸、湖岸和海岸由于河流的侧蚀作用，湖岸、海岸的浪蚀作用，底部被掏空，上方岩体失去支撑而发生崩岸。

3. 岩崩

陡岸整块岩体直接坠落或滚落，称为岩崩。崩落的岩体散落于山坡下方的缓坡地带。

4. 岩屑崩落

岩屑顺斜坡做跳跃式的滚动称为崩落，它比山崩和岩崩的速度慢，常形成倒石堆。

（二）崩塌产生原因

崩塌产生的原因主要与气候、地形、岩性及其他因素有关。

1. 气候因素

在干旱、半干旱地区和高寒山区，由于温差作用、冰劈作用、岩石释重和盐的结晶与潮解作用，产生强烈的物理风化，促使岩石破碎，加速其向下崩落；而在湿热多雨地区，风化产物为黏性土，不易产生崩塌。如兰新铁路上一些新开挖的花岗岩路堑，不到 5 年就遭受强烈的崩塌，而暴雨、冰雪融化往往是崩塌的触发原因。

2. 地形

地面坡度与相对高差影响山坡的稳定性。山坡坡度超过临界坡度时，坡面上的物质就会下滑崩落。一般松散岩屑坡的临界坡度为 30°～35°，黏土为 40°，故陡坡是形成崩塌的重要条件。崩塌一般发生在高山峡谷、河流强烈下切地段。

3. 地质因素

岩石的岩性和地质构造是发生崩塌的直接因素。崩塌一般发生在块状或厚层状坚硬岩体中，这类岩体可形成陡峻的斜坡。由于应力重新分布和卸荷等，斜坡前缘易产生深而长的张裂隙，并与其他结构面组合，逐渐形成结构体，在触发因素作用下发生崩塌。组成这类岩体的岩石有花岗岩、砂岩、石灰岩、片麻岩和石英岩等；而平缓的层状或软硬互层状岩体斜坡，由于平缓的软弱面对陡倾的拉裂面起了一定阻隔作用，不易使拉裂面向深处发展，经长期的表层风化作用，边坡表面呈片状、层状剥落，堆积于坡脚，一般不会产生崩塌，有时表现为坠石；新构造上升的山区、垂直节理发育的岩坡、陡峭的黄土坡，其边坡都不稳定，而地震常常是不稳定山坡发生崩塌的触发因素。

另外，人工爆破、开挖边坡、农业开垦等都是造成崩塌的重要原因。

（三）崩塌堆积物

由崩塌作用所形成的堆积物称为崩塌堆积物，简称崩积物 Q^{col}。这类堆积常组成三角形、半圆形的锥形体分布。崩积物的岩性与斜坡上部岩石基本一致。岩性单一，未经分选，棱角分明，颗粒大小混杂，排列不规则。崩积物在垂直剖面上，呈上细下粗现象；在纵向上，近陡坡处颗粒细小，山麓处粗大。崩落比较活跃时，岩壁陡而新鲜。

二、滑坡

滑坡是指斜坡上的土体和岩体，在重力作用下沿一定滑动面整体下滑的现象。滑坡体可为缓慢地、长期地、间歇性地滑动，可延续几年、几十年甚至上百年；有的开始运动缓慢，随后突然变快，可在短期内形成巨大灾害。

(一)滑坡的形态

滑坡在平面上的边界和形态与滑坡的规模、类型与所处发育阶段有关。一个完整的滑坡一般由以下要素组成，如图 3-13 所示。

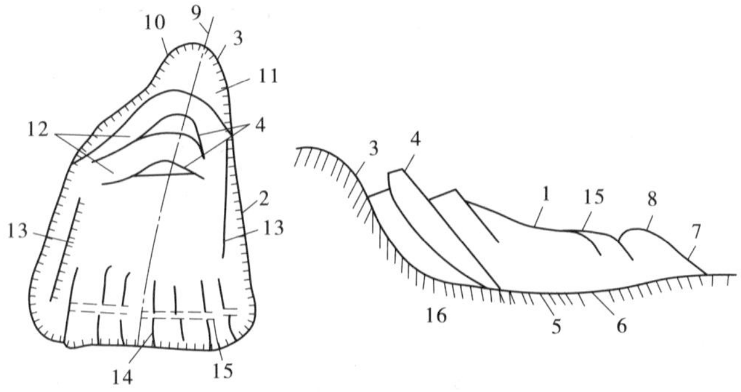

1—滑坡体；2—滑坡周界；3—滑坡壁；4—滑坡台阶；5—滑动面；
6—滑坡带；7—滑坡舌；8—滑动鼓丘；9—滑动轴；10—破裂缘；11—封闭洼地；12—拉张裂隙；
13—剪切裂隙；14—扇形裂隙；15—鼓张裂隙；16—滑坡床

图 3-13 滑坡要素及滑坡形态特征示意图

(1)滑坡体。简称滑体，是滑坡发生后与母体脱离开的滑动部分。滑坡体虽然是整体滑动，但其内部基本上保留原有的层位关系以及结构、构造特征：滑坡体的表面起伏不平，裂隙纵横；原有的树木倾斜或倒伏，形成醉汉林、马刀树。滑坡体与周围不动土体分界线称为滑坡周界。滑坡体的规模大小不一，从几十立方米到几万立方米不等。

(2)滑坡床。是滑坡体以下未滑动的部分。它保持原有的结构、构造特征，只是靠近滑坡体部位有些破碎。

(3)滑动面和滑坡带。滑坡体与周围未滑动岩土体之间的分界面称滑动面。滑动面的形状与滑坡体的成分、结构、构造有关。在均质的黏性土和软岩中，滑动面近于圆弧面；当滑坡体沿岩层层面、结构面滑动时，滑动面为直线或折线。由于滑动时的摩擦，滑动面比较光滑，有时可见滑动擦痕和磨光面。在滑动面上、下所形成碾压破碎带称为滑坡带。滑坡带内的土体受到揉皱、碾磨作用，岩石产生糜棱岩化现象，在石灰岩内可见大理岩化现象。它往往由碎裂岩、糜棱岩、岩粉、岩屑和黏土组成。

(4)滑坡壁。滑坡体滑落后，滑床上方未滑动部分岩土体所形成的弧形陡壁：平面上多呈圈椅状，高数厘米至数十米，坡度一般为 60°~80°，形成陡壁。

(5)滑坡台阶。由于各阶段滑体运动的差异，在滑坡体上形成滑坡错台，每一错台都形成一个陡坎和平缓台面，称为滑坡台阶。

(6)滑坡舌。又称滑坡前缘或滑坡头，位于滑坡的前部。滑坡舌的隆起部分称为滑坡鼓丘。

(7)滑坡裂缝。滑坡体在滑动过程中，由于各部位移动速度不均匀，在滑坡体内部、表面产生的裂缝称为滑坡裂缝。根据受力状态可将滑坡裂缝分为四种：拉张裂缝、剪切裂缝、鼓张裂缝和扇形裂缝。

(二)滑坡的分类

由于自然条件不同,滑坡的成因、形态、滑动方式各有特点,为了反映滑坡的工程地质特征及其发展规律,有效地预测和预防滑坡的发生,对滑坡提出的分类方案如下。

1. 按滑动面与岩土层面关系分类

这是应用较广泛的一种分类。按滑动面与岩土层面关系可分为均质滑坡、顺层滑坡、切层滑坡三类。

1)均质滑坡

均质滑坡是指发生在均质、无明显层理的岩土体中的滑坡。滑动面不受层面控制,一般呈圆弧形,在黏土、黄土和黏土岩中较常见。

2)顺层滑坡

顺层滑坡是指发生在非均质的成层岩体中,沿岩层面发生滑动的滑坡。这类滑坡多发生在岩层倾向与斜坡倾向一致,但倾角小于坡角的条件下。当岩层中存在原生或次生的软弱夹层时,夹层的抗剪强度较低,很容易沿该层面滑动。另外,坡积物与下伏基岩的交界面较陡时,坡积物的下滑也属于顺层滑坡。顺层滑坡的滑动面一般为平面,也可以是波状或倾斜阶梯形。

顺层滑坡在自然界分布广泛,而且规模较大,如我国三峡工程库区云阳到奉节一带有多处这种类型的大型滑坡。

3)切层滑坡

滑动面切过岩层面的滑坡称为切层滑坡。它多发生在岩层产状平缓、坡面与岩层面反倾向的非均质岩层中。滑动面多沿断层面、节理裂隙面形成。在剖面上滑动面多呈直线或折线形。

2. 按滑坡的滑动力学特征分类

1)推动式滑坡

推动式滑坡是指滑坡的上部不稳定,上部边坡滑动而使下部滑动,主要是坡顶堆积荷载或进行工程建设等引起上部失稳所致。

2)牵引式滑坡

牵引式滑坡始滑部位位于滑坡的下部,然后逐渐向上扩展,引起由下而上的滑动。这主要是坡脚受河流冲刷或人工开挖而造成。

3)混合式滑坡

混合式滑坡始滑部位上下结合,共同作用。这种情况比较常见。

3. 按滑坡的岩土类型分类

按滑坡的岩土类型分为堆积层滑坡、黄土滑坡、黏土滑坡、岩层滑坡四类。

4. 按滑坡体的厚度分类

按滑坡体的厚度分为浅层滑坡(滑坡体的厚度小于 5 m)、中层滑坡(滑坡体的厚度为 5 ~ 20 m)、深层滑坡(滑坡体的厚度大于 20 m)。

5. 按滑坡体的体积分类

按滑坡体的体积分为小型滑坡(滑坡体的体积小于 5 000 m^3)、中型滑坡(滑坡体的体积为 5 000 ~ 50 000 m^3)、大型滑坡(滑坡体的体积为 50 000 ~ 100 000 m^3)、巨型滑坡(滑坡体的体积大于 100 000 m^3)。

(三)影响边坡稳定性的因素

影响边坡稳定性的因素复杂多样,主要包括岩土类型和性质、岩体结构和构造、风化作用、水的作用、地震和人类活动等。可将它们分为两类:一类为主导因素,是长期起作用的因素,包括岩土类型和性质、地质构造、岩体结构、风化作用、地下水活动等;另一类为触发因素,是临时起作用的,有地震、洪水、暴雨、堆载、人工爆破等。正确分析各种因素的作用,是边坡稳定性评价的工作之一,为预测边坡破坏、发展演化以及有效防治措施提供依据。

1. 岩性

滑坡常发生在易于亲水软化的土层和一些软质岩层中;当坚硬岩层或岩体内存在着有利于滑动的软弱结构面时,在适当的条件下也可能形成滑坡。

亲水软化的土层中发生的滑坡,主要是与土中的黏土矿物有关,特别是与蒙脱石、伊利石等的关系密切。这些黏土矿物具有扁平的晶形和特强的亲水性,使其内摩擦角 φ 值很小,故易产生滑坡。

一些软质岩层的基岩滑坡,主要与软弱质岩层有关,如千枚岩、页岩、泥灰岩、云母片岩、滑石片岩等。由于其遇水容易软化,使抗剪强度降低,因此易产生滑坡。

2. 构造

滑坡和构造的关系主要有两个方面:一是不论是土层还是岩层,滑动面常发生在顺坡层面、大节理面、不整合面、断层面(带)等软弱构造面上,因其抗剪强度一般较低,斜坡受力情况突然改变时,都可能成为滑动面。二是上部为透水层、下部有不透水层(隔水层)的单斜构造地段,当地下水沿隔水层顶板活动时,在其两个层面产生润滑作用,改变两者间的内摩阻力,就有可能失去平衡而发生滑坡。

3. 水

水是滑坡产生的重要条件。绝大多数滑坡都是沿饱含地下水的岩体软弱面产生的。当水渗入岩土层的孔隙、裂隙中,或形成含水层时,它能降低岩(土)的黏聚力值,甚至发生软化、膨胀、崩解,削弱其抗剪强度,使抗滑阻力减小;同时水充填于岩土孔隙中,使之容重增大,从而加大了岩土的下滑力;此外,在含水层中,潜水面的变化产生动水压力和静水压力改变了斜坡的稳定性,大大降低了摩阻系数,也加大了岩土体的下滑力。这些都能导致滑坡的发生。

大气降水是地下水的主要来源,阵发性的大量增加地下水量会引起滑坡的产生。据统计,90%以上的滑坡与降雨有关,故有"大雨大滑、小雨小滑、无雨不滑"之说。

4. 地震

强震(7 级以上)是导致滑坡发生的诱发性因素,尤其在山区最为普遍。地震能直接破坏斜坡岩土的结构,甚至可使有些地层因震动而发生液化,降低了抗剪强度;还可能因地震波附加给岩土的巨大惯性力破坏了稳定性,促使滑坡的产生。如 1933 年 8 月 25 日四川叠溪大地震,引起大滑坡和山崩,摧毁了叠溪镇。滑坡和崩塌将岷江堵塞形成4 亿 ~5 亿 m^3的堰塞湖,10 月 9 日溃口,湖水急剧下泄,造成下游 2 500 人死亡。又如 1973 年四川炉霍地震造成了 223 个滑坡,其中有 139 个是直接由这次地震引起的。2008 年 5 月 12 日四川汶川大地震,引发多处滑坡,造成交通严重瘫痪。

5. 人为因素

人类活动违反自然规律、破坏斜坡稳定条件也会诱发滑坡。如人类不合理地开挖高陡边坡，破坏了自然斜坡的稳定状态；在斜坡上方或坡顶任意堆填土石方加大坡顶荷载；斜坡上方植被遭到破坏，引起地表水下渗及排水不畅，使坡体内水量增大；不适当地大爆破施工，震松了山体结构；水库蓄水后坡脚被淘空，使斜坡土体失去支撑等，都是诱发滑坡产生的人为因素。

滑坡常发生在雨季或春季冰雪融化时。滑动的地方主要是山谷坡地、海洋、湖泊、水库、渠道和河流的岸坡及露天采矿场所。多数滑坡，特别是大规模的滑坡会掩埋村镇，摧毁厂矿，破坏铁路和公路交通，堵塞江河，损坏农田和森林，从而给人类生命和经济建设带来危害。2015 年 12 月 20 日，位于深圳市光明新区的红坳渣土受纳场发生滑坡事故，造成 73 人死亡，4 人下落不明，17 人受伤（重伤 3 人，轻伤 14 人），33 栋建筑物（厂房 24 栋，宿舍楼 3 栋，私宅 6 栋）被损毁、掩埋，90 家企业生产受影响，涉及员工 4 630 人。事故造成直接经济损失 8.81 亿元。事故直接原因是：红坳受纳场没有建设有效的导排水系统，受纳场内积水未能导出排泄，致使堆填的渣土含水过饱和，形成底部软弱滑动带；严重超量超高堆填加载，下滑推力逐渐增大、稳定性降低，导致渣土失稳滑出，体积庞大的高势能滑坡体形成了巨大的冲击力。

（四）不稳定边坡的防治措施

为了防止边坡变形破坏对建筑物造成的危害，对边坡变形破坏需要采取防治措施。防治的总原则是预防为主，及时处理。通常采用的防治措施如下。

1. 防渗与排水

排水包括排除地表水和地下水。这种方法效果良好，因此是目前整治不稳定边坡的常用措施。首先要拦截流入不稳定边坡区的地表水流（包括泉水、雨水），一般在不稳定边坡（如滑坡区）外围设置环形排水沟槽，将地表水排走。设排水沟槽时，应注意充分利用自然沟谷，并布置成树枝状排水系统，还要整平夯实坡面，以利于排水。

疏导地下水，一般采用水平集水廊道截断地下水流，如图 3-14 所示，防止地下水流入滑坡体内，或将滑坡体内地下水迅速排走。另外，还可以用垂直排水井进行排水。

2. 削坡、减重、反压

这种方法主要是将较陡的边坡减缓或将其上部岩体削去一部分，并把削减下来的土石堆于滑体前缘的阻滑部位，使之起到既降低下滑力，又增加抗滑力，以增加边坡稳定性的目的，如图 3-15 所示。

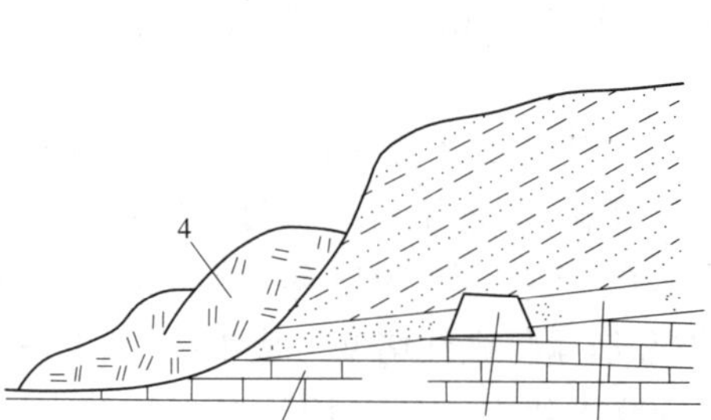

1—排水廊道；2—含水层；3—基岩；4—滑坡体

图 3-14　截断地下水流的排水廊道示意图

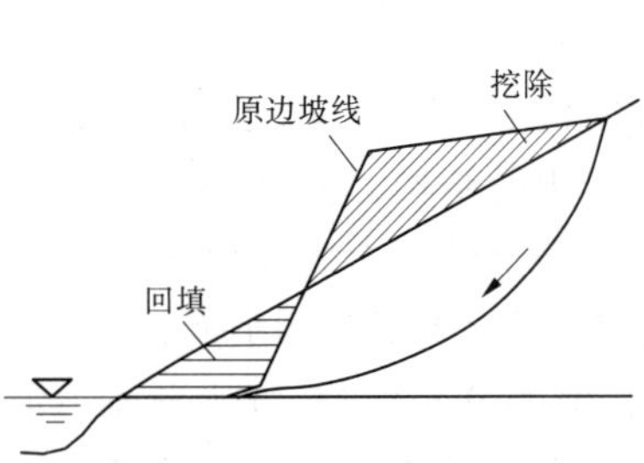

图 3-15　削坡处理示意图

3. 修建支挡建筑物

这种措施主要是在不稳定边坡岩体下部修建挡土墙或支撑墙，靠挡墙本身的重量支撑滑移体的剩余下滑力。挡墙的主要形式有浆砌石挡墙、混凝土或钢筋混凝土挡墙等。修建支挡建筑物时需要注意的是，其基础必须砌置于最低滑动面之下，一般插入完整基岩中不少于0.5 m，完整土层中不少于2 m。此外，还要考虑排水措施，如图3-16所示。

4. 锚固措施

这种方法主要是利用预应力钢索或钢杆锚固不稳定边坡岩体，是一种有效的防治滑坡和崩塌的措施。具体做法是：先在不稳定岩体上部布置钻孔，钻孔深度达到滑动面以下坚硬完整岩体中，然后在孔中放入钢索或锚栓，将下端固定，上端拉紧，常和混凝土墩、梁，或配合挡墙将其固定，如图3-17所示。

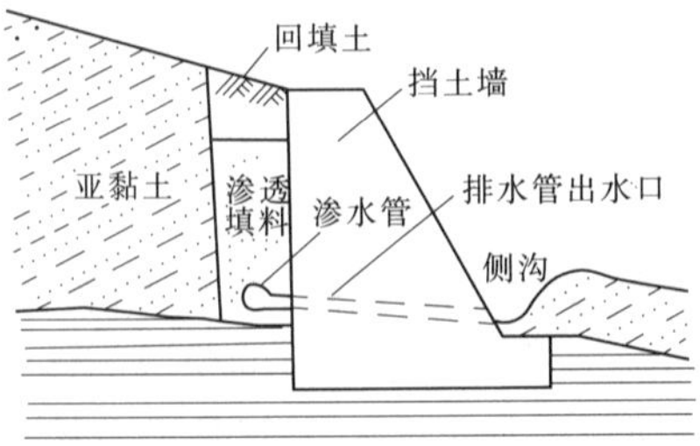

图3-16　具有排水措施的挡土墙

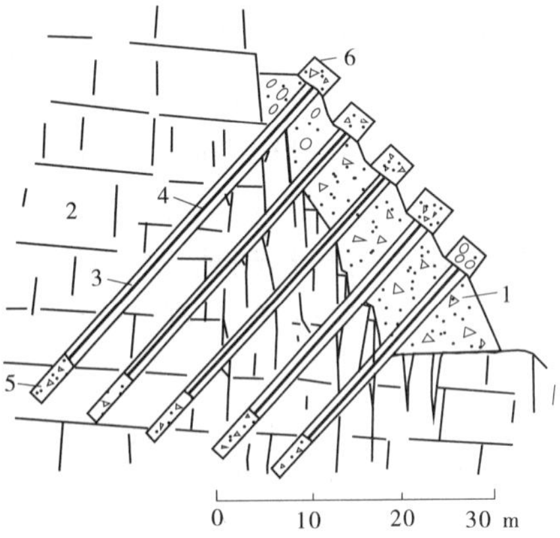

1—混凝土挡墙；2—裂隙灰岩；3—预应力锚索；4—锚固孔；5—锚索的锚固端；6—混凝土锚墩

图3-17　某边坡锚固示意图

三、泥石流

泥石流是发生在山区的一种含有大量泥沙和石块的暂时性洪流。泥石流与一般洪流的主要区别在于：这种流体是由固体和液体组成的，且固体物质含量较大，一般在15%左右，容重大于13 kN/m^3；在特殊情况下固体成分占到80%以上，容重可达23 kN/m^3。它的特点是突然爆发，能量巨大，历时短暂，复发频繁。因此，破坏力巨大。

泥石流的地理分布广泛，据不完全统计，全世界约有近70个国家不同程度地遭受泥石流的威胁。我国山地面积大，自然地理条件和地质条件复杂，所以是世界上泥石流灾害最严重的国家之一。因此，对泥石流的组成特征、发生条件、类型的研究，具有重要意义。

（一）泥石流的形成条件

泥石流的形成和发展与流域的地质、地形和水文气象条件有密切的关系，同时也受人类活动的影响。

1. 地形条件

泥石流总是发生在陡峻的山区，在这里河床坡度陡，地表水迅速集中并沿着沟谷急速流动。典型的泥石流流域，一般可分为形成区、流通区和堆积区三个区段，如图3-18所示。

1）形成区

泥石流的形成区一般位于河谷的上游地区，地形上是三面环山、一面有出口的半圆形，周围山坡陡峻，多为 30°～60°的陡坡。坡上有大量松散物质，植被较差，分布有冲沟，且滑坡、崩塌发育。这样的地形条件有利于汇集周围的水流和固体物质。

2）流通区

流通区是泥石流搬运通过的地段，多为狭窄而深切的峡谷或冲沟，谷坡陡，河床坡度大，且多为陡坎和跌水。

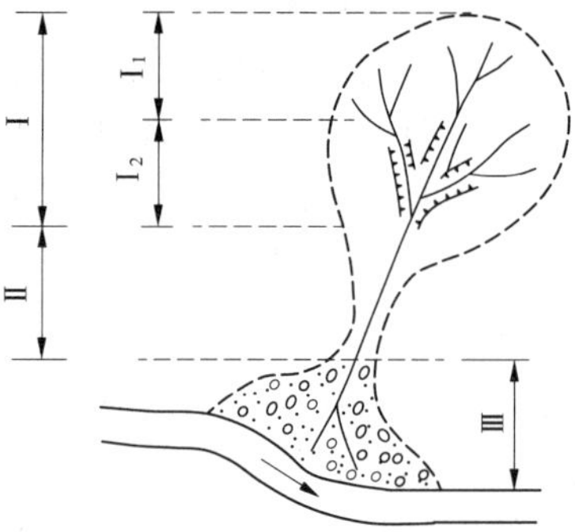

Ⅰ—形成区；$Ⅰ_1$—汇水动力区；$Ⅰ_2$—固体物质补记区；Ⅱ—流通区；Ⅲ—堆积区

图 3-18　泥石流流域示意图

3）堆积区

泥石流的堆积区是泥石流的堆积场所，一般位于山口外或山间盆地边缘，地形上比较平缓。由于地形豁然开阔平坦，泥石流的流速减小，并最终沉积下来，形成扇形、锥形的堆积体。如果泥石流多次活动，还会使堆积扇呈叠套现象。

上述是典型泥石流流域的情况，由于泥石流流域的地形地貌条件不同，有些泥石流流域上述三个区段就不易区分开来，甚至缺失流通区或堆积区。

2. 地质条件

凡是泥石流发育的地方，都是岩性软弱，岩石风化破碎，地质构造复杂，褶皱、断裂发育，新构造运动活跃，地震频繁的地区。这样的地段，为泥石流活动提供了丰富的松散固体物质来源。我国一些著名的泥石流发育区，如云南东川、四川西昌、甘肃武都大都是沿着构造断裂带分布的。

3. 水文气象条件

泥石流形成条件是必须有强烈的地表径流，地表径流不仅是泥石流的组成部分，也是泥石流活动的搬运介质。泥石流的发生与短时间内突然性的大量流水密切相关，突然性的大量流水主要来源有：

（1）强度较大的暴雨。

（2）冰川、积雪的短期强烈消融。

（3）冰川湖、高山湖、水库等的突然溃决。

我国大部分地区由于受热带、亚热带气候气团的影响，由季风气候控制，降水特点是降水历时短，降水量集中，降水强度大，形成暴雨，或特大暴雨。如云南东川地区一次暴雨 6 h 降水量 180 mm，形成了历史上罕见的暴雨型泥石流。暴雨型泥石流是我国最主要的泥石流。

在冰川分布和大量积雪的高山区，当夏季冰雪融化时，可为泥石流提供丰富的地表径流。西藏东部的波密地区、新疆的天山山区产生的泥石流，属于冰雪融化型。在这些地区，泥石流的形成还与冰川湖的突然溃决有关。

另外，土壤、植被和人类活动对泥石流的形成也有一定影响。人类不合理的耕种、砍伐森林，破坏了地表结构，严重的水土流失也会加剧泥石流的形成。如四川省 1981 年特大暴雨，使全省 1 060 处发生泥石流，其原因之一是 30 年来森林覆盖率由 35% 减少到 18%，造成大面积的山区裸露，风化剥蚀作用加剧。

综上所述，形成泥石流有三个基本条件：有陡峻便于集水集物的适当地形；上游堆积有丰富的松散固体物质山；短期内有突然的大量流水。此三个条件缺一不可。

（二）泥石流分类

泥石流在形成、运动、性质和物质组成等方面存在着差别，研究这些差别并进行分类，对认识泥石流的发生、发展变化及防治措施具有重大意义。目前，对泥石流的分类有以下几种。

1. 按泥石流流域形态分类

（1）标准型泥石流。流域呈扇形，流域面积大，能明显地划分出形成区、流通区、堆积区三个区段。形成区多有崩塌、滑坡等不良地质现象，地面坡度陡；流通区较稳定，沟谷断面呈 V 形；堆积区一般呈扇形，堆积物棱角分明。标准型泥石流破坏力强，规模大。

（2）河谷型泥石流。流域呈狭长形，其形成区多为河流上游的沟谷，固体来源较分散，其补给区远离堆积区，沿河谷既有堆积又有冲刷，流通区与堆积区往往不能明显区分开。该类泥石流破坏力较强，周期长，规模较大。

（3）山坡型泥石流。流域呈斗状，流域面积较小，无明显的流通区，形成区与堆积区直接相连。堆积物棱角尖锐、明显，冲击力大，沉积速度快，但规模较小。

2. 按泥石流的物质组成分类

根据泥石流的物质组成，有泥流、泥石流和水石流。

（1）泥流：固体物质主要由细粒的泥沙组成，含少量的岩屑和碎石。黏度比较大，呈稠糊状。此类泥石流主要分布在黄土高原地区。

（2）泥石流：既有很不均匀的粗碎屑物质，又含有相当多的细粒物质，具有一定的黏性。它是一种典型的泥石流，主要分布在西藏波密、四川西昌、云南东川等地。

（3）水石流：固体物质是一些坚硬的石块、漂砾、岩屑，粉土、黏性土等细粒物质含量较少，一般少于 10%，多发生在石灰岩、花岗岩、大理岩等地区。如陕西华山、山西太行山、北京西山等地泥石流多属此类。

3. 按泥石流的结构和流动性分类

（1）黏性泥石流。这类泥石流含有大量细粒黏土物质，固体物质含量占 40% ~60%，最高可达 80%。水和泥沙、石块凝聚成一个黏稠的整体，以同样的速度流动，流速较慢，具有层流性质，因而具有较大的黏性和结构性。它的密度大（$1.6 \sim 2.4\ g/cm^3$），上浮力强，在流动过程中遇到弯道时，有明显的爬高和裁弯取直作用，并不一定沿沟床运动。流动前锋常形成高大的龙头，具有很大的惯性，冲刷作用强烈。

流体到达堆积区后仍不扩散，固液两相物质不分离，而是以狭窄条带状下泄和堆积，堆积物的地面坎坷不平，堆积物无分选性，颗粒具棱角，仍保持运动时的结构特征，故又称为结构型泥石流。

（2）稀性泥石流。这类泥石流的固体物质一般少于 40%，粉土、黏性土等细粒含量一般少于 5%，水的含量较大。因此，在搬运过程中，搬运介质为浑水或稀泥浆，石块、砂粒以跃移、滚动形式运动，由于泥浆的运动速度远大于石块的速度，在运动过程中发生垂直交换，水流呈紊流状态，故又称为紊流型泥石流。

稀性泥石流在堆积区呈扇形散流，固液两相物质分离，有一定的分选性，堆积地形比较平坦。

4. 泥石流工程分类

《岩土工程勘察规范》(GB 50021—2001)(2009 年版)根据泥石流特征和流域特征将泥石流分为高频率泥石流沟谷Ⅰ和低频率泥石流沟谷Ⅱ两类,每一类又根据流域面积、固体物质一次冲出量、流量、堆积区面积和破坏程度分为三个亚类。

1)高频率泥石流沟谷

Ⅰ:基本上每年均有泥石流发生,固体物质主要来源于沟谷的滑坡、崩塌。一般位于强烈抬升区,风化强烈,岩性破碎,山体稳定性差,植被稀少,崩塌、滑坡发育;堆积物新鲜,无植被或仅有稀疏草丛。

高频率泥石流沟谷Ⅰ又分为三个亚类:

I_1(严重):流域面积大于5 km^2,固体物质一次冲出量大于5×10^4 m^3,流量大于100 m^3/s,堆积区面积大于1 km^2。

I_2(中等):流域面积为1 ~5 km^2,固体物质一次冲出量为$(1\sim5)\times10^4$ m^3,流量为30 ~100 m^3/s,堆积区面积小于1 km^2。

I_3(轻微):流域面积小于1 km^2,固体物质一次冲出量小于1×10^4 m^3,流量小于30 m^3/s。

2)低频率泥石流沟谷

Ⅱ:泥石流爆发周期一般在10 年以上,固体物质主要来源于河床。一般分布于各类构造区的山地。山体稳定性好,无大型的滑坡、崩塌。植被较好,河床内灌木丛密布,扇形地已多开垦为农田。其中又分为三个亚类:

$Ⅱ_1$(严重):流域面积大于10 km^2,固体物质一次冲出量大于5×10^4 m^3,流量大于100 m^3/s,堆积区面积大于1 km^2。

$Ⅱ_2$(中等):流域面积为1 ~10 km^2,固体物质一次冲出量为$(1\sim5)\times10^4$ m^3,流量为30 ~100 m^3/s,堆积区面积小于1 km^2。

$Ⅱ_3$(轻微):流域面积小于1 km^2,固体物质一次冲出量小于1×10^4 m^3,流量小于30 m^3/s。

(三)泥石流的防治

防治泥石流应有针对性地采取预防为主、以避为宜、以治为辅,以及全面考虑跨越、排导、拦挡以及水土保持等措施,根据因地制宜和就地取材的原则,注意总体规划,采取综合防治措施。

1. 水土保持

水土保持包括采取封山育林、植树造林、平整山坡、修筑梯田、修筑排水系统及支挡工程等措施。水土保持虽是根治泥石流的一种方法,但需要一定的自然条件且收效时间也较长,一般应与其他措施配合进行。

2. 跨越工程

跨越工程是指修建桥梁、涵洞、过水路面、明洞及隧道、渡槽等跨越泥石流。采用桥梁跨越泥石流时,既要考虑淤积问题,也要考虑冲刷问题。桥位应选在沟道顺直、沟床稳定处,并应尽量使其与沟床正交。不应把桥位设在沟床纵坡由陡变缓的变坡点附近。

3. 排导工程

排导工程是指在泥石流下游设置排导沟、急流槽、导流堤等,使泥石流顺利排除,以防止掩埋道路、堵塞桥涵。泥石流排导沟是常用的一种建筑物。

4. 拦挡工程

拦挡工程是在泥石流沟中修筑一系列低矮的拦挡坝,其作用是拦蓄部分泥沙、石块以减弱泥石流的规模、固定泥石流沟床,以防止沟床下切和谷坡坍塌。缓减沟床纵坡,以降低流速。

单元五　第四纪沉积物的工程地质特征

一、第四纪沉积物的特征

第四纪沉积物(层)形成于第四纪,是广泛分布于地表的未经胶结成岩的各种松散状态的堆积物。第四纪沉积物是由岩石经风化、剥蚀、搬运、沉积等地质作用而形成的。就其沉积的环境和成因,可分为海相沉积和陆相沉积两大类。前者是指在海洋环境条件下形成的沉积,如海水沉积;后者是指在大陆环境条件下形成的,又可进一步分为冰川沉积、暂时性水流沉积、河流沉积、湖泊沼泽沉积、风成沉积及残余堆积等。各种工程建筑所遇到的松散沉积物绝大多数都是陆相形成的。不同成因的松散沉积物,其工程地质特性有明显差别,所以它是工程地质勘察和研究的重要内容之一。

残积物、坡积物、洪积物和冲积物的基本特征与工程地质性质在本项目单元一和单元二已进行讨论,这里简要介绍其他主要类型的第四纪沉积物的基本特征。

(一)湖泊沉积物

湖泊是大陆上主要的沉积场所。湖水在风力作用下产生波浪称为湖浪。湖浪的大小与风力强弱、湖面的大小及水深等有关。一般在水深20 m以下的湖底就不受波浪干扰成为静水环境。在湖岸带,湖浪冲蚀湖岸形成湖蚀洞穴和湖蚀崖等地形。湖浪侵蚀的碎屑物以及由入湖河流等带来的碎屑物被湖流和湖浪等动力向湖心方向搬运。一般来说,搬运动力由湖岸向湖心逐渐减弱。较粗的砾、砂沉积在湖岸附近,具有较好的磨圆度及明显的层理和交错层理,并形成湖滩、沙洲、沙坝及沙嘴等地形;而较细的碎屑物被带到湖心发生沉积。湖心沉积物颗粒较细小,主要为黏土和淤泥,常夹有粉砂、细砂薄层。

湖岸沉积物以近岸带土的承载力高,远岸较差。湖心沉积物一般压缩性高、强度很低。

湖泊淤塞后可变成沼泽,地表水聚集或地下水出露的洼地也会形成沼泽。沼泽沉积物主要是腐烂的植物残体、泥炭和部分黏土与细砂。泥炭含水率极高,承载力低,一般不宜作天然地基。

(二)海洋沉积物

根据海底地形起伏和海水深度,由海岸向海洋方向分为滨海带、浅海带、大陆斜坡和深海带。

滨海带是海水运动强烈的近岸水域。波浪的作用,一方面与其他外力作用共同破坏海岸带形成大量碎屑物,另一方面又能引起海岸带物质的搬运与沉积。在进流和回流的作用下,碎屑物得到很好的磨圆和分选,较粗的部分沿海岸形成砾滩、沙滩,而较细的在距海岸一定距离的水下沉积形成沙坝及沙嘴,这些沉积物都具有良好的水平层理和交错层理。滨海带沉积物一般都具有高承载力,但透水性强。

浅海位于大陆架主体上,水深下限为200 m。受较强的波浪影响海水较为动荡。浅海沉积碎屑物主要来自大陆，有细粒砂土、黏性土及淤泥，水平层理和交错层理十分发育。除碎屑沉积外，还有化学沉积和生物化学沉积（包括 Al、Fe、Mn 的氧化物及磷酸盐的化学沉积以及石灰质、硅质等生物化学沉积）。浅海沉积物较滨海疏松、含水率大、压缩性大，而强度低。

大陆斜坡和深海沉积以生物软泥、黏土及粉细砂为主。海洋沉积物中，水下海底表层的砂砾层稳定性差，选择它作为地基时应注意海浪作用下发生移动变化的可能。

（三）冰积物

凡是由冰川作用形成的堆积物，均称为冰积物。冰积物不仅在现代高纬度和高山地区（如喜马拉雅山、天山等）广为分布，而且由于第四纪某些时期的冰川分布范围比现代更为广泛，故在我国若干地方和河谷也有冰积物存在。冰积物可分为冰碛和冰水沉积物两种基本类型。

冰碛是由于冰川融化使冰川挟带的物质直接堆积而形成的，其特点是分选性差，磨圆度差，不具层理，粒度极不均一，往往由漂砾、砾石、砂和黏土等混杂在一起。碎石土颗粒表面常有磨光面，且有条痕石。冰碛一般较密实，孔隙率较小，压缩性低，强度较高，作为一般建筑地基还是较好的。但是，必须注意冰碛结构的不均一性和厚度的变化，以及有时可能存在的空洞（冰夹层融化后留下的）和局部承压水，这些都将使工程地质条件复杂化。

冰水沉积物是经过冰水搬运的冰碛物发生沉积作用而形成的物质，存在于冰水河及冰水湖中。由于经过一段水流搬运，故冰水沉积具有明显的层理，其物质成分主要是黏性土，有时夹有薄层的砂或透镜体。冰水沉积在山麓地带常形成冰水扇，冰水扇扩大或多个冰水扇相连则形成冰水沉积平原。

（四）风积物

在干旱地区，地面无植被保护，岩石风化碎屑物被风吹扬，在风力减弱时发生沉积形成风积物。风积物中最常见的是风成砂与风成黄土。

风成砂也称风积砂，主要由砂、粉砂及少量黏土组成，分选性好，磨圆度高。风成砂具有较大的内摩擦角，但无黏结性或黏结性极低，因此其承载力较高但抗风蚀能力极差。大范围的风成砂常常具有流动性，其运动能力与方向受气候、地表植被和自身特性的影响。强烈的风沙运动既造成环境的恶化，也常使房屋、道路、铁路被掩埋或吹蚀。一般在风成砂分布地区，黏土、砾石、石料和水等建筑材料较为缺乏。

风成黄土具有垂直节理，均匀无层理，孔隙大，一部分具有湿陷性。

二、特殊性土的工程地质性质

特殊性土是指某些具有特殊物质成分和结构，而工程地质性质也较特殊的土。特殊性土的种类甚多，主要有软弱土、湿陷性黄土、膨胀土、饱和砂土和饱和粉土、冻土、盐渍土、红黏土等。根据成土环境，这些特殊性土的分布都具有区域性特点，因此特殊性土也称为区域性土。

（一）软弱土

软弱土是指抗剪强度较低、压缩性较高、渗透性较小、天然含水率较大的饱和黏性土。常见软弱土有淤泥和淤泥质土、泥炭和泥炭质土、其他高压缩性的黏土及粉土等。其中，淤泥和淤泥质土是软弱土的主要类型。淤泥一般是指天然含水率大于液限、天然孔隙比不小于1.5的黏土，而淤泥质土是指天然含水率大于液限、天然孔隙比为1.0~1.5的黏土或粉土。这些软弱土广泛分布在我国东南沿海地区和内陆的江、河、湖沿岸及周边地区。

1.软弱土的特征

软弱土按其沉积环境的不同，可分为海岸沉积、湖泊沉积、河滩沉积和沼泽沉积四种类型。软弱土厚度大的地区，地表面常有一层厚度（0~4 m）不等的硬壳层或表层土，其承载力较高，压缩性也较小，可作为浅基础的持力层。硬壳层下为厚度不等的软弱土，河滩沉积淤泥厚度一般小于20 m，湖泊沉积淤泥厚度一般为5~25 m，海岸沉积淤泥厚度可达5~65 m。软弱土主要有以下特征。

1）天然含水率大、孔隙比大

软弱土主要是由黏粒和粉粒组成的，并含有机质。其中表面带负电荷的黏粒矿物与周围介质中的水分子和阳离子相互吸引形成水膜，在不同的地质环境中形成各种絮状结构。所以，这种土含水率大、孔隙比大。其天然含水率高于液限，据统计一般都大于30%，常为35%~80%；孔隙比大于1.0，常为1.0~2.0。在山区变化幅度更大，含水率有时可达70%，甚至高达200%，而孔隙比有时也高达6.0。

软弱土的饱和度一般大于90%，液限一般为35%~60%，随土的矿物成分、胶体矿物活性等因素而定。液性指数一般大于1.0，重度较小，一般为15~19 kN/m^3。软弱土因其天然含水率大、孔隙比大而使软弱土地基具有变形大、强度低的不良地质特性。

2）渗透性小

软弱土黏粒含量高，渗透性很弱，其渗透系数一般为 $i\times10^{-8}\sim i\times10^{-6}$ cm/s，所以在荷载作用下，排水固结缓慢、沉降时间长、强度不易提高，当土中有机质含量较大时，还可能会产生气泡，堵塞排水通道，进一步降低渗透性。

对于夹有带状或片状薄砂层的软弱土地基，其水平渗透性可能会显著增大，可达 $i\times10^{-5}\sim i\times10^{-4}$ cm/s。所以，这种土层的固结速率比均质软土层要快得多。

3）压缩性较高

软弱土孔隙比大，因此压缩性高。同时，又由于微生物的作用，软弱土层中产生大量气体，致使土层的压缩性进一步增大，在自重和外荷载作用下长期得不到固结。软弱土的压缩系数一般为0.5~2.0 MPa^{-1}，最大可达4.5 MPa^{-1}。在其他条件相同的情况下，软弱土的压缩性随液限的增大而增大，一般淤泥的液限较淤泥质土的液限大，因此淤泥的压缩性也较淤泥质土的压缩性大。

4）抗剪强度低

由于软弱土的天然含水率大、天然孔隙比大，因此软弱土地基变形大、强度低。此外，软弱土的强度低，其大小还与加荷速度和排水条件有着密切的关系。

5）具有明显的流变性

土的流变性是指土在一定剪切应力作用下，发生缓慢长期变形的性质。在荷载作用下，软弱土承受剪应力的作用产生缓慢的剪切变形，并可能导致抗剪强度衰减，在主固结沉降完成后还可能产生可观的次固结沉降。因流变产生的沉降持续时间可达几十年，故软弱土的长期强度小于瞬时强度。

6）具有明显的触变性

软弱土在未破坏时，具有固态特性，一经扰动或破坏，即转变为稀释流动状态，以结构性沉积物，尤其以海相黏土更为明显，因此软弱土具有较强的触变性。特别是软弱土中亲水矿物多时，结构性强，触变性更加显著。这种土一旦受到扰动，结构被破坏，土的强度将明显降低，但随着静置时间的延长，部分强度会逐渐有所恢复。

在软弱土中钻孔取样时，常可能使土发生触变，以致取出的土样不能完全反映土的实际情况。因此，当在高灵敏度黏土地基上进行地基处理、开挖基坑或打桩作业时，应该尽量减少或避免对土的扰动。

2. 软弱土对建筑物的影响及危害

由于软弱土压缩性高、强度低，因此软弱地基沉降大，且多为不均匀沉降，极易造成建筑物墙体开裂、柱倾覆或折断、建筑物倾覆。另外，山区软土下部常存在倾斜基岩或其他坚硬地层倾斜面，且坡度较大时对建筑物来说是一个隐患，除造成不均匀沉降外，还可能发生倾斜基岩面上软弱土蠕变滑移，导致地基失稳。因此，软弱土对建筑物的影响及危害非常大。

（二）湿陷性黄土

1. 湿陷性黄土的特征和分布

在一定压力作用下受水浸湿，结构迅速破坏并发生显著附加下沉的土，称为湿陷性黄土。

1）湿陷性黄土的特征

湿陷性黄土具有与一般粉土和黏性土不同的特性，有肉眼可见的大孔隙，在覆盖土层的自重应力或自重应力和建筑物附加应力的综合作用下浸水，则土的结构迅速破坏，并发生显著的附加下沉。它具有如下特征：

（1）土的颜色在干燥时呈淡黄色，稍湿时呈黄色，湿润时呈褐黄色。

（2）在天然状态下，具有肉眼可见的大空隙，孔隙比大于1。

（3）颗粒组成以粉土颗粒为主，含量常占60%以上，富含碳酸盐类，含盐量大于0.3%。

（4）透水性强，土样浸入水中以后，很快崩解，同时有气泡产生。

（5）黄土在干燥状态下，有较高的强度和较小的压缩性，但在遇水后，土的结构迅速破坏并且发生显著的沉降，产生严重湿陷。

2）湿陷性黄土的分布

世界上黄土主要分布在中纬度干旱和半干旱地区，如法国的中部和北部，东欧的罗马尼亚、保加利亚、俄罗斯、乌克兰、乌兹别克斯坦，美国沿密西西比河流域及西部不少地区。在我国，黄土地区地域辽阔，其分布面积约45万km^2，其沉积过程经历了整个第四纪时期，按形成年代的早晚，可分为午城黄土、离石黄土、马兰黄土和黄土状土。按照黄土是否具有湿陷性，将黄土分为老黄土和新黄土，见表3-4。老黄土土质密实，颗粒均匀，无大孔或稍带大孔结构，一般不具湿陷性。新黄土土质均匀或较为均匀，结构疏松，大孔发育，一般具有湿陷性。

2. 湿陷性黄土地基处理

在湿陷性黄土地区进行建设，地基应满足承载力、湿陷变形、压缩变形和稳定性的要求。此外，应根据各地湿陷性黄土的特点和建筑物的类别，采取以地基处理为主的综合措施，以防止地基湿陷，保证建筑物的安全与正常使用。建筑工程设计的综合措施主要有地基处理措施、防水措施和结构措施。

表 3-4 黄土的地层划分

时代	地层划分	按是否具有湿陷性划分
全新世 Q_4	黄土状土	新黄土,具湿陷性
晚更新世 Q_3	马兰黄土	
中更新世 Q_2	离石黄土	老黄土,不具湿陷性
早更新世 Q_1	午城黄土	

注:全新世黄土包括全新世湿陷性黄土 Q_4^1 和新近堆积黄土 Q_4^2。

1)地基处理措施

地基处理是防止湿陷性危害的主要措施,其原理主要是破坏湿陷性黄土的大孔结构,以便全部或部分消除地基的湿陷性。通过换土或加密等各种方法,减小原有地基的总湿陷量,控制下部未处理土层的湿陷量不超过规范规定的数值。

当地基的湿陷性大,要求处理的土层厚,技术上有困难或经济上不合理时,也可采用深基础或桩基础穿越湿陷性土层将上部荷载直接传到非湿陷性土层或岩层中。

《湿陷性黄土地区建筑规范》(GB 50025—2004)根据建筑物的重要性及地基受水浸湿可能性的大小和在使用上对不均匀沉降限制的严格程度,将建筑物分为甲、乙、丙、丁四类。对甲类建筑要求消除地基的全部湿陷量,或穿透全部湿陷性土层。对乙、丙类建筑要求消除地基的部分湿陷量。丁类属次要建筑,地基可不做处理。表 3-5 列出了四种处理湿陷性黄土地基的常用方法及其适用范围和一般可处理(或穿透)基底下的湿陷性土层厚度。

表 3-5 湿陷性黄土地基常用的处理方法

处理方法名称	适用范围	可处理(或穿透)基底下的湿陷性土层厚度(m)
垫层法	地下水位以上,局部或整片处理	1 ~ 3
强夯法	地下水位以上,$S_r<60\%$ 的湿陷性黄土,局部或整片处理	3 ~ 12
挤密法	地下水位以上,$S_r<60\%$ 的湿陷性黄土	5 ~ 15
预浸水法	自重湿陷性黄土场地,地基湿陷性等级为Ⅲ、Ⅳ级,可消除地面下 6 m 以下湿陷性黄土层的全部湿陷性	6 m 以上,尚采用垫层法或其他方法处理

2)防水措施

防水措施的目的是消除黄土发生湿陷变形的外因,因而也是保证建筑物安全和正常使用的重要措施之一。主要包括:①基本防水措施:在建筑物布置、场地排水、地面防水、散水、排水沟、管道敷设、管道材料和接口等方面,应采取措施防止雨水或生产、生活用水的渗漏。②检漏防水措施:在基本防水措施的基础上,对防护范围内的地下管道,应增设检漏管沟和检漏井。③严格防水措施:在检漏防水措施的基础上,应提高防水地面、排水沟、检漏管沟和检漏井等设施的材料标准,如增设卷材防水层、采用钢筋混凝土排水沟等。

3)结构措施

对于一些地基不处理,或处理后仅消除了地基的部分湿陷量的建筑,除要采用防水措施,还应采取结构措施,以减小建筑物的不均匀沉降或使结构能适应地基的湿陷变形。这些措施主要包括:①加强建筑物的整体性与空间刚度;②选择适宜的结构体系和基础型式;③加强砌体和构件的刚度。

(三)膨胀土

膨胀土是土中黏粒成分主要由亲水性矿物组成、具有显著的吸水膨胀和失水收缩两种变形特性的黏性土。虽然一般黏性土也都有膨胀、收缩特性,但其变形量不大;而膨胀土的膨胀—收缩—再膨胀的周期性变形特性非常显著,并给工程带来危害,因而将其作为特殊土从一般黏性土中区别出来。我国膨胀土分布很广,以云南、广西、湖北、安徽、河北、河南等省(区)的山前丘陵和盆地边缘最严重,此外,贵州、陕西、山东、江苏、四川等地也有分布。

1. 膨胀土的特征

膨胀土一般强度较高,压缩性低,易被认为是建筑性能较好的地基土。但由于其具有膨胀和收缩的特性,当利用这种土作为建筑物地基时,如果对它的特性缺乏认识,或在设计和施工中没有采取必要的措施,会给建筑物造成危害。

一般根据野外特征,结合室内试验指标及建筑物的破坏特点进行综合判别的方法来判定膨胀土。其主要特征为:

(1)在自然条件下,土的结构致密,多呈硬塑或坚硬状态,具有黄红、褐、棕红、灰白或灰绿等多种颜色。

(2)裂隙发育,常见裂隙有竖向、斜交和水平三种,裂隙中常充填灰绿、灰白色黏土,土被浸湿后裂隙回缩变窄或闭合。

(3)自由膨胀率大于40%,天然含水率接近塑限,塑性指数大于17,多数为22~35,液性指数小于零,天然孔隙比变化范围为0.5~0.8。

(4)多出现于二级及二级以上河谷阶地、垄岗、山梁、斜坡、山前丘陵和盆地边缘,地形坡度平缓,无明显自然陡坎。

(5)土中成分含有较多亲水性强的蒙脱石、多水高岭石、伊利石(水云母)和硫化铁、蛭石等,有明显的湿胀干缩效应。

(6)膨胀土地区旱季地表常出现地裂,雨季则裂缝闭合。地裂上宽下窄,一般长10~80 m,深度多为3.5~8.5 m,壁面陡立而粗糙。

2. 影响膨胀土胀缩变形的主要因素

膨胀土的胀缩变形特性主要由土的内在因素决定,同时受到外部因素的制约。胀缩变形的产生是膨胀土的内在因素在外部适当的环境条件下综合作用的结果。影响土的胀缩变形的主要因素包括内因和外因两个方面。

1)内因

(1)矿物及化学成分。膨胀土主要由蒙脱石、伊利石等矿物组成,亲水性强,胀缩变形大。其化学成分以氧化硅、氧化铝、氧化铁为主。若氧化硅含量大,则胀缩量大。

(2)黏粒的含量。由于黏土颗粒细小,比表面积大,因而具有很大的表面能,对水分子和水中阳离子的吸附能力强。因此,土中黏粒含量越多,则土的胀缩性越强。

(3)土的密度。若土的密度大即孔隙比小,则浸水膨胀强烈,失水收缩小;反之,当土的密度小即孔隙比大,则浸水膨胀小,失水收缩大。

(4)土的含水率。若初始含水率与膨胀后含水率接近,则膨胀小,收缩大;反之则膨胀大，收缩小。

(5)土的结构强度。土的结构强度愈大，则土体限制胀缩变形的能力也愈大，而当土的结构被破坏后，土的胀缩性也增大。

2)外因

(1)气候条件。气候条件是影响土胀缩变形的首要因素。它主要包括降雨量、蒸发量、气温、相对湿度和地温等，雨季土体吸水膨胀，旱季土体失水收缩。

(2)地形、地貌条件。地形、地貌条件也是一个重要的因素，实质上仍然要联系到土中水分的变化问题。同类膨胀地基，地势低处比地势高处胀缩变形小得多；在边坡地带，坡脚地段比坡肩地段的同类地基的胀缩变形又要小得多。

(3)建筑物周围的树木。建筑物周围的树木，尤其是阔叶乔木，旱季树根吸水，加剧地基土的干缩变形，使邻近有成排树木的房屋产生裂缝。

(4)日照的时间和强度。房屋向阳面开裂多，背阴面开裂少。

3. 膨胀土的判别

具有下列工程地质特征的场地，且自由膨胀率 $\delta_{ef} \geq 40\%$ 的土，应判定为膨胀土：

(1)裂隙发育，常有光滑面和擦痕，有的裂隙中充填着灰白色、灰绿色黏土，在天然条件下呈坚硬或硬塑状态。

(2)多出露于二级或二级以上阶地、山前和盆地边缘丘陵地带，地形平缓，无明显自然陡坎。

(3)常见浅层塑性滑坡、地裂，新开挖坑(槽)壁易发生坍塌。

(4)建筑物裂缝随气候变化而张开和闭合。

4. 膨胀土地基设计

由于膨胀土的变形受外界影响因素较多，且带有周期性变形性质，因此在地基设计时主要控制最大变形值，使其不超过允许变形值；当不满足要求时，应针对膨胀土的胀缩特性从地基、基础、上部结构以及施工等方面采取措施。

1)建筑措施

(1)建筑物应尽量布置在地形条件比较简单、土质比较均匀、胀缩性较弱的场地。

(2)建筑物体型应力求简单。在地基土显著不均匀处，建筑物平面转折部位或高度(荷重)有显著变化部位以及建筑结构类型不同部位，应设置沉降缝。

(3)加强隔水、排水措施，尽量减小地基土含水率的变化。室外排水应通畅，避免积水，屋面排水宜采用外排水。散水宜较宽设置，一般应大于 1.2 m，并加隔热保温层。

(4)室内地面设计应根据要求区别对待。对Ⅲ级膨胀土地基和使用要求特别严格的地面，可采取地面配筋或地面架空的措施。对一般工业与民用建筑，可按一般方法进行设计，也可采用预制块铺砌，但块体间应嵌填柔性材料，大面积地面应做分格变形缝。

(5)建筑物周围宜种草皮。在植树绿化时应注意树种的选择，例如，不宜种植吸水量和蒸发量大的桉树等速生树种，而尽可能选用蒸腾量小的针叶树种。

2)结构措施

(1)基础形式。较均匀的弱膨胀土地基可采用条形基础。当基础埋深较大或条形基础基底压力较小时，宜采用墩基础。

(2)承重砌体结构。可采用拉结较好的实心砖墙，不得采用空斗墙、砌块墙或无砂混凝土砌体；不宜采用砖拱结构、无砂大孔混凝土和无筋中型砌块等对变形敏感的结构。

(3)设置圈梁。为增加房屋的整体刚度，基础顶部和房屋顶层宜设置圈梁，多层房屋的其他各层可隔层设置，必要时也可层层设置。

(4)设置构造柱。钢和钢筋混凝土排架结构、山墙、内隔墙应采用与柱基相同的基础形式，以加强上部结构的整体性。

3)地基处理

根据膨胀土的胀缩等级、当地材料及施工工艺等，进行综合技术经济比较后确定处理方法，常采用的地基处理方法有换土垫层、增大基础埋深，必要时可采用桩基础。

(1)换土垫层。在较强或强膨胀性土层出露较浅的建筑场地，或建筑物在使用上对不均匀变形有严格要求时，可采用非膨胀性土或灰土等置换膨胀土，以减少可膨胀的土层，达到减小地基胀缩变形量的目的。换土厚度应通过计算来确定。平坦场地上Ⅰ、Ⅱ级膨胀土的地基处理，宜采用砂、碎石垫层，垫层厚度不应小于300 mm，基础两侧宜采用与垫层相同的材料回填，并做好防水处理。

(2)增大基础埋深。膨胀土地基上建筑物的基础埋深不应小于1 m。一般基础的埋深宜超过大气影响深度。

(3)桩基础。当大气影响深度较深，膨胀土层厚，选用其他处理方式有困难或不经济时，可选用桩基础。桩基础应穿过膨胀土层，使桩尖进入非膨胀土层，或伸入大气影响急剧层以下一定的深度。

(四)饱和砂土和饱和粉土

饱和松散的砂土或粉土在强烈的地震作用下，会产生剧烈的状态变化，使原砂土或粉土结构受到破坏，抗剪强度丧失，成为液体状态。当覆盖土层被震裂时，则受压水挟带砂粒和粉粒喷出地面，出现喷水、冒砂现象，常常导致建筑物产生不均匀沉降，甚至失稳，造成建筑物开裂、倾斜或破坏，这种现象称为砂土的液化。

饱和砂土与粉土主要是单粒结构，处于不稳定状态。在强烈地震作用下，疏松不稳定的砂粒与粉粒移动到更稳定的位置。但地下水位下土的孔隙已完全被水充满，在地震作用的短暂时间内，土中的孔隙水无法排出，砂粒与粉粒位移至孔隙水中漂浮，此时土体的有效应力为零，地基丧失承载力，造成地基不均匀下沉，导致建筑物破坏。

(五)冻土

凡温度等于或小于0 ℃且含有冰的土，称为冻土。其类别有以下几种。

1. 季节性冻土

季节性冻土又称融冻层。只在冬季气温降至0 ℃以下才冻结，春季气温上升而融化，因此冻土的深度不大。我国华北、东北与西北大部分地区为此类冻土。

2. 多年冻土

多年冻土指当地气温连续3年保持在0 ℃以下并含有冰的土层。这种冻土很厚，常年不融化，具有特殊的性质。当温度条件改变时，其物理力学性质随之改变，并产生冻胀、融陷、热融滑塌等现象。

3. 防止建筑物冻害的措施

(1)换填法。用粗砂、砾石等不冻胀材料填筑在基础底下。

(2)物理化学法。土中加入无机盐等降低冰点温度，加入憎水剂减小地基的含水率，加入有机化合物改善土颗粒聚集或分散性等。

(3)保温法。在建筑物基础底部或四周设隔热层,增大热阻,推迟土的冻结,提高土温,降低冻深。

(4)排水隔水法,建筑物周围设排水沟,防止雨水渗入地基土中,同时在基础的两侧与底部填砂石料,并设排水管将入渗水排出。

(5)结构措施。采用深基础、锚固式基础、架空通风基础等。

(六)盐渍土

盐渍土是指含易溶盐超过一定量的土,工程上对盐渍土划分界限各不相同。我国沿用苏联分类标准,即规定易溶盐含量大于0.5%或中溶盐含量大于5%为盐渍土。

1. 盐渍土的分类

1)按含盐性质分类

按含盐性质,盐渍土可分为氯盐渍土、亚氯盐渍土、亚硫酸盐渍土、硫酸盐渍土、碱性盐渍土。

2)按含盐量大小分类

按含盐量大小,盐渍土可分为弱盐渍土、中盐渍土、强盐渍土、超盐渍土。

2. 盐渍土的腐蚀性

盐渍土对基础或地下设施的腐蚀,一般来说属于结晶性质的腐蚀。它可分为物理侵蚀和化学腐蚀两种。在地下水位深或地下水位变化幅度大的地区,物理侵蚀作用相对显著;而在地下水位浅、变化幅度小的地区,化学腐蚀作用显著。因此,在腐蚀严重的盐渍土地区,浇筑钢筋混凝土基础或构件时,应加入适量的钢筋防锈剂。

1)物理侵蚀

含于土中的易溶盐类,在潮湿情况下呈溶液状态,通过毛细管作用,浸入建筑物基础或墙体。在建筑物表面,由于水分蒸发,盐类便结晶析出。而盐类在结晶时体积膨胀产生很大的内应力,使建筑物由表及里逐渐疏松剥落。在建筑物经常处于干湿交替或温度变化较大的部位,由于晶体不断增加,其侵蚀作用相对明显。

2)化学腐蚀

地下水或低洼处积水中的混凝土基础或其他地下设施,当水中硫酸根含量超过一定限量时,它与混凝土中的碱性游离石灰和水泥中的水化铝酸钙相化合,生成硫铝酸钙结晶或石膏结晶。这种结晶体的体积增大,产生膨胀压力,使混凝土受内应力作用而破坏。

3. 地基处理方法

盐渍土地基处理的目的主要在于改善盐渍土的力学性质,消除或降低地基的溶陷性或盐胀性等。与一般土地基不同的是,盐渍土地基处理的范围和厚度应根据其含盐类型、含盐量、盐渍土的物理和力学性质、溶陷等级、盐胀特性以及结构物类型等因素确定。

1)浸水预溶法

该法是对拟建的结构物地基预先浸水,使土中的易溶盐溶解,并渗入到较深的土层中。这实际上相当于一种简易的“原位换土法”,即通过预浸水洗去土中的盐分,把盐渍土改良为非盐渍土。

浸水预溶法一般适用于厚度较大、渗透性较好的砂、砾石土、粉土和黏性土类盐渍土。对于渗透性较差的黏性土,不宜采用浸水预溶法。浸水预溶法用水量大,场地要有充足的水源。此外，最好在空旷的新建场地中使用。当需要在已建场地附近应用时，在浸水场地与已建场地之间要保证有足够的安全距离。

2）强夯法

有些盐渍土的结构松散，具有大孔隙的结构特征，土体密度很小，抗剪强度不高。对于含结晶盐不多、非饱和的低塑性盐渍土，采用强夯法是降低地基溶陷性的一种有效方法。

3）换土垫层法

换土垫层法适用于溶陷性较高、厚度不大的盐渍土层的处理。将基础之下一定深度范围内的盐渍土挖除，然后回填不含盐的砂石、灰土等，再分层压实。以换土垫层作为结构物基础的持力层，可部分或完全消除盐渍土的溶陷性，减小地基的变形，提高地基的承载力。

4）盐化处理方法

对于干旱地区含盐量较多、盐渍土层很厚的地基土，可采用盐化处理方法，即"以盐治盐"法。该方法是在结构物地基中注入饱和或过饱和的盐溶液，形成一定厚度的盐饱和土层，从而使地基土体发生下列变化：

（1）饱和盐溶液注入地基后随着水分的蒸发，盐结晶析出，填充了原来土体中的孔隙并起到土粒骨架的作用。

（2）饱和盐溶液注入地基并析出结晶体后，土体的孔隙比变小，使盐渍土渗透性降低。

地基土体经盐化处理后，由于土体的密实性提高及渗透性降低，既保持或提高了土体的结构强度，又使地基受到水浸时也不会发生较大的溶陷。

（七）红黏土

红黏土是指出露地表的碳酸盐类岩石，在湿热气候条件下经风化、淋滤和红土化作用而形成的一种高塑性黏土，它常覆盖于基岩上，呈棕红色或褐红色、褐黄色。形成过程中，由于铁、铝元素相对集中而演变成带红色的黏性土。红黏土主要分布在云南、四川、贵州、广西、鄂西、湘西等地。

红黏土是一种处于饱和状态、孔隙比较大、以硬塑和可塑状态为主、中等压缩性、较高强度的黏性土，具有一定的收缩性。

1. 工程特征

（1）液限较大，含水较多，饱和度常大于80%，土常处于硬塑至可塑状态。

（2）孔隙比一般较大，变化范围也大，尤其是残积红黏土的孔隙比常超过0.9，甚至达到2.0；前期固结压力和超固结比很大，除少数软塑状态红黏土外，均为超固结土，这与游离氧化物胶结有关，一般常具有中等偏低的压缩性。

（3）强度一般较高且变化范围大，黏聚力一般为10～60 kPa，内摩擦角为10°～30°或更大。

（4）膨胀性极弱，但某些土具有一定收缩性，与粒度、矿物、胶结物情况有关；某些红土化程度较低的黄土层收缩性较强，应划入膨胀土的范畴。

（5）浸水后强度一般降低。部分含粗粒较多的红黏土，湿化崩解明显。

2. 地基处理方法

当采用天然地基时，基础宜浅埋。对不均匀地基宜做地基处理；对外露的石芽可用褥垫；对土层厚度、状态不均匀的地段可置换，亦可采用改变基础宽度、调整相邻地段基底压力，增减基础埋深的方法；对基岩面起伏大、岩质坚硬的地基，可采用大直径嵌岩桩或墩基。

基坑开挖时宜采取保温保湿措施。对丙级建筑物可适当加大建筑物角端基础埋深或在基坑铺设保湿材料,并设室外排水和加宽散水。对基坑和边坡应及时维护,防止失水干缩。

【知识链接】

1. 风化作用无处不在,无孔不入。著名的如云冈石窟、敦煌莫高窟等的浮雕或石雕虽免于风吹雨淋之苦,但仍因风化而变得斑驳陆离。埃及的狮身人面像屹立在大自然中有4 000多年了,相对来说风化进行得较慢,原因之一是气候干燥,只有物理风化在起作用;原因之二是狮身人面像是从一整块灰岩上雕凿出来的,抗物理风化能力较强;原因之三是那里风沙大,飞沙经常把它掩埋起来,保护了它免受日晒夜冻。

2. 中国喀斯特地貌分布之广泛,类型之多,为世界所罕见,主要集中在云贵高原和四川西南部。在我国,作为喀斯特地貌发育的物质基础——碳酸盐类岩石(如石灰石、白云岩、石膏和岩盐等)分布很广。据不完全统计,总面积喀斯特达 200 万 km^2,其中裸露的碳酸盐类岩石面积约 130 万 km^2,约占全国总面积的 1/7;埋藏的碳酸盐岩石面积约 70 万 km^2。碳酸盐岩石在全国各省(区)均有分布,但以桂、黔和滇东部地区分布最广。湘西、鄂西、川东、鲁、晋等地,碳酸盐岩石分布也较广。

2014 年 6 月 23 日,以桂林喀斯特(广西)、施秉喀斯特(贵州)、金佛山喀斯特(重庆)和环江喀斯特(广西)组成的中国南方喀斯特第二期在第 38 届世界遗产大会上获准列入世界遗产名录。

【工程案例】 都江堰

我国古代在修建大型工程中就有工程地质的概念。如公元前 250 年在修建都江堰灌溉工程时,巧妙地利用了地形地貌条件;并据河流侵蚀、沉积规律制定了“深淘滩、低作堰”的法则。

都江堰水利工程充分利用当地西北高、东南低的地理条件,根据江河出山口处特殊的地形、水脉、水势,因势利导,无坝引水,自流灌溉,使堤防、分水、泄洪、排沙、控流相互依存,共为体系,保证了防洪、灌溉、水运和社会用水综合效益的充分发挥。都江堰水利创建的鱼嘴分水堤、飞沙堰溢洪道、宝瓶口引水口三大主体工程和百丈堤、人字堤等附属工程构成,科学地解决了江水自动分流、自动排沙、控制进水流量等问题,消除了水患,使川西平原成为“水旱从人”的“天府之国”。2 000 多年来,都江堰水利工程一直发挥着防洪灌溉作用。

【阅读与应用】

1. 如图 3-19 所示,台湾野柳地质公园里的“女王头”,是台湾旅游的一张名片,现面临断颈的危险。请分析其形成原因。

2. 我国云南、广西、贵州等省(自治区),石灰岩广泛分布,岩溶(喀斯特)十分发育。“一场大雨千箅涝,天晴三日万里焦”;“修塘不蓄水,筑坝不拦洪”,大量的地表水漏至地下,因而地表水缺水现象很严重。农田灌溉是“旬日不雨,既成旱象”“米如珍珠水如油”。请根据所学知识,谈谈在我国南方地区怎样防止喀斯特给我们带来的损害?

3. 2010 年 8 月 7 日 22 时左右,甘南藏族自治州舟曲县城东北部山区突降特大暴雨,降雨量达 97 mm,持续 40 多 min,引发三眼峪、罗家峪等四条沟系特大山洪地质灾害,泥石流长约 5 km,平均宽度 300 m,平均厚度 5 m,总体积 750 万 m^3,流经区域被夷为平地。截至 2010 年 9 月 7 日,舟曲“8·7”特大泥石流灾害中遇难 1 481 人,失踪 284 人,累计门诊治疗 2 315 人。

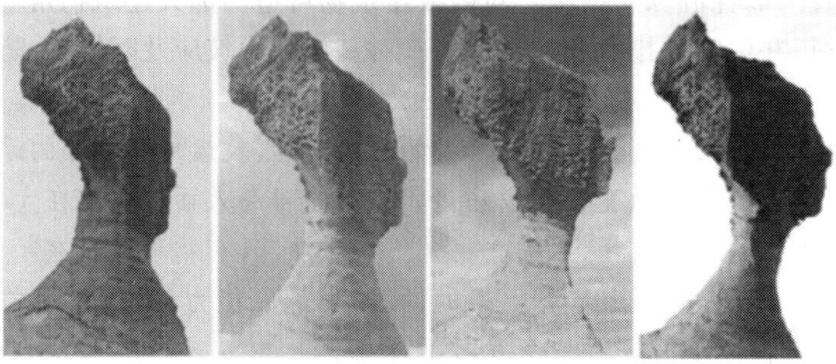

图 3-19 “女王头”

我国山地面积大,自然地理条件和地质条件复杂,所以是世界上泥石流灾害最严重的国家之一。通过上述学习,请结合自己家乡(山区)的情况,谈谈存在哪些重力地质作用,以及应该如何防范。

小 结

自然界随时随地都在发生的各种自然地质作用,直接影响建筑物的安全性。因此,我们应该熟悉各种自然地质作用产生的地质因素,预测其发生和发展规律,并提出相应的防治措施。本项目阐述了常见的自然地质作用及地质现象,其主要内容如下。

1. 风化作用

岩石风化是岩石在太阳热能、大气、水分和生物等各种风化应力作用下,不断发生物理变化和化学变化的过程。这种促使岩石破碎甚至分解的地质作用称为风化作用。随着深度的增加,岩石的风化程度逐渐减弱,故岩石由地下深部到地面可分为未风化、微风化、中等风化、强风化、全风化和残积土六个级别带。其中,中等风化带和微风化带岩石经过处理,可作为工程建筑物的地基;而风化新形成的残积物颗粒大小混杂,不宜作为大型建筑物的地基。

2. 流水的地质作用

地面流水分为两种:暂时性水流和经常性水流。其中,暂时性水流分为片流和洪流两类。沿沟谷流动的经常性水流称为河流。它们都具有侵蚀、搬运、沉积三种地质作用,但每种流水这三种地质作用根据自己本身的特点又有所不同。本项目重点介绍了河流的地质作用。河流的地质作用塑造了河谷形态,并形成分选性和磨圆度良好的冲积物。一般密实的、颗粒较粗且大小均一的沉积物,可作为良好的工程建筑物地基和天然建筑材料。

3. 岩溶

岩溶形成的基本条件是岩石的可溶性及透水性和水的侵蚀性及流动性。岩溶的发育具有垂直分带性规律(即形成垂直循环带、水平循环带、过渡循环带和深部循环带的四个垂直带)。岩溶地区地表径流少,但地下水极为丰富,可供开发利用。在岩溶地区修建工程时必须解决渗漏、塌陷和涌水等问题。

4. 重力地质作用

边坡岩体变形破坏的常见形式有崩塌、滑坡、泥石流等几种类型。大规模的边坡破坏通常是上述几种形式的组合,其中崩塌、滑坡最为常见。

崩塌与滑坡是边坡岩(土)体在本身重力作用和其他因素影响下发生变形破坏的现象，它们常具有突发性强和危害性大的特点。因此，应查明边坡失稳的类型、范围和地质背景，分析失稳原因及其危害程度，判断稳定程度，预测其发展趋势，并提出防治对策。

泥石流是山区沟谷中由暴雨、冰雹、融水等水源激发的并含有大量泥沙石块的特殊洪流。泥石流往往突然暴发，其特征是流速快、流量大、物质容量大、破坏力强。泥石流的形成条件有地质条件、地形条件、水文气象条件及人类活动的影响。

5. 第四纪沉积物的工程地质特征

第四纪沉积物(层)形成于第四纪，是广泛分布于地表的未经胶结成岩的各种松散状态的堆积物。不同成因的松散沉积物，其工程地质特征有明显差别，特别是某些具有特殊物质成分和结构的土，对工程性质的影响更大。本项目从不同的沉积物成因入手，分析其工程特点，提出工程中的处理措施。

复习题

1. 什么是风化作用？风化作用有哪些主要类型？
2. 影响风化作用的主要因素是什么？如何划分岩石的风化带？
3. 简述风化残积层的特征。
4. 简述洪积扇的工程分区及地质条件。
5. 河流有哪几种地质作用？各有何不同特点？
6. 什么是溯源侵蚀？什么是侵蚀基准面？
7. 什么是河流阶地？河流阶地是如何形成的？阶地有哪些类型？
8. 什么是岩溶地貌？主要有哪些主要类型？
9. 岩溶发育的基本条件是什么？
10. 影响岩溶发育的因素有哪些？
11. 影响滑坡的因素有哪些？
12. 什么是泥石流？简述泥石流的分区特征。
13. 产生泥石流的条件是什么？
14. 我国特殊性土有哪些？
15. 软弱土有哪些特征？
16. 如何判别黄土是否具有湿陷性？
17. 什么是砂土的液化？
18. 冻土分哪些种类？
19. 什么是盐渍土？其腐蚀性主要有哪些？
20. 什么是红黏土？有哪些主要特征？

技能训练

张家界世界地质公园是我国著名的旅游景点，如图 3-20 所示，以“山峻、峰奇、水秀、峡幽、洞美”而闻名于世，其砂岩峰林地貌是在特定的地质构造部位、特定的新构造运动和外力作用条件下形成的，保存了一套完善的砂岩峰林形成模式，具有很好的科学研究和地质美学欣赏价值，一直是地貌学家、地质学家们关注的焦点。即它是“在中国华南板块大地构造背景和亚热带湿润区内，由产状近水平的泥盆中、上统石英砂岩为成景母岩，以流水侵蚀、重力崩塌、风化等营力形成的，以棱角平直的高大石柱林为主，以及深切嶂谷、石墙、天生桥、方山、平台等造型地貌为代表的地貌景观”。

请大家利用自然地质作用知识分析这些奇观异景是如何形成的。

图 3-20　张家界风景

项目四　水文地质

学习目标

1. 了解自然界水循环特点和水量分布情况。
2. 掌握地下水的类型及特点。
3. 熟悉地下水资源分类和地下水水量的计算。
4. 掌握地下水允许开采量计算和地下水水质评价。

【学习导入】

随着社会的发展,水作为资源的意义越来越成为主要方面,淡水的重要性不亚于石油,水成为对人类社会发展影响最大的资源。地下水作为一种宝贵的水资源,常为农业灌溉、城市供水及工矿企业用水提供良好的水源,矿泉水和地下热水也已广泛地被开采利用。人们在利用地下水的同时,也发现地下水常常给经济建设带来一定的困难与危害:就水利工程来说,地下水可以改变岩石的性质,溶蚀岩石,导致岩体或建筑物失去稳定;水库蓄水后引起地下水位上升,使农田产生盐渍化或沼泽化;城市过量开采地下水造成地面沉降和海水入侵;此外,地下水如含有侵蚀性成分,则对混凝土和其他建筑材料会产生腐蚀破坏作用。

本项目是研究地下水形成和分布规律及其合理利用与相关灾害防治的相关知识。

单元一　自然界水循环与水的分布

一、自然界的水循环

地球上的水分布在海洋、湖泊、沼泽、河流、冰川、雪山,以及大气、生物体、土壤和地层,即水存在于大气圈、水圈、岩石圈及生物圈中。分布于地球的不同圈层中的水分,彼此密切联系,经常相互转化。这种彼此转化的过程即是自然界中的水循环,如图4-1所示。

(一)水循环的作用

水循环是联系地球各圈层和各种水体的纽带,是“调节器”,它调节了地球各圈层之间的能量,对冷暖气候变化起到了重要的作用。水循环是“雕塑家”,它通过侵蚀、搬运和堆积,塑造了丰富多彩的地表形象。水循环也是“传输带”,它是地表物质迁移的强大动力和主要载体。更重要的是,通过水循环,海洋不断向陆地输送淡水,补充和更新陆地上的淡水资源,从而使水成为了可再生的资源。

水循环的主要作用表现在三个方面:首先,水是所有营养物质的介质,营养物质的循环和水循环不可分割地联系在一起;其次,水对物质是很好的溶剂,在生态系统中起着能量传

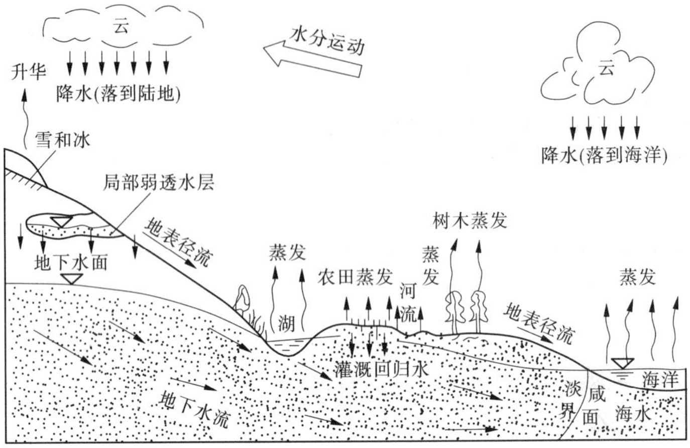

图 4-1　全球水循环示意图

递和利用的作用;最后,水是地质变化的动因之一,一个地方矿质元素流失,而另一个地方矿质元素沉积往往要通过水循环来完成。

(二)水循环的过程

海洋中的水分蒸发为水汽,进入大气圈,经过岩石圈表层以及生物圈,再返回水圈,如此循环往复。水循环上限大致可达地面以上 16 km 的高度,即大气对流层;下限可达地面以下平均 2 km 左右深度,即地壳中空隙比较发育的部分。

海洋表面从太阳获得能量,水分通过蒸发逸入大气,并通过大气环流扩散到海洋和陆地上空,在一定条件下凝结,并以降水形式回归到地球表面。在陆地表面因降水产生径流,或直接从地表汇流回归入海,或通过地表层的蓄滞但仍最后回归入海,这样就形成水在海洋和陆地间的循环运动。通常把这种海陆之间的水循环称为大循环。此外,由海洋蒸发的水汽在空中凝结后,直接又以降水的形式回落到海洋,这种水循环称为海洋小循环;还有在陆面上的部分降水在陆地表面形成水体以及植物截留,通过土壤和植被的蒸腾,使陆面上的水分直接返回大气,凝结后以降水的形式返回陆面,这种水循环称为陆地小循环。地表层蓄滞的那部分水运动过程十分复杂,或直接流入海洋,或在流动过程中再成为地表水,然后返回海洋;也可能由一个地下水体转移到另一个地下水体中;或在流动过程中,多次由地下水体转出为地表水体以及由地表水体转入地下水体,最终返回海洋。

根据联合国 1978 年的统计资料,参与全球动态平衡的循环水量为 0.577 万亿 m^3,仅占全球水储量的 0.049%。在水循环的过程中,大气中的水汽主要来源于海洋的蒸发,来自海洋的水汽约有 15% 被大气环流输送到陆地上空,这些水汽形成陆地上降水量的 89%,另外 11% 的陆地降水量来自陆地本身的蒸发所产生的水汽,见表 4-1。

参与循环的水,无论是从地球表面到大气,还是从海洋到陆地或从陆地到海洋,都在经常不断地更替和净化自身。地球上各类水体由于其储存条件的差异,更替周期具有很大的差别,表 4-2列出了各种不同水体的更替周期。

表 4-1　全球水循环状况

分区	面积（万 km^2）	水量（万亿 m^3）		
		降水	径流	蒸发
世界海洋	36 100	0.458	0.047	0.505
世界陆地	14 900	0.119	0.047	0.072
全球	51 000	0.577		0.577

表 4-2　各种水体的更替周期

水体种类	更替周期	水体种类	更替周期
永冻带底冰	10 000 年	沼泽	5 年
极地冰川和雪盖	9 700 年	土壤水	1 年
海洋	2 500 年	河川水	16 天
高山冰川	1 600 年	大气水	8 天
深层地下水	1 400 年	生物水	几小时
湖泊	17 年		

所谓更替周期，指补给停止的条件下，各类水从水体中排干所需要的时间，一般情况下其估算式为

$$T = \frac{Q(t)}{q(t)} \tag{4-1}$$

式中　T——水的更替周期；

$Q(t)$——某一时刻水体中储存的水量；

$q(t)$——单位时间内水体中参与循环的水量。

如果大气水的储量为 12.9 万亿 m^3，全球从水面和地面平均每年有 577 万亿 m^3 的水蒸发到大气中，由此大气水的平均更替周期为

$$T = \frac{12.9}{577} \times 365\ \mathrm{d} = 8\ \mathrm{d} \tag{4-2}$$

其他水体更替周期的估算方式大体相同，估算结果列在表 4-2 中。

由表 4-2 可见，冰川、深层地下水和海洋水的更替周期很长，一般在千年以上。河川水更替周期较短，平均为 16 d 左右。在各种水体中，以大气水、河川水和土壤水最为活跃。因此，在开发利用水资源过程中，应该充分考虑不同水体的更替周期和活跃程度，做到水资源的合理开发，防止由于更替周期长或补给不及时，造成水资源的枯竭。

（三）我国水循环概况

1. 我国气候特征

地球的最外层被大气所包围。大气中的水汽是地球水圈的一个组成部分，是自然界中水循环的最重要环节——蒸发、降水。所以，气象和气候因素对水资源的形成及分布具有重要影响。

我国绝大部分地区为季风气候，一年中雨季与旱季分明，降水的时空分布很有规律，这

与我国特殊的地理格局有关。

我国位于世界最大陆地——欧亚大陆东缘，南北地跨亚热带、温带及亚寒带；西部是世界上最高的青藏高原，东濒世界最大水体太平洋。

就全球而言，亚热带及接近两极地带是高气压带。由于海陆分布的影响，对我国气候起控制作用的是两个高气压中心：形成于海洋的夏威夷亚热带高压中心——带来暖湿气流；形成于大陆腹地的蒙古寒带高压中心——带来干寒气流。

由于水的比热远大于岩石，所以在太阳辐射影响下，陆地增温及散热迅速，海洋缓慢。冬季，大陆因太阳辐射减少急剧降温，空气冷却，密度增大，蒙古高压中心增强；海洋降温慢，空气密度相对较小，夏威夷高压减弱，此时，我国大部分地区盛行西北季风，寒流所及，天气干冷晴朗。夏季，太阳辐射增强，陆地增温强烈，蒙古高压迅速衰退；海洋温度相对较低，夏威夷高压相对强盛，我国大部盛行东南风。

来自海洋的湿热气流与来自陆地腹地的冷气流相遇，在锋面上产生降水。随着季节变化，两种气流互为消长，锋面随之推移。一般年份，4 月锋面相遇于我国东南沿海一带，遂这一带雨季开始。6 月，随着海洋气团加强，锋面稳定于长江沿线，形成连绵不已的"黄梅雨"。7 月、8 月间，随着锋面推进到华北、东北南部及我国西部内地，这一地区进入雨季，南方雨量减少。秋季，蒙古高压加强，夏威夷高压减弱，西北季风开始控制大陆，出现秋高气爽的天气。冬季，蒙古高压强盛，形成多次寒潮。

东部季风影响不能波及我国西部腹地。新疆西北部受大西洋气流控制，雨季出现于 5 月、6 月间。青藏高原南部及云南高原受西南季风及印度洋季风影响，6 ~ 9 月为雨季。

2. 我国水循环特征

1）时间上分配不均匀

由于季风气候的控制，旱季、雨季分明，降水集中使我国水资源在时间上分配相当不均匀。雨季降水丰沛，是水循环积极进行时期。即使是较干旱的地区，由于全年降水绝大部分集中于短期内降落，江、河、湖泊及其他地表水体的水量均得以补充，不少地区甚至江河漫溢，酿成洪涝灾害。地下水在此期间也获得大量雨水入渗补给。旱季降水比较稀少，地表水及地下水都以或快或慢的速度流向海洋，或以不同的蒸发强度转入大气圈，补给量小于排出量，总水量逐渐消耗减少。

由于水循环过程的不均匀性造成各地区水量随时间变化，给用水带来不利影响。降水集中的雨季过后，地表径流迅速流走而不能充分利用。地下径流速度比地表水缓慢得多，当地表间歇河流已经干涸，大小溪流流量急剧减少之际，地下水仍能保持一定的水量和水位高度，这样不但其本身仍保持供给相当水量的能力，还能源源不断地补充与其有联系的地表水，使其保持一定的旱季流量。地下水对水循环的滞缓，对水量在时间上的分配起着调节作用，使之趋于较为均匀，对水资源利用是很有利的。

2）空间上降水量不均匀

我国水循环的另一个重要特征是空间分布上的不均匀性。例如，东南沿海地区年均降水量均在 1 500 mm 以上，最大可达 2 000 ~ 3 000 mm；长江流域约 1 200 mm，华北地区一般为 600 ~ 800 mm；而新疆塔里木盆地降水量在 50 mm 以下，有的地方几乎终年无雨。这就导致水资源在空间上分布的不均匀性。据最近公布的水资源资料，我国年地表径流量约 2.78 万亿 m^3，长江流域及其以南地区占 75% 以上，华北、西北地区仅占 10%。全国年地下径流量约7 000亿m^3,长江流域及其以南地区占60%;华北及西北地区仅占20%。在这样的水资源条件下,各地区水的需求满足程度不同。一般来说,长江流域及其以南地区降水较为充沛,水循环总量可满足生产及生活的需要;但由于水量季节分配不均匀,某些地区在干旱季节,尤其在干旱年份仍感到缺水。华北、东北地区,一般雨季水量不少,但干旱季节长,普遍感到缺水,总的来说水量不能满足要求。西北干旱或沙漠地区,降水稀少,水资源贫乏,形成大范围的荒漠,仅在盆地边缘由于获得山区冰川和积雪融化水补给,形成局部水源较为丰富的"绿洲"。如河西走廊的"绿洲",即由祁连山冰雪融化水补给;天山南北沿塔里木、准噶尔沙漠边缘的"绿洲"也同样以周围山地高山融雪水为水源。

无论地表水或地下水,都是自然界水循环中的一个环节,均以大气降水为其补给来源。因此,一个地区水资源的丰富程度主要取决于降水量的多少。降水量大的地区,水资源较为丰富;反之,水资源贫乏。由于降水在时间上分配不均匀,在总径流量中占主要地位的地表径流由于循环速度快,利用率受到限制;而地下径流比较滞缓,分布也较广泛,在时间上和空间上均可起到一定的调节作用,从而大大提高了地下水在水资源中的价值和地位。但是,我们必须充分认识到,只有降水才是地下水补给的最主要来源。在某些降水十分稀少的干旱地区,甚至沙漠地区,有时也能发现一定数量的地下水,它们或者是从周围高山冰雪融化水获得补充,实际上仍是固体降水的转化补给;或者是在长期地质历史或历史时期中集聚起来的,是多年水循环的积累。而可以长期供给利用的水量,只能是该地区经常参与水循环的那部分水量。当用水量超过参与水循环的总水量时,实际上是在提取多年积存的地下水,这部分水量是难以短期恢复补充的,从实际应用的角度而言,有时甚至是无法恢复的。因此,把地下水资源的形成作为自然界水循环过程中的一个环节加以研究,是水文地质学的一个基本出发点。

二、自然界的水量分布

水圈中的水绝大部分以液态形式存在于地壳表面低洼的海洋中,海洋大约覆盖地球表面的71%,其水量占地球水总储量的96.54%。陆地面积占地球表面积的29%,而水量仅占地球水总储量的3.46%,陆地上的水大部分以固态形式存在于地球的南北两极地表以及陆地的高山上,或仍以液态形式存储在地壳陆地部分上层——地下水,或储存在陆地表面如河流、湖泊等——陆面水。在围绕地球的大气层中仍有部分的气态水,即以水汽形式存在于大气中。此外,地球上一切动植物体内,还存在生物水。根据联合国1977年的资料,各部分的储量情况见表4-3。

如表4-3所示,地球水圈中水的总储量为1 385 984.6万亿m^3,即存在于地球上各种介质中的总水量。一般认为在一定历史时期内这个量不会变化,但在各种介质中的水量在各年间会有一些变化,即在分配上的变化。因此,表4-3中的数据被认为是一种多年平均的情况。各种介质中的水量变化是因为存在全球水循环,因各年气候条件不同,在每年的水循环过程中降水、径流和蒸发各项的数值也会有一些变化。

表 4-3　地球上水的储量

水体种类	水量		咸水		淡水	
	万亿 m^3	%	万亿 m^3	%	万亿 m^3	%
海洋水	1 338 000	96.54	1 338 000	99.04	0	0
地表水	24 254.1	1.75	85.4	0.006	24 168.7	69.0
冰川与冰盖	24 064.1	1.736	0	0	24 064.1	68.7
湖泊水	176.4	0.013	85.4	0.006	91.0	0.26
沼泽水	11.47	0.000 8	0	0	11.47	0.033
河流水	2.12	0.000 2	0	0	2.12	0.006
地下水	23 700	1.71	12 870	0.953	10 830	30.92
重力水	23 400	1.688	12 870	0.953	10 530	30.06
地下冰	300	0.022	0	0	300	0.86
土壤水	16.5	0.001	0	0	16.5	0.05
大气水	12.9	0.000 9	0	0	12.9	0.04
生物水	1.12	0.000 1	0	0	1.12	0.003
全球总储量	1 385 984.6	100	1 350 955.4	100	35 029.2	100

地球上水的储量是巨大的，但绝大部分还不能作为水资源供人类利用。可供人类利用的淡水资源在数量上是极为有限的，而且分布也极不均匀。表 4-4 为世界各大洲的水资源分布状况。

表 4-4　世界各大洲水资源分布状况

地区	面积（万 km^2）	年降水		年径流		径流系数	径流模数（L/(s·km^2)）
		mm	亿 m^3	mm	亿 m^3		
欧洲	1 050	789	82.9	306	32.1	0.39	9.7
亚洲	4 347.5	742	322.4	332	144.1	0.45	10.5
非洲	3 012	742	223.5	151	45.7	0.20	4.8
北美洲	2 420	756	183.0	339	82.0	0.45	10.7
南美洲	1 780	1 600	284.0	660	117.6	0.41	21.0
大洋洲①	133.5	2 700	36.1	1 560	20.9	0.58	51.0
澳大利亚	761.5	456	34.7	40	3.0	0.09	1.3
南极洲	1 398	165	23.1	165	23.1	1.00	5.2
全部陆地	14 900	800	1 192.0	315	468	0.39	10.0

注：①不包括澳大利亚，但包括塔斯马尼亚岛、新西兰岛和伊里安岛等岛屿。

由表 4-4 可见，世界上水资源最丰富的大洲是南美洲，其中尤以赤道地区水资源最为丰富。相反，热带和亚热带地区差不多只有陆地水资源总量的 1%。水资源较为缺乏的地区是中亚南部、阿富汗、阿拉伯和撒哈拉；西伯利亚和加拿大北部地区因人口稀少，年人均值相当高;澳大利亚的水资源并不丰富,总量不多。各大洲的水资源相比较而言,欧洲稳定的淡水量占其全部水量的43%,非洲占45%,北美洲占40%,南美洲占38%,澳大利亚和大洋洲占25%。

单元二　地下水的类型及其特征

埋藏在地表以下岩石(包括土层)的空隙(包括孔隙、裂隙和空洞等)中的各种状态的水称为地下水,地下水的分布极其广泛。它和人类的生产、生活密切相关,例如地下水常为农业灌溉、城乡人民生活及工矿企业用水提供良好的水源。因此,地下水是一种宝贵的资源。

地下水的运动和聚集,必须具有一定的岩性和构造条件。空隙多而大且能使水流通过(渗透系数大于0.001 m/d)的岩层称为透水层;能透水又饱含水的岩层称为含水层;空隙少而小致密岩层是相对的不透水的岩层,称为隔水层。然而,在各种不同情况下,人们所指的含水层与隔水层含义有所不同,它们的定义具有相对性。岩性相同、渗透性完全一样的岩层,可能在有的地方被当作含水层,而在另一些地方被当作隔水层。即使在同一个地方,渗透性相同的某一岩层,在涉及某些问题时被看作透水层,在涉及另一个问题时则被看作隔水层,也就是说含水层、隔水层与透水层的定义取决于运用它们时的具体条件。

由于地下水本身非常复杂,而且其影响因素多种多样,地下水的分类方法很多,但归纳起来有两种分类法:一是按地下水的某一特征进行分类,如按硬度分类、按矿化度分类等;二是综合考虑地下水的若干个特征进行分类,表4-5 所列按埋藏条件和含水层介质类型分类是目前比较普遍的分类法。首先按埋藏条件可将地下水分为上层滞水、潜水、承压水,另外根据含水层介质类型不同又可分为孔隙水、裂隙水、岩溶水。

表4-5　地下水分类

埋藏条件	含水介质类型		
	孔隙水	裂隙水	岩溶水
包气带水	土壤水及季节性的局部隔水层以上的重力水	裂隙岩层中局部隔水层上部季节性存在的水	可溶岩层中季节性存在的悬挂水
潜水	各类松散堆积物浅部的水	裸露于地表的各类裂隙岩层中的水	裸露于地表的岩溶岩层中的水
承压水	山间盆地及平原松散堆积物深部的水,向斜构造的碎屑岩孔隙中的水	组成构造盆地、向斜构造或单斜断块的被掩覆的各类裂隙岩层中的水	组成构造盆地、向斜构造或单斜断岩溶岩层中的水

一、包气带水

位于潜水面以上未被水饱和的岩土中的水称为包气带水。此带称包气带,其下称饱水带。包气带中的水主要有土壤水和上层滞水,如图4-2 所示。

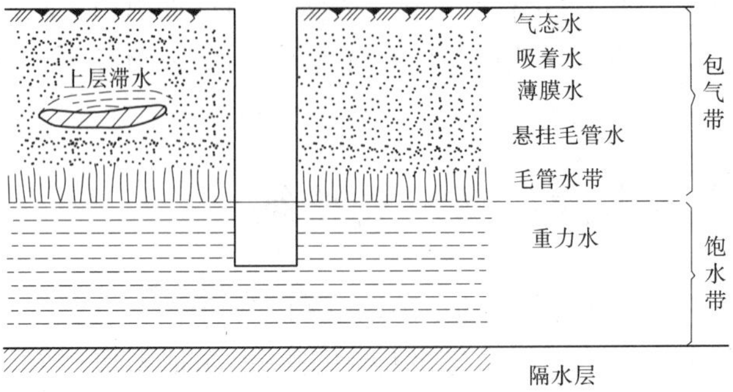

图 4-2 包气带及饱水带示意图

（一）土壤水

土壤水是位于地面以下土壤层中的水，主要以结合水和毛管水形式存在，主要靠大气降水的渗入、水气的凝结及潜水由下而上的毛细作用补给。大气降水或灌溉水向下渗入必须通过土壤层，这时渗入水的一部分保持在土壤层中，成为所谓的田间持水量，多余部分呈重力水下渗补给潜水。土壤水主要消耗于蒸发和被植物根吸收，对植物生长起重要作用。土壤水的动态主要受气候条件控制，呈季节性变化。当土壤层透水性很差，气候又潮湿多雨或地下水位接近地表时，易形成沼泽，称为沼泽水。当地下水面埋藏不深，毛管水带可达到地表时，由于土壤水分强烈蒸发，盐分不断积累于土壤表层，会造成土壤盐渍化，从而危害农作物生长，腐蚀建筑物基础。所以，研究控制土壤层中的水分的变化，对农业生产和建筑物基础埋置具有重要意义。

（二）上层滞水

当包气带存在局部隔水层时，在局部隔水层之上积聚具有自由水面的重力水，称为上层滞水。上层滞水的特点是：分布范围有限，补给区与分布区一致；直接接受当地的大气降水或地表水补给，以蒸发或逐渐向下渗透的形式排泄；水量不大且随季节变化显著，雨季出现，旱季消失，极不稳定；水质变化亦大，一般较易污染。上层滞水由于水量小且极不稳定，只能做临时性的水源。

在建筑工程中，上层滞水的存在是不利的因素。基坑开挖工程中经常遇到这种水，这种水可能突然涌入基坑，妨碍施工，应注意排除；但由于其水量不大，因此易于处理。

二、潜水

（一）潜水的概念及特点

潜水是指埋藏在地表以下第一个稳定隔水层以上具有自由水面的重力水，如图 4-3 所示，潜水一般储存在第四系松散沉积物中，也可以形成于裂隙或可溶性基岩中，形成裂隙潜水和岩溶潜水。潜水的自由表面称为潜水面；潜水面上任一点的高程称为该点的潜水位（H）。潜水面到地表的铅直距离称为潜水埋藏深度（T）。潜水面到隔水底板的铅直距离称为潜水含水层厚度（H_0）。

根据潜水埋藏条件，潜水具有以下特征：

（1）潜水具有自由水面，为无压水。在重力作用下可以由水位高处向水位低处渗流，形成潜水径流，在潜水流的渗透途径上，任意两点的水位差与该两点之间的水平距离之比称为

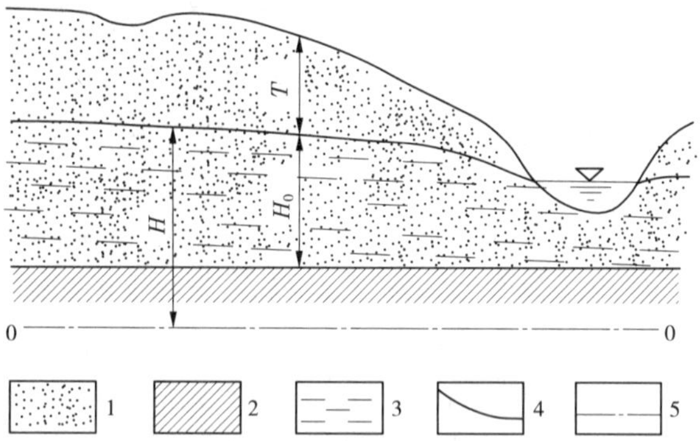

1—砂层；2—隔水层；3—含水层；4—潜水面；5—基准面；T—潜水埋藏深度；H_0—潜水含水层厚度；H—潜水位

图 4-3　潜水埋藏示意图

潜水流在该段的水力坡度。

(2)潜水的分布区和补给区基本上是一致的。在一般情况下，大气降水、地面水都可通过包气带入渗直接补给潜水。

(3)潜水的动态(如水位、水量、水温、水质等随时间的变化)随季节不同有明显变化。如雨季降水多，潜水补给充沛，使潜水面上升，含水层厚度增大，水量增加，埋藏深度变浅；而在枯水季节则相反。

(4)在潜水含水层之上因无连续隔水层覆盖，一般埋藏较浅，因此容易受到污染。

(二)潜水面的形状及其表示方法

1. 潜水面的形状

在自然界中，潜水面的形状因时因地而异，它受地形、地质、气象、水文等各种自然因素和人为因素的影响。一般情况下，潜水面不是水平的，而是向着邻近洼地(如冲沟、河流、湖泊等)倾斜的曲面。只有当盆地或洼地中潜水集聚而潜水面呈水平状态时，才形成潜水湖，如图 4-4 所示。

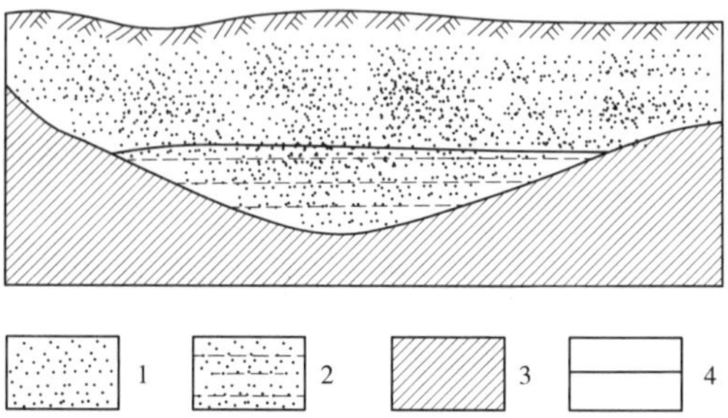

1—砂；2—含水砂；3—隔水层；4—潜水面

图 4-4　潜水湖示意图

潜水面的形状与地形有一定程度的一致性，一般地面坡度越陡，潜水面坡度也越大。但潜水面坡度总是小于相应的地面坡度，其形状比地形要平缓得多，如图 4-3 所示。

当含水层的透水性和厚度沿渗流方向发生变化时，会引起潜水面形状的改变。在同一含水层中，当岩层透水性随渗流方向增强或含水层厚度增大时，则潜水面形状趋于平缓，反之变陡，如图 4-5 所示。

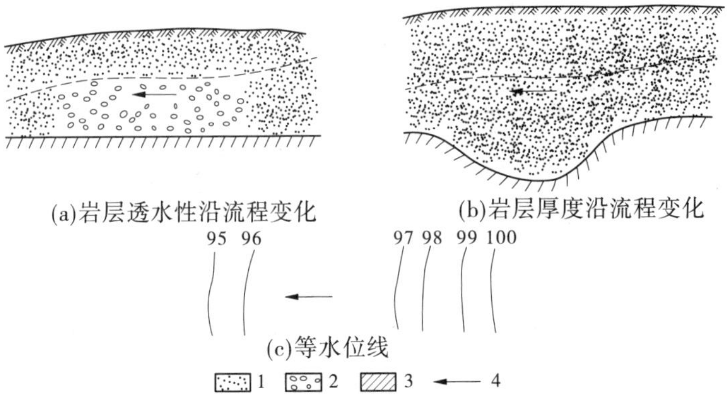

1—含水砂;2—含水砾石;3—隔水底板;4—流向

图 4-5　潜水面形状与岩层透水性及含水层厚度的关系

气象、水文因素会直接影响潜水面的变化,如大气降水和蒸发,可使潜水面上升或下降。在某些情况下,地面水体的变化也会引起潜水面形状的改变,如图 4-6 所示。

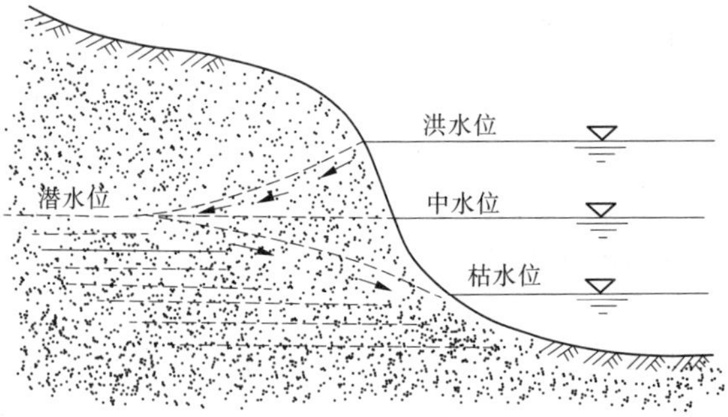

图 4-6　河水位变化与潜水面形状的关系

人为修建水库或渠道以及抽取或排除地下水,都会引起地下水位的升高或降低,改变潜水面的形状。

2. 潜水面的表示方法

为清晰地表示潜水面的形状,常用两种图示方法,并且两种图常配合使用。

1)剖面图

按一定比例尺,在具有代表性的剖面方向上,先根据地形绘制地形剖面,再根据钻孔、试坑和井、泉的地层柱状图资料,绘制地质剖面图。然后画出剖面图上各井、孔等的潜水位,连出潜水面,即绘成潜水剖面图,如图 4-7 所示,它也称为水文地质剖面图。从这种图上可以反映出潜水面与地形、含水层岩性及厚度、隔水层底板等的变化关系。

2)等水位线图

在平面上潜水面的形状可以用潜水面等高线图表示,此图称为潜水等水位线图,如图 4-8 所示,其绘制方法与绘制地形等高线图基本相同,即根据在大致相同的时间内测得的潜水面各点(如井、泉、钻孔、试坑等)的水位资料,将水位标高相同的各点相连绘制而成。

潜水等水位线图一般在地形图上绘制。因为潜水面随季节时刻都在变化,所以等水位线图要注明测定水位的日期。通过不同时期内等水位线图的对比,有助于了解潜水的动态。

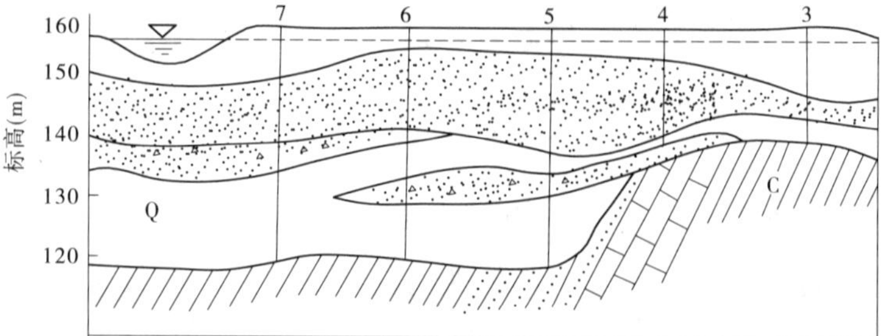

孔深(m)	34.54	34.48	34.51	17.70	17.59
抽水降深(m)	3.18	7.33	6.23	5.00	8.50
出水(L/s)	22.90	2.32	0.35	2.26	0.006

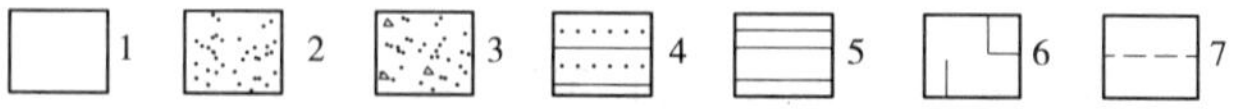

1—黏性土;2—砂;3—砂砾石;4—砂岩;5—页岩;6—石灰岩;7—地下水位

图 4-7 水文地质剖面图

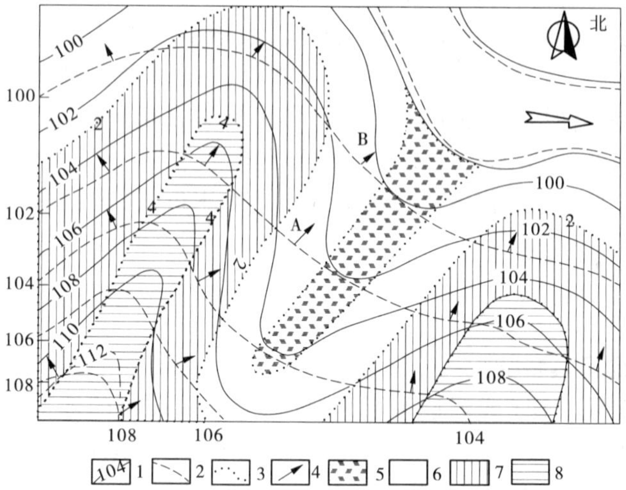

1—地形等高线;2—等水位线;3—等埋深线;4—潜水流向;
5—潜水埋藏深度为零区(沼泽区);6—埋深 0 ~2 m 区;7—埋深 2 ~4 m 区;8—埋深大于 4 m 区

图 4-8 潜水等水位线图及埋藏深度

根据等水位线可以确定以下问题:

(1)确定潜水流向。潜水由高水位流向低水位,所以垂直于等水位线的直线方向,就是潜水的流向,通常用箭头表示。

(2)确定潜水的水力坡度。在潜水的流向上,相邻两等水位线的高差与水平距离的比值,即为该距离段内潜水的水力坡度。

(3)确定与地表水的补给关系。潜水与河水的补给关系一般有三种情况,如图 4-9 所示。潜水补给河水如图 4-9(a)所示,河水补给潜水如图 4-9(b)所示,河水 - 潜水相互补给如图 4-9(c)所示。

(4)确定潜水埋藏深度。任一点的潜水埋藏深度是该点地形等高线的标高与该点等水

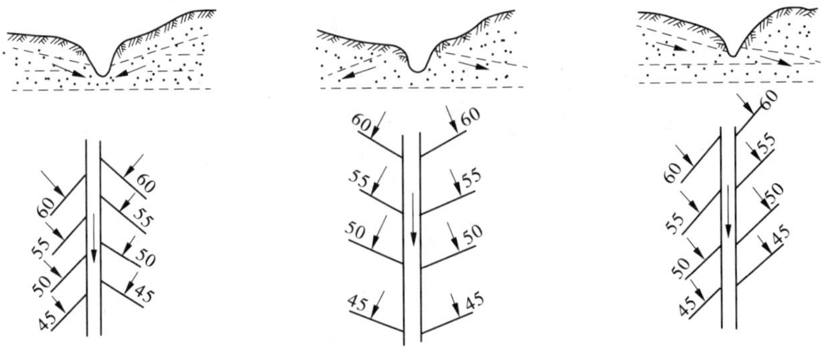

图 4-9　潜水与河水之间不同补给关系的等水位线图

位线标高之差。根据各点的埋藏深度,可进一步做出潜水埋藏深度图,如图 4-8 所示。

(5)确定含水层的厚度。若在等水位线图上有隔水底板等高线,则可确定任一点的含水层厚度,其值等于潜水位标高减去隔水底板标高。

(6)推断含水层透水性及厚度的变化。潜水流自透水性较弱的岩层转入透水性强的岩层时,潜水面坡度由陡变缓,等水位线由密变疏;相反,潜水面坡度便由缓变陡,等水位线由疏变密。潜水含水层岩性均匀,当流量一定时,含水层薄的地方水面坡度变陡,含水层厚的地方水面坡度变缓,相应的等水位线便密集或稀疏。

(7)选择给(排)水建筑物位置。一般应在平行等水位线(垂直于流向)和地下水汇流处开挖截水渠或打井。

三、承压水

(一)承压水概念及其特征

充满于两个稳定隔水层(或弱透水层)之间具有水头压力的地下重力水称为承压水。承压水含水层上部的隔水层称为隔水顶板;下部的隔水层称为隔水底板;两板之间的垂直距离称为承压含水层厚度,由于隔水顶板的存在,承压含水层能明显地划分出补给区、承压区和排泄区三部分,如图 4-10 所示。

承压区中地下水承受静水压力,当钻孔打穿隔水顶板时所见的水位称为初见水位。随后,地下水上升到含水层顶板以上某一高度稳定不变,这时的水位(稳定水面的高程)称为稳定水位,也是该点处含水层的承压水位。承压水位如高出地面,则地下水可以溢出或喷出地表,所以通常又称承压水为自流水。承压水位与隔水层顶板的距离称为水头,水头高出地面者称为正水头,低于地面者称为负水头。

当两个隔水层之间的含水层未被水充满时,称为层间无压水。

承压水的埋藏条件决定了它与潜水相比具有以下不同的特征:

(1)承压水具有静水压力,其顶面为非自由水面。

(2)承压水的补给区和承压区不一致。

(3)承压水的水位、水量、水质及水温等受气象水文因素的影响较小。

(4)承压水的含水层厚度稳定不变,不受季节变化的影响。

(5)承压水的水质不易受污染。

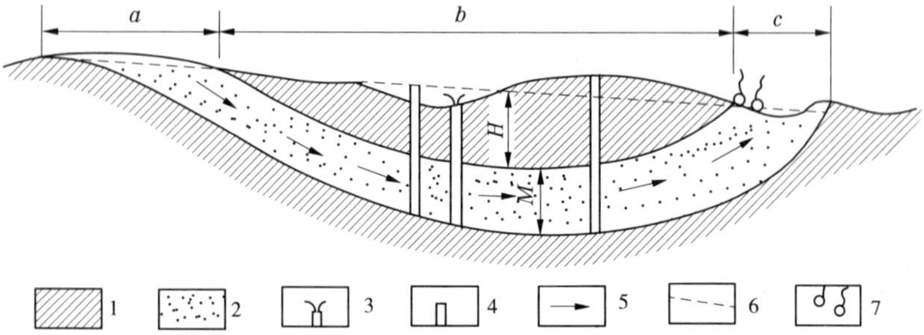

1—隔水层;2—含水层;3—喷水钻孔;4—不自喷钻孔;5—地下水流向;6—测压水位;
7—泉;H—承压水位;M—含水层厚度;a—补给区;b—承压区;c—排泄区

图 4-10 承压盆地剖面示意图

(二)承压水的埋藏类型

承压水的形成主要取决于地质构造。在适宜的地质构造条件下,无论是孔隙水、裂隙水或岩溶水,均能构成承压水。适宜形成承压水的蓄水构造大体可分为两类:一类是盆地或向斜蓄水构造,称承压(或自流)盆地;另一类是单斜蓄水构造,称承压(或自流)斜地。

1. 承压盆地

承压盆地按水文地质特征可分为三个组成部分,如图 4-10 所示。

(1)补给区一般位于盆地边缘、地势较高处,含水层出露地表,可直接接受大气降水和地面水的入渗补给。该区地下水和潜水一样具有自由水面。

(2)承压区一般位于盆地中部,分布范围广,地下水承受静水压力,但能否自溢于地表,取决于承压水位与地面高程之间的高差关系。

(3)排泄区一般位于盆地边缘的低洼地区,地下水常以上升泉的形式排泄于地表。

当承压盆地有几层承压含水层时,各个含水层都有不同的承压水位。若蓄水构造与地形一致,称为正地形,如图 4-11(a)所示,此时下层承压水位高于上层承压水位;若蓄水构造与地形不一致,称为负地形,如图 4-11(b)所示,其下层承压水位低于上层承压水位。水位高低不同,可造成含水层之间通过弱透水层或断层发生水力联系,形成含水层之间的补给排泄关系。

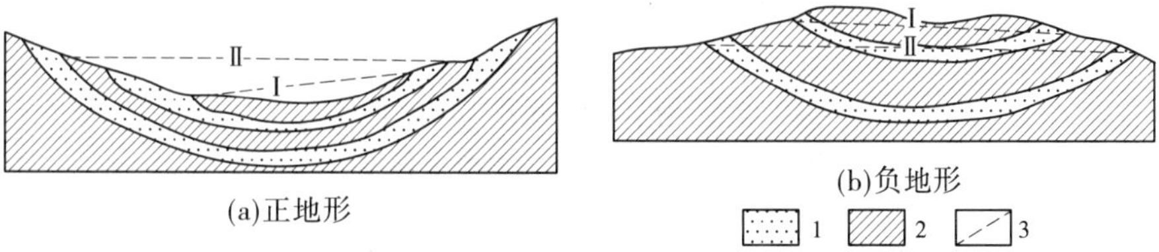

(a)正地形 (b)负地形

1—含水层;2—隔水层;3—承压水位;Ⅰ—上层承压水位;Ⅱ—下层承压水位

图 4-11 承压蓄水构造与地形关系

承压盆地的规模差异很大,四川盆地是典型的承压盆地,小型的一般只有几平方千米。

2. 承压斜地

承压斜地的形成有三种情况:

(1)含水层被断层所截形成承压斜地。单斜含水层的上部出露地表成为补给区,下部被断层切割,若断层不导水,则向深部循环的地下水受阻,在补给区能形成泉排泄。此时补给区与排泄区在相邻地段,如图 4-12(a)所示。若断层是导水的,断层出露的位置又较低,承压水可通过断层排泄于地表,此时补给区与排泄区位于承压区的两侧,如图 4-12(b)所示,与承压盆地相似。

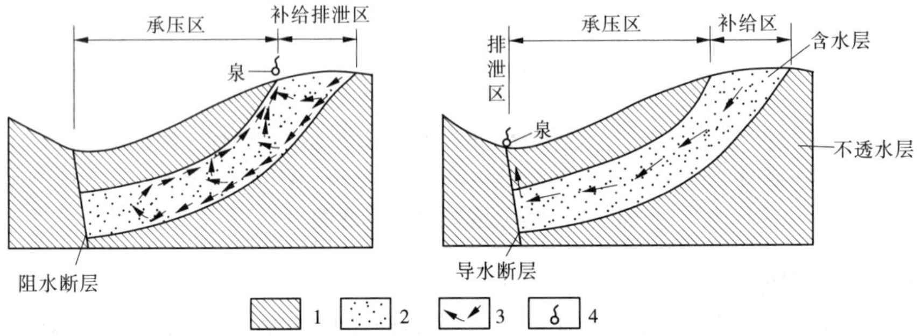

1—隔水层;2—含水层;3—地下水流向;4—泉

图 4-12　断层形成的承压斜地

(2)含水层岩性发生相变和尖灭、裂隙随深度增加而闭合,使其透水性在某一深度变弱(成为不透水层)形成承压斜地(如图 4-13 所示),此种情况与阻水断层形成的承压斜地相似。

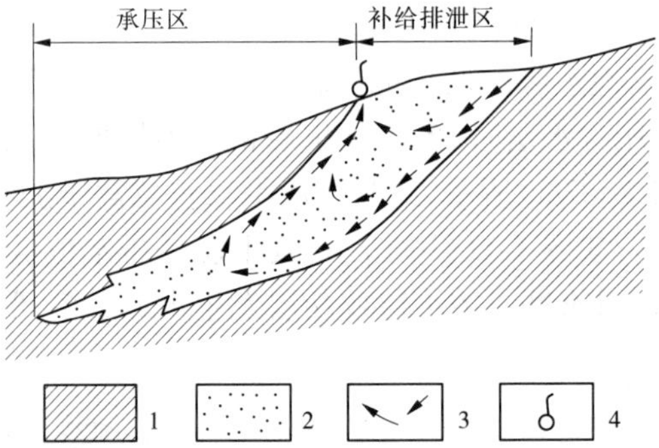

1—隔水层;2—含水层;3—地下水流向;4—泉

图 4-13　岩性变化形成的承压斜地

(3)侵入岩体阻截形成的承压斜地。各种侵入岩体(如花岗岩、闪长岩等),当它们侵入到透水性很强的岩层中,并处于含水层下游时,便起到阻水作用,可形成承压斜地。如山东济南的承压斜地,济南市向南为寒武奥陶系构成的山区,地形与岩层产状均向济南方向倾伏,由于市区北侧为闪长岩侵入体所阻截,来自南面千佛山一带石灰岩补给区的地下水流,便在侵入体接触带汇集起来,使水位抬高,形成了承压斜地。地下水通过近 20 m 厚的第四系覆盖层出露地表而成为泉,如图 4-14 所示,如趵突泉、珍珠泉等泉群,在 2.6 km^2 的范围内出露有 106 个泉,故济南有“泉城”之称。

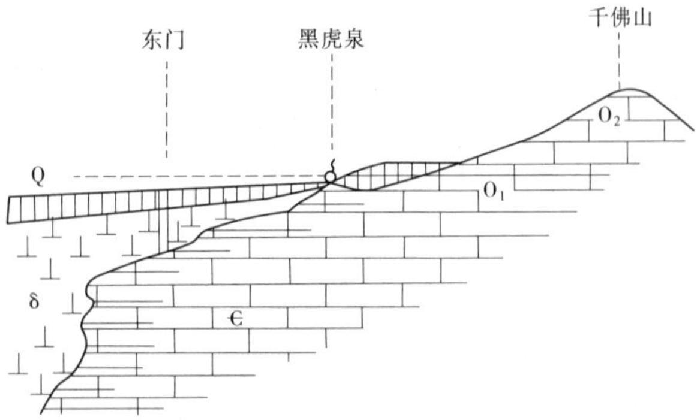

Q—第四系；O_2—奥陶中统石灰岩；O_1—奥陶下统白云岩；∈—寒武系石灰岩；δ—闪长岩

图 4-14 济南市水文地质剖面图

承压盆地和承压斜地在我国分布非常广泛，根据其地质年代和岩性的不同，可分为两类：一类是第四系松散沉积物构成的承压盆地和承压斜地，广泛地存在于山间盆地和山前平原中；另一类是第四系以前坚硬岩层构成的承压盆地和承压斜地。

（三）承压水等水压线图

承压水位标高相同点的连线叫承压水等水压线。平面上的等水压线图可以反映承压水（位）面的起伏情况。承压水（位）面和潜水面不同，潜水面是一个实际存在的地下水面，即含水层的顶面；而承压水（位）面是一个势面，这个面可以与地形极不吻合，甚至高出地面。只有当钻孔打穿上覆隔水层至含水层顶面时才能见到。因此，承压水等水压线图通常要附以含水层顶板等高线。

承压水等水压线图的绘制方法与潜水等水位线图相似。在某一承压含水层内，将一定数量的钻孔、井、泉（上升泉）等的初见水位（或含水层顶板的高程）和稳定水位（承压水位）等资料，绘在一定比例尺的地形图上，用内插法将承压水位等高的点相连，即得等水压线图，如图 4-15 所示。

根据等水压线图，可以分析确定以下几个问题：

（1）确定承压水的流向。承压水的流向应垂直于等水压线，常用箭头表示，箭头指向较低的等水压线。

（2）计算承压水某地段的水力坡度。即承压水（位）面坡度。在流向方向上，取任意两点的承压水位差，除以两点间的距离，即得该地段的平均水力坡度。

（3）确定承压水位距地表的深度。可由地面高程减去承压水位得到。此数值越小，开采利用就越方便，该值是负值时，表示水会自溢出地表，据此可选定开采承压水的地点。

（4）确定承压含水层的埋藏深度。用地面高程减去含水层顶板高程即得。

（5）确定承压水头值的大小。承压水位与含水层顶板高程之差，即为承压水头值高度，据此可以预测开挖基坑和洞室时的水压力。

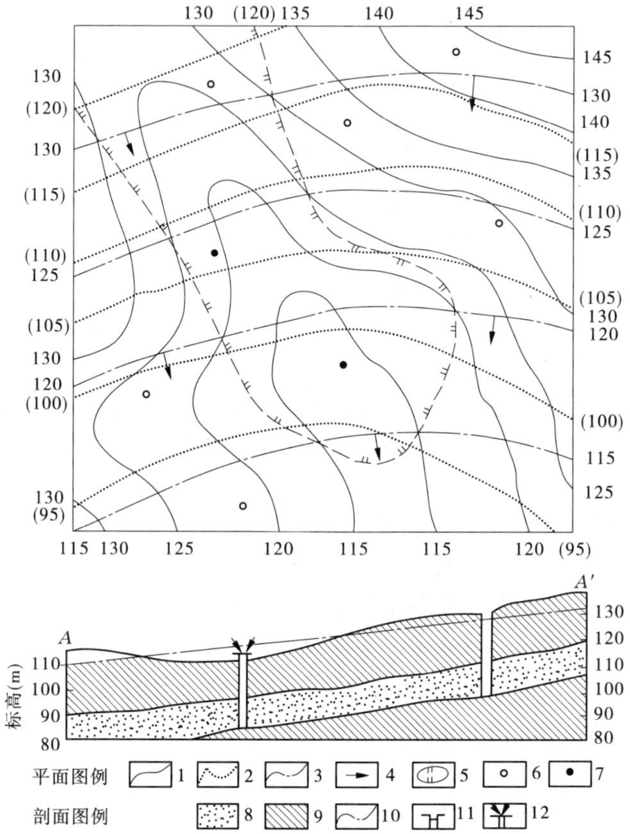

1—地形等高线;2—含水层顶板等高线;3—等水压线(m);4—地下水流向;5—承压水自溢区;6—钻孔(平面图);7—自喷钻孔(平面图);8—含水层;9—隔水层;10—承压水位线;11—钻孔(剖面图);12—自喷钻孔(剖面图)

图 4-15 承压水等水压线图

单元三 地下水的补给、径流和排泄

一、地下水的补给

地下含水层自外界获得水量的过程称为地下水的补给。

地下水的补给来源主要为大气降水和地表水的渗入,以及大气中水汽和土壤中水汽的凝结,在一定条件下还有人工补给。

(一)大气降水的补给

大气降水包括雨、雪、冰雹等。在很多情况下,大气降水是地下水的主要补给方式。当大气降水降落到地表后,一部分变为地表径流,一部分蒸发重新回到大气层,一部分渗入地下成为地下水。

大气降水补给地下水的数量受到很多因素的影响,与降水的强度、形式、植被、包气带岩性、地下水的埋深等密切相关。一般当降水量大、降水过程长、地形平坦、植被茂盛、上部岩层透水性好、地下水埋藏深度不大时,大气降水才能大量地补给地下水。这些影响因素中起主导作用的常常是包气带的岩性，如北京昌平地区年降水量平均为600 mm左右，由于地表附近的岩性不同，渗入量有很大差别，在岩石破碎、裂隙发育的山区有80%渗入补给了地下水；在砂砾石、砂卵石分布的山前地区是50%～60%；在粉砂、粉土、粉质黏土分布的平原地区，大约有35%补给了地下水。

（二）地表水的补给

地表水包括江、河、湖、海、水库、池塘、水田等。在这些地表水体附近，地下水有可能获得地表水的补给。

河流补给地下水常见于某些大河流的下游和河流中上游的洪水期，在这样的条件下河水往往高于岸边的地下水位。在干旱地区，降水量少，河水的渗漏往往是地下水的主要补给源。

地表水对地下水的补给强度主要受岩层透水性的影响，同时取决于地表水水位与地下水水位的高差、洪水的延续时间、河流流量、河流的含泥沙量、地表水体与地下水联系范围的大小等因素。

（三）凝结水的补给

在干旱地区，降水都很少。例如，我国内蒙古、新疆的一些地区年降水量还不足100 mm，大气降水和地表水体的渗入补给量都很少。在这类地区凝结水往往是地下水的主要补给水源。在一定温度下，空气中只能含有一定量的水蒸气，空气在10 ℃时最大含水量为9.3 g/m^3，而在5 ℃时最大含水量为6.8 g/m^3，多于以上数量的水分就会凝结成为液态从空气中分离出去。由于这类地区昼夜温差很大，白天空气中含水量可能还不足，但夜晚温度很低时，空气中的水蒸气却出现过饱和现象，多余的水蒸气就从空气中析离出来，在地表凝结成水，渗入地下补给地下水。

（四）含水层之间的补给

当两个含水层之间存在水头差且有联系通道时，水头较高的含水层就会补给水头较低的含水层，如图4-16所示。

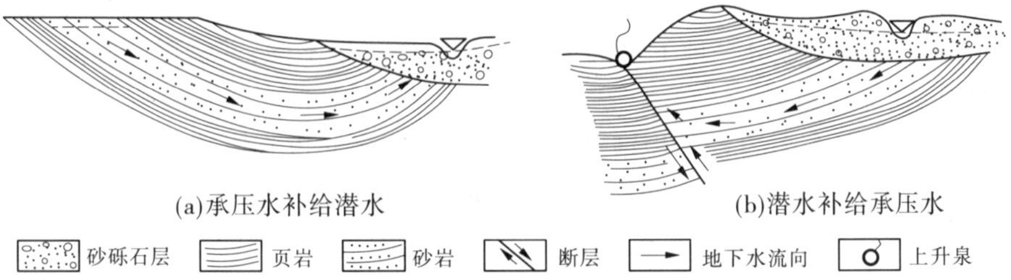

图4-16　含水层之间的补给

松散沉积物含水层之间的黏性土层并不完全隔水，而具有微透水性。具有一定水头差的相邻含水层，通过弱透水层发生的渗透称为越流。显然，隔水层越薄，隔水性越差，相邻含水层之间的水头差越大，则越流补给量越大。尽管单位面积上越流量通常很小，由于越流是在弱透水层分布的整个范围内发生的，总的补给量也是相当可观的。

（五）人工补给

地下水的人工补给，就是借助某些工程设施，人为地将地表水自流或用压力引入含水层，以增加地下水的补给量。人工补给地下水具有占地少、造价低、易管理、蒸发少等优点，不仅可以增加地下水资源量，还可以改善地下水的水质，调节地下水的温度，防止海水倒灌，减少地面下沉。目前，一些国家人工补给地下水量占地下水总利用量的30%左右，我国近些年来也开始了这方面的工作。从发展的观点来看，人工补给地下水势必越来越成为地下水的重要补给源之一，尤其在一些集中开采地下水的地区。

二、地下水的径流

地下水在岩层空隙中的流动过程称为地下水的径流。

（一）地下水径流的产生及影响因素

自然界中的水在不断地循环，地下水在岩层中的径流是整个地球水循环的一部分。大气降水或地表水通过包气带向下渗漏，补给含水层成为地下水，地下水又在重力作用下由水位高处向水位低处流动，最后在地形低洼处排出地表或直接排入地表水体，如此反复地循环就是地下水径流产生的根本原因。因此，天然状态下（除个别盆地外）和开采状态下的地下水都是流动的。同时，地下水的补给、径流和排泄是紧密联系在一起的，是形成地下水运动的一个完整的、不可分割的过程。

地下水径流的方向、速度、类型、径流量主要受下列因素影响：

（1）含水层的空隙性。空隙发育且空隙大的含水层透水能力强，地下水流动速度快。如细砂层中的地下水在天然条件下一般流动得很缓慢，但溶洞中的地下水流速高达每日数千米，这种流动与地表河水流动相差不多，形成地下河系。

（2）地下水的埋藏条件。地下水因埋藏条件不同可表现为无压流动和承压流动。无压流动（潜水流动）只能在重力作用下由高水位向低水位流动；深层地下水多为承压水，它们不单有下降运动，因承受压力，也会产生上升运动。

（3）补给量。补给量的多少直接影响到地下径流量的大小。

（4）地形。地下水的径流量和流速与地形关系很密切。山区地形陡峻，地下水的水力坡度大，径流速度快，补给条件好，径流量也大；平原区多堆积细颗粒物质，地形平缓，水力坡度小，径流速度和径流量都小。

（5）地下水的化学成分。地下水的化学成分和含盐量不同，其密度和黏滞性也随之改变，黏滞性愈大，流速愈慢。

（6）人为因素。人类的各种生产活动对地下水的流动也有影响，如修建水库、灌溉农田、人工抽水、矿坑排水等都可促使地下水的径流条件发生变化。

（二）地下水径流量的表示方法

地下水径流量常用地下径流率 M 来表示，其意义为 1 km^2 含水层面积上的地下水流量（$m^3/(s \cdot km^2)$），也称为地下径流模数。

年平均地下径流率的计算公式为

$$M = \frac{Q}{365 \times 8\,640A} \tag{4-3}$$

式中 A——地下水径流面积，km^2；

Q——一年内在面积 A 上的地下水径流量，m^3。

地下径流率是反映地下径流量的一种特征值，受到补给、径流条件的控制，其数值大小是随地区和季节不同而变化的。因此，只要确定某径流面积在不同季节的径流量，就可计算出该地区在不同时期的地下径流率。

三、地下水的排泄

含水层失去水量的过程称为地下水的排泄。在排泄过程中,地下水的水量、水质及水位都会随着发生变化。地下水的排泄方式有泉、河流、蒸发、人工排泄等。

(一)泉水排泄

泉是地下水的天然露头。地下水只要在地形、地质、水文地质条件适当的地方,都可以泉的方式涌出地表。因此,泉水常常是地下水的重要排泄方式之一。

1. 泉的形成

泉的形成首先主要是由于地形受到侵蚀,使含水层暴露于地表;其次是由于地下水运动过程中岩石透水性变弱或受到局部隔水层阻挡,使地下水位抬高溢出地表,如果承压含水层被断层切割,且断层又导水,则地下水也能沿断层上升到地表形成泉。

泉一般在山区及山前地区出露较多,尤其是在山区的沟谷底部和山坡脚下。由于这些地方受侵蚀强烈,岩石多次受褶皱、断裂、侵入作用,形成了有利于地下水向地表排泄的通道,因而山区常有泉水。平原区一般都堆积了较厚的第四纪松散岩层,地形切割微弱,地下水很少有条件直接排向地表,所以泉很少见。

2. 泉的分类

1)按补给来源分

(1)上层滞水泉。此类泉水靠上层滞水排泄补给。泉水流量变化大,枯水季节水量很小,甚至枯干。水质往往不好,一般不能作为供水水源。

(2)潜水泉。此类泉由潜水排泄补给,也叫下降泉,如图 4-17(a)、(b)所示。潜水泉的水量较上层滞水泉稳定,水质一般较好,但季节性变化明显。

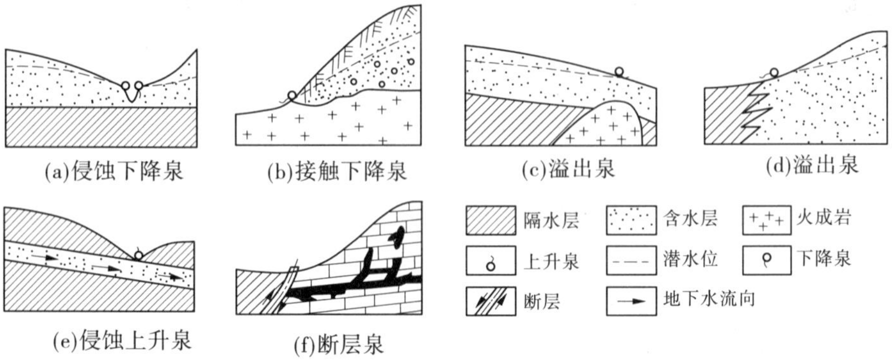

图 4-17 泉的形成条件

(3)承压水泉。此类泉水由承压水排泄形成。其出露特点是泉水向上涌出,因此也叫上升泉或自流泉,如图 4-17(e)所示。这种泉较为稳定,水质也好,若有足够大的水量,则是理想的供水水源。

2)按出露原因分

(1)侵蚀泉。当河流、冲沟切割到潜水含水层时,潜水就排出地表形成泉水,这种泉与侵蚀作用有关,因此称为侵蚀下降泉,如图 4-17(a)所示。若承压含水层顶板被切割穿,承压水便喷涌成泉，称为侵蚀上升泉，如图 4-17(e)所示。

(2)接触泉。地形被切割到含水层下面的隔水层，地下水被迫自两者接触处涌出地表，此类泉称为接触下降泉，如图 4-17(b)所示。在岩脉或侵入体与围岩接触处，因冷凝收缩而产生裂隙，地下水便沿裂隙涌出地表形成泉，可称接触上升泉。

(3)溢出泉。岩石透水性变弱、隔水层隆起以及阻水断层所隔等因素使潜水流动受阻而涌出地表形成泉，此类泉称溢出泉或回水泉，如图 4-17(c)、(d)所示。在此类泉的出露口附近地下水表现为上升运动，如不仔细分析地质条件，很容易将它误认为是上升泉。

(4)断层泉。承压含水层被导水的断层切割时，地下水便沿断层上升，流出地表成为泉，此类泉称为断层泉，如图 4-17(f)所示。断层泉常沿断层线成串分布。

(二)向地表水的排泄

当地下水位高于地表水位时，地下水可直接向地表水体排泄。特别是切割含水层的山区河流，往往成为排泄中心。地表水接受地下水排泄的方式有两种：一种是散流形式，这种散流排泄是逐渐进行的，其排泄量通过测定上、下游断面的河流流量可计算出来；另一种方式是比较集中地排入河中，岩溶区的暗河出口就代表了这种排泄。

此外，人工抽水、矿山排水等方式也起到把地下水排泄到地表的作用。

(三)蒸发排泄

蒸发是水由液态变为气态的过程。地下水特别是潜水可通过土壤蒸发、植物蒸发而消耗，成为地下水的一种重要排泄方式，这种排泄也称为垂直排泄。

影响地下水蒸发排泄的因素很多，但主要取决于温度、湿度、风速等自然条件，同时受地下水的埋深和包气带岩性等因素的控制。在干旱内陆地区，地下水蒸发排泄非常强烈，常常是地下水排泄的主要形式。如在新疆超干旱的气候条件下，不仅埋藏在 3～5 m 内的潜水有强烈的蒸发，而且 7～8 m 甚至更大深度内都受到强烈蒸发作用的影响。

蒸发排泄的强度不同，使各地潜水性质有很大差别。如我国南方地区，蒸发量较小，则潜水矿化度普遍不高；而北方大多是干旱或半干旱地区，埋藏较浅的潜水中溶解于其中的固体一般较多。由于潜水不断蒸发，水中盐分在土壤中不断积聚起来，这是造成苏北、华北东部、河西走廊、新疆等地大面积土壤盐碱化的主要原因。

(四)不同类型含水层之间的排泄作用

潜水和承压水虽然是两种不同类型的地下水，但它们之间常有着极为密切的联系，往往相互转化和互相补给。如果潜水分布在承压水排泄区，而承压水面又比潜水面高，承压水则成为潜水的补给源；反之，潜水成为承压水的一个排泄出路，如图 4-16(a)所示。当承压含水层的补给区位于潜水含水层之下，则潜水可直接向承压水排泄，如图 4-16(b)所示。

如果潜水含水层与下部的承压含水层之间存在导水的断层，则切断隔水层的断层将成为两个含水层的过水通道，潜水位高于承压水位时，潜水将向承压水排泄，而承压水相应获得潜水补给；反之，承压水将向潜水排泄，如图 4-18 所示。

从以上的论述中可以看出，两个相邻的含水层之间之所以能产生排泄作用，是由于两含水层之间有水流通道和存在水位(头)差。在生产实践中可以人为地使其一含水层向另一含水层排泄。例如，在一些地区的地下建筑施工中，为了防潮和不使建筑物浸泡在水中，可采用人工排水的方法来降低潜水位，即将高水位的潜水用钻孔(管井)作为通道排入下部的承压含水层中。

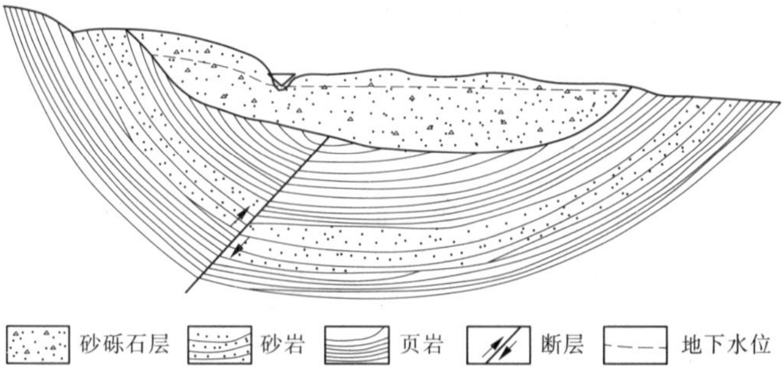

图 4-18　潜水和承压水通过断层相互补给和排泄示意图

四、地下水补给、径流、排泄条件的转化

当一个地区自然条件发生变化，或人工改变地下水位时，地下水的径流方向会随着改变，补给区和排泄区也相应迁移，甚至排泄区可变为补给源地。研究地下水的循环，还应研究条件改变之后，地下水运动状态的转化特点、新的补给源和新的排泄途径。

地下水补给、径流、排泄条件的转化，可归并为两大类：自然条件改变引起的转化和人类活动引起的转化。

（一）自然条件改变引起的转化

1. 河水位的变化

如前所述，河水与地下水的补给关系并不固定，常因河水位的涨落而相互转化。当河水位高于两岸的地下水位时，河水向两岸渗透补给，抬高两岸的地下水；当河水位低于地下水位时地下水就反过来补给河水。

2. 地下水分水岭的改变

地壳的升降运动、自然条件的变化以及岩溶地区地下水的袭夺等，均可造成地下水分水岭迁移。

岩溶地区因地下河水改道而常使分水岭发生迁移。如图 4-19 所示，由于河流的袭夺，使甲河的补给面积逐渐扩大，分水岭逐渐向乙河方向移动，最终将移到乙河位置，这时乙河已不能接受地下水的补给，而由地下水的排泄区变成了甲河的补给区。

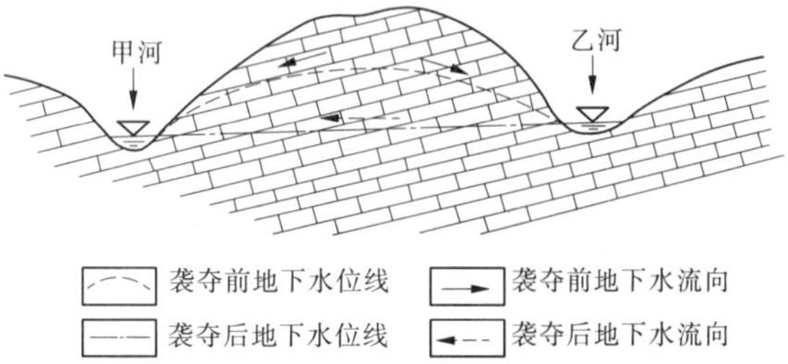

图 4-19　河流袭夺引起分水岭迁移

同一地区因不同季节补给量的变化，也会使地下水分水岭迁移，并引起地下水的补给、径流、排泄发生颠倒。如果地下水分水岭位于两地表水体之间，在降雨季节地下水获得充分的补给，两地表水体均可排泄地下水，如图 4-20（a）所示；干旱季节地下水因排泄而消耗，地下水位不断下降，最后两地表水体间的地下水分水岭消失，由于两地表水体之间有高程差，

导致高处的地表水体通过含水层流向低处的地表水体,而使高处水体由排泄区变为补给区,如图 4-20(b)所示。

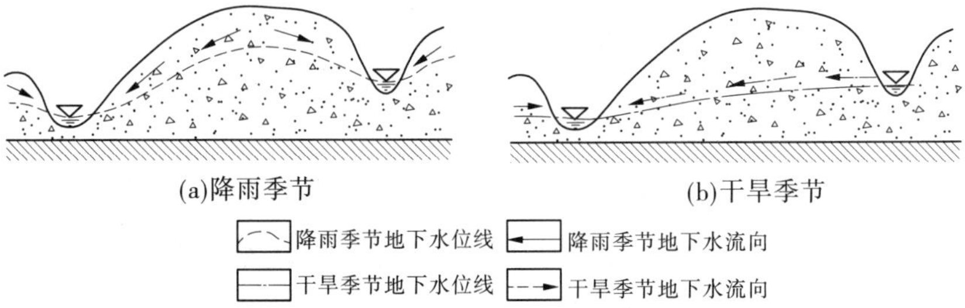

图 4-20 两地表水体间地下径流的变化

(二)人类活动引起的转化

1. 修建水库

大型水库的修建改变了地表水体的分布格局,促使地下水径流条件发生转化。如湖南龙山县在石灰岩中修一水库,拦截地下暗河水进行灌溉,石灰岩裂隙十分发育,当水位升到一定高度后,地下水就发生回流,由山脚下流出 4 000 m^3/d 的水量,这时山脚成为排泄区,而本来接受地下水排泄的水库却变为地下径流的补给区。

2. 人工开采和矿区排水

为各种目的而进行的开采利用地下水和为开发矿产资源而进行的矿山排水,都要大量集中抽取地下水,使地下水位不断下降,从而形成以开采区或矿区为中心的下降漏斗区,这样,必将引起开采区或矿区附近的地下水补给、径流与排泄条件发生较大变化。如广东沙洋矿区,当 13 个井同时排水时,使位于矿区以南 2 km 处排泄口的地下水倒灌矿坑,沼泽干涸,泉水断流,泉群总流量按 1 m^3/d 的速度减少,同时引起排泄区的地表溪流沿排泄口倒灌补给地下水。

3. 农田灌溉与人工回灌

季节性地集中引用地表水进行大面积农田灌溉,以及为增大地下水补给量而进行的人工回灌(人工补给),都是直接或间接地向地下注入一定水量,均可使地下水位逐渐抬高。例如在插秧季节,稻田引水会使周围水井的水位普遍上升,则地下水的补给、排泄和径流关系也可能有所变化。

单元四 地下水的物理性质和化学成分

地下水参与自然界的水循环,并储存和运动于岩石的空隙中,不断与其周围介质发生复杂的物理和化学作用,从而形成了自己的物理性质和化学成分。同时,由于地下水不断循环运动,又使自己的物理性质和化学成分随时发生变化。因此,地下水的物理性质和化学成分反映了地下水的形成环境和形成过程。故而,研究地下水的物理性质和化学成分,对于查明地下水的形成规律,了解地下水的形成条件与动态变化,进行供水的水质评价、分析对建筑物的侵蚀性,以及查明地下水的污染源等方面都有重要意义。

一、地下水的物理性质

地下水的物理性质包括温度、颜色、透明度、气味、味道、密度、导电性及放射性等。

(一)温度

地下水的温度主要受气温、地热控制,随自然地理、地质条件和水循环深度而变化。如寒带和多年积雪地带,浅层的地下水温度可低于 -5 ℃,而埋藏于火山活动地区及地壳深处的地下水温度可达几十摄氏度甚至超过 100 ℃。如陕西临潼华清池的水温为 43 ℃;拉萨市西北的羊八井,只打了 42 m 深的钻孔,水温竟达 130 ℃。地下水的温度随着水循环深度的不同而异,地下水埋藏越深,水温越高,而且具有不同的温度变化:埋深 3 ~5 m,即日常温带以内的地下水,具昼夜变化规律;埋深 5 ~50 m,即年常温带以内的地下水,具年变化规律。年常温带以下,地下水温度随深度增大而增高,其变化规律取决于地热增温率。地热增温率是指年常温带以下,温度每升高 1 ℃所需增加的深度,单位是 m/℃。整个地壳地热增温率的平均值为 30 ~33 m/℃。

通常,根据温度将地下水划分为:过冷水(低于 0 ℃)、冷水(0 ~20 ℃)、温水(21 ~42 ℃)、热水(43 ~100 ℃)、过热水(高于 100 ℃)。地下水温度对水中盐类含量影响很大,水温增高,化学反应速度和盐的溶解度也增高。根据试验,当水温度增高 10 ℃时,水分子的扩散速度约增加 20%,而化学反应速度增加 2 ~3 倍,钠盐和钾盐的溶解度随温度的升高而增加,钙盐(硫酸盐)的溶解度则随着温度升高而降低。因此,冷水常是钙质的,热水、温水常是钠质的。气体是温度越高,溶解度越小。

(二)颜色

地下水一般是无色、透明的,但有时由于某种离子含量较多,或者富集悬浮物和胶体物质,则可显出各种各样的颜色,见表 4-6。

表 4-6　地下水颜色与其中存在物质的关系

水中物质	地下水颜色	水中物质	地下水颜色
含硫化氢	翠绿色	含锰的化合物	暗红色
含低铁	浅绿灰色	含黏土	无荧光的淡黄色
含高铁	黄褐色或锈色	含有机腐殖质	呈黄色
含硫细菌	红色	含悬浮物质	取决于悬浮物颜色

(三)透明度

地下水的透明度取决于其中的固体与悬浮物的含量。按透明度将地下水分为四级,见表 4-7。

表 4-7　地下水透明度的分级

透明分级	描述
透明的	无悬浮物及胶体,60 cm 水深,可见 3 mm 粗线
微浊的	有少量悬浮物,大于 30 cm 水深,可见 3 mm 粗线
混浊的	有较多的悬浮物,半透明状,小于 30 cm 水深,可见 3 mm 粗线
极浊的	有大量悬浮物或胶体,似乳状,水很浅也不能清楚看见 3 mm 粗线

(四)气味

地下水一般是无臭、无味的,但当地下水中含有某些离子或某种气体时,可以散发出特殊的臭味。当水中含有硫化氢气体时,水便有臭鸡蛋味;如含亚铁盐很多,水中有铁腥气味或墨汁气味;含腐殖质时有腐草味。气味的强弱与温度有关,一般在低温时不易辨别,加热到 40 ℃以上时气味最显著。

(五)味道

味道取决于地下水的化学成分,纯水是无味的,但地下水中多少溶解了一些盐类或气体,因此具有一定的味感。如含较多的二氧化碳时清凉爽口;含有重碳酸钙的水很可口,一般称甜水;含大量的有机物质时,有较明显的甜味,但这种水对人体有害,不宜饮用;含有硫酸镁和硫酸钠时,有苦涩味;含氯化钠时有咸味。地下水味道的强弱取决于水中某种离子成分与浓度和水温。浓度愈大时味感愈强,当水中溶有的盐类多于 10 g/L 时,则有很咸的味。另外,味道的明显程度还与温度有关,低温时不明显,温度在 20 ~ 30 ℃时味感显著。所以,地下水味道的强弱取决于其中某种成分的浓度、地下水的温度和人的味感神经的敏感度。

(六)密度

一般情况下,纯水的密度为 0.981 t/m^3。地下水的密度取决于水中所溶盐分的含量。地下淡水的密度一般认为与4 ℃化学纯水密度相同。水中溶解的盐分愈多,密度愈大,有的达 1.2 ~ 1.3 t/m^3。

(七)导电性

地下水的导电性取决于其中所含电解质的数量和质量,即各种离子的含量与其离子价。离子含量愈多,离子价愈高,水的导电性愈强。此外,水温对导电性也有影响。

(八)放射性

地下水的放射性取决于其中所含放射性元素的数量,地下水或强或弱都具有放射性,但一般极为微弱。储存和运动于放射性矿床及酸性火成岩分布区的地下水,其放射性相应增强。另外,堆放废弃的核燃料,也会引起周围岩土体及其中的水体带有放射性。

二、地下水的化学成分性质

(一)地下水的化学成分

地下水中含有各种气体、离子、胶体物质以及有机物质。自然界中存在的元素,绝大多数已在地下水中被发现,但是只有少数是含量较多的常见元素。这些常见元素,或者是地壳中含量较高,且在水中具有一定溶解度的,如 O_2、Ca、Mg、Na、K 等;或者是地壳中含量并不很大,但是溶解度相当大的,如 Cl;某些元素,如 Si、Fe 等,虽然在地壳中含量很大,但由于其溶于水的能力很弱,所以在地下水中的含量一般并不高。

1. 地下水中的主要气体成分

地下水中常见气体成分有 O_2、N_2、CO_2 及 H_2S 等。一般情况下,地下水中气体含量不高,每升水中只有几毫克到几十毫克。但是,气体成分能够很好地反映地球化学环境。同时,某些气体的含量会影响盐类在水中的溶解度以及其他化学反应。

(1)氧(O_2)、氮(N_2)。地下水中的 O_2 和 N_2 主要来源于大气。它们随同大气降水及地表水补给地下水,以入渗补给为主,与大气圈关系密切的地下水中含 O_2 及 N_2 较多。

溶解氧含量愈多,说明地下水所处的地球化学环境愈有利于氧化作用进行。O_2 的化学

性质远较 N_2 活泼，所以在较封闭的环境中，O_2 将耗尽而只留下 N_2。因此，N_2 的单独存在通常可说明地下水起源于大气并处于还原环境。

(2)硫化氢(H_2S)。地下水中出现 H_2S，其意义恰与 O_2 相反，说明处于缺氧的还原环境。在与大气较为隔绝的环境中，当存在有机物质时，由于微生物作用，SO_4^{2-} 将还原生成 H_2S。因此，H_2S 一般出现于封闭地质构造的地下水中，如油田水。

(3)二氧化碳(CO_2)。地下水中的 CO_2 主要有两个来源：一种由有机氧化（植物的呼吸作用及有机物质残骸的发酵作用）形成，这种作用发生于大气、土壤及地表水中，生成 CO_2，随同水一起入渗补给地下水，浅部地下水中主要含有这种成因的 CO_2；另一种是深部变质作用形成的，即碳酸盐类的岩石，在深部高温影响下，分解生成 CO_2，地下水中含 CO_2 愈多，则其溶解碳酸盐类的能力，以及对结晶岩类进行风化作用的能力便愈强。

由于近代工业的发展，大气中人为产生的 CO_2 显著增加，特别在工业集中区，补给地下水的降水中的 CO_2 含量往往格外高。

2. 地下水中的主要离子成分

地下水中分布最广、含量较多的离子共有七种，即氯离子（Cl^-）、硫酸根离子（SO_4^{2-}）、重碳酸根离子（HCO_3^-）、钠离子（Na^+）、钾离子（K^+）、钙离子（Ca^{2+}）及镁离子（Mg^{2+}）。

一般情况下，随着总矿化度（含盐量）的变化，地下水中占主要地位的离子成分也随之发生变化。低矿化水中常以 HCO_3^- 及 Ca^{2+}、Mg^{2+} 为主；高矿化水中以 Cl^- 及 Na^+ 为主；中等矿化的地下水中，阴离子常以 SO_4^{2-} 为主，主要阳离子可以是 Na^+，也可以是 Ca^{2+}。

地下水的矿化度与离子成分间之所以具有这种对应关系，主要是因为水中盐类的溶解度不同。总地来说，氯盐的溶解度最大，硫酸盐次之，碳酸盐的较小，钙的硫酸盐特别是钙、镁的碳酸盐溶解度最小。随着矿化度增大，钙、镁的碳酸盐首先达到饱和并沉淀析出。继续增大时，钙的硫酸盐也饱和析出。因此，高矿化水便以易溶的氯和钠占优势了。

3. 地下水中的胶体成分

地下水中胶体成分包括有机的和无机的两种。有机胶体在地球表面分布很广，尤其在热带、沼泽地带的地下水中含量很高。地下水中呈分子状态的无机化合物（胶体）有 Fe_2O_3、Al_2O_3、H_2SiO_4 等。无机胶体有的不稳定，易生成次生矿物而沉淀。如氢氧化铝胶体易形成水矾土、叶蜡石沉淀。有的溶解度很小，如二氧化硅（SiO_2），在水中含量较低。

4. 地下水中的有机成分和细菌成分

地下水中的有机成分主要是生物遗体的分解，多富集于沼泽水中，有特殊臭味。

地下水中的细菌成分可分为病源菌和非病源菌两种。一般采用细菌总数（菌数/L）、菌度（含有一条大肠杆菌的水的毫升数）和检定量（1 L 水中大肠杆菌的含量）来衡量水中的卫生程度。1 L 水中细菌总数越少，菌度越大，或检定量越小，则水越卫生。根据地下水中菌度的多少，将水的卫生状况进行分类，见表 4-8。

表 4-8 地下水按菌度分类

名称	菌度（mL）	名称	菌度（mL）
卫生的水	大于 300	不卫生的水	1.0 ~ 10
相当卫生的水	100 ~ 300	极不卫生的水	0.1 ~ 1.0
不可靠的水	10 ~ 100		

(二)地下水的主要化学性质

地下水的主要化学性质包括酸碱度、硬度、总矿化度和侵蚀性等。

1. 酸碱度

地下水的酸碱度主要取决于水中氢离子浓度。氢离子浓度用 pH 表示,即 $pH = lg[H^+]$。根据 pH 可将水分为强酸性水、弱酸性水、中性水、弱碱性水、强碱性水五类,见表 4-9。地下水的氢离子浓度主要取决于水中 HCO_3^-、CO_3^{2-} 等的量。自然界中大多数地下水的 pH 为 6.5 ~ 8.5。

表 4-9　地下水按 pH 分类

水的类型	强酸性水	弱酸性水	中性水	弱碱性水	强碱性水
pH	<5	5 ~ 7	7	7 ~ 9	>9

2. 硬度

地下水的硬度取决于水中 Ca^{2+}、Mg^{2+} 的含量。硬度分为总硬度、暂时硬度、永久硬度。水中所含 Ca^{2+}、Mg^{2+} 离子的总量称总硬度。将水煮沸后,水中一部分 Ca^{2+}、Mg^{2+} 的重碳酸盐因失去 CO_2 而生成碳酸盐沉淀,致使水中 Ca^{2+}、Mg^{2+} 含量减少,由煮沸而减少的这部分 Ca^{2+}、Mg^{2+} 含量称为暂时硬度。总硬度与暂时硬度之差,即水煮沸时未发生碳酸盐沉淀的那部分 Ca^{2+}、Mg^{2+} 的含量称为永久硬度。

$$总硬度 = 暂时硬度 + 永久硬度$$

我国采用的硬度有两种:一是德国度,即每一度相当于 1 升水中含有 10 mg 的氧化钙(CaO)或 7.2 mg 的 MgO;二是每升水中 Ca^{2+}、Mg^{2+} 的毫摩尔数。1 mmol 硬度 = 2.8 德国度。根据硬度可将地下水分为极软水、软水、微硬水、硬水和极硬水五类,见表 4-10。

表 4-10　地下水按硬度分类

水的类型		极软水	软水	微硬水	硬水	极硬水
硬度	Ca^{2+}、Mg^{2+} 的毫摩尔数	<1.5	1.5 ~ 3.6	3.0 ~ 6.0	6.0 ~ 9.0	>9
	德国度	<4.2	4.2 ~ 8.4	8.4 ~ 16.8	16.8 ~ 25.2	>25.2

硬度对评价工业用水与生活用水均有很大意义,硬水易在锅炉和水管中产生水垢,容易使锅炉爆炸,故用作锅炉用水时应做处理。饮用硬度过高的水,会影响肠胃消化功能。因此,若使用硬水,必须根据要求做降低硬度的处理。

3. 总矿化度

地下水中离子、分子和各种化合物的总量称为总矿化度,简称矿化度,单位为 g/L。通常以 105 ~ 110 ℃温度下将水蒸干后所得干涸残余物总量来确定,也可将分析所得阴、阳离子含量相加,求得理论干涸残余物值。地下水根据矿化程度可分为五类,见表 4-11。

表 4-11　地下水按矿化度的分类

水的类别	淡水	微咸水(低矿化水)	咸水(中等矿化水)	盐水(高矿化水)	卤水
矿化度(g/L)	<1	1 ~ 3	3 ~ 10	10 ~ 50	>50

水的矿化度与水的化学成分说明了量变到质变的关系，淡水和微咸水常以 HCO_3^- 为主要成分，称为重碳酸盐型水；咸水常以 SO_4^{2-} 为主要成分，称为硫酸盐型水；盐水和卤水往往以 Cl^- 为主要成分，称为氯化物型水。高矿化水能降低混凝土强度，腐蚀钢筋，并促使混凝土表面风化。搅拌混凝土用水一般不允许用高矿化水。

4. 地下水的侵蚀性

侵蚀性是指地下水对混凝土及钢筋构件的侵蚀破坏能力，主要有两种类型：

(1)硫酸型侵蚀(结晶型侵蚀)。若水中 SO_4^{2-} 含量大，与混凝土中水泥作用，生成含水硫酸盐结晶(如生成 $CaSO_4 \cdot 2H_2O$)，这时体积膨胀，使混凝土遭到破坏。

(2)碳酸盐侵蚀。主要指水中 H^+ 浓度(pH)、重碳酸根离子 pH(HCO_3^-)及游离 CO_2 等对混凝土的分解作用。

关于地下水侵蚀性的判别标准，在本项目单元六地下水资源评价中作了较详细介绍。

单元五　不同含水介质中的地下水

赋存地下水的岩土称含水介质。含水介质的空隙已如前述，按其性质可分为孔隙、裂隙和空洞，将赋存于其中的地下水亦相应分为孔隙水、裂隙水和岩溶水(喀斯特水)三类。由于含水介质的岩层所受的地质历程和地质作用不同，因此赋存其间的地下水的富集程度和分布规律也各异。

一、孔隙水

孔隙水是指埋藏和运动于松散沉积物颗粒间孔隙中的重力水。孔隙水广泛分布于第四纪松散沉积物中和坚硬基岩的风化壳。由于颗粒间孔隙分布均匀密集，相互连通，因此孔隙水的基本特征是分布均匀连续，多呈层状，具有统一水力联系的含水层。一般情况下，颗粒大而均匀，则含水层孔隙也大、透水性好，地下水水量大、运动快、水质好；反之，则含水层孔隙小、透水性差，地下水运动慢、水质差、水量也小。

不同成因类型的松散沉积物，其岩性结构和分布地区地貌形态不同，则孔隙水的分布、补给、径流和排泄条件也都显示出一定的差异。孔隙水按其埋藏条件可以形成上层滞水、潜水、承压水。下面介绍几种常见的孔隙水。

(一)洪积物(层)中的地下水

洪积层广泛分布于山间盆地和山前的平原地带，常呈扇状地形，故又称洪积扇。根据地下水埋深、径流条件及化学特征等，自扇顶向边缘可分为三个水文地质带，如图 4-21 所示，即埋藏带、溢出带和垂直交替带。

1. 埋藏带

埋藏带又称径流带，位于沟口，在洪积扇顶部，靠近山区，地形坡度较陡。岩性一般为粗大砂砾石堆积，具有良好的渗透性能和径流条件。因此，不但可以接受山区下渗的地下径流，而且能够大量吸收大气降水和地表水的入渗补给，水量丰富。潜水埋藏较深，故又称深埋带。通常，地下水埋深可达十几米到几十米以上，因而蒸发作用微弱，加之径流条件好，溶滤作用强，水的矿化度低(小于 1 g/L)，为重碳酸盐型水，故此带又称为地下水盐分溶滤带。

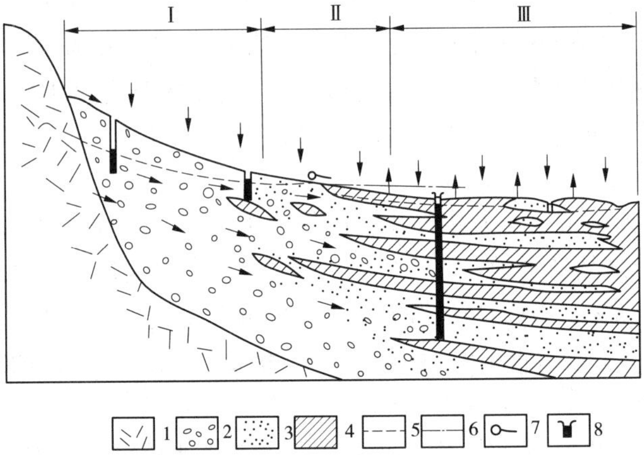

Ⅰ—埋藏带；Ⅱ—溢出带；Ⅲ—垂直交替带

1—基岩；2—砾石；3—砂；4—黏性土；

5—潜水位；6—深层承压水承压水位；7—泉水；8—水井

图 4-21　洪积扇中地下水分带示意图

2. 溢出带

溢出带一般位于洪积扇中部，地形坡度较缓，岩性过渡为中细砂或亚黏土等，透水性变弱、径流受阻，水位升高、埋深变浅，常以泉或沼泽等形式出露于地表。由于蒸发作用加强，水的矿化度增高，水的化学成分由重碳酸盐型变为重碳酸－硫酸盐型，故又称为盐分过路带。

3. 垂直交替带

垂直交替带位于洪积扇边缘，主要由黏土和粉砂的夹层组成。此带地形平坦，透水性弱，径流缓慢，蒸发作用强烈，水以垂直交替为主。因地下水埋藏仍很浅，在干旱、半干旱条件下，蒸发作用强烈，水的矿化度急剧增高（一般大于 3 g/L，甚至可达到 50 g/L）），常为硫酸－氯化物型水，地表往往形成盐渍化，故此带又称为盐分堆积带。

（二）冲积物（层）中的地下水

冲积物是经常性流水形成的沉积物，它分选性好，层理清晰。在河流上、中、下河漫滩及阶地的岩性结构、厚度各不相同，就决定了其中孔隙水的特征和差异。

一般近河的冲积层中往往含丰富的潜水。在丘陵山区河流的中上游，由卵砾石或砂砾石组成的河漫滩和阶地中储存的潜水，一般受大气降水和基岩地下水的补给，并与河水关系密切，通常洪水期河水补给潜水，平水期河流排泄潜水。在河谷开阔地段、主流与支流交汇地段、河流急转弯处及河流凸岸地带，潜水含水层厚度往往较大，则一般潜水很丰富，是良好的供水水源。

河流阶地多具二元结构，上部为细粒的弱透水层，下部为粗粒的强透水层，使潜水具有局部承压性能，如图 4-22 所示。由于河流改道，常有暴露于地表或掩埋于地下的古河道。古河道地势较低，可形成颗粒粗大的带状厚层含水层（带），其透水性强，水量丰富，并与现代河流相连通。

在河流下游，冲积物常形成广阔的冲积平原或三角洲平原。各地冲积物厚度变化很大，北方厚而南方薄。河床沉积为砂层，由河床向外依次为亚砂土、亚黏土及黏土，粗、细物质常

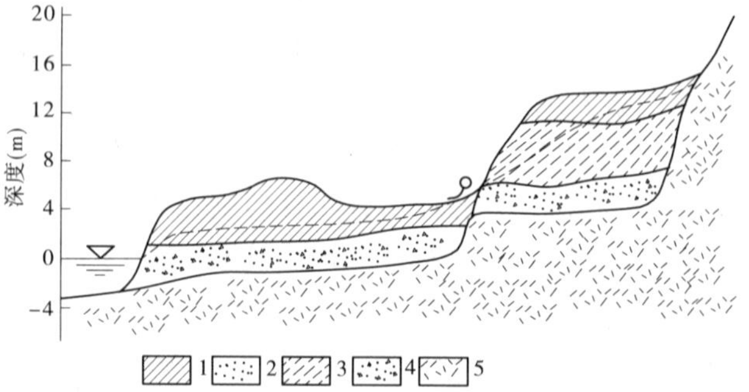

1—黏性土;2—砂;3—亚黏土;4—砂及细砾石;5—基岩

图 4-22　河流阶地中的潜水

呈带状分布,各种岩性犬牙交错、相互穿插过渡。若河流改道,冲积物分布也相应改变,如图 4-23 所示。

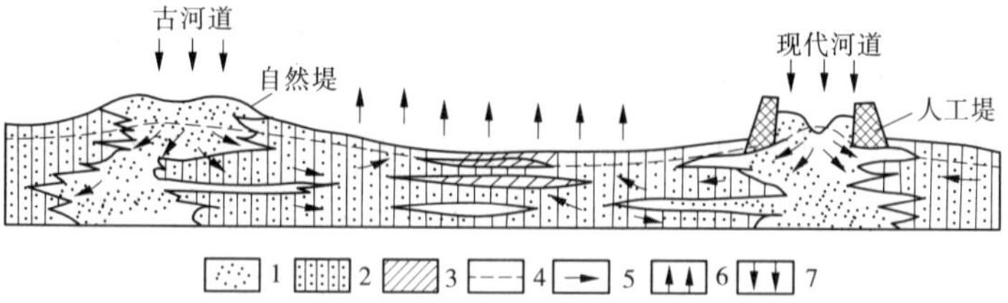

1—砂土为主;2—亚砂土及亚黏土为主;3—黏土为主;
4—潜水位;5—地下水流向;6—蒸发排泄;7—降水补给

图 4-23　黄河冲积平原水文地质剖面示意图

河床沉积的砂层(包括古河道)透水性较强,不仅接受较多的降水入渗,又能经常获得河水的大量补给,潜水埋藏较深,水质较好,水量也较丰富,是冲积平原中较为理想的供水含水层。由河床向外,岩性变细,径流变弱,潜水埋藏变浅,蒸发作用强烈,矿化度增高,在干旱、半干旱气候条件下,土壤易发生盐渍化,如河南豫东地区就是如此。

我国南方长江、珠江、钱塘江的下游冲积物厚度一般只有 20 ~ 60 m,最厚可达 300 m。冲积物中形成较粗颗粒砂砾石含水层,其透水性强,补给条件好,地下水较丰富。除洪水期外,多为潜水补给河水,地下水径流通畅,水循环条件好,水的矿化度也低。

(三)黄土中的地下水

黄土在我国西北及华北地区均有广泛分布。它是一种以黄色、棕黄色(粉粒粒径为 0.05 ~ 0.005 mm)为主的土,其中富含钙质结核,具有大孔隙和垂直节理特征。由于垂直节理发育,故垂直方向比水平方向有较大的渗透性。因此,黄土含水层是一个非均质、裂隙孔隙水含水层。

黄土地区一般比较缺水,这是气候、岩性和地貌条件综合影响的结果。黄土厚度大,结构疏松,由于新构造运动使地壳上升,侵蚀作用强烈,沟谷纵横,将黄土高原切成无数块段。范围较大的高平地称为黄土塬,长条形的垄岗称为黄土梁,浑圆形的土称为黄土峁。黄土中一般缺乏隔水层,沟谷深切,使潜水埋深变大,往往可达几十米。黄土高原降水量较少,且多以暴雨形式出现,降水入渗的水量相当大的一部分消耗于厚度很厚的包气带,补给潜水的部分大为减少。以上条件使地下水的补给、储存比较困难。

黄土塬表面较为宽阔平坦,有利于降水的入渗和储存。含水层中的水可向塬的四周分散渗流,以泉的形式排泄于沟谷中。塬的中心地下水埋藏较浅,通常为 20 ~ 30 m,塬的边缘可深达 60 ~ 70 m。黄土源地下水的补给与储存条件比较好,井的出水量较大。

黄土梁、黄土峁表面地形起伏,影响降水入渗,且切割强烈,不利于地下水储存,常为缺水地区。但是,梁、峁之间的宽浅沟谷(俗称掌心地或杖地)汇集了部分地下水,埋深只有 10 余 m,成为当地人民生活和家畜用水的水源。

(四)滨海沉积物中的地下水

1. 滨海砂丘中的地下水

在滨海砂丘(堤)和砂岛里,由于降水入渗,将咸水排挤于周围,密度小的淡水便居于咸水面之上,于是咸水面上部便形成了淡水透镜体,如图 4-24 所示。淡水体的水位高于海水面,距海越远,淡水层越厚,在其交界面上,水以扩散形式进行混合,但混合速度很缓慢,又经常有大气降水入渗补给,故淡水体得以长期存在。如图 4-24 所示,欲求点 A 处淡水体的厚度($H+h$),只要测出潜水面与海水面的高差 h 即可。设自海水面以下淡水层的厚度为 H,取淡水密度为 1,海水密度为 1.024,则淡水与海水的静力平衡式如下:

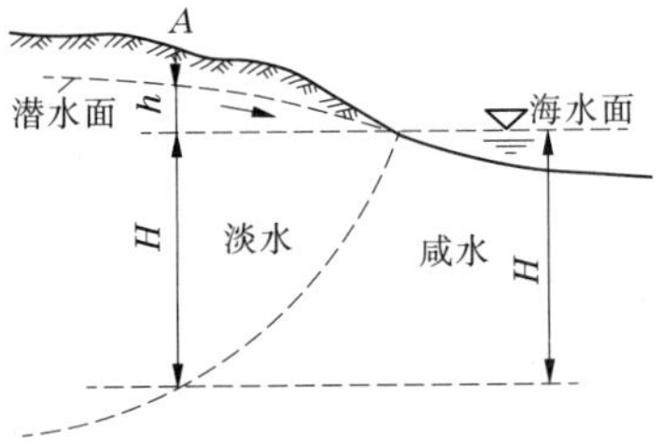

图 4-24　滨海砂丘(堤)淡水体示意图

$$1 \times (H + h) = 1.024H$$

$$h = 0.024H \quad 即 \quad H \approx 42h$$

根据以上推算,只要测定了潜水面与海水面的高差 h 值,即可计算淡水层的厚度。若测得若干点潜水水位之后,即可确定淡水体的分布范围。我国黄海沿岸某些地段由粗砂组成的海岸堆积阶地及渤海中的一些岛屿岸边的砂堤,其中都有淡水透镜体埋藏。当开采这种淡水时,如开采量过大,会造成其下部海水迅速上渗,淡水资源日益减少,矿化度随之增高,水质会逐渐恶化。故在开采利用时,应测定潜水动态,计算淡水资源的变化,从而调节控制开采水量。

2. 滨海三角洲沉积物中的地下水

由于海洋是一个巨大而宁静的水体,在河流流入海洋处河水受阻,流速变缓,形成散流,其所挟带的沉积物也依次沉积下来。随着流速降低,沉积物也逐渐变细,形成与洪积扇相似的三角洲沉积。

滨海三角洲属海相与陆相的交错沉积,其中含水层岩性主要为细砂和粉细砂,富水性差,且受海水影响,含盐量高,一般不能用于供水,如我国河北平原的滨海区即是这样情况。但有时滨海区深层可含有水量丰富、水质良好的承压水,埋藏深度一般为 80 ~ 200 m,在开发这类含水层时,要预防水位下降导致海水入侵,以及因淤泥质含量高而容易发生地面沉降等问题。

二、裂隙水

裂隙水是指埋藏于基岩裂隙中的地下水,也称基岩地下水。在裂隙发育的基岩山区,修建工矿企业、水库大坝、开发利用地下水、开采矿产资源等,均需要搞清楚基岩裂隙水分布规律,以解决各项建设所需的供水、排水和防渗问题。

(一)裂隙水的一般特征

岩层中的裂隙发育和分布错综复杂,在空间分布具有不均匀性和方向性,因此裂隙水的主要分布特征也是空间分布不均匀性和方向性。同一岩层由于裂隙发育的差异,不同地点的导水性和储水性相差很大,甚至同一地段同一层位中打两口相距很近的井,其水位、水量都可能相差悬殊,甚至一孔有水,而另一孔无水。这种不均匀性是基岩裂隙水同松散沉积物孔隙水的主要区别。

裂隙水运动状况复杂,在流动过程中水力联系呈明显的各向异性,往往顺着某个方向,裂隙发育程度好,沿此方向的导水性就强,而沿另一个方向的裂隙基本不发育,导水性就弱。同时,裂隙的产状对裂隙水运动也具有明显的控制作用:一方面,局部地段裂隙水的流向并不总和水流的总体方向相一致,甚至有时会出现方向相逆的情况;另一方面,受裂隙产状的控制,即使裂隙潜水也往往呈局部承压现象,当钻孔揭露含水裂隙后,地下水位往往会上升到一定的高度。

(二)裂隙水的类型

裂隙水的埋藏状况比较复杂,裂隙含水层的性状是多种多样的,主要受地质构造、岩性、地貌等条件的控制。裂隙含水层不都是层状的,而很多是似层状、脉状和带状的。根据裂隙水的产状特征,可分为面状裂隙水、层状裂隙水和脉状裂隙水三种,如图 4-25 所示。

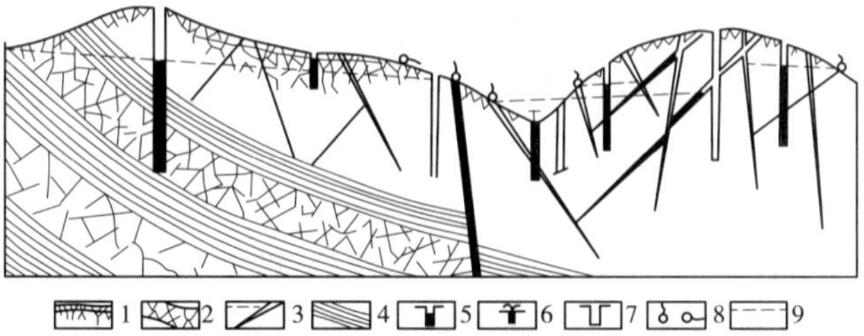

1—面状裂隙水;2—层状裂隙水;3—脉状裂隙水;4—柔性的隔水层;5—水井;
6—自流井;7—无水井;8—上升泉或下降泉;9—潜水位或承压水位

图 4-25　裂隙水按产状分类示意图

1. 面状裂隙水

1)面状裂隙水的特点

面状裂隙水埋藏于各种基岩的风化裂隙中,风化裂隙一般发育均匀密集,有一定程度的张开性,储存在其中的水通常是相互连通、构成统一的地下水面,含水层似层状,呈面状分布。由于风化裂隙发育一般随深度增加而减弱,微风化带或未风化的基岩构成了隔水底板,所以常储存潜水,如图 4-26 所示,只有某些古风化壳上部覆盖有大面积不透水层(如黏土等)时,才能形成承压水。

2)影响面状裂隙水分布的因素

面状裂隙水的水量大小取决于岩石裂隙的发育程度、风化壳的厚度、气候条件及地貌等特征。

岩石裂隙发育程度随着岩性的不同而差异较大,易风化的粒状和结晶岩石(如砂岩、花岗岩等)风化裂隙较发育,且张开性好,有利于裂隙水的储存;而泥质岩石(如页岩等)虽易

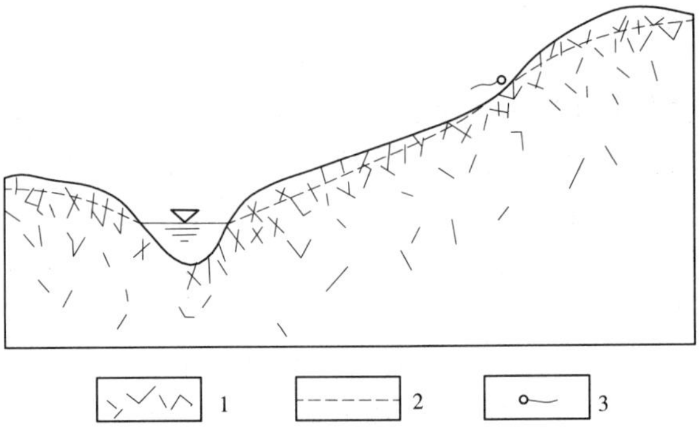

1—风化裂隙;2—地下水位线;3—下降泉

图 4-26　风化裂隙水示意图

风化,但裂隙张开性差,且有泥质充填,裂隙水则很少。

风化裂隙的数量和张开程度一般随深度增加而减小。但在我国南方,由于气候湿热、化学及生物风化作用强烈,表层风化岩的富水性因裂隙被黏土充填,往往不如下部强风化带富水性强。如福建漳州花岗岩中有一钻孔,0 ~ 25 m 全风化带裂隙被充填,涌水量仅为 0.125 L/s,25 ~ 45 m 强风化带涌水量增至 0.45 L/s,45 m 以下弱风化带涌水量又降为 0.16 L/s。

地貌条件对面状裂隙水的分布影响显著。在山区,特别是流水切割强烈的分水岭地区,风化壳厚度变薄且分布不连续,又由于地面坡度陡,降水绝大部分沿地面流走,故面状裂隙水水量较小;在谷坡地段,水量逐渐增加,在低洼的谷地和洼地中,风化壳保存完整、厚度大,地面汇流条件好,风化裂隙水则较丰富。

3)面状裂隙水的水质特点

面状裂隙水多分布在山区,主要以降水入渗补给,就地蒸发或以泉的形式排泄,其径流路径短,水质多为低矿化度的淡水。其动态随季节而发生明显变化。

2. 层状裂隙水

1)层状裂隙水的特点

层状裂隙水多埋藏于层状岩石的区域构造裂隙和成岩裂隙中。裂隙以网状组合为主,裂隙之间往往有较好的水力联系,含水层分布边界主要受不同性质的岩层界面控制,形成典型的层状含水层,如图 4-25 所示。

2)影响层状裂隙水分布的因素

层状裂隙水的埋藏与分布主要受地层岩性控制,其富水性取决于含水层厚度和裂隙发育程度及地形条件等。在沉积岩和变质岩地区,一般脆硬性岩石(如砂岩、石英岩等)的构造裂隙远较柔塑性岩石(如页岩、板岩等)发育,当其互层时,脆硬性岩石往往形成含水层,而柔塑性岩石构成相对隔水层,地下水则常成为承压水,亦可形成潜水。层状裂隙水虽然与一定层位裂隙发育的岩层相一致,但含水层的富水性在不同构造部位和不同深度上的差异也很大。如褶曲轴部的富水性较褶曲翼部强,埋藏较浅的含水层较相同岩性埋藏较深的含水层富水性强。

在岩浆岩地区,层状裂隙水常见于喷出岩体的成岩裂隙中,如玄武岩等柱状节理及层面节理发育,裂隙分布较均匀密集,张开性和连通性好,常形成储水丰富、透水性强、具有统一地下水面的潜水含水层,其下伏隔水层为另一裂隙不发育的岩层,含水层呈层状,属层状裂隙水。它一般分布范围较广,补给条件较好,水量丰富。如我国内蒙古一带,分布有大面积第三系玄武岩,厚几十米至百余米,柱状节理发育,含有裂隙潜水,其下伏隔水底板为红色泥岩,在泥岩与玄武岩接触带上常有泉水出露,涌水量为0.5~0.7 L/s,水质良好,为重碳酸盐型水,是干旱草原重要的供水水源。

当成岩裂隙岩体被后期不透水层覆盖时,也可形成承压含水层。如我国云南阿直盆地二叠系玄武岩,在向斜构造中形成承压水含水层,承压水位高出地面17 m。

3)层状裂隙水的水质特点

层状裂隙水的水质主要由埋藏深度决定。浅部含水层的地下水处于良好的水交替带中,水质为重碳酸盐型水,向下水交替逐渐减弱,过渡为硫酸盐型水,到深部为氯化物型水。总矿化度也随深度增加而增高。

综上所述,裂隙水的分布特征是非常不均匀的。比较常见的富水地带有褶曲轴部或转折端、含水带穿越脆性岩层地段、断裂交叉带、正断层的构造岩带、逆断层两盘(尤其是上盘)影响带、侵入体与围岩的接触带等。当然,影响裂隙水分布的因素很多,如地形地貌控制着地下水补给和汇流条件,往往在盆地、洼地和沟谷低地常是裂隙发育之处,有利于地下水的汇集。山区找水实践证明,在这些部位打井,往往能获得成功。

三、岩溶水

储存和运动于可溶性岩石洞隙中的地下水称岩溶水。由于岩溶发育和分布规律极其复杂,因而岩溶水在埋藏、分布和水动力条件等方面,都与其他类型的地下水具有不同的特征。

(一)岩溶水的埋藏与分布特征

岩溶水可以是潜水,也可以是承压水。当岩溶含水层裸露于地表时,常形成潜水或局部具有承压性能;当岩溶含水层被不透水层覆盖,就可形成承压水或自流水。岩溶水的埋藏深度,在岩溶含水层下距地表不深处有隔水层时,则埋藏较浅;当隔水层埋藏很深时,岩溶水的埋藏深度受区域排水基准面和地质构造的控制,往往埋藏较深,地面常呈现严重缺水现象。

岩溶发育的不均匀性,使岩溶水在垂直方向和水平方向上变化都很大。在可溶性岩层内可能同时具有含水层与非含水层、强含水层与弱含水层、均质含水层与集中渗流的特点。如我国南方,岩溶水主要以地下河或地下河系的管流、洞流形式存在,河系多呈树枝状,水量丰富。在打井时,往往在溶洞孔道中水多,而未遇到溶洞或溶洞被黏土充填时,涌水量就小或无水。找水的实践证明,岩溶水常富集在岩溶发育的下述地带:如质纯厚层的可溶岩分布地带;断层带或裂隙密集带;褶曲轴部和岩层急转弯处;可溶岩与非可溶岩的接触部位等。另外,一般浅层岩溶比深层岩溶富水性强。

(二)岩溶水的补给、径流与排泄

1.岩溶水的补给

岩溶水主要补给来源首先是吸收大气降水和地面水,其次是非岩溶含水层地下水的渗流。在我国南方裸露岩溶区,降水入渗量达降水量的80%以上;在北方岩溶区,大气降水量的40%~50%可以渗入地下,个别也可达80%。如晋南龙子祠泉附近长达3 km的沟谷,在强度为50 mm/h的暴雨后仍不见水流出沟,降水通过落水洞、溶斗等直接转入地下,迅速达到地下水面,而地面水十分缺乏。甚至在个别地段,河水全部流入岩溶管道,形成伏流。在岩溶裂隙分布区,入渗量仅占降水量的10%~30%,有的甚至只有5%。

2. 岩溶水的径流

岩溶水可以在裂隙中渗流,也可以在岩溶管道、孔洞中流动。由于溶蚀管道断面变化很大,岩溶水运动特征和径流条件极为复杂。

1)岩溶水的运动特征

岩溶水的运动特征有以下几个方面:

(1)孤立水流与具有统一地下水面的水流并存。由于岩溶发育的不均匀性,孤立水流往往出现在岩溶发育而连通性差的分水岭地区,而在岩溶发育而连通性好的河谷地带和岩溶平原,经常出现具有统一地下水面的水流。

(2)无压流与有压流并存。由于溶蚀管道断面的变异,地下水在大的洞穴中呈无压水流,有时形成地下湖;而在断面较小的管路和裂隙中形成有压水流。

(3)层流与紊流并存。在裂隙中渗流的水,由于阻力大,流速小,而处于层流状态;相反,在大的岩溶通道流动的水,可出现紊流状态。

(4)明流与伏流交替出现。地面河流遇到落水洞、溶洞,河水会部分或全部转入地下,变为地下河流(伏流);相反,地下河也可突然涌出地表,成为地面径流(明流),这种现象在岩溶发育地区的峰林谷地是屡见不鲜的。有时一条河流可反复多次交替变化。

2)岩溶水的径流特征

岩溶水的径流条件一般是良好的,但随着深度的增加而减弱。在裸露型厚层缓倾斜的可溶岩地区,岩溶水按水交替和水流状态不同,在垂直方向显示出明显的分带性(见岩溶发育垂直分带的有关内容)。

3. 岩溶水的排泄

岩溶水排泄的最大特点是排泄集中和排泄量大,并多以暗河形式排入河流,或以泉的形式排出地表。如广西地苏地下河系,地下水汇集于红水河边的青水岩出露,最枯流量为4 m^3/s,丰水期的排泄量达389 m^3/s。在河谷和盆地边缘以泉的形式排泄最为常见,如山西的晋祠泉、山东济南的趵突泉等。

(三)岩溶水的动态特征

岩溶水动态的主要特征是对降水反应明显,水位和水量变化幅度大。在降水后,地下水位抬高显著,几乎是紧接着降水过程便出现高水位。雨停后,岩溶水沿管道迅速排泄,水位很快降落。水位变化幅度一般为几十米,甚至可达百余米。流量变化幅度可达几十倍,甚至几百倍。如云南开远南洞暗河,据1959年观测资料,最枯流量仅0.2 m^3/s,最大流量为20.2 m^3/s,相差100倍之多。

在规模较大的岩溶承压水区,地下水位和流量较为稳定,因地下水径流途径长,地下水动态受季节变化影响较小。如山西临汾龙子祠泉,据1955~1958年的观测资料,最小流量为5.3 m^3/s,最大流量为6.7 m^3/s,多年变幅仅为1.26倍,同时水量峰值比降水峰值滞后达半年之久。

岩溶水的补给、径流和排泄条件决定了其水交替条件良好,水的矿化度低,一般在0.5 g/L以下,常为重碳酸盐型水。岩溶承压水的补给区,地下水矿化度低,而在地下深处,地下水矿化度有所提高,水质由重碳酸盐型变为重碳酸盐－硫酸盐型水或硫酸盐－重碳酸盐型水。

岩溶水在我国分布很广,水量充沛,是工农业和生活供水的重要水源,但是岩溶水极易污染,在开采利用时,应注意水源保护。

单元六 地下水资源评价

一、地下水资源特征

地下水资源是指对人类生产与生活具有使用价值的地下水,它属于地球上水资源的一部分。地下水资源与其他矿物资源不同,它具有流动、不断接受补给和排泄、消耗后能逐渐重新恢复以及受气象水文等因素影响的特点。正确认识这些特点,对合理开发利用地下水资源是很重要的。地下水资源有以下五个基本特征:

(1)可恢复性。地下水资源与固体矿产资源相比,具有可恢复性。在漫长的地质年代中形成的固体矿产资源,开采一点就少一点,没有恢复补偿性质。但地下水却不同,当人工开采地下水时,在多数情况下,只要开采量不超过一定限度,虽然井附近的地下水位要降低,使地下水的储存量暂时减少,但只要停止开采,水位又可逐渐恢复原位,即地下水的储存量又得到了补给,这就是地下水的可恢复性。地下水虽然可以不断得到补给和更新,开采后可以补充恢复,但也不是取之不尽、用之不竭的。如果大量超采,也会造成地下水资源过度消耗甚至枯竭。保持地下水资源开采与补给的相对平衡是合理开发利用地下水资源应遵循的基本原则。

(2)调蓄性。地下水资源与地表水资源相比,它具有一定的调蓄性。如果在流域内没有湖泊、水库,则地表水很难进行调蓄,汛期可能洪水漫溢,旱季也许河道断流。而地下水可利用含水层进行调蓄,在补给季节(或丰水年)把多余的水储存在含水层中,在非补给季节(或枯水年)动用储存量以满足生产与生活的需要。这种性质也是其他矿产资源所不具备的。利用地下水资源的调蓄性,在枯水季节(或年份)可适当加大开采量,以满足用水需要,到丰水季节(或年份)则用多余的水量予以回补。“以丰补枯”是充分开发利用地下水的合理性原则。

(3)转化性。地下水与地表水在一定条件下可以相互转化。由地表水转化为地下水是对地下水的补给;反之,由地下水转化为地表水则是地下水的排泄。例如,当河水位高于沿岸的地下水位时,河水补给地下水;相反,当沿岸地下水位高于河水位时,则地下水补给河水。因此,在开发利用水资源时,必须对地表水和地下水统筹规划。转化性是开发利用地下水资源和地表水资源的适度性原则。

(4)系统性。地下水补给、径流、排泄组成一个完整的地下水系统。含水岩体按空隙类型的不同,分为孔隙、裂隙和空洞三种,虽然它们形成的地质因素各不相同,空隙的形式各异,空隙连通的方式和程度差异更大,但从资源评价的角度考虑,它们有共同的特点,即构成一定的系统(也可称为单元)。无论空隙的形式是哪一种,必然在一定程度上和一定范围内相互连通。岩体相互连通,就构成一个系统。水是流体,在相互连通的通道可以从势能大的地方向势能小的地方运动。换言之,它们在一个系统中成为一个整体,当这个系统的某些部位接受外界水的补给时,这是整个系统水量的补充;当系统中任何一点向外排水或人为取水时,实际上是整个系统水量的减少。所以,资源评价按系统进行,才能得到较为接近实际的结果。基于同样的理由,对一个含水系统必须统一管理,上、下游的开发应有整体规划。缺乏统一管理,往往造成各个供水水源地相互干扰,或开发过量引起开采条件恶化以及其他不良后果。对地下水系统性认识不足,正是造成地下水资源评价和开发管理中混乱的重要原因之一。

(5)宝贵性。地下水是自然界提供给人类的最好的饮用水。首先,地下水是地表水和大气降水向地下渗入补给,而渗入过程中能够滤去杂质和细菌,达到自然净化,不像地表水容易受污染;其次,地下水质比地表水质好,地下水在含水层运移过程中与岩土接触,溶滤其中的一些组分,矿化度可达到 1 g/L 左右,一般来说,地下水中的化学组分是人体所需要的;最后,地下水的可贵性表现在分布上,地下水除在水系附近存在外,还在远离水系的山区和平原广泛分布,使用时不像地表水距离水文网稍远就没水而受到限制。

二、地下水资源分类

为了研究地下水资源形成的基本规律,对地下水资源进行计算和评价必须对地下水资源进行分类。由于地下水资源的复杂性,其分类一直是国内外学者重点研究的问题,提出了不同的分类方案,下面几种是在我国影响比较大的分类方法。

(一)普洛特尼柯夫分类法(大储量分类法)

在新中国成立初期,我国沿用苏联普洛特尼柯夫提出的储量概念,把地下水储量分成静储量、动储量、调节储量和开采储量四种。

1. 静储量

静储量是指天然条件下储存于最低潜水位以下含水层中的重力水体积,按式(4-4)计算,即

$$V_{静} = \mu MA \tag{4-4}$$

式中 $V_{静}$——静储量,m^3;

μ——含水层的给水度,以小数计;

M——最低潜水位以下含水层的平均厚度,m;

A——含水层的分布面积,m^2。

2. 动储量

动储量是指单位时间内通过垂直于地下水流向的含水层过水断面的地下水量,按式(4-5)计算,即

$$V_{动} = KAJ \tag{4-5}$$

式中 $V_{动}$——动储量,即天然径流量,m^3/d;

K——含水层的平均渗透系数,m/d;

A——过水断面的面积,m^2;

J——地下水流的平均水力坡度。

3. 调节储量

调节储量指天然条件下年(或多年)最高水位与最低水位之间潜水含水层中重力水的体积,可按式(4-6)计算,即

$$V_{调} = \mu \Delta hA \tag{4-6}$$

式中 $V_{调}$——调节储量,m^3;

μ——含水层水位变动带的给水度,以小数计;

Δh ——年(或多年)最高水位与最低水位之差,m;

A ——计算区的面积,m^2。

以上三种储量代表天然状态下存在于含水层中的地下水储量,统称为天然储量。

4. 开采储量

开采储量指技术经济合理的引水工程能从含水层中取出的水量,并在预定开采期内不发生水量显著减少和水质恶化等现象。确定开采储量是比较困难的,因此没有固定的计算公式。

普氏分类法在我国地下水资源评价工作中起过重要作用,在20世纪50～70年代的水文地质勘察中几乎都采用,甚至目前有些地下水资源评价的文献中还使用这些术语。但是在实践中,大家都感到此种分类法存在不少问题。

首先,普氏分类法不能确切地反映地下水资源的形成规律。地下水资源与固体矿产不同,它具有流动性和可恢复性,普氏把描述固体矿产的储量概念移用到地下水中,显然是不确切的。而地下水始终处于补给和消耗的变动过程中,补给和排泄是引起地下水运动的一对基本矛盾,正是由于这种矛盾的存在,才有地下水的形成和运动。尤其是地下水能得到补给,这是其他任何矿产资源包括石油矿产都没有的,普氏分类法没能反映这一特点。

其次,普氏分类法不能以"三水"(大气降水、地表水和地下水)互相转化的观点分析评价地下水资源,没有考虑开采后地下水的补给量与排泄量会发生怎样的变化。实践表明,开采条件下,除得到天然补给外,水动力条件的变化使地表水和大气降水向地下水转化量增加,而天然排泄量(主要为潜水蒸发量和侧向排泄量)将大为减少,从而增加了开采补给量。

(二)以水均衡为基础的分类法(三分法)

水均衡是指一个地下水均衡单元(例如,某一个地下水流域,或某一地下水蓄水构造,或某一含水层的开采地段等)在某均衡时段内,地下水的循环总是表现为补给量—排泄量—储存量变化三种形式,它们三者之间在数量上的均衡关系为:储存量的变化 = 补给量 - 排泄量,三者无论是在天然状态下还是在人工开采条件下,尽管各自的数量会有变化,但上述总关系是不变的。

《供水水文地质勘察规范》(GB 50027—2001)中将地下水资源划分为地下水的补给量、储存量和允许开采量。这实际上是以水均衡为基础的分类法。

1. 补给量

补给量是指单位时间内进入含水层的总水量,用亿立方米/年(亿 m^3/a)或立方米/天(m^3/d)等单位表示。根据补给量形成条件不同,可分为天然补给量和开采补给量两种。

1)天然补给量

天然补给量是指天然状态下进入含水层的水量,如图4-27所示,分为垂直补给和侧向补给。垂直补给是指大气降水的入渗量及相邻含水层在水头差作用下的越流补给量;侧向补给是指经上游边界流入含水层的水量,也称为地下水的天然径流量。

2)开采补给量

开采补给量是指在开采条件下,由于改变了地下水天然水动力条件,尚能夺取额外的补给量。开采时能否夺取这部分补给量,取决于开采区水文地质条件和开采强度等因素。常见的开采补给量由下列几部分组成:

(1)夺取地面水的补给量:当取水工程靠近地面水体(河流或湖泊等)时,由于强烈抽

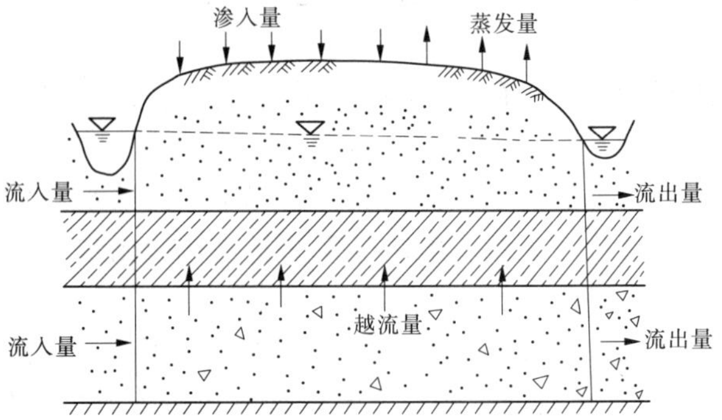

图 4-27　地下水天然补给量示意图

水，使地下水位大幅度下降，这就改变并加强了地面水的入渗，成为地下水开采的重要补充来源，如图 4-28(a)所示。

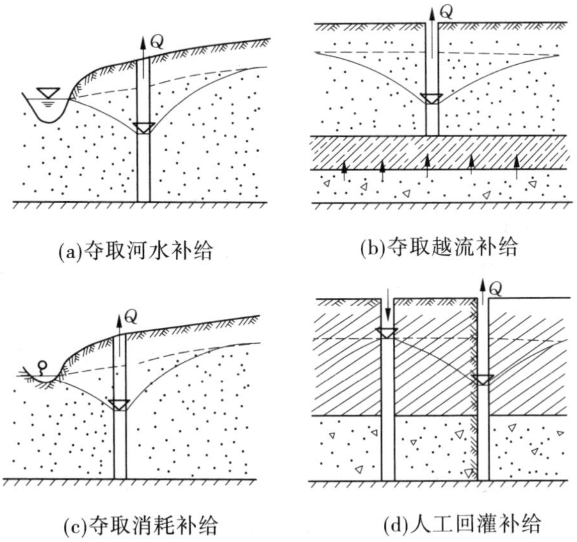

图 4-28　开采条件下的额外补给

(2)夺取相邻含水层的补给量：当开采水层与相邻含水层存在水力联系时，通过弱透水层产生垂直方向渗透所获得的越流补给量，如图 4-28(b)所示。

(3)夺取消耗补给量：在地下水埋藏较浅，能够形成潜水蒸发的地段或潜水溢出带及泉出露处，人工开采使潜水位下降，减少了蒸发消耗或使泉水消失而获得的补充补给量，如图 4-28(c)所示。

(4)人工补给量：是指用钻孔回灌，以及利用沟渠引地面水回灌，修坝建闸、灌溉等人工措施所增加的补给，如图 4-28(d)所示。

2. 储存量

储存量是指储存在含水层内的重力水体积，该量可分为容积储存量和弹性储存量。

容积储存量包含不变储存量和可变储存量。不变储存量是指地下水在补给和排泄过程中，含水层中水位变动带以下重力水的体积，用亿 m^3 或 m^3 等单位表示，它不受气候和季节变化的影响，又称静储量。在水位季节变动带以上(历史上最低水位以上)的地下水量，由于受季节和气候变化的影响而变化，通常称为可变储存量或调节储量。

对于承压含水层，不仅有容积储存量，还包括弹性储存量。弹性储存量是指在巨大的水头压力作用下，使含水层及其中的水体发生弹性变形，比在一个大气压条件下所多容纳的水量。在开采减压时，这些水量便释放出来。

一般情况下，不变储存量不作为开采资源。但在开采过程中，为了保证应急供水，在枯水期必须动用一部分时，动用的水量应能在丰水期得到补偿(年调节或多年调节)或进行人工补给，否则将入不敷出，水源就会趋向枯竭。

由于地下水位是随时间不断变化的，所以储存量也随时间而增减。天然条件下，在补给期，补给量大于排泄量，多余的水量便在含水层中储存起来；在非补给期，地下水的消耗大于补给，则动用储存量来满足消耗。所以，地下水储存量起着调节作用，在人工开采条件下，同样如此，如开采量大于补给量，就要动用储存量，以支付不足；当补给量大于开采量时，多余的水变为储存量。因此，储存量的调节作用是很重要的。

3. 允许开采量

允许开采量(也称可开采量)是指通过经济合理的取水建筑物，单位时间内从含水层中取出的水量，以亿立方米/年(亿 m^3/a)或立方米/天(m^3/d)表示。

在开采期间应满足以下要求：

(1)各取水点和区域动水位不超过设计要求的情况下，总的出水量不减少。

(2)水质、水温变化保持在允许范围内。

(3)不发生地面沉降等不良工程地质现象。

(4)不影响邻近水源地的正常开采。

允许开采量与实际开采量不同，它是代表一定均衡区内的含水层中，单位时间内以最优的取水方案，可以获得的最大的水量。

据前所述，地下水是在不断补给和排泄过程中形成和发展的。在天然条件下，进入含水层的水量转化为储存量，而储存量又不断转化为排泄量，使含水层中的水不断得到循环交替。在开采条件下，开采量是排泄降落漏斗内的储存量，被排泄的储存量是由补给量和减少天然排泄加以补偿的。总之，补给量转化为储存量，储存量又转化为排泄量，三者是相互转化的统一体，这是开采前、后地下水循环的普遍规律。其中，储存量起着地下水补给与排泄之间的均衡调节作用。这种调节是有条件的，当开采量过大，补给量不足以补偿排泄时，储存量将趋向枯竭。

这种以水均衡为基础的地下水资源分类法，与普氏分类法相比要合理得多。它基本上反映了地下水的补、排关系，为地下水资源的分类与评价提供了可靠的理论并指明了方向，在地下水资源评价中已得到广泛应用。

(三)根据规范分类

根据国家技术监督局发布实施的《地下水资源分类分级标准》(GB 15218—1994)，将地下水资源划分为能利用的资源(允许开采资源)和尚难利用的资源两类。

该标准的最大特点是将地下水开采的技术经济与环境方面的可行性，作为地下水资源评价时必须考虑的一个因素，并首次提出了尚难利用的资源类型，表明国家要求在地下水资源评价中加强安全意识，并与国际接轨了提高地下水资源开发利用的水平。

(1)允许开采资源。即通过技术经济合理的取水构筑物，在整个开采期内出水量不会减少，动水位不超过设计要求，水质和水温变化在允许范围内，不影响已建水源地正常开采，不发生危害性的环境地质问题并符合现行法规规定的前提下，从水文地质单元或水源地范围内能够取得的地下水资源。允许开采资源是具有现实经济意义的地下水资源。

(2)尚难利用的资源。指在当前的技术经济条件下，在一个地区开采地下水，将在技术、经济、环境或法规方面出现难以克服的问题和限制，目前难以利用的地下水资源。尚难利用的资源是具有潜在经济意义的地下水资源。

这些难以克服的问题有：地下水的补给资源和储存资源有限，在整个开采期出水量得不到保证；宜井区或水源地位置偏远，输水工程耗资过大：含水层埋藏过深，施工水井工程耗资过高；含水层导水极不均匀，施工水井的成功率过低；地下水位埋藏过深；提水困难或不经济；含水层的导水性过差，单井的出水量过小；地下水的水质或水温不符合要求；新建水源地将对原有水源地采水量或泉水流量产生过大的削减；地下水开采后，将会产生危害性的环境地质问题；建设取水构筑物，在地质或法规方面存在着难以克服的问题或限制等。存在上述一个或一个以上问题的 C、D、E 级地下水资源量，即属 Cd、Dd、Ed 级尚难利用的资源量。

三、地下水资源的计算

地下水资源的计算主要是指地下水的补给量、储存量、排泄量和允许开采量计算，其中允许开采量计算是地下水资源水量计算与评价的目的所在。

(一)补给量的计算

1. 垂直方向补给量

1)降水入渗补给量

大气降水除蒸发消耗、地面径流和包气带吸收外，其余部分渗入地下补给潜水，其入渗补给量按下式计算：

$$Q_{渗} = aPA \tag{4-7}$$

式中 $Q_{渗}$——年平均降水入渗量，m^3/a；

a——年平均降水入渗系数(年平均降水入渗量与年平均降水量的比值)；

P——年平均降水量，m/a；

A——接受降水入渗补给面积，m^2。

2)越流补给量

在开采潜水或承压水时，由于开采层水位下降同相邻含水层形成水头差，在水头差作用下，相邻含水层的地下水可通过弱透水层产生垂直渗透，形成补给开采层的越流补给量，如图 4-28(b)所示。这种越流补给量随着开采降深的增大而增加。其计算公式如下：

$$Q_{越} = KA\frac{H - h_c}{m} \tag{4-8}$$

式中 $Q_{越}$——越流补给量，m^3/d；

K——越流层的垂直渗透系数，m/d；

A——越流层的面积，m^2；

H——与开采层相邻含水层的水位,m;

h_c——开采层降落漏斗的平均水位,m;

m——越流层的厚度,m。

3)灌溉水入渗补给量

灌溉水对地下水的补给包括两部分。

(1)灌溉渠系渗漏补给量。按下式计算:

$$Q_{渠} = Q(1 - \eta) \tag{4-9}$$

式中 $Q_{渠}$——灌溉渠系渗漏补给量,m^3/d;

Q——灌溉渠系引进流量,m^3/d;

η——渠系有效利用系数,可通过现场观测确定或利用经验值,根据目前实际资料,在田间配套齐全、衬砌良好的渠系有效利用系数可达0.8~0.9以上,有衬砌的渠道为0.6~0.7,无衬砌的渠道仅为0.5左右。

(2)田间灌水渗漏补给量。与降水入渗补给量的计算方法相似,即用入渗系数乘以灌溉水量,再乘以灌溉面积。在选择入渗系数时,除考虑土壤条件外,还应考虑灌水定额(每亩地的灌水量)和灌水前地下水的埋藏深度等条件的影响,见表4-12。

表4-12 不同灌水定额对地下水的补给量 (单位:mm)

地下水埋深(m)	灌水定额(m^3/亩)						
	20	30	40	50	60	70	80
1.0	4	10	17	25	34	49	72
1.5	—	1.5	4	9	16	25	38
2.0	—	—	—	2	5	10	20

注:引自北京水利水电科学研究院河南人民胜利渠灌溉试验资料。

2.侧向补给量

侧向补给量可按断面径流法计算:

$$Q_{侧} = KiA \tag{4-10}$$

式中 $Q_{侧}$——侧向补给量,m^3/d;

K——含水层的平均渗透系数,m/d;

i——地下水水力坡度;

A——过水断面面积,m^2。

3.河渠渗漏补给量

河道及斗渠以上大型渠道的渗漏补给的地下水量($Q_{河}$),可用水文测流法,测出上游断面流量Q_1与下游断面流量Q_2之差求得,即

$$Q_{河} = Q_1 - Q_2 \tag{4-11}$$

(二)储存量的计算

储存量是指储存在含水层内的重力水水量,该量可分为容积储存量和弹性储存量。

1.容积储存量

容积储存量指潜水含水层中所容纳的重力水水量,可用下式计算:

$$Q_{容} = \mu AH \tag{4-12}$$

式中　$Q_{容}$——容积储存量，m^3；

μ——含水层的给水度；

A——含水层的分布面积，m^2；

H——含水层的厚度，m。

2. 弹性储存量

弹性储存量指将承压含水层的水头降至含水层顶板以上某一位置时，由于含水层的弹性压缩和水体积弹性膨胀所释放的水量，可按下式计算：

$$Q_{弹} = \mu_s Ah \tag{4-13}$$

式中　$Q_{弹}$——弹性储存量，m^3；

μ_s——弹性释水系数；

A——承压含水层面积，m^2；

h——从隔水顶板算起承压水压力水头高度，m。

（三）排泄量的计算

排泄量是指单位时间内从某一单元含水层或含水岩体中排泄出去的重力水水量。排泄量可分为天然排泄量和人工开采量两类。

天然排泄量有潜水蒸发、补给地表水体（河、沟、湖、库等）、侧向径流进入邻区等。人工开采量也就是实际开采量，是取水建筑物从含水层中取出来的地下水量，反映了取水建筑物的取水能力，它是一个实际开采值，但不一定是合理值，开采量应小于允许开采量。允许开采量计算在水资源评价中介绍，此处介绍排泄量的计算。

1. 潜水蒸发量

蒸发是浅层潜水消耗的主要方式之一。蒸发量的大小与潜水的埋藏深度、气象条件、包气带土壤岩性以及地面植被等有密切关系。潜水埋深为零时，蒸发量主要取决于气象条件，此时蒸发量最大。随着潜水埋深的增大，蒸发量逐渐减少，当埋深达到一定深度后，潜水蒸发趋近于零，这一深度通常称为潜水蒸发的极限深度。

潜水蒸发量（或蒸发强度）采用下面的经验公式计算，即

$$E = E_0 \left(1 - \frac{\Delta}{\Delta_0}\right)^n \tag{4-14}$$

式中　E——潜水蒸发量（或蒸发强度），m；

E_0——水面蒸发量（或蒸发强度），m；

Δ——潜水水位埋深，m；

Δ_0——潜水蒸发的极限深度，m，随土壤岩性和气候条件而变化，根据北京市水文地质公司资料，各类土的潜水蒸发极限深度见表4-13；

n——与土质有关的指数，$n = 1 \sim 3$。

式（4-14）称柯夫达公式，较适用于亚砂土、亚黏土等土壤质地较轻的情况，对黏性土层则误差较大。一般潜水蒸发量的观测资料较少，而水面蒸发量的观测资料较多，则可利用水面蒸发量资料，采用式（4-15）计算潜水蒸发量，即

表 4-13 潜水蒸发极限深度

岩性	潜水蒸发极限深度(m)
亚黏土	5.16
黄土质亚砂土	5.10
亚砂土	4.95
粉细砂	4.10
砂砾石	2.38

$$E = CE_0 \tag{4-15}$$

式中 C——潜水蒸发系数,即潜水蒸发量与水面蒸发量的比值,通常以百分数表示。

将式(4-15)代入式(4-14)得

$$C = \left(1 - \frac{\Delta}{\Delta_0}\right)^n \tag{4-16}$$

北京市水文地质公司根据观测资料提出的多年平均潜水蒸发系数可供参考,见表4-14。

表 4-14 潜水蒸发系数 (%)

岩性	潜水埋深(m)				
	0.5	1.0	1.5	2.0	3.0
亚黏土	52.9	29.8	14.7	8.2	4.6
黄土质亚砂土	80.1	43.1	19.4	8.7	2.8
亚砂土	74.3	25.5	3.2	1.7	—
粉细砂	82.6	47.2	16.8	4.4	—
砂砾石	48.6	41.0	1.4	0.4	—

2. 地下水侧向流出量

可按断面径流法计算。

3. 泉水溢出量

按长期观测资料确定。

4. 越流排泄量

可参照式(4-8)计算。

5. 地下水实际开采量

地下水实际开采量是根据开采设施能力与供需要求开采的水量,可按各取水点记录统计确定。

四、地下水资源允许开采量评价

(一)地下水资源允许开采量评价原则

(1)综合考虑、全面规划。对于一个自然区域或大面积开采区,应以区域地下水天然补给量为依据,充分考虑工业、农业、城乡供水和排水等进行综合评价,论证水源分配和调节以及解决供排结合等问题。

(2)通过技术经济合理的取水建筑物,计算在开采区内(一年或多年)从含水层中取出的水量,并论证地下水位的允许下降深度。

(3)考虑以丰补歉的原则。在开采量大、开采时间集中的地区,应考虑进行人工调节,即根据雨季补给旱季、丰水年补给枯水年的特点进行评价,并论证其保证程度,以便合理开发利用地下水。

(4)地下水与地面水统一评价的原则。在天然条件下,地下水与地面水互相转化很明显的地区(如岩溶地区、山前平原地区等),必须把地下水与地面水作为统一循环体进行评价。

(二)允许开采量评价方法

目前,地下水资源允许开采量评价方法很多,每一种方法常常适用于一定的水文地质条件。归纳起来有水量均衡法、开采试验法、相关分析法、开采系数法、水文分析法、水文地质比拟法、数学模型法(有限单元法、有限差分法等)等。在评价时,最好采用几种方法进行计算对比,以便合理确定可开采量。

1. 水量均衡法

水量均衡法是地下水资源评价的基本方法之一。它是研究评价区(均衡区)在一定时段内(均衡期)地下水的补给量、储存量与排泄量之间的平衡关系,确定影响地下水动态各要素及规律,从而评价水源地可开发利用地下水资源的一种方法。

对于一个均衡区(或水文地质单元)的含水层组来说,地下水在补给和排泄过程中任一时段内补给量与排泄量之差,等于含水层中储存量的变化量,这就是水量均衡的基本原理。根据这一原理,可建立水量均衡方程式。

1)水量均衡方程式

根据水量均衡原理,可建立如下水均衡方程

$$Q_{补} - Q_{排} = \pm \Delta Q_{储} \tag{4-17}$$

式中 $Q_{补}$——地下水的总补给量,m^3;

$Q_{排}$——地下水的总排泄量,m^3;

$\pm \Delta Q_{储}$——地下水储存量的变化量,m^3。

在天然条件下,从多年平均来看,地下水储存量的变化量等于零。即地下水水量趋于平衡,这时 $Q_{补} = Q_{排}$。

因此,天然条件下既可以用多年平均各项补给量之和计算补给量,也可以用多年平均各项排泄量之和计算补给量。

若把地下水的开采量作为排泄量考虑,便可建立开采条件下的水均衡方程

$$(Q_{入} - Q_{出}) + (W - Q_{开}) = \mu A \Delta H / \Delta t \tag{4-18}$$

$$W = Q_{雨} + Q_{河} + Q_{越} + \cdots - Q_{蒸}$$

式中 $Q_{入} - Q_{出}$——侧向补给量与排泄量之差,m^3/d;

$W - Q_{开}$——垂向补给量与排泄量之差,m^3/d;

$\mu A \Delta H / \Delta t$——单位时间内含水层中储存量的变化量,$m^3/d$;

μ——含水层的平均给水度,以小数计;

A——均衡区的面积,m^2;

ΔH——在时段内含水层水位的平均变幅,m;

Δt——计算时段(或均衡期),a;

$Q_{雨}$——大气降水入渗补给量,m^3/d;

$Q_{河}$——地表水体或地面其他水体渗漏补给量,m^3/d;

$Q_{越}$——越流补给量,m^3/d;

$Q_{蒸}$——潜水蒸发总量,m^3/d。

考虑到开采过程,式(4-18)可改写为下列预测区域开采量的基本公式

$$Q_{开} = (Q_{入} - Q_{出}) + W - \mu A\Delta H/\Delta t \tag{4-19}$$

式(4-19)表明含水层的区域开采量由三部分组成:一是侧向补给量($Q_{入} - Q_{出}$),二是垂向补给量 W,三是开采过程中含水层的储存量 $\mu A\Delta H/\Delta t$。上述关系从理论上阐明了开采量的可能组成规律。

2)适用条件

该法适用于地下水埋藏较浅、地下水的补给和排泄条件易于查清楚的地区。对于干旱或半干旱山前洪积平原和喀斯特地区、某些河谷地区以及封闭的自流盆地,使用效果一般较好。

对深层承压含水层或山区基岩裂隙含水层,其补给、径流和排泄条件不易查清或条件复杂时,不宜使用该法。

3)水量均衡法的计算步骤

(1)划分均衡区、确定均衡期。

由于水量均衡法是以某一特定的区域作为一个整体进行分析的,如果进行地下水资源评价的区域面积较大,或区域内水文地质条件和开采条件并无显著差异,则可以将整个区域作为一个均衡区进行计算;否则,为了提高计算精度,就需要首先将计算区域划分为若干个均衡区,在均衡区内若水文地质条件还有较大的差异,可以再分为若干个均衡段。

均衡区一般是根据地下水类型和含水介质的成因类型的组合进行划分的,如基岩山区裂隙地下水系统、平原区松散层孔隙水系统。平原区又可分为洪积扇地下水子系统、冲积平原地下水子系统等。

均衡段主要是根据含水层的导水系数、给水度、降水入渗系数、地下水位埋深等定量指标进行划分的。其目的是处理水文地质参数上的差异,提高地下水资源量的计算精度。

均衡期一般为一个水文年。为了使地下水资源评价结果更加具有代表性,力争选用包括丰水年、平水年和枯水年在内的一个多年均衡期。

(2)确定均衡要素、建立均衡方程。

均衡要素指均衡方程中各种补给项和排泄项。一般来说,不同均衡区水文地质条件不同,其均衡要素也不同,应在查明区域地下水补给、径流和排泄条件的基础上确定并计算均衡要素,建立均衡方程。

(3)地下水资源评价。

在给出均衡期地下水允许变幅值的条件下,将计算的均衡要素代入式(4-19)中,计算均衡时段的地下水开采量,用此量可分析评价地下水资源对用水的保证程度。

2. 开采试验法

开采试验法是模拟水源地开采条件(包括开采方案及提水设备)进行抽水试验来评价

地下水资源的一种方法。这种方法适用于完全没有水文地质资料(或水文地质条件复杂),水文地质条件(主要是补给条件)难以查清的地区,当急需确定地下水允许开采量时,可打井(或利用已有井)按需要的开采流量进行抽水试验,根据试验结果计算地下水允许开采量。这种通过实际抽水试验确定地下水允许开采量的方法称为开采试验法。

这种评价方法对潜水或承压水,对新水源地或旧水源地均适用。由于群井抽水试验耗资巨大,所以开采试验法只适用于中小型水源地。

在枯水季节按开采条件进行试验性开采抽水,一般抽水延续一至数月。地下水动态从抽水开始到水位恢复进行全面观测。结果可能出现以下两种情况。

1)稳定状态

按设计开采量长时间抽水时,若水位降深达到设计降深后,一直能保持稳定,停抽后水位又能较快地恢复到天然状态下的静水位,这说明抽水量小于开采条件下的补给量,按此抽水量开采是有补给保证的,这时的抽水量就是要求的允许开采量。

2)非稳定状态

按设计开采量长时间抽水时,若水位降深达到设计降深后并不稳定,还继续下降,停抽后,虽然水位有所恢复,但始终达不到天然状态下的静水位,这说明抽水量大于开采条件下的补给量,按此抽水量开采是没有保证的。这时可按下述方法求允许开采量。

(1)用水位下降时的资料求允许开采量。

在水位持续下降的过程中,当大部分漏斗出现等幅下降后,任一时段的水量平衡关系为

$$\mu A \Delta S = (Q_{抽} - Q_{补}) \Delta t \tag{4-20}$$

式中　μA ——水位下降 1 m 时储存量的减少量,m^2,μ 为给水度(以小数计),A 为降落漏斗面积,m^2,将 μA 当作一个值看待;

ΔS —— Δt 时段的水位降低,m;

$Q_{抽}$—— Δt 时段的平均抽水流量,m^3/d;

$Q_{补}$——开采条件下的补给量,m^3/d;

Δt ——水位持续下降的时间,d。

由式(4-20)可得出

$$Q_{抽} = Q_{补} + \mu A \Delta S / \Delta t \tag{4-21}$$

式(4-21)说明,抽水量等于开采条件下的补给量与含水层消耗的储存量之和。

为了求 $Q_{抽}$,认为 $Q_{补}$ 和 μA 变化不大,作常量对待,将抽水量比较稳定、水位下降比较均匀的若干时段的资料分别代入式(4-21),可列出下列联立方程式

$$\begin{aligned} Q_{抽1} &= Q_{补} + \mu A \Delta S_1 / \Delta t_1 \\ Q_{抽2} &= Q_{补} + \mu A \Delta S_2 / \Delta t_2 \\ &\vdots \\ Q_{抽n} &= Q_{补} + \mu A \Delta S_n / \Delta t_n \end{aligned}$$

用解联立方程的方法求 $Q_{补}$ 和 μA 。

(2)用水位恢复资料检验、校核 $Q_{补}$ 的可靠性。

①若在抽水过程中,减少抽水量,使 $Q_{抽} < Q_{补}$,则地下水位会等幅回升,$Q_{补}$ 的计算公式为(ΔS 为负值)

$$Q_{补} = Q_{抽} - \mu A \Delta S / \Delta t \tag{4-22}$$

式中 μA ——前已求出的单位储存量的减少量的平均值,m^2;

$\Delta S/\Delta t$ ——水位等幅回升速度,m/d。

②当停止抽水时,$Q_{抽}=0$,水位恢复,则

$$Q_{补}=\mu A \Delta S/\Delta t \tag{4-23}$$

需要注意的是,利用水位恢复资料进行检验时,$\Delta S/\Delta t$ 为等幅回升速度。

【例 4-1】 某水源地位于基岩裂隙水的富水地段,在 0.2 km^2 面积内打了 12 个钻孔,最大孔距不超过 300 m。在其中 3 个孔中进行了 4 个多月的抽水试验,观测数据列入表 4-15 中。

表 4-15 抽水试验观测数据

时间(月-日)	05-01 ~ 05-25	05-26 ~ 06-02	06-03 ~ 06-10	06-11 ~ 06-19	06-20 ~ 06-30
平均抽水量(m^3/d)	3 169	2 773	3 262	3 071	2 804
水位平均下降速度(m/d)	0.47	0.09	0.94	0.54	0.19

试验表明,在水位迅速下降阶段结束后,开始等幅持续下降,停抽或抽水量减少时,水位都有等幅回升现象。这表明正常抽水已经大于实际补给量。选用 5 月 1 日至 6 月 30 日各时段的资料分别代入式(4-21),可以列出 5 个方程式

$$3\,169=Q_{补}+0.47\mu A \tag{1}$$

$$2\,773=Q_{补}+0.09\mu A \tag{2}$$

$$3\,262=Q_{补}+0.94\mu A \tag{3}$$

$$3\,071=Q_{补}+0.54\mu A \tag{4}$$

$$2\,804=Q_{补}+0.19\mu A \tag{5}$$

为了充分利用资料,将上述 5 个方程搭配联立求解可求出 $Q_{补}$ 和 μA 的值,结果列于表 4-16。

表 4-16 $Q_{补}$ 和 μA 值

联立方号	(1)和(2)	(3)和(4)	(3)和(5)	(4)和(5)	平均值
$Q_{补}$	2 679	2 813	2 688	2 659	2 710
μA	1 042	478	611	763	724

计算结果表明,不同时段组合所求出的 $Q_{补}$ 相差不大,比较稳定。μA 变化较大。可能是裂隙发育不均、降落漏斗扩展不匀所致。

再用水位恢复资料验证,水位恢复数据和验证结果列入表 4-17 中。

表 4-17 水位恢复计算

时间(月-日)	水位恢复值(m)	$\Delta S/\Delta t$(m/d)	平均抽水量(m^3/d)	μA 平均值	计算公式	补给量(m^3/d)
07-02 ~ 07-06	19.36	3.87	0	724	式(4-23)	2 802
07-21 ~ 07-26	19.98	3.33	107	724	式(4-21)	2 518
平均值						2 660

根据计算和检验结果，允许开采量评价如下：

本区的补给量是有限的，如果开采量超过补给量，则水位就会持续下降，为了合理利用地下水资源，允许开采量是2 600～2 700 m^3/d。

3. 开采系数法

所谓开采系数，是指一个地区多年平均地下水开采模数与多年平均地下水补给模数之比，或开采系数等于地下水多年平均实际开采量与多年平均补给量的比值。

该方法适用于浅层地下水有一定的开发利用程度，水文地质研究程度较高并积累了较长系列开采量统计与水位动态观测资料的地区。

用开采系数法确定多年平均可开采量。可开采量的一般计算式为

$$Q_{可采} = \rho Q_{总} \tag{4-24}$$

式中 $Q_{可采}$——地下水年可开采量，万 m^3/a；

ρ——可开采系数，以小数计；

$Q_{总}$——开采条件下的年总补给量，万 m^3/a。

开采系数的确定，可考虑如下原则：

（1）开采系数一般不大于1。

（2）开采条件良好（单井单位降深出水量大于20 $m^3/(h \cdot m)$），地下水埋深大，水位连续下降的超采区，可选0.85～0.95。

（3）开采条件一般（单井单位降深出水量为5～20 $m^3/(h \cdot m)$），地下水埋深较大，实际开采程度较高的地区，或地下水埋深较小，实际开采程度较低的地区，可选0.75～0.85。

（4）开采条件较差（单井单位降深出水量小于5 $m^3/(h \cdot m)$），地下水埋深小（一般2 m左右），或开采程度低，开采困难的地区，可选0.6～0.7。

4. 实际开采量调查法

实际开采量调查法适用于浅层地下水开发利用程度较高、开采量统计资料比较准确，水位动态处于相对稳定的地区。如平水年的年初、年末地下水位基本相等，则该年的地下水实际开采量即可近似地代表多年平均地下水可开采量。

实际开采量调查法的理论基础是水量均衡原理，通过全面研究某一均衡区的浅层地下水的补给量、排泄量以及储存量的变化量之间的均衡关系，来评价可开采量。上述三者的关系式为

$$Q_{补} - Q_{排} = \mu A \Delta h / \Delta t \tag{4-25}$$

式中 $Q_{补}$——均衡区均衡期内的浅层地下水总补给量，m^3/a；

$Q_{排}$——均衡区均衡期内的浅层地下水总排泄量，m^3/a；

μ——给水度（无因次）；

A——均衡区的面积，m^2；

Δh——均衡期 Δt 内浅层地下水位变化值，m；

Δt——均衡期（一般以年计）。

如果年末地下水位变化值为负值，表明年内排泄量大于补给量；若为正值，表明补给量大于排泄量。如水位稳定，则补排相当，实际开采量是合理的，即可作为可开采量。

应该指出，在浅层地下水被大量开发利用的情况下，补排相当是不多见的。但是，上述

以水量均衡方程式为理论基础的实际开采量调查法是评价可开采量的常用方法。

【例 4-2】 表 4-18 是某河流域内一供水水源地 1980 ~ 1982 年地下水均衡计算成果，其中 1980 年是枯水年，1981 年是平水年，1982 年是丰水年。

表 4-18 某河流域内一供水水源地 1980 ~ 1982 年地下水均衡计算成果

（单位：万 m^3/a）

均衡项目	均衡要素	数量		
		枯水年	平水年	丰水年
补给量	降雨入渗补给量	472	836	1 010
	河道渗漏量	1 990	6 406	8 450
	地下径流流入量	804	840	960
	总计	3 266	8 082	10 420
排泄量	地下径流流出量	701	825	985
	潜水蒸发量	263	320	305
	实际开采量	6 100	6 100	6 100
	总计	7 064	7 245	7 390
均衡差		-3 798	837	3 030

由表 4-18 可知，枯水年是负均衡，缺额是 3 798 万 m^3；平水年和丰水年是正均衡，合计多余 3 867 万 m^3 的水量。对此可以做出如下评价：

(1) 该地区平水年实际开采量 6 100 万 m^3/a 是合理的。

(2) 在枯水年份出现负均衡，但平水年和丰水年的余额足以补偿枯水年的缺额。所以开采量 6 100 万 m^3/a 是有补给保证的。

五、地下水水质评价

国家或地方有关部门规定各项用水标准，皆是根据各种实际需要制定的，它是水质评价的依据。

（一）工业用水水质评价

1. 锅炉用水水质评价

锅炉用水是工业用水的基本组成部分，在进行工业用水水质评价时一般先对锅炉用水水质进行评价，其标准见《工业锅炉水质》(GB/T 1576—2008)。

蒸汽锅炉和气水两用锅炉的给水一般应采用锅外化学水处理的自然循环，水质应符合如下标准，见表 4-19。

2. 地下水对建筑侵蚀性评价

地下水含有某些化学成分，对建筑材料中的混凝土、金属等有侵蚀性和腐蚀性作用，当建筑物经常处于地下水的作用时，则应对地下水的侵蚀性给予评价。同时，混凝土拌制用水的水质也必须符合要求，才能保证建筑物的安全性和使用寿命。

表 4-19　采用锅外化学水处理自然循环蒸汽锅炉和气水两用锅炉水质

项目		给水			锅水		
额定蒸汽压力(MPa)		≤1.0	>1.0 ≤1.6	>1.6 ≤2.5	≤1.0	>1.0 ≤1.6	>1.6 ≤2.5
悬浮物(mg/L)		≤5	≤5	≤5			
总硬度(mol/L)		≤0.03	≤0.03	≤0.03			
总碱度(mol/L)	无过热器				6～26	6～24	6～16
	有过热器					≤14	≤12
pH		≥7	≥7	≥7	10～12	10～12	10～12
溶解氧(mg/L)		≤0.1	≤0.1	≤0.05			
溶解固形物(mg/L)	无过热器				<4 000	<3 500	<3 000
	有过热器					<3 000	<2 500
SO_3^{2-}(亚硫酸根)(mg/L)					10～30	10～30	10～30
PO_4^{-3}(磷酸根)(mg/L)					10～30	10～30	10～30
相对碱度,游离 NaOH						<0.2	<0.2
含油量(mg/L)		≤2	≤2	≤2			
含铁量(mg/L)		≤0.3	≤0.3	≤0.3			

1)地下水对混凝土的腐蚀作用

(1)腐蚀类型。

地下水对混凝土的破坏是通过结晶类侵蚀、分解类侵蚀和结晶分解复合类侵蚀作用进行的。地下水的这种侵蚀性主要取决于水的化学成分,同时与水泥类型有关。

①结晶类腐蚀。如果地下水中 SO_4^{2-} 的含量超过规定值,那么 SO_4^{2-} 将与混凝土中的 $Ca(OH)_2$起反应,生成二水石膏结晶体 $CaSO_4 \cdot 2H_2O$,这种石膏再与水化铝酸钙 $CaAl_2O_3 \cdot 6H_2O$ 发生化学反应,生成水化硫铝酸钙,这是一种铝和钙的复合硫酸盐,习惯上称为水泥杆菌。由于水泥杆菌结合了许多的结晶水,因而其体积比化合前增大很多,约为原体积的221.86%,于是在混凝土中产生很大的内应力,使混凝土的结构遭受破坏。

②分解类腐蚀。地下水中含有 CO_2和 HCO_3^-,CO_2与混凝土中的 $Ca(OH)_2$作用,生成碳酸钙沉淀。

$$Ca(OH)_2 + CO_2 = CaCO_3 \downarrow + H_2O$$

由于 $CaCO_3$不溶于水,它可填充混凝土的空隙,在混凝土周围形成一层保护膜,能防止 $Ca(OH)_2$的分解。但是,当地下水中的 CO_2含量超过一定数值,而 HCO_3^- 的含量过低,则超量的 CO_2再与 $CaCO_3$反应,生成重碳酸钙 $Ca(HCO_3)_2$并溶于水,即

$$CaCO_3 + H_2O + CO_2 = Ca(HCO_3)_2$$

上述这种反应是可逆的:当 CO_2含量增加时,平衡被破坏,反应向右进行,固体 $CaCO_3$继续分解;当 CO_2含量变少时,反应向左进行,固体 $CaCO_3$沉淀析出。当 CO_2和 HCO_3^- 的溶解度

平衡时,反应就停止。所以,当地下水中CO_2的含量超过平衡所需的数量时,混凝土中的$CaCO_3$就被溶解而受腐蚀,这就是分解类腐蚀。将超过平衡浓度的CO_2称为侵蚀性CO_2,地下水中侵蚀性CO_2愈多,对混凝土的腐蚀愈强。地下水流量、流速都很大时,CO_2易补充,平衡难建立,因而腐蚀加快。另外,HCO_3^-离子含量愈高,对混凝土腐蚀性愈强。

如果地下水的酸度过大,即小于某一数值,那么混凝土中的$Ca(OH)_2$也要分解,特别是当反应生成物为易溶于水的氯化物时,对混凝土的分解腐蚀很强烈。

③结晶分解复合类腐蚀。当地下水中Mg^{2+}、NH_4^+、Cl^-和NO_3^-的含量超过一定数量时,与混凝土中的$Ca(OH)_2$发生反应,例如:

$$MgSO_4 + Ca(OH)_2 = Mg(OH)_2 + CaSO_4$$

$$MgCl_2 + Ca(OH)_2 = Mg(OH)_2 + CaCl_2$$

$Ca(OH)_2$与镁盐作用的生成物中,除$Mg(OH)_2$不易溶解外,$CaCl_2$则易溶于水,并随之消失;硬石膏$CaSO_4$一方面与混凝土中的水化铝酸钙反应生成水泥杆菌;另一方面,硬石膏遇水生成二水石膏。二水石膏在结晶时,体积膨胀,破坏混凝土的结构。

综上所述,地下水对混凝土建筑物的腐蚀是一项复杂的物理化学过程,在一定的工程地质与水文地质条件下,对建筑材料的耐久性影响很大。

(2)腐蚀性评价标准。

根据以上各种化学腐蚀所引起的破坏作用,将SO_4^{2-}的含量归纳为结晶类腐蚀性评价指标;将侵蚀性CO_2、HCO_3^-和pH归纳为分解类腐蚀性的评价指标;将Mg^{2+}、NH_4^+、Cl^-、SO_4^{2-}、NO_3^-的含量作为结晶分解类腐蚀性的评价指标。同时,在评价地下水对建筑结构材料的腐蚀性时,必须结合建筑场地所属的环境类别。建筑场地根据气候区、土层特性、干湿交替和冰冻区(段)情况分为三类环境,见表4-20。

表4-20 混凝土腐蚀的场地环境类别

<table>
<tr><th>环境类别</th><th>气候区</th><th>土层特性</th><th colspan="2">干湿交替</th><th>冰冻区(段)</th></tr>
<tr><td>Ⅰ</td><td>高寒区
干旱区
半干旱区</td><td>直接临水,强透水土层中的地下水,或湿润的强透水土层</td><td>有</td><td rowspan="3">混凝土不论在地面或地下,无干湿交替作用,其腐蚀强度比有干湿交替作用时相对降低</td><td rowspan="3">混凝土不论在地面或地下,当受潮或浸水时,处于严重冰冻区(段)、冰冻区段或微冰冻区(段)</td></tr>
<tr><td rowspan="2">Ⅱ</td><td>高寒区
干旱区
半干旱区</td><td>弱透水层中的地下水,或湿润的强透水土层</td><td>有</td></tr>
<tr><td>湿润区
半湿润区</td><td>直接临水,强透水土层中的地下水,或湿润的强透水土层</td><td>有</td></tr>
<tr><td>Ⅲ</td><td>各气候区</td><td>弱透水层</td><td colspan="2">无</td><td>不冻区(段)</td></tr>
</table>

注:当竖井、隧洞、水坝等工程的混凝土结构一面与水(地下水或地表水)接触,另一面又暴露在大气中时,其场地环境分类划分为Ⅰ类。

地下水对建筑材料腐蚀性评价标准见表4-21~表4-23。

表 4-21 分解类腐蚀的评价标准

腐蚀等级	pH		侵蚀性 CO_2(mg/L)		HCO_3^- (mmol/L)
	A	B	A	B	A
无腐蚀性	>6.5	>5.0	<15	<30	>1.0
弱腐蚀性	6.5~5.0	5.0~4.0	15~30	30~60	1.0~0.5
中腐蚀性	5.0~4.0	4.0~3.5	30~60	60~100	<0.5
强腐蚀性	<4.0	<3.5	>60	>100	—

注:A 为直接临水或强透水土层中的地下水或湿润的强透水土层,B 为弱透水土层的地下水或湿润的弱透水土层。

表 4-22 结晶类腐蚀评价标准

腐蚀等级	SO_4^{2-} 在水中的含量(mg/L)		
	Ⅰ类环境	Ⅱ类环境	Ⅲ类环境
无腐蚀性	<250	<500	<1 500
弱腐蚀性	250~500	500~1 500	1 500~3 000
中腐蚀性	500~1 500	1 500~3 000	3 000~6 000
强腐蚀性	>1 500	>3 000	>6 000

表 4-23 结晶分解复合类腐蚀评价标准 (单位:mg/L)

腐蚀等级	Ⅰ类环境		Ⅱ类环境		Ⅲ类环境	
	$Mg^{2+}+NH_4^+$	$Cl^-+SO_4^{2-}+NO_3^-$	$Mg^{2+}+NH_4^+$	$Cl^-+SO_4^{2-}+NO_3^-$	$Mg^{2+}+NH_4^+$	$Cl^-+SO_4^{2-}+NO_3^-$
无腐蚀性	<1 000	<3 000	<2 000	<5 000	<3 000	<10 000
弱腐蚀性	1 000~2 000	3 000~5 000	2 000~3 000	5 000~8 000	3 000~4 000	10 000~20 000
中腐蚀性	2 000~3 000	5 000~8 000	3 000~4 000	8 000~10 000	4 000~5 000	20 000~30 000
强腐蚀性	>3 000	>8 000	>4 000	>10 000	>5 000	>30 000

2)中国混凝土拌制和养护用水的水质标准

凡适于饮用的水,均可用来拌制和养护混凝土,不必进行试验。工业污水和沼泽水如未经处理,不能用来拌制和养护混凝土。天然的矿化水,如化学成分符合表 4-24 的规定,可用来拌制和养护混凝土。

表 4-24 拌制和养护混凝土天然矿化水的水质标准

水的化学成分	单位	经常位于水下的混凝土,少钢筋混凝土和钢筋混凝土结构;混凝土结构的水上混凝土和水位变化区的混凝土	钢筋混凝土和少钢筋混凝土结构的水上混凝土和水位变化区的混凝土
总含盐量不超过	g/L	35.0	5.0
SO_4^{2-} 含量不超过	g/L	2.7	2.7
pH 不小于		4.0	4.0

表 4-24 适用于硅酸盐水泥、火山灰质硅酸盐水泥和矿渣硅酸盐水泥所拌制的混凝土。

采用其他水泥时,矿化水是否适用,应根据矿化水与饮用水分别制作的砂浆(或混凝土)强度试验确定,即用矿化水制作的砂浆(或混凝土)强度应不低于饮用水制作的砂浆(或混凝土)强度,这种水即可使用。采用抗硫酸盐水泥时,水中 SO_4^{2-} 的含量允许增大到 10 g/L。

3)地下水对钢结构的腐蚀性评价

地下水对钢结构的腐蚀性评价见表 4-25。

表 4-25 地下水对钢结构的腐蚀性评价

腐蚀等级	pH	($Cl^- + SO_4^{2-}$)含量(mg/L)
弱	3~11	<500
中	3~11	≥500
强	<3	任何浓度

注:表中是指氧能自由溶入的水和地下水。

(二)农业用水水质评价

农业用水主要是灌溉用水和农村人畜饮用水,这里将介绍灌溉用水水质评价。

1.灌溉用水水质评价方法

当前,对灌溉用水的水质评价缺乏统一的方法,常有用矿化度指标评价、灌溉系数法评价、用残余碳酸钠(RSC)评价、综合危害系数法和盐度、碱度、矿化度法。各地需要根据当地的具体情况、资料来源及其完整程度选择使用,下面介绍盐度、碱度、矿化度法评价灌溉用水水质。

利用盐度、碱度和矿化度评价灌溉用水水质的方法是河南省水文地质队豫东组提出的。他们把灌溉水对作物和土壤的危害分为四种类型,即盐害、碱害、盐碱害和综合危害。

1)盐害

盐害主要指氯化钠和硫酸钠这两种盐分对作物和土壤的危害,水质的盐害指标用盐度表示,盐度就是在液态条件下氯化钠和硫酸钠的允许含量,单位毫摩尔每升(mmol/L),计算公式如下:

当 $Na^+ > Cl^- + 2SO_4^{2-}$ 时,盐度 $= Cl^- + 2SO_4^{2-}$;当 $Na^+ < Cl^- + 2SO_4^{2-}$ 时,盐度 $= Na^+$。

2)碱害

碱害主要指碳酸钠和碳酸氢钠对作物和土壤的危害,水质的碱害指标用碱度表示,碱度就是在液态条件下碳酸钠和碳酸氢钠的允许含量,单位为 mmol/L。计算公式如下:

$$碱度 = (HCO_3^- + 2CO_3^{2-}) - 2(Ca^{2+} + Mg^{2+})$$

当计算结果为负值时,则盐害起主导作用。

3)盐碱害

盐碱害就是盐害和碱害共存,当盐度大于 10 mmol/L,并有碱度存在时,即为盐碱害。这种危害一方面使土壤迅速盐化和碱化,另一方面对作物有极强的腐蚀作用,可使作物致死。

4)综合危害

水中的氯化钙、氯化镁等有害成分与盐害、碱害一起,对作物和土壤的危害称为综合危害。综合危害的程度取决于水中所含各种可溶盐的总量,所以用总矿化度(g/L)来表示。

属于盐害、碱害、综合危害类型的灌溉水按表 4-26 所列指标进行评价。利用表 4-26 既可按单一指标（盐害、碱害、综合危害）评价水质，亦可按双项指标（盐害、综合危害，碱害、综合危害）评价水质。应当指出：一方面，表4-26指标适用于非盐碱化土壤，对于已盐碱化的土壤可视盐碱化程度调整使用；另一方面，表4-26是根据豫东地区主要作物（小麦、高粱、玉米、棉花、黄豆等）被灌溉后的反应程度确定的，所以对于蔬菜、果树等，应视具体情况做适当调整。

表4-26　灌溉用水水质评价指标

危害类型及表示方法		水质类型			
		淡水	中等水	盐碱水	重盐碱水
盐害	碱度为零时盐度（mmol/L）	<15	15～25	25～40	>40
碱害	盐度小于10时碱度（mmol/L）	<4	4～8	8～12	>12
综合危害	总矿化度（g/L）	<2	2～3	3～4	>4
灌溉用水水质评价		长期浇灌对主要作物生长无不良影响	灌溉不当时，对土壤和主要作物有影响；但合理灌溉，能避免土壤发生盐碱化	要注意灌溉方法。灌溉方法不当时，土壤盐碱化，主要作物生长不好；灌溉方法得当，作物生长良好	灌溉后，土壤迅速盐碱化，对作物生长影响很大。即使在特别干旱时，也尽量避免过量使用

由以上盐度、碱度和矿化度等指标来评价灌溉用水水质，可将其分为淡水、中等水、盐碱水和重盐碱水等四类。

属于盐碱类型的灌溉用水，按表4-27双项指标进行评价，即当盐度大于10时，按盐害、碱害这一对指标来评价水质。

表4-27　盐碱害类型双项灌溉用水水质评价指标

盐度（mmol/L）	碱度（mmol/L）	水质类型（mmol/L）	灌溉用水水质评价
10～20	4～8	盐碱水	1. 对盐碱水，要特别注意灌溉方法； 2. 对重盐碱水，即使在特别干旱时，也应避免过量使用
	>8	重盐碱水	
20～30	<4	盐碱水	
	>4	重盐碱水	
>30	微量	重盐碱水	

2. 农田灌溉水质标准

灌溉用水的水质，应满足作物正常生长，改善土壤性状，不污染地下水和保证农产品质量的要求。我国制定《农田灌溉水质标准》（GB 5084—2005）的主要出发点是保护环境，除考虑了河川中的地表水，着重考虑废污水排放对灌溉水资源的污染和污水灌溉带来的一些负效应，如死苗、减产、土壤肥力性状恶化、作物污染以及某些有机化合物、病菌、病毒和寄生虫卵等的残留污染，使农产品质量下降并影响人体健康等问题。因而该标准适用于地表水、地下水和工业废水、生活污水作为水源的农田灌溉用水。我国现行的农田灌溉水质标准见表4-28。

表4-28　农田灌溉水质标准

序号	项目	水作	旱作	蔬菜
1	生化需氧量(BOD_5)≤	60	100	
2	化学需氧量(COD_{Cr})≤	200	300	150
3	悬浮物≤	150	200	100
4	阴离子表面活性剂(LAS)≤	5.0	8.0	5.0
5	凯氏氮≤	12	30	
6	总磷(以P计)≤	5.0	10	10
7	水温(℃)≤	35		
8	pH≤	5.5,8.5		
9	全盐量≤	1 000(非盐碱土地区),2 000(盐碱土地区),有条件的地区可以适当放宽		
10	氧化物≤	250		
11	硫化物≤	1.0		
12	总汞≤	0.001		
13	总镉≤	0.05		
14	总砷≤	0.5	0.1	0.5
15	铬(六价)≤	0.1		
16	总铅≤	0.1		
17	总铜≤	1.0		
18	总锌≤	2.0		
19	总硒≤	0.02		
20	氟化物≤	2.0(高氟区),3.0(一般地区)		
21	氰化物≤	0.5		
22	石油类≤	5.0	1.0	1.0
23	挥发酚≤	1.0		
24	苯≤	2.5		
25	三氯乙醛≤	1.0	0.5	0.5
26	丙烯醛≤	0.5		
27	硼≤	1.0(对硼敏感作物,如马铃薯、笋瓜、韭菜、洋葱、柑橘) 2.0(对硼耐受性较强的作物,如小麦、玉米、青椒、小白菜、葱等) 3.0(对硼耐受性强的作物,如水稻、萝卜、油菜、甘蓝等)		
28	粪大肠菌群数(个/L)≤	1 000		
29	蛔虫卵数(个/L)≤	2		

(三)生活饮用水水质评价

生活饮用水包括城镇居民和农村人畜饮用水,其水质应符合下列基本要求,保证用户饮用安全:

(1)生活饮用水中不得含有病原微生物。

(2)生活饮用水中化学物质不得危害人体健康。

(3)生活饮用水中放射性物质不得危害人体健康。

(4)生活饮用水的感官性状良好。

(5)生活饮用水应经消毒处理。

我国现行生活饮用水的水质指标分四大类,共计 38 项,见表 4-29。各指标的具体要求见《生活饮用水卫生标准》(GB 5749—2006)。

表 4-29　生活饮用水卫生标准

指标	限值
1. 微生物指标①	
总大肠菌群(MPN/100 mL 或 CFU/100 mL)	不得检出
耐热大肠菌群(MPN/100 mL 或 CFU/100 mL)	不得检出
大肠埃希氏菌(MPN/100 mL 或 CFU/100 mL)	不得检出
菌落总数(CFU/mL)	100
2. 毒理指标	
砷(mg/L)	0.01
镉(mg/L)	0.005
铬(六价,mg/L)	0.05
铅(mg/L)	0.01
汞(mg/L)	0.001
硒(mg/L)	0.01
氰化物(mg/L)	0.05
氟化物(mg/L)	1.0
硝酸盐(以 N 计,mg/L)	10 地下水源限制时为 20
三氯甲烷(mg/L)	0.06
四氯化碳(mg/L)	0.002
溴酸盐(使用臭氧时,mg/L)	0.01
甲醛(使用臭氧时,mg/L)	0.9
亚氯酸盐(使用二氧化氯消毒时,mg/L)	0.7
氯酸盐(使用复合二氧化氯消毒时,mg/L)	0.7
3. 感官性状和一般化学指标	
色度(铂钴色度单位)	15

续表 4-29

指标	限值
浑浊度(NTU——散射浊度单位)	1 水源与净水技术条件限制时为 3
臭和味	无异臭、异味
肉眼可见物	无
pH	不小于 6.5 且不大于 8.5
铝(mg/L)	0.2
铁(mg/L)	0.3
锰(mg/L)	0.1
铜(mg/L)	1.0
锌(mg/L)	1.0
氯化物(mg/L)	250
硫酸盐(mg/L)	250
溶解性总固体(mg/L)	1 000
总硬度(以 $CaCO_3$ 计,mg/L)	450
耗氧量(COD_{Mn}法,以 O_2 计,mg/L)	3 水源限制,原水耗氧量 >6 mg/L 时为 5
挥发酚类(以苯酚计,mg/L)	0.002
阴离子合成洗涤剂(mg/L)	0.3
4. 放射性指标②	指导值
总 α 放射性(Bq/L)	0.5
总 β 放射性(Bq/L)	1

注:①MPN 表示最可能数;CFU 表示菌落形成单位。当水样检出总大肠菌群时,应进一步检验大肠埃希氏菌或耐热大肠菌群;水样未检出总大肠菌群时,不必检验大肠埃希氏菌或耐热大肠菌群。

②放射性指标超过指导值,应进行核素分析和评价,判定能否饮用。

【小贴士】

地下水资源评价包括水量评价和水质评价,水量评价主要是指允许开采量评价,通过计算允许开采量后提出合理开采意见,是地下水资源评价的目的所在。

【知识链接】

《水文地质学》和《地下水开发与利用》对有关地下水知识介绍更详细,具体内容可以参考有关教材。本项目所采用的都是目前正在实施的国家标准,主要有《生活饮用水卫生标准》(GB 5749—2006)、《农田灌溉水质标准》(GB 5084—2005)、《工业锅炉水质》(GB/T 1576—2008)。

【工程案例】 大连、天津地面沉降

由于长期开采岩溶地下水,辽东半岛的大连市,1969 年海水入侵面积为 4.2 km^2,至

1986 年海水入侵面积已达200 余 km^2,与 1981 年相比,平均每年入侵面积约为7.0 km^2。其中,入侵最严重的地段是金县大魏家、大连泡地段,海水向大连泡内陆岩溶含水层入侵达2 km,年平均推进110 m,1969~1986 年使地下水中氯离子含量增加9 倍以上。辽宁西部三角洲海岸带的大、小凌河扇形地及河口两侧海水入侵尤为严重,在东西长约 18 km、南北宽3~8 km范围内,海水呈楔形侵入淡水含水层;兴城西河与绥中六股河扇形地前缘,地下水受到不同程度的海水入侵,这不仅与当地含水层顶板隔水性差有关,而且与沿岸地下水开采量过大有关。

城市集中过量取水造成华北地区地面沉降已发生多例,其中以天津市最为严重,20 世纪 70 年代中期地面沉降面积达 7 000 余 km^2。80 年代初,天津市(区)累计最大沉降量达2 000余 mm;塘沽区天津碱厂最大沉降量为260 mm。至 1986 年,天津市(区)多年累计沉降量大于1 000 mm 的范围已达135 km^2,解决办法是调整开采含水层层次,控制开采量和进行人工回灌等。

所以,地下水资源不是取之不尽、用之不竭的,人们若不顾自然界循环规律盲目向大自然要水,最终会导致河流断流、泉水干枯、地面沉降、海水入侵等自然灾害。因此,我们必须了解自然界水循环,掌握地下水循环过程和地下水的水量计算,才能合理确定地下水的允许开采量,才能确保国民经济可持续发展。

【阅读与应用】

1. 20 世纪 90 年代末,黄河下游出现了严重的断流现象,而且断流时间越来越长,1995 年黄河下游河道断流 122 天,1996 年2 月 14 日至7 月 13 日就断流 136 天。造成持续断流的自然原因是气候干旱,但是人为因素是间接原因:人们用水过多,特别是上游地区过度引水灌溉。它对下游依靠黄河供水的地区所产生的影响是多方面的,其中最主要的是断流给沿岸地区人们生产和生活用水造成极大困难,此外也对黄河下游的自然生态环境造成极大影响。大家可以进一步分析影响黄河断流的因素和保护母亲河的措施。

2. 据 1960~1983 年统计,陕西省西安市(区)地面沉降面积达 220 km^2,1984 年 10 月最大累计沉降量达942 mm,最大沉降速率为 123 mm/年;有 1 300 余年历史的大雁塔也沉降1 198 mm,并向西倾斜达 886 mm。

请大家查阅相关资料,分析其下沉的原因并提出防治的建议。

小　结

地下水作为一种自然资源,被人们利用的同时,也常常给生产和建设造成一系列的困难与危害。本项目主要介绍了自然界水的循环及分布、地下水的类型及其特点、地下水的物理性质和化学成分,以及地下水资源评价。主要内容如下。

1. 自然界水循环及水量分布

(1)自然界水的循环可分为大循环和小循环。

海洋水通过蒸发进入大气,在空中凝结后以降水形式落到地面,通过陆地径流或汇流回归海洋,这种海陆之间的水循环称为大循环。海洋水蒸发在空中凝结后以降水的形式落回海洋,称为海洋小循环;陆面水体通过土壤和植被的蒸腾进入大气,凝结后以降水的形式返回陆面,称为陆地小循环。

由于水循环作用，海洋不断向陆地输送淡水，补充和更新陆地上的淡水资源，从而使水成为可再生资源。

我国水循环特征是分配不均匀。时间上旱、雨季分明；空间上东南沿海年均降水量在1 500 mm以上，西北内陆年均降水量在50 mm以下。

(2)自然界的水量分布。

自然界中水圈的水绝大部分以液态形式存在于海洋中，占地球水总储量的96.54%，陆地水仅占3.46%。陆地上的水又大部分以固态形式存在于地球的南北两极地表以及陆地的高山上，只有少量形成地下水或陆面水(河流、湖泊等)。因此，可供人类利用的淡水更是极为有限的，而且分布也极不均匀，南美洲水量最丰富，澳大利亚总水量较少。

2. 地下水的类型及其特点

地下水指埋藏在地表下土中孔隙、岩石的孔隙和裂隙及空洞中的水。

(1)地下水按埋藏条件分为包气带水、潜水和承压水。

①包气带水：指位于潜水面以上未被水饱和的岩土中的水，包气带水中只有上层滞水可作临时供水水源。

②潜水：指埋藏在地表以下第一个稳定隔水层以上具有自由水面的重力水，具有无压、埋藏浅、补给容易、循环快、季节变化明显、易受污染的特点。

③承压水：指充满于两个稳定隔水层(或弱透水层)之间具有水头压力的地下重力水，具有静水压力，补给区和承压区不一致，水位、水量、水质及水温等受气象水文因素影响较小，含水层厚度稳定，水质不易受污染等特点，水量丰富时可作为重要饮水水源。

地下水面及其形状可用水文地质剖面图和等水位(压)线图来表示。

(2)地下水按不同含水介质可分为孔隙水、裂隙水和岩溶水。

孔隙水：指埋藏和运动于松散沉积物颗粒间孔隙中的重力水，基本特征是分布均匀连续，多呈层状，具有统一水力联系的含水层。

裂隙水：指埋藏于基岩裂隙中的地下水，主要分布特征是空间分布不均匀性和方向性，与孔隙水的最大区别是不均匀性。

岩溶水：指储存和运动于可溶性岩石洞隙中的地下水，岩溶发育的不均匀性使岩溶水在垂直方向和水平方向上变化都很大，在可溶性岩层内可能同时具有含水层与非含水层、强含水层与弱含水层、均质含水层与集中渗流的特点。

3. 地下水的补给、径流和排泄

地下水的补给是指地下含水层自外界获得水量的过程。地下水的补给来源主要为大气降水和地表水的渗入，以及大气中水汽和土壤中水汽的凝结，在一定条件下还有人工补给。

地下水的径流是指地下水在岩层空隙中的流动过程。含水层的空隙性、地下水的埋藏条件、补给量、地形、地下水的化学成分及修建水库等都是影响地下水径流的因素。

地下水的排泄是指含水层失去水量的过程。地下水排泄方式主要有泉、河流、蒸发、人工排泄等。

地下水的补给、径流和排泄在一定条件下是会转化的，引起转化的因素主要有两大类：自然条件改变和人类活动。

4. 地下水的物理性质和化学成分

地下水的物理性质包括温度、颜色、透明度、气味、味道、密度、导电性和放射性等。

地下水的化学成分可呈离子、分子、气体和化合物状态,而以离子状态居多。常见离子有氯离子(Cl^-)、硫酸根离子(SO_4^{2-})、重碳酸根离子(HCO_3^-)、钠离子(Na^+)、钾离子(K^+)、钙离子(Ca^{2+})及镁离子(Mg^{2+})等七种;化合物有 Fe_2O_3、Al_2O_3、H_2SiO_4 等;气体有 O_2、N_2、CO_2 及 H_2S 等。地下水的主要化学性质有酸碱度、硬度、总矿化度、侵蚀性。

5. 地下水资源评价

地下水资源的基本特点是可恢复性、调蓄性、转化性、系统性和宝贵性。

地下水资源分类方法很多,《供水水文地质勘察规范》(GB 50027—2001)将地下水资源划分为地下水的补给量、储存量和允许开采量。

地下水资源的计算主要是指地下水的补给量、储存量和排泄量的计算。

地下水资源评价包括水质和水量两个方面。水量评价是指允许开采量的评价。目前,地下水资源允许开采量评价方法很多,每一种方法适用于一定的水文地质条件。归纳起来主要有水量均衡法、开采试验法、开采系数法、实际开采量调查法等。而水质评价主要指工业用水、农业用水、城市用水的水质评价,可按国家或地方规定的各项用水标准(参阅有关规范和手册)进行评价。

复习题

1. 什么叫自然界的水循环?自然界水是如何循环的?
2. 地球水的储量分布如何?世界各大洲水资源的分布情况是怎样的?
3. 何谓透水层、含水层、隔水层?
4. 简述潜水、承压水的特征。
5. 怎样表示潜水面的形状?等水位线图如何绘制?它有哪些用途?
6. 什么样的地质构造条件适宜储存承压水?试绘图并加以说明。
7. 承压水等水压线图有哪些用途?
8. 地下水主要补给来源是哪些?影响地下水径流的因素有哪些?地下水有哪些排泄方式?
9. 简述潜水和承压水的补给、径流、排泄特点。
10. 地下水中包含哪些化学成分?
11. 简述裂隙水的分布特征。
12. 岩溶水有哪些重要特征?在岩溶分布区怎样寻找地下水?
13. 地下水资源有哪些特点?如何分类?
14. 地下水的补给量、储存量和排泄量怎么计算?
15. 计算允许开采量的方法有几种?如何用水量均衡法评价地下水允许开采量?
16. 地下水对混凝土腐蚀性有哪几种类型?腐蚀性评价标准是什么?
17. 影响灌溉用水水质的因素有哪些?
18. 如何用盐度、碱度、矿化度评价灌溉用水水质?

项目五　岩体稳定的工程地质分析

学习目标

1. 掌握岩体、结构面、结构体、岩体结构的概念。
2. 熟悉结构面的主要类型及主要特征。
3. 了解岩体结构的主要类型及其特征。
4. 掌握用赤平极射投影的作图方法分析边坡岩体稳定性的方法。
5. 熟悉常用软土地基处理的方法及适用条件。
6. 了解边坡稳定性的评价方法。
7. 掌握边坡变形与破坏的防治方法。

【学习导入】

通常将一定工程影响范围内具有一定岩石成分、结构特征及赋存于某种地质环境的自然地质体称为岩体。岩体按其工程荷载特征分为地基岩体、边坡岩体和洞室围岩三种类型。一个岩体的规模大小，可根据所研究的工程地质问题涉及的范围和岩体的特征而定。

一般把岩体中存在的各种不同成因、不同特征的地质界面，包括物质分异面（层理、沉积间断面等）和各种破裂面（如节理、断层及片理面等）以及软弱夹层等称为结构面。结构面具有极低的抗拉强度或没有抗拉强度时，是一不连续面，易于开裂，它导致岩体力学性质的不连续性、不均匀性及各向异性。岩体在工程荷载作用下的变形与破坏，主要受各种结构面性质及其组合关系的控制。因此，研究岩体的工程地质性质，首先必须研究岩体的结构特征。

单元一　岩体结构特征

岩体由结构面和结构体两部分组成。结构面和结构体称为岩体结构单元，不同类型的岩体结构单元的组合和排列形式称为岩体结构。切割岩体的各种地质界面统称为结构面。它们是一些具有一定方向、延展较广、厚度较薄的二维地质界面，如层面、剪切破碎带、层间错动面、沉积间断面、节理面、断层等，也包括厚度较薄的软弱夹层，它造成了岩体不连续、非均质性和其力学性质随时间变化，同时反映了区域地质构造和自然应力场的特征。

在空间按不同的组合可将岩体切割成不同形状和大小的岩块，此被结构面切割成的岩块称为结构体。岩体的结构特征就是指岩体中结构面的发展史、几何特征和结构体的形状、规模、性质、填充物及其组合关系的特征。

一、结构面的成因类型

结构面是在岩体形成过程中或生成以后漫长的地质历史时期中产生的。由于岩体的成因、时代及形成后所处的自然环境不同，结构面的类型和特征也不同。结构面按成因可分为原生结构面、构造结构面和次生结构面三类，见表 5-1。

表 5-1　结构面的基本类型

成因类型	原生结构面			构造结构面	次生结构面	
	沉积结构面	火成结构面	变质结构面	内动力形成的结构面	外动力形成的结构面	综合形成的结构面
地质类型	层理、层面、沉积间断面、沉积软弱夹层	侵入体与围岩的接触面、火成熔岩层面、冷凝节理	变余层理 片理	构造节理 断层 劈裂 层间错动面	风化裂隙 卸载裂隙 爆破裂隙 次生充填 软弱夹层	泥化夹层

二、软弱夹层及泥化夹层的特征

(一)软弱夹层

一般认为，软弱夹层是指在坚硬的层状岩层中夹有厚度相对较薄、力学强度较低、泥质或炭质含量高、遇水易软化、延伸较长的软弱层或软弱带。它是一种特殊的结构面，与周围的岩体相比，软弱夹层具有明显的低强度和高压缩性。

大量的实际工程资料的统计分析表明，软弱夹层自身的强度与夹持它的上、下坚硬岩层相比，其强度和变形模量均低于上、下坚硬岩层，是坚硬岩层的 1/50 ~ 1/5。一般软弱夹层的强度和变形参数如下：摩擦系数 $f<0.5$，饱和抗压强度 $R_b \leqslant 10$ MPa，变形模量 $E_0 \leqslant 1\ 000$ MPa。

软弱夹层特别是泥化夹层，由于它们的抗剪强度低，是影响边坡、堤坝、地下洞室稳定及造成许多地质灾害的重要因素。因此，在工程中，对软弱夹层的成因、性质及其分布规律的研究极为重要。

1. 软弱夹层的成因与分类

软弱夹层按成因分为沉积型、火成型、变质型、构造型、风化型及充填型六类，其特征及典型工程见表 5-2。在工程实际中遇到的软弱夹层，有不少是属于综合成因的。

表 5-2　软弱夹层的成因与分类

类型	亚类		地质特征	典型工程
沉积型	1	河湖相沉积的软弱层	黏土岩、黏土质粉砂岩、粉砂质黏土岩、炭质细砂岩等，薄至中厚层或呈透镜状。软弱、强度低	葛洲坝、盐锅峡等
	2	潮汐相碎屑岩沉积的软弱层	泥质粉砂岩。相变大、层次多、厚度薄、连续性差	大藤峡
	3	浅海相碎屑岩沉积的软弱层	泥质粉砂岩、粉砂质黏土岩及页岩等。层状连续分布	小浪底、朱庄、潘家口老坝址、宝珠寺、双牌
	4	浅海相碳酸盐岩中沉积的软弱层	泥质、砂质、炭质页岩、泥灰岩、瘤状灰岩、泥质白云岩等。强度较高	彭水、隔河岩
火成型		火山喷发沉积的软弱层	陆相火山碎屑岩中的软弱夹层，有凝灰岩、脱玻珍珠岩。连续分布，厚度变化大，成岩程度较好。玄武岩喷发间歇期沉积的火山碎屑砂泥质软弱层，成岩程度差	铜街子、桓仁、亭下
变质型	1	区域浅变质碎屑岩中的软弱层	砂质页岩、粉砂岩、泥质板岩等	五强溪、凤滩、上犹江、万安
	2	区域深变质岩中的软弱层	副变质岩中的云母片岩、绿泥石片岩、滑石片岩、石墨片岩等。片理发育、强度低	佛子岭
	3	岩脉侵入接触变质的软弱层	岩脉侵入围岩蚀变接触带，蚀变黏土及碎屑，厚度变化大	青山、岩滩
构造型	1	层间错动的软弱层	一般可分为泥化带、劈理带、节理带等几个带，性能差，强度低	葛洲坝、大藤峡、桓仁、五强溪、上犹江、小浪底、宝珠寺、彭水、隔河岩、万安、铜街子、朱庄
	2	断裂错动的软弱带	缓倾角断裂带，一般以压扭性为主，次为张扭性	龙羊峡、红岩、大化、三峡、丹江口、李家峡、安康、潘家口
风化型	1	风化溶滤软弱层	含易风化矿物的母岩，经风化、溶滤作用而成	万安、桓仁
	2	脉状风化软弱带	如方解石脉、方解石—绿泥石脉的带状风化	岩滩、青山
充填型	1	断裂、卸荷裂隙充填的软弱带	在河谷卸荷范围内，平缓的裂隙，断层经地下水挟带沉积形成的充填夹泥	龙羊峡（白泥）峡口、雅溪
	2	溶隙充填夹泥	在碳酸盐类岩石分布地区，沿溶蚀缝隙充填的夹泥	彭水、隔河岩

2. 软弱夹层的特性

软弱夹层通常具有以下特性：

(1)厚度薄，单层厚度一般为数厘米至十余厘米，有的仅数毫米。

(2)多呈相互平行，延伸长度和宽度不一的多层状。

(3)结构松散。

(4)岩性、厚度、性状及延伸范围常有很大的变化(相变)。

(5)力学强度低，软弱夹层的结构、矿物成分和颗粒组成不同，其抗剪强度有很大差别。以岩石碎块、碎屑为主的破碎夹层其摩擦系数较高，结构松散，黏粒含量大于30%；以蒙脱石矿物为主的泥化夹层，摩擦系数的屈服值仅为0.20左右，甚至更低。软弱夹层的物理力学性质与夹层的物质组成、颗粒大小、含水量及起伏程度等多种因素有关。

(二)泥化夹层

泥化夹层是岩体中含泥质的软弱夹层经一系列地质作用演化而成的。它多处在上、下相对坚硬而中间相对软弱的岩层组合条件下。泥化夹层是软弱夹层中性质最坏的一类，对岩体的抗滑稳定往往起控制作用，是工程勘察中重点研究的对象，因此对其特点和形成条件必须深入研究。

1. 泥化夹层的特性

泥化夹层具有以下特点：由原岩的固结或超固结胶结式结构，变成了泥质散状结构或泥质定向结构；黏粒含量很高；天然含水量高，通常接近或超过塑限；常具一定的膨胀性；力学性质比原岩差，强度低，压缩性大；由于结构松散，抗冲刷能力低，在渗透水流作用下，易产生渗透变形。

2. 泥化夹层的形成条件

泥化夹层通常是综合因素形成的，一般认为泥化夹层的形成必须具备下述三个条件：

(1)物质基础。构成泥化夹层物质基础的母岩通常是黏土矿物含量较高的原生软弱夹层，如坚硬岩层中的黏土岩、黏土质粉砂岩、泥质板岩、泥灰岩、千枚岩等夹层。研究表明：黏粒和黏土矿物含量越高，越有利于泥化。

(2)构造作用。构造作用可以破坏原来黏土岩夹层的完整性，为地下水的渗入提供通道。同时，原岩的矿物颗粒联结也会受到严重破坏，为泥化提供了重要的条件。

发育完善的层间剪切带，一般可分为泥化错动带、劈理带和节理带三个带。泥化错动带与层间错动的主滑动面相一致，主滑面上、下岩层错动时的研磨作用，使黏土矿物和水分沿错动面富集，因而形成泥膜或泥化带，并可见镜面及擦痕等剪切滑动的痕迹。劈理带由于片状黏土颗粒沿劈理面定向排列，水极易沿劈理浸入，故劈理带也常易形成泥化。节理带岩石的结构基本遭到破坏，因此一般不能形成泥化带。

(3)地下水的作用。黏土岩夹层经层间错动使原岩结构遭受强烈破坏后，改变了夹层内颗粒间的联结和排列状况。水在黏粒周围形成结合水膜，使颗粒进一步分散，颗粒间连接力减弱，含水量增加，使岩石处于塑态甚至接近流态，即产生了泥化。水在泥化夹层形成过程中，还有溶解盐类、水化和水解某些矿物等复杂的物理化学作用。

对泥化夹层的研究，应着重于研究其成因类型、存在形态、分布和所夹物质的成分、物理力学性质以及这些性质在条件改变时的变化趋势等。

三、结构体的特征

岩体中被结构面切割而产生的岩石块体称为结构体。在岩体结构稳定分析中，结构面常起到控制性的作用，但是结构体的作用也不能忽视。工程实践表明，单个结构面有时不一定对岩体稳定性构成威胁，只有几组结构面组合起来形成一定形状的结构体时，才能形成危险滑动面。受结构面组数、密度、产状、长度等影响，结构体可以形成各种形状，常见的有块状、柱状、板状、锥状、楔形体、菱形体等，如图 5-1 所示。一般板状、柱状结构体的稳定性比块状结构体差。锥形、楔形结构体当具有临空条件时稳定性很差。此外，结构体与受力方向之间的关系、埋藏与临空条件等均对岩体稳定有重要的影响。

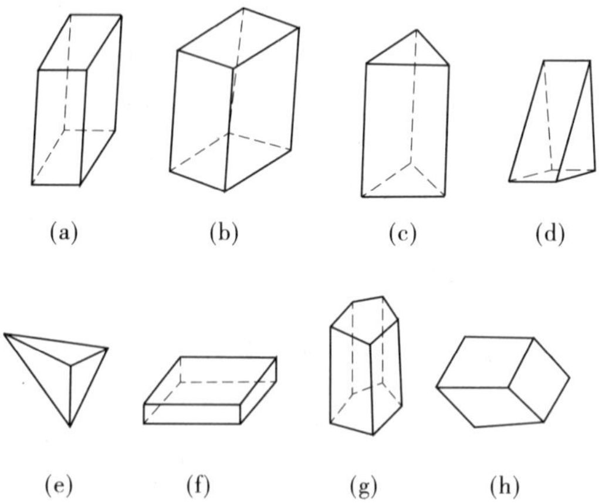

图 5-1　结构体的基本形状

四、岩体结构类型

岩体中结构面和结构体的组合关系叫岩体结构，其组合形式叫岩体结构类型。岩体结构类型分类见表 5-3 和图 5-2，不同结构类型的岩体，其力学性质有明显差别。

表 5-3　岩体结构类型分类

岩体结构类型	岩体地质类型	主要结构体形状	结构面发育情况	岩土工程特征	可能发生的岩土工程问题
整体状结构	均质、巨块状岩浆岩、变质岩、巨厚层沉积岩、正变质岩	巨块状	以原生构造节理为主，多呈闭合型，裂隙结构面间距大于 1.5 m，一般不超过 1 ~ 2 组，无危险结构面组成的落石掉块	整体强度高，岩体稳定，可视为均质弹性的各向同性体	不稳定结构体的局部滑动或坍塌，深埋洞室的岩爆

续表 5-3

岩体结构类型	岩体地质类型	主要结构体形状	结构面发育情况	岩土工程特征	可能发生的岩土工程问题
块状结构	厚层状沉积岩、正变质岩、块状岩浆岩、变质岩	块状、柱状	只具有少量贯穿性较好的节理裂隙，裂隙结构面间距0.7～1.5 m，一般为2～3组，有少量分离体	整体强度较高，结构面互相牵制。岩体基本稳定，接近弹性各向同性体	—
层状结构	多韵律的薄层及中厚层状沉积岩、副变质岩	层状、板状透镜体	有层理、片理、节理，常有层间错动面	接近均一的各向异性体，其变形及强度特征受层面及岩层组合控制。可视为弹塑性体，稳定性较差	不稳定结构体可能产生滑塌，特别是岩层的弯张破坏及较弱岩层的塑性变形
碎裂状结构	构造影响严重的破碎岩层	碎块状	断层、断层破碎带、片理、层理及层间结构面较发育，裂隙结构面间距为0.25～0.5 m，一般在3组以上，由许多分离体形成	完整性破坏较大，整体强度很低，并受断裂等软弱结构面控制，多呈弹塑性介质，稳定性很差	易引起规模较大的岩体失稳，地下水加剧岩体失稳
散体状结构	结构影响剧烈的断层破碎带、强风化带、全风化带	碎屑状、颗粒状	断层破碎带交叉，构造及风化裂隙密集，结构面及组合错综复杂，并多充填黏性土，形成大小不一的分离岩块	完整性遭到极大的破坏，稳定性极差，岩体属性接近松散体介质	易引起规模较大的岩体失稳，地下水加剧岩体失稳

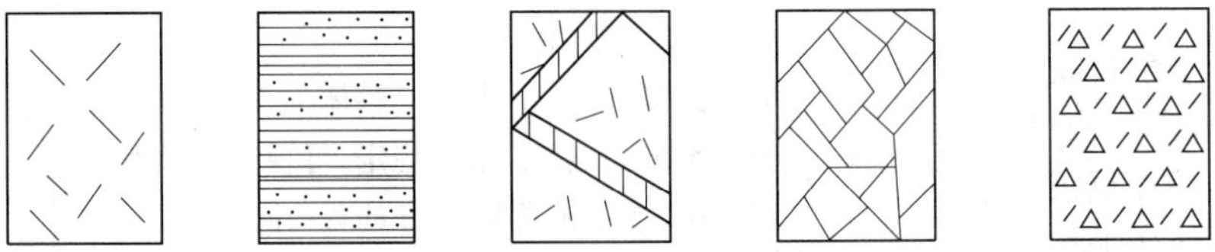

(a)整体状结构　(b)层状结构　(c)块状结构　(d)碎裂结构　(e)散体状结构

图 5-2　岩体结构类型示意图

五、结构面的赤平极射投影

在工程实践中，经常采用赤平极射投影的方法，来反映结构面的产状、角距及其组合关系，同时它还可以表示临空面、工程作用力及岩体变形滑移方向等。

（一）赤平极射投影的原理

赤平极射投影是利用一个球体作为投影工具，如图 5-3 所示。

通过球心作一球体赤道平面 EAW*C*，称为赤平面。以球体的一个极点 S 或 N（南极或北极）为视点，发出射线（视线）S*B*，称极射。射线与赤平面的交点 *M* 即为 *B* 点的赤平极射投影，所以赤平极射投影实质上就是把物体置于球体中心，将物体的几何要素（点、线、面）投影于赤平面上，化立体为平面的一种投影。如图 5-3 中的 *ABCD* 为一通过球心的倾斜结构面，与赤平面相交于点 *A*、*C*，与赤平面的夹角为 α。自 S 极仰视上半球 *ABC* 面，则其在赤平面上的投影为一圆弧 *AMC*。若将赤平面 *AWCE* 从球体中拿出来，即如图 5-4 所示。

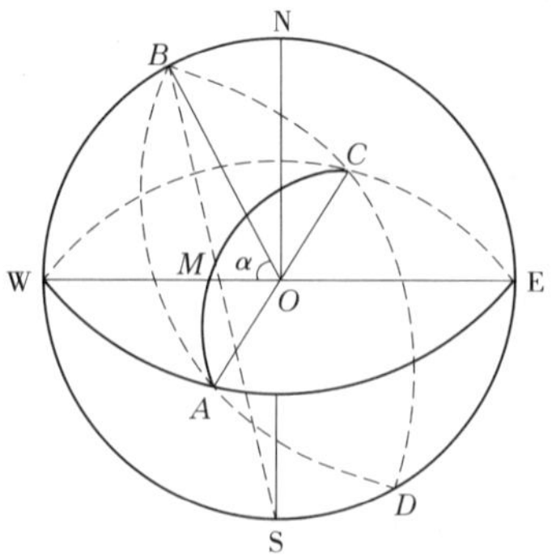

图 5-3　赤平极射投影原理

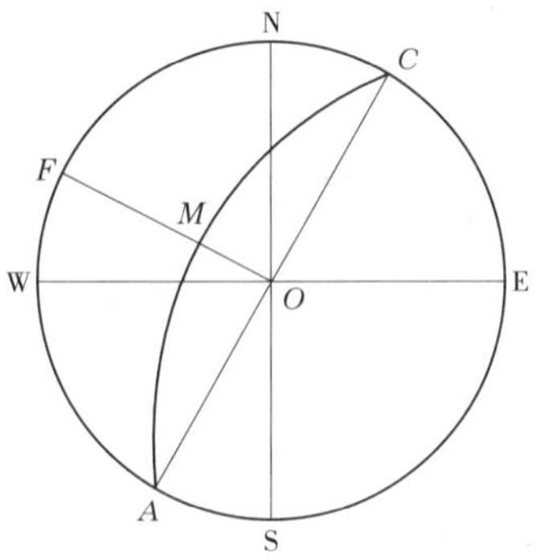

图 5-4　*AWCE* 平面

从图 5-3 中可知：*AC* 线实际上是结构面 *ABCD* 的走向；*MO* 线段的方向实际上就是结构面的倾向；*OM* 线段的长短随 *ABCD* 面与赤平面的夹角 α 的大小而变。如图 5-5 所示，当 $\alpha = 90°$时，*M* 点落在球心上，*O* 与 *M* 重合，长度为零；当 $\alpha = 0°$时，*M* 点落在圆周上，与 *F* 点重合，这时 *OM* 最长，等于圆的半径。若把 *FO* 划分为 90°，则 *FM* 的长度实际上就表示结构面 *ABCD* 的倾角。

由此可知，赤平极射投影能以二维平面的图形来表达结构体几何要素（点、线、面）的空间方位及它们之间的夹角与组合关系。因此，凡具有方向性的岩体滑动边界条件、受力条件等，都可纳入统一的投影体系中进行分析，判断岩体稳定性。

（二）赤平极射投影的作图方法

从上述可知，利用赤平极射投影，可以把空间线段或平面的产状化为平面来反映，且可以在投影图上简便地确定它们之间的夹角、交线和组合关系。因此，如果已知结构面的产状，就可以通过赤平极射投影的作图方法来表示。

在实际工作中，为了简化制图方法，常采用预先制成的投影网来制图。常用的投影网是俄国学者吴尔夫制作的投影网，简称吴氏投影网，如图 5-6 所示。吴氏投影网的网格为由 2°分格的一组经线和一组纬线组成。

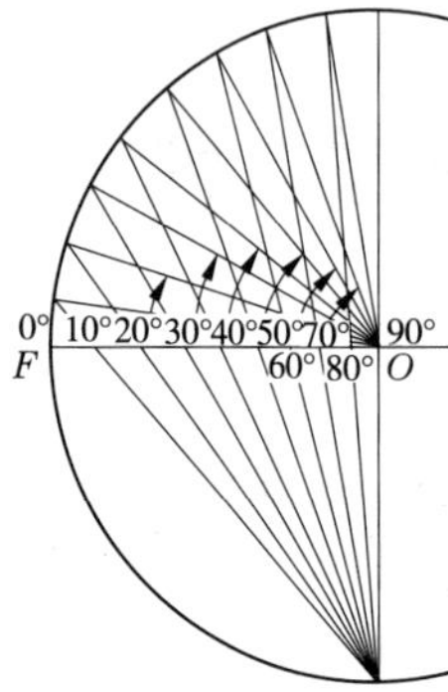

图 5-5　半径与倾角的关系

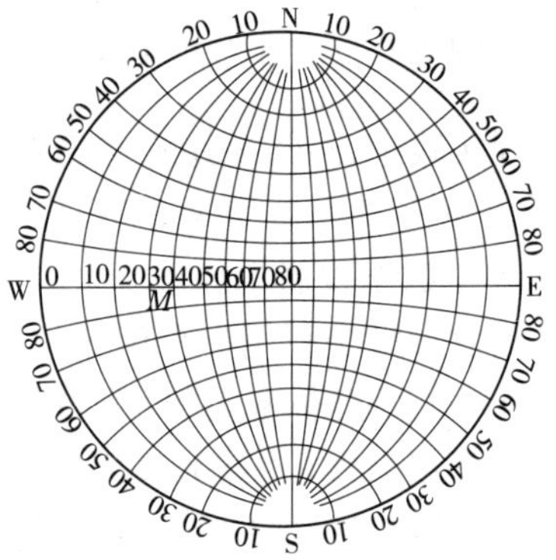

图 5-6　吴氏投影网

赤平极射投影作图方法较多，下面就最基本的面（结构面、边坡面等）的产状、面与面交线的产状的作图方法作如下介绍：

假定已测得两结构面的产状见表 5-4。

表 5-4　结构面产状

结构面	走向	倾向	倾角
J_1	NE30°	SE	40°
J_2	NW340°	NE	60°

作此两结构面的赤平极射投影图，并求其交线的倾角和倾向。其方法大致如下：

（1）先准备一个等角度赤平极射投影网，如图 5-7 所示。

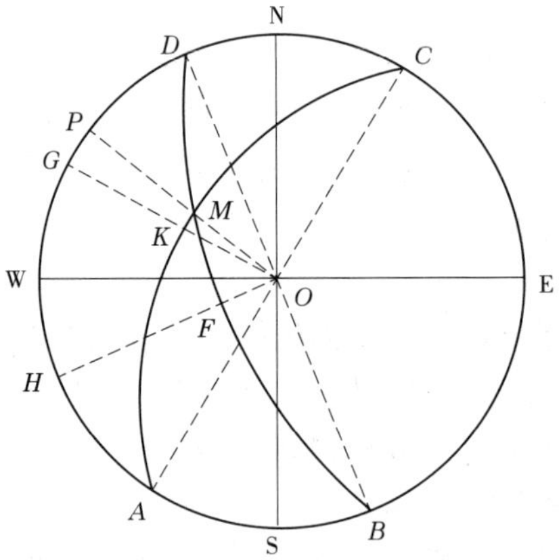

图 5-7　赤平极射投影

（2）将透明纸放在投影网上，按相同半径画一圆，并注上南北、东西方向，如图 5-7 所示。

（3）利用投影网在圆周的方位度数上，经过圆心绘 N30°E 及 N20°W 的方向线，分别注为 *AC* 及 *BD*。

（4）转动透明纸，分别使 *AC*、*BD* 与投影网的上、下垂直线（南北线）重合，在投影网的水平线（东西线）上找出倾角为 40°和 60°的点（倾向为 NE、SE 时在投影网的左边找，倾向为

NW、SW 时在网的右边找)，分别注上 K 及 F。通过 K、F 点分别描绘 40°和 60°的经度线，即得到结构面 J_1、J_2 的赤平极射投影弧 $\overset{\frown}{AKC}$ 和 $\overset{\frown}{BFD}$。再分别延长 OK、OF 至圆周交于 G、H 点，就完成所求结构面的投影图，如图 5-7 所示。图中 AC、BD 分别为 J_1、J_2 走向，GK、HF 表示 J_1、J_2 的倾角，KO、FO 线的方向为 J_1、J_2 的倾向。

(5)找弧 $\overset{\frown}{AKC}$ 和 $\overset{\frown}{BFD}$ 的交点，注上 M，连接 OM 并延长至圆周交于 P。MO 线的方向即为 J_1、J_2 交线的倾向，PM 表示 J_1、J_2 交线的倾角。

【小贴士】

岩体和岩石的工程地质性质是完全不同的。岩石是矿物的集合体，可以理解为一种材料，其性质可以用岩块来表征。把工程作用范围内具有一定岩石成分、结构特征赋存于某种地质环境中的地质体叫岩体，它由一种岩石或多种岩石组成，甚至可以是不同成因岩石的组合体。岩体在形成过程中，经受构造运动、风化作用及卸载作用等各种内、外力地质作用的破坏与改造，保留了各种各样的永久变形和地质构造形迹，因此岩体经常被节理、断层、层面及片理面等所切割，使其成为具有一定结构的裂隙体。所以，在力的作用下岩体强度远远小于岩石，而变形远远大于岩石本身，切割面的存在也使岩体的渗透性远大于岩石。

单元二　地基沉降与加固

一、地基变形与地基承载力

地基沉降变形是由于建筑荷载的作用使地基土体的孔隙体积减小的缘故。当地基变形过量时，影响建筑物的使用和安全，甚至会导致地基破坏，使地基土体丧失稳定。地基沉降量大小除与上部荷载有关外，还与地基类型密切相关。

(一)地基类型

1. 天然地基

未经人工处理就可以满足建筑设计要求的地基称为天然地基，天然地基施工简单，经济性好，在条件允许的情况下一般尽可能使用天然地基。天然地基按地基岩土体性质可分为以下几种类型。

1)土质地基

在漫长的地质年代中，岩石经历风化、剥蚀、搬运、沉积生成土。土按颗粒级配或塑性指数可划分为碎石土、砂土、粉土和黏性土。

地基是承受荷载的那部分土体，在基础底面传给土层的外荷载作用下将在土体内部产生正应力、剪应力和相应的变形。确定地基土层的范围后，建(构)筑物通过基础传给土层的外荷载已知，地基土层的沉降变形即可求得。根据建(构)筑物的具体要求可计算施工阶段的固结沉降、使用阶段的最终沉降，其量值均应在允许范围内。土质地基在承受外荷载时，土体内部剪应力数值不得超过土体的抗剪强度，并由此确定地基土体的承载力。

土质地基处于地壳的表层，施工方便，基础工程造价较经济，是房屋建筑、中小型桥梁、涵洞、水库、水坝等建(构)筑物基础经常选用的持力层。

2)岩石地基

当岩层距地表很近,或高层建筑、大型桥梁、水库、水坝荷载通过基础底面传给土质地基,地基土体承载力、变形验算不能满足相关规范要求时,则必须选择岩石地基。

岩石根据其成因不同分为岩浆岩、沉积岩、变质岩。岩石一般具有足够的抗压强度,颗粒间有较强的连接,除全风化、强风化岩石外均属于连续介质。岩石较土粒堆积而成的多孔介质的力学性能优越许多,硬质岩石的饱和单轴极限抗压强度可高达 60 MPa 以上。当岩层埋深较浅,施工方便时,应是首选的天然地基持力层。

3)特殊土地基

由于气候条件、地形条件、季风作用等形成的具有独特物理力学性质的区域土概称为特殊土。我国特殊土地基通常有湿陷性黄土地基、膨胀土地基、冻土地基、红黏土地基等。

2. 人工地基

当建筑物荷载在基础底部产生的基底压力大于软黏土层的承载力或基础的沉降变形超过建筑物正常使用的允许值时,必须通过置换、夯实、挤密、排水、胶结、加筋和化学处理等方法对软土地基进行处理与加固,使其性能得以改善,满足承载力或沉降的要求,此时的地基称为人工地基。

一般在基础工程施工以前,根据地基土的类别、加固深度、上部结构要求、周围环境条件、材料来源,以及施工工期、施工技术与设备条件进行地基处理方案选择、设计,力求达到方法先进、经济合理的目的。

(二)地基变形特征

按地基承载力选定了适当的基础底面尺寸,一般可保证建筑物在防止地基剪切破坏方面具有足够的安全度,但是在荷载作用下,地基沉降总会发生。对于各类建筑结构,如何控制对其不利的沉降形式,即地基的特征变形,使之不会导致建筑物开裂损坏、使用功能及外观受损,这是地基基础设计必须予以充分考虑的基本问题之一。

不同类型的建筑物,对地基变形的适应性是不同的。在验算地基变形时,对不同建筑选用不同的地基变形特征来进行比较与控制。地基变形可分为以下四类(见表 5-5):

(1)沉降量。指单独基础中心的沉降值。若沉降量过大,会影响建筑物正常使用。对于单层排架结构柱基和高耸结构基础设计需计算沉降量,并使其小于允许沉降值。

(2)沉降差。指两相邻单独基础沉降量之差。若相邻建筑物中两个基础的沉降差过大,会使相应的上部结构产生额外应力,超过限度时,建筑物将产生裂缝、倾斜甚至破坏。建筑物地基不均匀,有相邻荷载影响和荷载差异较大的框架结构、单层排架结构,需验算基础沉降差,并把它控制在容许值以内。

(3)倾斜。指单独基础在倾斜方向上两端点的沉降差与其距离之比。地基不均匀或有相邻荷载影响的多层和高层建筑基础及高耸结构基础,需验算基础的倾斜。

(4)局部倾斜。指砌体承重结构沿纵向 6 ~ 10 m 内基础两点的沉降差与其距离的比值,以‰表示。根据调查分析,砌体结构墙身开裂大多数情况下都是墙身局部倾斜超过容许值所致。所以,当地基不均匀、荷载差异较大、建筑体形复杂时,就需要验算墙身的倾斜。

表 5-5　基础沉降的分类

地基变形指标	图例	计算方法
沉降量	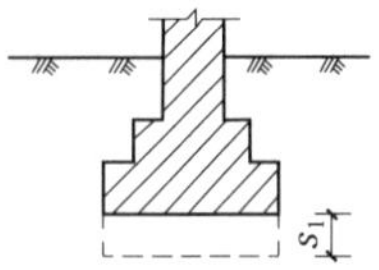	基础中点沉降值 s_1
沉降差	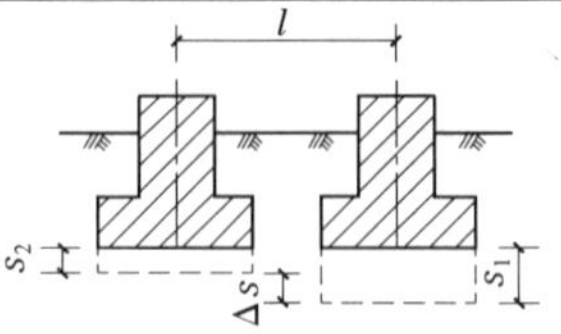	两相邻独立基础沉降值之差 $\Delta s = s_1 - s_2$
倾斜	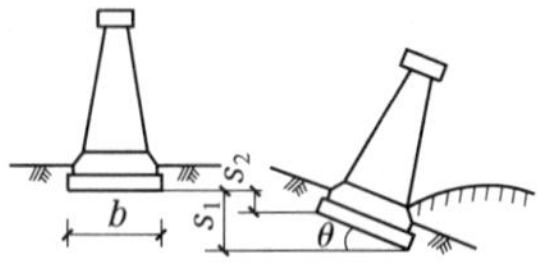	$\tan\theta = \frac{s_1 - s_2}{b}$
局部倾斜	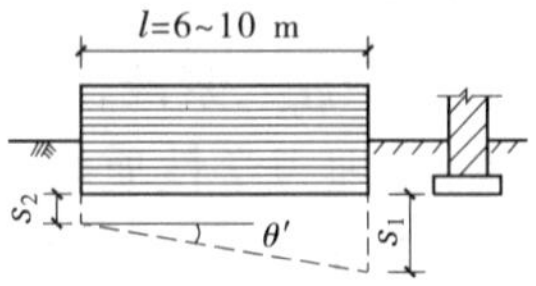	$\tan\theta' = \frac{s_1 - s_2}{l}$

(三)地基承载力

1. 地基承载力的概念

地基承载力是指地基在同时满足变形和强度两个条件下,单位面积上承受的最大荷载。地基承载力并非土的工程特性指标,它不仅与土质、土层埋藏顺序有关,还与基础底面的形状、大小、埋深,上部结构对变形的适应程度,地下水位的升降等有关。

2. 地基承载力特征值的确定

地基承载力特征值表示正常使用极限状态计算时的地基承载力,其含义是在发挥正常使用功能时所允许采用的抗力设计值。

确定地基承载力特征值的方法主要有四种:

(1)根据土的抗剪强度指标用理论公式计算。

(2)由地基载荷试验确定。

(3)按动力、静力触探等方法确定。

(4)按经验法确定,可用于次要的小型建筑物或作为参考性数据。

在具体工程中,应根据地基基础的设计等级、地基岩土条件并结合当地工程经验选择确定地基承载力的适当方法,必要时可以按多种方法综合确定。

二、软弱地基处理

工程建设中,有时不可避免地遇到地质条件不好的地基或软地基,当地基不能满足设计建筑物对地基强度、稳定性和变形等要求时，常采用各种地基加固、补强等技术措施，改良地基的工程特性，以满足工程要求，这种人工处理地基的方法称为地基处理，处理后的地基称为人工地基。

地基处理的目的在于提高地基土的抗剪强度，降低软弱土的压缩性，减少基础的沉降和不均匀沉降，改善土的透水性，改变土的动力特征，防止土冻胀和液化等。

（一）常用地基处理方法

地基处理方法的分类多种多样。如按时间分类，可分为临时处理和永久处理；按处理深度分类，可分为浅层处理和深层处理；按处理对象分类，可分为砂性土处理和黏性土处理，饱和土处理和非饱和土处理。目前，常用的地基处理方法，根据其主要加固原理，可以分为以下几类。

1. 对地基土本身进行改良

通过改善地基土的工程性质，如减小土的孔隙比、降低含水量、提高土体强度、降低压缩性，对地基土本身进行改良。这些方法有强夯法、预压法（包括堆载预压和真空预压）及砂土中不添加填料的振冲法和砂土中的砂石桩法。其主要特征是并不在土中添加异于原位地基土的其他材料或构件，完全靠改良后的地基土承担荷载。

2. 对地基土进行改性

这一类方法主要是通过在土中注入浆液，改变原位地基土的物理力学性质，提高土体强度，降低土的压缩性。其主要特征是在土中注入浆液，填充土颗粒间的孔隙（对砂土也可能有挤密作用），形成强度高于原状土体，物理力学性质均异于原位地基土的改性材料，完全靠改性后的地基土承担荷载。各类注浆及化学加固法属于这个范畴。如果进一步延伸该定义，冻结法和热处理法均属于这个范畴。如冻结法中，当土中水结成冰时，冰的强度与刚度均远高于原位地基土。

3. 在土中设置增强体

与以上两种方法的原理明显不同，这一类方法是通过在土中设置强度和刚度大于原位地基土的材料和构件，在土中形成竖向、倾斜或水平的加固土，如桩、墙、土钉、土工合成材料等，与构件之间的地基土共同承担荷载，如刚性桩复合地基、土工合成材料加筋垫层等。

4. 复合加固技术

将各种地基处理技术进行交叉、综合应用，形成了有特色的复合加固技术。这一类方法兼具以上两种或两种以上的加固原理。如灰土挤密桩、夯实水泥土桩等，在土中形成强度明显高于桩侧土的增强体，同时对桩间土又有显著的挤密作用。

根据《建筑地基处理技术规范》（JGJ 79—2012），常用的地基处理方法按加固原理主要分为 6 大类，见表 5-6。实际上，严格地按照地基处理的作用机制进行分类也是困难的，很多地基处理的方法具有多种处理原理与效果。对每种地基处理方法，在使用时必须注意其加固机制、适用范围、优点和局限性。

同时，在选择地基处理方法时，应考虑上部结构、基础和地基的共同作用，并经过技术经济比较，尽量选用加强上部结构和地基处理相结合的方案。这样既可降低地基的处理费用，又可收到满意的效果。

表 5-6 地基处理方法分类

分类	处理方法	原理与作用	适用范围
换填垫层	砂石垫层、石垫层、素土垫层、粉煤灰垫层、灰土垫层、工业废渣垫层、土工合成材料垫层等	用砂石、碎石、素土、粉煤灰、灰土、工业废渣等强度较高的材料，换填地基表层软土，提高持力层的承载力，减小沉降量，消除或部分消除土的湿陷性和胀缩性	适用于处理淤泥、淤泥质土、湿陷性黄土、素填土、杂填土地基及暗沟、暗塘等的浅层处理
预压地基	天然地基预压、竖井预压、真空预压、降水预压等	在地基中增设竖向排水体，加速地基的固结和强度增长，提高地基的稳定性，加速沉降发展，使基础沉降提前完成	适用于处理淤泥、淤泥质土、冲填土等饱和黏性土地基
压实地基和夯实地基	静力碾压、冲击碾压、振动碾压、强夯、强夯置换	压实是利用静力、冲击或振动等方法压实土体，提高其承载力，降低压缩性；强夯是利用强大的夯击能，迫使土体液化和动力固结，使土体密实，用以提高地基承载力和减小沉降，消除土的湿陷性、胀缩性和液化性；强夯置换是将重锤提到高处使其自由落下形成夯坑，并不断夯击坑内回填的块石、碎石、钢渣等粗颗粒材料，在地基中形成强夯置换墩，并与墩间土形成强夯置换墩复合地基，提高地基承载力和减小沉降	压实地基适用于处理大面积填土地基；强夯适用于处理碎石土、砂土、低饱和度粉土和黏性土、湿陷性黄土、素填土和杂填土地基；强夯置换适用于处理高饱和度的粉土和软塑—流塑的黏性土地基上对变形要求不严格的工程
复合地基	散体材料复合地基（碎石桩复合地基等）、柔性桩复合地基（水泥土桩复合地基、旋喷桩复合地基、灰土挤密桩复合地基、土挤密桩复合地基、夯实水泥土桩复合地基、柱锤冲扩桩复合地基等）、刚性桩复合地基（水泥粉煤灰碎石桩复合地基等）	在地基处理过程中，部分土体得到增强或被置换，或在天然地基中设置加筋体，由天然地基土体和增强体两部分组成共同承担荷载的人工地基	适用于处理淤泥、淤泥质土、黏性土、粉土、砂土及人工填土等地基

续表 5-6

分类	处理方法	原理与作用	适用范围
注浆加固	水泥浆液、硅化浆液、碱液	利用气压、液压或电化学原料，把某些能固化的浆液注入天然的和人为的裂隙或孔隙，以改善各种介质的物理力学性质，提高承载力	主要用于建筑地基的局部加固处理，适用于砂土、粉土、黏性土和人工填土等地基加固
微型桩加固	树根桩、预制桩、注浆钢管桩	形成独立承担荷载的桩基础，或与桩间土形成复合地基，共同承担荷载	主要用于场地狭小、大型设备无法施工的地基加固处理，适用于淤泥、淤泥质土、黏性土、粉土、砂土及人工填土等地基

（二）软弱地基及其特点

判断天然地基是否属于软弱地基或不良地基没有明确的界限，工程师常常将不能满足建（构）筑物对地基要求的天然地基称为软弱地基或不良地基。因此，天然地基是否属于软弱地基或不良地基是相对的，并无严格的标准。

软弱地基是指主要由软土、冲填土、杂填土或其他高压缩性土层构成的地基。

1. 软土

软土是指天然含水量高、天然孔隙比大、抗剪强度低、压缩性高的细粒土，包括淤泥、淤泥质土、泥炭质土等。在我国，软土广泛分布于东南沿海地区和内陆江河湖泊周围。软土具有高含水量、高压缩性、低密度、低强度和低透水性等特点。在荷载作用下产生较大的沉降和不均匀沉降，以及较大侧变且沉降与变形持续的时间长，甚至出现蠕变。

2. 冲填土（吹填土）

冲填土（吹填土）由水力冲填泥沙沉积形成，常见于沿海地带及江河两岸。它的工程性质随土的颗粒组成、均匀性和排水固结条件的不同而异，当含砂量较大时，其性质基本上和粉细砂相同或类似，就不属于软弱土；当黏土颗粒含量较多时，含水率较大且排水困难的冲填土往往欠固结，其强度和压缩性指标都比天然沉积土差，应进行地基处理。

3. 杂填土

杂填土是指因人类活动堆积形成的无规则堆积物，如建筑垃圾、工业废料及生活垃圾等。常见于一些较古老城市和工矿区。它的成因没有规律，成分复杂，分布极不均匀，厚度变化大，结构松散，有机质含量较多。它的主要特性是土质结构比较疏散，均匀性差，变形大，承载力低，压缩性高，有浸水湿陷性，就是在同一建筑场地的不同位置，地基承载力和压缩性也有较大差异，一般需要经过处理才能作建筑物地基。对有机质含量较多的生活垃圾和对基础有侵蚀性的工业废料等杂填土地基，未经处理，不宜作持力层。

4. 其他高压缩性土

饱和的松散粉细砂（含部分粉质黏土）也属于软弱地基的范畴。当受到机械振动或地震重复作用时，将产生液化现象；基坑开挖时会产生流砂或管涌，并且建筑物的荷重及地下水的下降也会促使沙土下沉。

(三)软土地基常用处理方法及使用条件

1. 垫层法

垫层法是指在天然地面或稍经开挖后的基坑表面铺设砂、碎石、石渣、煤灰、矿渣或木材、金属材料、合成树脂等作为人工填筑持力层的处理方法。由于砂、碎石、石渣等具有强度高、压缩性低、透水性好、易压实,且不少地区容易取得,价格便宜,施工工艺较为简单的优点,所以该法在软土深度不太深的场地经常采用。

2. 预压法

预压法也称排水固结法,是指在排水系统和加压系统的相互配合作用下,使拟建场地的地基土中的孔隙水排出,从而提高地基土体的抗剪强度、减小建筑物的沉降变形的地基处理方法。常用的排水系统有水平排水垫层、排水砂沟或其他水平排水体和竖直方向的排水砂井或塑料排水板,加压系统采用堆载预压、真空预压、降低地下水位或电渗法。排水固结法适用于淤泥、淤泥质土和冲填土等饱和软黏性土的地基加固,但对流变特性很强的软黏土、泥炭土等,不宜设置竖向排水体。

3. 复合地基法

复合地基法包括土桩、灰土桩、二灰桩、石灰桩、砂桩、碎石桩、高压喷射注浆、深层搅拌等方法,用这些方法处理后,地基的承载力和变形验算均按复合地基原理计算。对黏性土、砂性土、杂填土、湿陷性黄土地基的加固都可以考虑采用复合地基法。深层搅拌法常用于软黏土地基的加固。碎石桩法用于抗剪强度太小的软黏土地基时要慎重。

4. 夯实法

夯实法就是用一定的夯击能使某一深度范围内的土体压实加固的方法,表面压实法、重锤夯实法、强夯法等都属于夯实法。该法适用于砂性土、杂填土、非饱和黏性土以及湿陷性黄土地基。

5. 灌浆法

灌浆法是运用气压、液压或电渗原理,把某些能固化的浆液注入土体的裂隙或孔隙中,以改善地基的物理力学性质的一种加固方法。该法常用于砂砾石地基、破碎岩基的防渗加固,以及软黏土地基和湿陷性黄土地基的加固。常用的灌浆材料有水泥、黏土和化学胶结材料。

6. 加筋法

土工聚合物可以用于软黏土地基的加固,同时可以作为反滤、隔离和排水材料,还可以用于人工填筑砂性土的加筋。它是近30年发展起来的一种新的地基处理方法。锚固法和树根桩法也属于加筋法。

7. 桩基础和其他深基础法

除桩基础外,还有地下连续墙法、沉井(箱)法、板桩法、托换技术、锚杆静压桩法等,这些都属于深基础法,它常用于建筑物对地基沉降要求较严或一般方法不能解决地基处理问题的场合。

单元三　岩质边坡稳定的工程地质分析

一、岩质边坡稳定性的评价方法

边坡稳定性分析与评价的目的:一是对与工程有关的天然边坡的稳定性做出定性和定

量评价；二是要为合理地设计人工边坡和边坡变形破坏的防治措施提供依据。岩体边坡稳定性评价，有定性分析、模型试验及定量计算等方法。目前，常用的定性评价方法有地质分析法、工程地质类比法；定量评价方法有刚体极限平衡法、应力应变分析法、赤平极射投影图法的评价方法等。用这些方法互相结合、互相补充、互相验证，做出综合评价。工程地质评价的步骤是：首先全面考虑影响边坡稳定性的因素及其边界条件，进行定性评价，在此基础上再进行定量计算，最后综合评价其稳定性。

（一）地质分析法

地质分析法也叫历史成因分析法，是根据边坡的地形地貌形态、地质条件和边坡变形破坏的基本规律，追溯边坡演变的全过程，预测边坡稳定性发展的总趋势和边坡变形破坏的方式，对边坡稳定性做出定性评价。对已发生过的滑坡，要判断其复活和转化的可能性。判断内容基本上考虑地形地貌、地层岩性、地质构造、水文地质条件及降雨、风化、人工开挖、震动等因素的影响。分析的程序为：首先应对边坡岩土体结构进行分析，并对已有的边坡变形与破坏的迹象做深入研究；然后进一步联系边坡所处自然环境和历史条件的发展变化，查明促使稳定性发生变化的主导因素，以判断稳定现状和发展趋势，最后得出边坡稳定性结论。

边坡岩体结构分析，应通过野外的观察并进行观察资料的统计，按边坡变形与破坏的机制，决定坡体中控制性结构面，据以进行岩体结构分类，常将边坡按岩体结构分为均质边坡、受已有结构面控制的层状边坡和块状边坡、软弱基座边坡、破碎边坡等。不同结构类型的边坡各自有独特的变形与破坏特点，产生不同的变形迹象和破坏方式。通过对边坡中已有变形迹象的研究，并结合边坡形成的全部历史分析，才能确定出起控制作用的结构面，据此对边坡进行结构类型的正确划分。

边坡各部位各种形式的变形与破坏等迹象的分析研究，是通过结构分析并已确定出坡体结构类型的条件下进行的。目的在于通过已有变形与破坏的研究，揭示出坡体应力强度的相互关系，鉴别岩土体稳定的发展阶段，预测岩土边坡的发展模式与破坏方式。变形与破坏都是在一定条件下由坡体应力作用的直接结果，因而对已有迹象的正确鉴别与划分，是判定边坡稳定状态的最直接、最重要的标志。

在深入进行边坡稳定性内在条件分析研究的基础上，还应进行边坡自然环境和形成历史的分析研究，从探寻外在因素的影响，查明影响边坡演变的主导作用因素的发展变化过程。为正确阐明边坡自然环境特征和形成历史，对各种天然作用力作用及人类活动都应认真地分析研究，并追溯它在边坡形成过程中的历史状况，如区域水文及气象特性、河流地质作用特点、地下水埋藏和运动条件、地形地貌特征、区域地质情况、新构造与地质活动、人类工程作用的现状和历史过程等。实践和理论研究表明，任何边坡在一定天然条件和历史阶段的演变过程中经常存在着某种或某几种起主导作用的应力因素。因此，在对边坡所处的自然环境与形成历史过程的研究中，查明各阶段的主导作用因素的发展变化，对正确论证边坡稳定现状和预测其发展趋势，并为边坡不稳定性防治制定合理措施都是非常重要的。

显然，地质分析法不仅能判定边坡稳定现状，对边坡稳定性的演化也可以做出预测，并能为力学计算方法确定边界条件和选用参数，为工程地质类比法提供类比依据。

（二）工程地质类比法

工程地质类比法也叫工程比拟法，通常是根据大量已有边坡工程的设计经验，指导条件相似的各类边坡的研究和设计的一种方法。

工程地质类比法的实质是把已有的天然边坡或人工边坡的研究或设计施工、治理、监测等经验应用到条件相似的对象边坡的研究及人工边坡的设计中去。经验包括边坡分类的经验、边坡变形破坏形式以及发展变化规律的经验、边坡整治的经验等。在进行类比时,不但要考虑边坡结构特征的相似性,还要考虑边坡所处自然环境的相似性,以及促使边坡演变的主导因素和边坡发展阶段的相似性。

根据经验,下列条件对边坡的稳定性不利:

(1)边坡及其邻近地段已有滑坡、崩塌、陷穴等不良地质现象存在。

(2)岩质边坡中有页岩、泥岩、片岩等易风化、软化岩层或软硬交互的不利岩层组合。

(3)软弱结构面与坡面倾向一致或交角小于45°,且结构面倾角小于坡角,或基岩面倾向坡外且倾角较大。

(4)地层渗透性差异大,地下水在弱透水层或基岩面上积聚流动,断层及裂隙中有承压水出露。

(5)坡上有水体漏水,水流冲刷坡脚或因河水位急剧升降引起岸坡内动力水的强烈作用。

(6)边坡处于强震区或邻近地段,采用大爆破施工。

采用工程地质类比法选取的经验值(如坡角、计算参数等)仅能用于地质条件简单的中、小型边坡。表5-7为边坡容许坡度值,可供参考。

表5-7 岩质边坡容许坡度值

岩体类型		岩土性质	容许坡度值(高度比)		
			坡高在8 m以内	坡高为8~15 m	坡高为15~20 m
硬质岩	Ⅰ	微风化	1:0.05~1:0.10	1:0.10~1:0.15	1:0.15~1:0.25
		中等风化	1:0.10~1:0.15	1:0.15~1:0.25	1:0.25~1:0.35
	Ⅱ	微风化	1:0.10~1:0.15	1:0.15~1:0.25	1:0.25~1:0.35
		中等风化	1:0.15~1:0.25	1:0.25~1:0.35	1:0.35~1:0.50
	Ⅲ	微风化	1:0.25~1:0.35	1:0.35~1:0.50	
		中等风化	1:0.35~1:0.50	1:0.50~1:0.75	
软质岩	Ⅳ	微风化	1:0.50~1:0.75	1:0.75~1:1.00	
		中等风化	1:0.75~1:1.00		

注:1. 使用本表时,应考虑地区性的水文、气象等条件,结合具体情况予以校正。
2. 本表不适用于岩层层面或主要节理面有顺坡向滑动可能的边坡。

随着类比资料、数据的不断丰富和积累,以及分析研究方法的不断发展与完善,类比分析步入建立评价预测软件系统阶段,例如边坡稳定性诊断系统和专家系统等。

(三)赤平极射投影图法

这种方法是要先对岩体结构面的类型、产状及其特征进行调查、统计、研究,然后对各种结构面及其空间组合关系以及结构体的立体形式用赤平极射投影图进行图解分析、判断。下面用赤平极射投影图法分析一组结构面和两组结构面边坡稳定性情况。

1. 一组结构面边坡

一组结构面边坡多见于层状岩层,如果没有地形切割,则边坡稳定性好;若发生变形,必须切断部分岩体。根据结构面与边坡的产状关系,边坡稳定情况见表 5-8。

表 5-8　一组结构面的边坡稳定情况

结构面与边坡的关系		平面图	剖面图	赤平极射投影图	边坡稳定情况
内倾		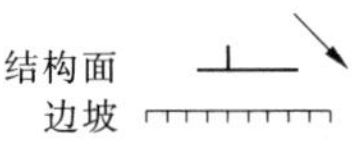	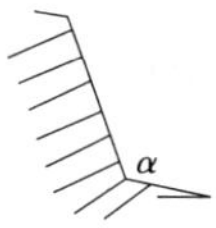		稳定,滑动可能性小
外倾	$\beta<\alpha$		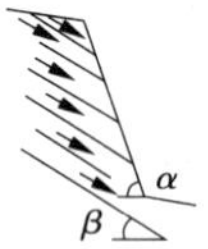	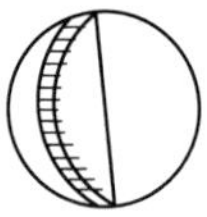	不稳定,易滑动
	$\beta>\alpha$		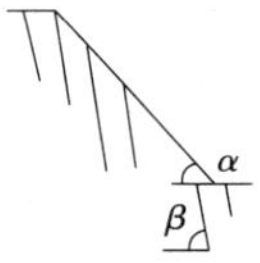	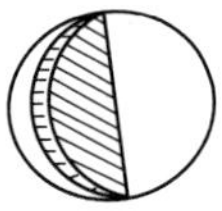	滑动可能性小,但可能沿软弱结构面产生深层滑动
斜交	$\theta>40°$	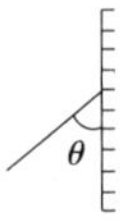	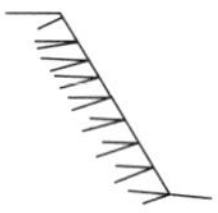	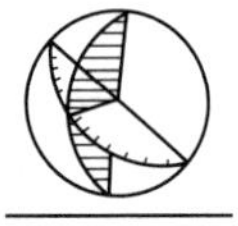	一般较稳定,坚硬岩层滑动可能性小
	$\theta<40°$		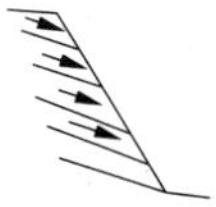		不很稳定,可能产生局部滑动

2. *两组结构面边坡*

两组结构面边坡是指由两组相互斜交的结构面构成的边坡,如 X 形断裂的组合,或岩层层面与一组断裂的组合等。两组结构面的边坡稳定情况见表 5-9。

3. *多组结构面边坡*

在强风化带、构造破碎带、片理发育的结晶片岩和层理、节理十分发育的页岩地带,常见到边坡多组结构面切割,结构面纵横交错,结构体形式复杂多样,岩体支离破碎,边坡稳定性很差,往往易于发生崩塌和形成较大范围的滑坡。

表 5-9　两组结构面的边坡稳定情况

结构面与边坡的关系		平面图	剖面图	赤平投影图	边坡稳定情况
两组内倾		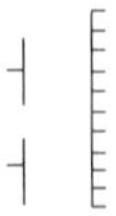	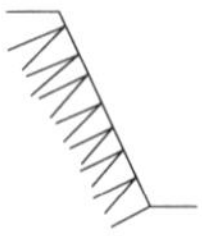	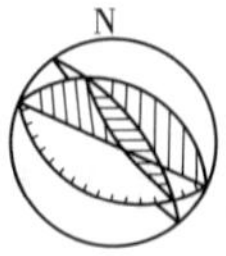	较稳定，坚硬岩层滑动可能性小
两组外倾	$\beta<\alpha$		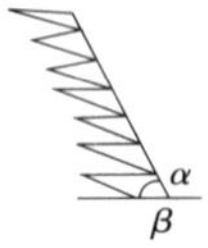	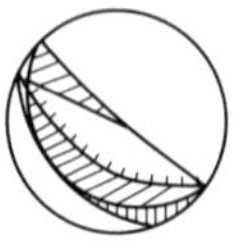	不稳定，较破碎，易滑动
两组外倾	$\beta>\alpha$			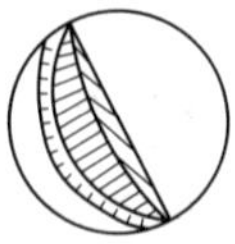	较稳定，可能产生深层滑动
一组内倾	$\beta<\alpha$		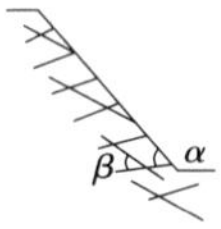	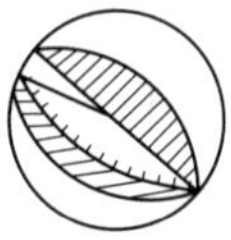	不稳定，较易滑动
一组内倾	$\beta>\alpha$		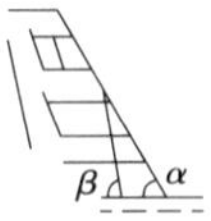	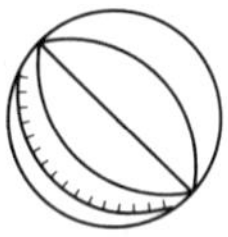	可能产生深层滑动，内斜结构面倾角越小越易滑动

对于极软弱、风化破碎的岩质边坡，可采用土质边坡的分析评价方法；而对于一般常见的硬质岩边坡，则首先要分析边坡的稳定条件，用赤平极射投影图解法找出最不稳定的滑动体或软弱结构面，分析边坡的稳定性。然后用实体比例投影法确定不稳定体滑动的边界条件，在工程地质分析的基础上采用力学计算方法求其稳定安全系数。当地质条件比较简单，或工程要求较低时，也可用工程地质类比法确定边坡的稳定性或设计稳定的边坡值。在进行类比时要求评定的边坡和已有边坡的工程地质条件相似。在山体整体稳定情况下，边坡的容许坡度值应根据当地经验参照同类岩体的稳定坡度值确定。

综上所述，利用赤平极射投影图可以初步判断边坡的稳定性：

(1) 当结构面或结构面交线的倾向与坡面倾向相反时，边坡为稳定结构。

(2)当结构面或结构面交线的倾向与坡面倾向基本一致但其倾角大于坡角时，边坡为基本稳定结构。

(3)当结构面或结构面交线的倾向与坡面倾向之间夹角小于45°且倾角小于坡角时，边坡为不稳定结构。

二、边坡变形与破坏的防治

(一)边坡岩体变形破坏的基本形式

边坡岩体变形破坏的基本形式有剥落、松弛张裂、蠕动、崩塌和滑动等几种类型。大规模的边坡破坏，通常是上述几种形式的组合。

1. 剥落

剥落是指边坡表层的松散土石岩屑，在雨水冲刷和其他营力作用下，沿坡面产生位移的现象。

剥落多发生在抗风化能力弱的黏土岩、黏土质粉砂岩、页岩等泥质岩层组成的边坡。继表层岩石风化剥落后，深部岩石裸露继续遭受风化，这样就逐渐地、大范围地形成层层剥落现象。

2. 松弛张裂

在高陡边坡的坡顶眉锋线附近的张力带，常产生与坡面近于平行的岸边张裂隙。如果岩体内原有高角度节理，则张裂隙更易沿之发展。

岸边卸荷张裂隙通常呈上宽下窄状，其发育深度一般不低于谷底标高。当有多条卸荷裂隙发育时，则在边坡形成松弛张裂带。该带向山里的发育宽度，与边坡的岩性、岩体结构、原始应力状态及边坡形态等有关。边坡愈高陡，松弛张裂带愈宽，有时可达百米以上。此外，对于一些上硬下软的高陡边坡，软弱岩层底座的沉陷或蠕动亦会引起上覆硬层边坡的拉裂。

3. 蠕动

边坡岩体在重力的长期作用下，向临空方向发生的一种缓慢持续的变形称为蠕动。

边坡长期缓慢的变形常是急剧变形破坏的渐变阶段，当变形达到并超过一定值后，边坡就会发生急剧破坏。例如，瓦依昂水库滑坡前3年的观测资料(见表5-10及图5-8)表明，在1963年春季以前，边坡岩体大致保持等速蠕动变形，在同年的9月18日大雨之后变形迅速增大，至10月9日导致整个山体急速下滑。

表5-10　瓦依昂水库滑坡失事前位移速率观测值

日期	位移速率(cm/d)
1963年春—夏	0.14
1963年9月18~24日	1
1963年9月25日至10月1日	10~20
10月8日	40
10月9日	80

边坡蠕动变形的机制比较复杂，它可以使边坡岩体产生倾倒拉裂、弯曲、折断及塑性流动等多种变形破坏。

4. 崩塌

在陡峭的边坡上部,被裂隙切割的岩块受重力作用突然高速脱离母岩翻滚坠落的现象称为崩塌。其规模可以是小块岩石,也可以是巨大岩体的崩落,后者又称为山崩。图5-9所示为长江三峡月亮地厚层灰岩陡坡的崩塌。

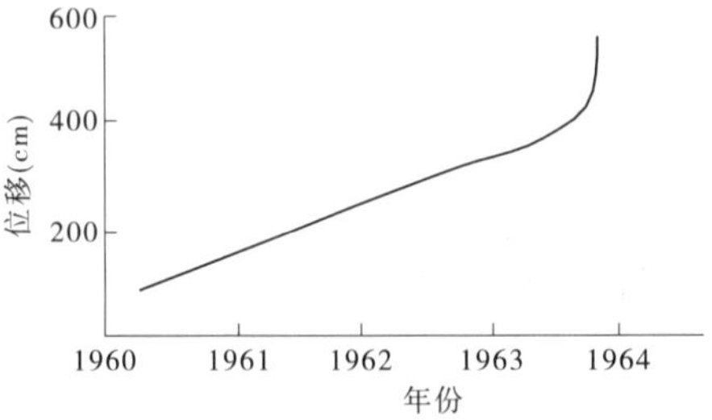

图5-8 瓦依昂水库滑坡观测曲线

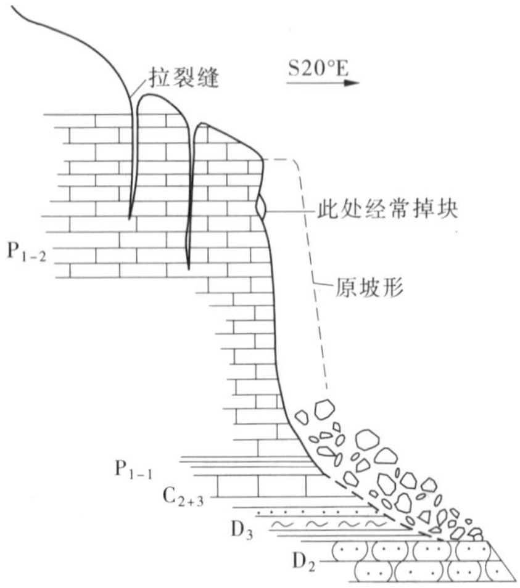

图5-9 长江三峡月亮地厚层灰岩陡坡的崩塌

5. 滑动

滑动是指一部分岩土体沿一定结构面产生滑动破坏的现象。它是边坡破坏中最常见的一种类型。滑动的规模大小不一,当大量岩土体沿一定的面整体下滑时,称为滑坡。

关于崩塌的原因和滑动破坏的详细分析与评价,在项目三重力地质作用里已阐述。

(二)边坡变形和破坏的防治措施

边坡的治理应根据工程措施的技术可能性和必要性、工程措施的经济合理性、工程措施的社会环境特征与效应,并考虑工程的重要性及社会效应来制订具体的整治方案。防治边坡变形和破坏的目的在于消除其危害,防治应遵循以防为主、尽量避开、对症下药、综合治理的原则。不稳定边坡常用的防治措施可归纳如下。

1. 排水工程

排水包括排地表水和地下水的危害。

1)防止地表水流入滑坡体

地表防渗和排水的目的是把滑坡区以外的来水截排,不使其流入滑坡区,滑坡区以内的降水及地下水露头(泉水、湿地及其他水体)通过人工沟渠排出滑坡区,减少其对滑坡稳定性的影响。

地表排水系统包括滑坡区以外的山坡截水沟、滑坡区内的树枝状排水沟及自然沟的疏通和铺砌等,形成一个统一的排水网络,如图5-10所示。

对滑坡区以外的山坡截水沟,应布设在滑坡可能发展扩大的范围以外至少5 m处,以免滑坡滑动,滑坡体范围扩大,破坏水沟,致使水沟内水集中灌入滑坡后缘裂缝,加速滑坡的发展。

在滑坡区内,首先采取填塞裂缝和消除地表积水洼地,然后在滑坡体上设置不透水的树枝状排水沟。主沟方向应尽量与滑坡体的主滑方向一致，或充分利用滑坡体内外的自然沟，把滑坡体区内的地表水排出区外，防止地表水下渗。另外，可采取种植蒸腾量大的树木等措施。

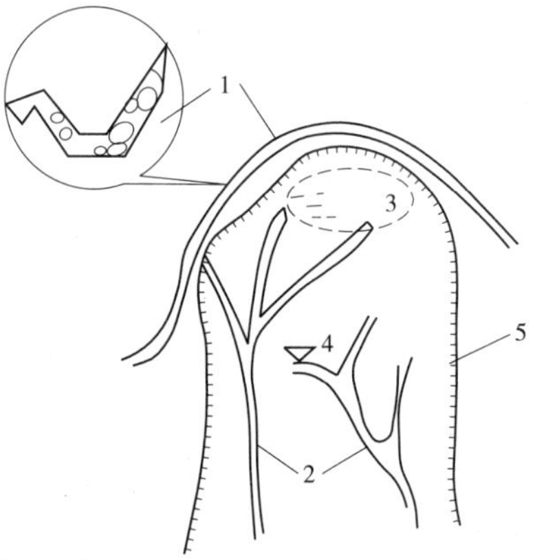

1—截水沟；2—树枝状排水沟；3—积水洼地；4—泉；5—滑坡体

图 5-10　排水沟示意图

2）阻排地下水

为了消除或减轻地下水静水压力、动水压力对坡体的影响，防止地下水对软弱结构面的泥化、软化作用，应设置地下排水系统降低地下水位。有时采取前阻后排措施，即在上游布置防渗帷幕，在下游进行排水。

2. 抗滑工程

抗滑工程是提高边坡抗滑力最常用的措施，主要有挡墙、抗滑桩、锚杆和支撑工程。

1）挡墙

挡墙也称挡土墙，是防治滑坡常用的有效措施之一，并可与排水等措施联合使用。借助于自身的重量以支挡滑体的下滑力。按建筑材料和结构形式不同，有浆砌石抗滑挡墙、混凝土或钢筋混凝土抗滑挡墙、抗滑片石垛及抗滑片石竹笼等。单独使用挡墙只适用于中小型滑坡加固。常用的抗滑挡墙断面形式如图 5-11 所示。挡墙的优点是结构比较简单，可以就地取材，而且能够较快地起到稳定滑坡的作用。

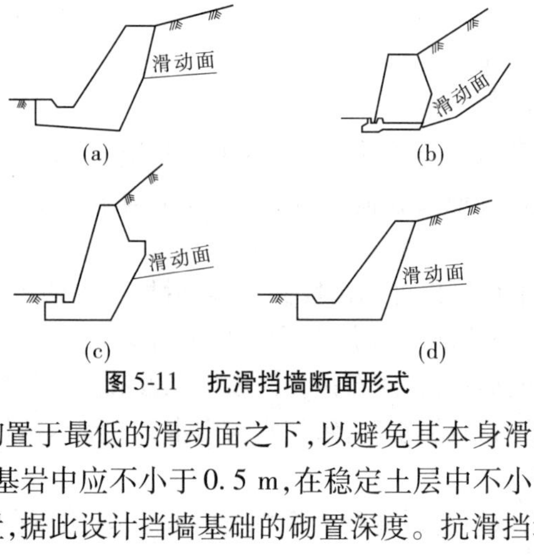

图 5-11　抗滑挡墙断面形式

挡墙的基础一定要砌置于最低的滑动面之下，以避免其本身滑动而失去抗滑作用。通常情况下，其基础在完整基岩中应不小于 0.5 m，在稳定土层中不小于 2 m。因此，必须查清最低滑动面的形状和位置，据此设计挡墙基础的砌置深度。抗滑挡墙的墙体下部应设置泄水孔，并在墙后做好渗滤层，这样一方面可削弱作用于挡墙上的静水压力，另一方面可防止水浸泡基础而造成挡墙滑移。

2）抗滑桩

抗滑桩是深入稳定土层或岩层的柱形构件，用以支挡滑体的下滑力。抗滑桩一般集中设置在滑坡的前缘附近，如图5-12所示。桩柱的材料有混凝土、钢筋混凝土和钢等。这种支挡工程对正在活动的浅层和中层滑坡效果较好。为使抗滑桩更有效地发挥支挡作用，应将桩身全长的1/4～1/3埋置于滑坡面以下的完整基岩或稳定土层中，并灌浆使桩和周围岩土体构成整体，而且应将桩设置于滑体前缘部位为好。抗滑桩能承受相当大的土压力，所以成排的抗滑桩可用来支挡巨型的滑坡体。

3）锚杆

锚杆是加固岩质边坡的有效措施，可以用于防治滑坡和崩塌。利用锚杆所施加的预应力，提高滑动面上的正应力，进而提高滑动面的抗滑力，改善剪应力的分布状况。锚杆的方向和设置深度应视边坡的结构特征而定，如图5-13所示。

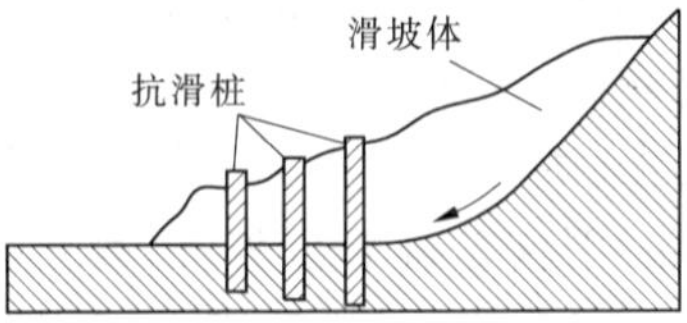

图5-12　抗滑桩的布置

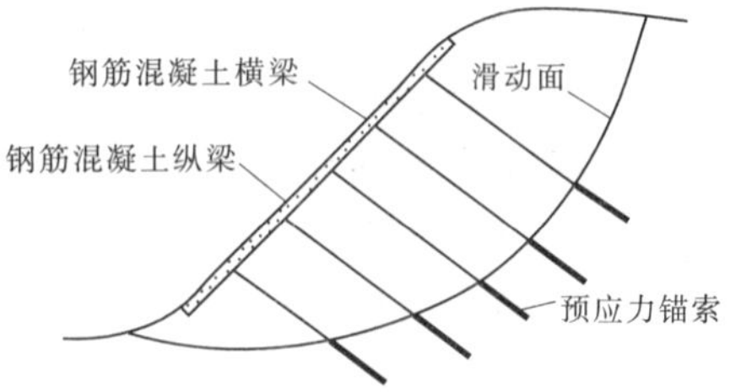

图5-13　锚杆示意图

4）支撑工程

对悬于上方以拉断—坠落的悬臂状或拱桥状危岩，可采用墩柱墙或它们的组合形式支撑加固危岩，制止其崩落，如图5-14所示。

3. 减载反压

对于可能失稳的高陡边坡或滑动变形边坡，可采取削缓坡度、减轻上部重量及坡脚压重等措施，增加边坡的稳定性。

4. 其他措施

除上述防治措施外，对易风化的岩质边坡，护面通常采用喷素混凝土，或先打砂浆锚杆，再挂网，然后喷混凝土即喷锚支护，其目的是保护坡面、防止掉块及地表水入渗等。

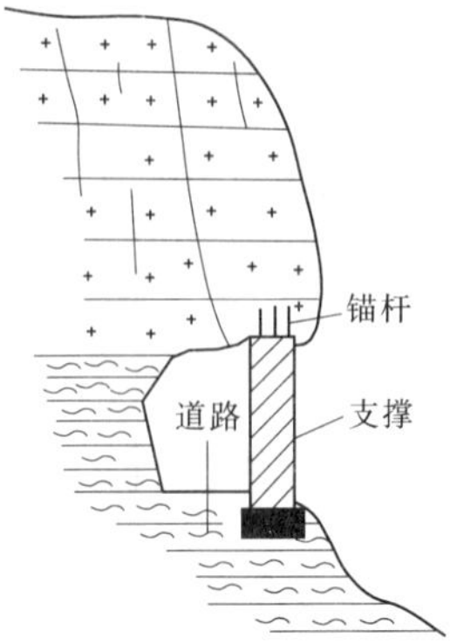

图5-14　支撑工程示意图

此外，对土质边坡，还有用滑带爆破、滑带土焙烧法、灌浆法（固结灌浆或化学灌浆）等措施改变滑带土的性质，使其抗剪强度指标增高，以增加其抗滑稳定性。这些方法目前由于施工不便、效果检验困难、造价较高等原因，还处于试验阶段，有待进一步的研究。

上述边坡变形破坏的防治措施，应根据边坡变形破坏的类型、程度及其主要影响因素等，有针对性地选择使用。实践证明，多种方法联合使用，处理效果更好。例如，常见的锚固与支挡联合使用、喷混凝土护面与锚固联合使用等。

【小贴士】

岩土是建筑物的地基、建筑材料或建筑介质，岩石和岩体的工程性质对建筑物的安全稳定起着重要的作用。岩石的工程性质常用一些指标来表示,包括物理性质、水理性质、力学性质,这些性质受岩石的地质特征和水、风化等因素影响。岩体的工程性质首先取决于各种结构面的性质,其次才是组成岩体的岩石性质。结构面和结构体的排列与组合特征便形成了岩体结构。岩体的稳定性、岩体的变形与破坏主要取决于岩体内各种结构面的性质及其对岩体的切割程度。岩体稳定性分析与评价是工程建设中十分重要的问题。

【知识链接】

本项目所采用的都是目前正在实施的国家标准和行业标准,主要有《建筑地基基础设计规范》(GB 50007—2011)、《建筑地基处理技术规范》(JGJ 79—2012)、《岩土工程勘察规范》(GB 50021—2001)(2009 年版)。

【案例 5-1】 用碎石垫层处理岩溶区某商住楼软弱地基

1. 工程概况

某商住小区内拟建建筑面积约 11 万 m^3,建筑物大多为 7 ~ 8 层砖混结构的商住楼(底层为框架结构,上部为砖混结构),设计采用条形基础和独立柱基,建筑安全等级为二级,地基基础设计等级为二级。由岩土工程勘察报告反映,拟建场地位于贵阳构造溶蚀盆地中段西侧,地势较平坦,地形无大的起伏;局部区域地质资料:该场地位于贵阳向斜构造的东翼近轴部位置,轴部有断层通过,使西翼受到破坏,岩层向北倾斜,次级断层发育,下伏基岩主要呈单斜产状,但起伏较大;由钻孔揭露,从上至下由杂填土、淤泥质黏土、可塑至软塑状粉质黏土、泥质白云岩等组成,地下水位较高,大约为 -2.5 m,下伏基岩起伏较大,岩溶发育,大小不等的溶沟、溶洞遍布整个建筑场区,溶洞内淤泥质黏土、砂土、碎石填充,顶板厚度为 1.2 ~ 4.0 m。基础下主要持力层(粉质黏土)承载力较低,且厚薄不均,受水影响易进一步风化、软化。各土层主要物理力学性质指标见表 5-11。

表 5-11　各土层主要物理力学性质指标

土层名称	厚度 (m)	压缩模量 E_s(MPa)	黏聚力 c(kPa)	内摩擦角 φ(°)	承载力特征值 f(kPa)
杂填土	0.5 ~ 1.5	—	—	—	—
淤泥质黏土	1.8 ~ 3.5	2.5 ~ 4.0	11	3.5	70 ~ 95
泥质黏土	1.2 ~ 15	5.0 ~ 110	25	9.8	120 ~ 160
泥质白云岩	—	110 ~ 150	—	—	1 200

2. 处理方法

采用碎石垫层处理浅层地基。将条形基础或独立柱基置于浅层地基上,减轻上部结构荷载对溶洞顶部的应力,同时增大从基础地面至溶洞顶面的岩土厚度,有利于基底应力的扩散。另外,由于建筑场区下基岩面起伏大,从地下几米至 20 余 m。基岩上部的第四系土层厚薄不均,压缩模量相差较大。根据对地质资料、地基中各土层承载力、变形特性等综合分析,将表层杂填土和部分淤泥质黏土挖除,置换碎石垫层,对于基岩上覆土层厚薄不均的情况,则采用不同的垫层厚度来调整基础的不均匀沉降,以保证地基变形控制在规范允许的范围内。

【案例 5-2】 澳门国际机场人工岛地基处理——堆载预压法等

1. 工程概况

澳门国际机场的跑道设在氹仔与路环两岛之间海域填筑的人工岛上，该岛长 3 600 m，宽约 400 m，全岛划分为跑道区、滑行道区和东、西安全区。四周由东西南北护岸围护起来，在其西侧有南北联络桥与航站区相连接。

人工岛海域原海底面高程为 −2 ~4 m。地质条件南端较北端复杂，地质构成大致分为三层：表层为淤泥和淤泥质黏性土，厚约 18 m；中层为杂色或灰色黏土、粉质黏土和砂土，厚约 40 m；下层为花岗岩风化残积层。对工程有影响的主要是前两层。

2. 处理方案

本工程经设计部门多个方案比较后，采用换填地基法与堆载排水固结法相结合的方案。即对于护岸工程采用基槽挖除淤泥再回填砂、石的换填地基法处理；跑道与滑行道除采用换填地基法外，再结合下卧黏土层打设塑料排水板实施堆载预压加固方案；安全区则不挖除淤泥，直接打设塑料排水板在自重下压密处理。

本方案的特点是跑道区、滑行道区地基全部清淤，在下卧黏土层中打设塑料排水板进行堆载预压。其主要顺序为：

(1)在跑道、滑行道范围内将淤泥全部清除。

(2)回填砂至一定高程。

(3)吹填砂。

(4)用振冲法密实砂层。

(5)堆砂预压。

(6)卸载。

此方案不仅技术上可行，而且彻底清除了淤泥。采用换填处理法虽然造价高一些，但工期大大缩短。经国内外专家评议，最后采纳了此方案。在论证中又吸收了各方的建议，如在下卧黏土层中打设排水带以消除残余沉降，改变水上插板为陆上插板，改善施工条件，加快施工进度等，使之成为一个比较完整的方案。

【阅读与应用】

1. 1972 年 7 月某日清晨，香港宝城路附近，2 万 m^3 残积土从山坡上下滑，巨大滑动体正好冲过一幢高层住宅——宝城大厦，顷刻间宝城大厦被冲毁倒塌并砸毁相邻一幢大楼一角约五层住宅。此地质灾害造成 67 人死亡。山坡上残积土本身强度较低，雨水入渗使其强度进一步大大降低，使得土体滑动力超过土的强度，于是山坡土体发生滑动。

2. 2015 年 3 月 19 日上午 9 点半左右，广西自治区桂林市叠彩山景区一块巨石突然滚落，正好击中从游船登上码头的游客，导致 4 人当场遇难，另有 3 名危重伤者在送往医院途中不治身亡。此次事故共造成 7 死 25 伤。

试查阅相关资料分析其产生岩质边坡不稳定的原因，并提出防治措施。

小　结

岩体是在漫长的地质历史过程中形成的具有一定结构特征的天然地质体，岩体的特征与工程结构的安全稳定和正常使用紧密相关。本项目主要介绍岩体结构特征和类型、地基变形和软弱地基常用的处理方法、岩质边坡稳定性评价方法、不稳定边坡防治措施。

1. 岩体结构特征

(1)结构面是在岩体形成过程中或生成以后漫长的地质历史时期中产生的。结构面按成因可分为原生结构面、构造结构面和次生结构面三类。

(2)软弱夹层是指在坚硬的层状岩层中夹有厚度相对较薄、力学强度较低的软弱层或软弱带。软弱夹层按成因分为沉积型、火成型、变质型、构造型、风化型及充填型六类。

(3)岩体中被结构面切割而产生的岩石块体称为结构体。受结构面组数、密度、产状、长度等影响,结构体可以形成各种形状。常见的有块状、柱状、板状、锥状、楔形体、菱形体等。

(4)岩体中结构面和结构体的组合关系称为岩体结构,其组合形式称为岩体结构类型。岩体结构类型分为整体结构、层状结构、块状结构、碎裂结构和散体结构。

(5)利用赤平极射投影,可以把空间线段或平面的产状化为平面来反映,且可以在投影图上简便地确定它们之间的夹角、交线和组合关系。若已知结构面的产状,就可以通过赤平极射投影的作图方法来表示。

2. 地基沉降与加固

1)地基变形与地基承载力

(1)地基类型。地基类型可作如图5-15所示的划分。

- 地基类型
  - 天然地基
    - 土质地基
    - 岩石地基
    - 特殊土地基
  - 人工地基

图5-15　地基类型

(2)地基变形特征一般分为沉降量、沉降差、倾斜、局部倾斜。

(3)地基承载力是指地基土单位面积上承受荷载的能力。

2)软基处理

(1)软弱地基是指主要由软土、冲填土、杂填土或其他高压缩性土层构成的地基。

(2)软土地基常用的处理方法有垫层法、预压法、复合地基法、夯实法、灌浆法、加筋法、桩基础和其他深基础法等。

3. 岩质边坡稳定的工程地质分析

(1)边坡稳定性分析评价的方法主要有地质分析法(历史成因分析法)、工程地质类比法、赤平极射投影图法等。

(2)防治边坡变形和破坏的目的在于消除其危害性。边坡变形与破坏的防治措施有排水工程、抗滑工程、减载反压、其他措施等。

复习题

1. 什么叫结构面？结构面的主要特征有哪些？

2. 按成因，结构面可划分为哪几种类型？研究结构面有何工程意义？

3. 什么叫结构体？常见的结构体的形状有哪几种？

4. 何谓岩体结构？岩体结构有哪些结构类型？它们的特征如何？研究岩体结构有何工程意义？

5. 如何根据赤平极射投影对具有一组结构面和两组结构面的边坡岩体进行稳定性分析？

6. 何谓地基承载力？地基承载力特征值怎样确定？

7. 常用的地基处理方法有哪些？分别适用于哪些地基类型？

8. 何谓软土地基？常用的软土地基处理方法有哪些？适用条件如何？

9. 何谓特殊土地基？特殊土地基的处理方法有哪些？

10. 边坡稳定性的工程地质评价方法有哪些？

11. 不稳定边坡的防治措施有哪些？

项目六　不同工程类型的地质问题

学习目标

1. 熟悉城址选择和城市规划中存在的工程地质问题。
2. 熟悉城市建设中经常遇到的地质灾害。
3. 熟悉道路工程中的主要工程地质问题。
4. 熟悉桥梁工程建设中经常遇到的地质问题。
5. 熟悉隧道及地下建筑中的主要工程地质问题。
6. 熟悉水利工程中的主要工程地质问题。

技能目标

1. 从工程地质角度合理选择城址及进行城市规划。
2. 能从工程地质角度分析各类地质灾害的产生原因并提出合理解决方案。

单元一　城市规划和建设中的工程地质问题

每个城市的发展，都离不开良好的城市规划。在宏观层面，城市规划要考虑到城市的布局与发展性质，要从城市的交通、功能分区、整体风貌、城市定位、取水、防洪防震等多个层面综合考虑，为公民提供一个安全、舒适的生存环境。城市规划阶段主要工程地质工作任务是通过地质勘探为城市规划部门提供切实可靠的地质资料。

一、城址选择的地质依据

从地质方面考虑城址选择依据有以下几点：选择在地理环境优越的地区；应尽量靠近自然资源产地，有利于城市的后期发展；应选在地貌单元简单地区，便于城市的开发建设；应首先选择在地震少而基本烈度低的地区。

二、城市规划中的工程地质问题

（一）区域稳定性问题

区域稳定性是工程建设中首先必须注意的问题，特别是对于一些高层结构、大型地下结构等重要建筑物，它直接影响着工程建设的安全和使用。建筑场地及其邻近地区的地形地貌、地层岩性、地质构造、水文地质、自然地质作用以及一些不良地质现象如滑坡、地震等都是影响区域稳定性的重要因素，特别是在新地区选择建筑地址时更应注意，因为一旦建筑场地误选在不稳定的区域，只能按照该场地的地质条件和环境进行工程设计，没有充分的选择余地，给建筑物的设计、建造和运营带来危害。

（二）地基稳定性问题

地基稳定性主要是研究地基的强度和变形问题。对于工业与民用建筑来说，建筑物的破坏往往是地基发生不均匀沉降或地基强度不足等因素所引起的。例如，地基的强度不足时，会引起地基隆起，甚至使建筑物倾覆；地基土的变形量过大，特别是不均匀沉降过大，会引起建筑物的沉陷、倾斜、开裂，以致倒塌破坏，或影响正常使用。

为了使建筑物的勘察、设计、施工做到安全、经济、合理，确保建筑物的安全和正常使用，必须在城市规划期间就研究地基的稳定性，查明组成建筑物地基的土层、岩土性质（物理性质、力学性质）、地下水状况等地质条件，提出合理的地基承载力，以及防治地基产生过量变形的措施。

（三）城市供水水源问题

工业生产过程和城镇居民生活及其他方面的全部淡水的引取来源，称为城市用水水源，简称为城市水源。为保证城市各行业正常的工作、生产，以及城镇居民的日常生活需要，在城市规划中应考虑合理进行城市水源规划。城市水源规划就是对寻找和选择城市水源，合理开发利用、科学管理和有效保护城市水资源，做出妥善全面的安排，并保证城市用水能满足城市可持续发展的需要。城市水源规划应在地区（流域）水资源规划的指导下进行。遵照水资源可持续利用的原则，综合考虑天然淡水、雨水、海水和城市污水再生水水源开发。

城市供水水源规划是城市给水排水工程规划的一项重要内容，它影响到给水排水工程系统的布置、城市的总体布局、城市重大工程项目选址、城市的可持续发展等战略问题。因此，在规划时要充分考虑科技进步、污水和节水工艺的普遍采用、供水系统管理水平的不断提高、居民节水意识不断增强的必然趋势，不仅要与城市总体规划相适应，还要与流域或区域水资源保护规划、水污染控制规划、城市节水规划等相配合。

（四）地质环境的合理利用和保护问题

城市规划主要涉及城市用地选择，它关系到城市功能组织和城市规划布局。城市用地条件包括自然条件、建设条件和其他条件。其中，自然条件涉及地质、水文、气候、地形和生物等，因此地质环境条件是城市用地评价的主要自然条件。建筑于一定地质介质上的各类城市建筑物，其巨大的负荷必将产生巨大的静压力，从而打破原有的力学平衡，使周围地质环境产生潜移默化的变化，变化的结果反过来又影响建筑物的安全稳定，形成建筑物与环境之间极为复杂的相互作用过程。城市建设与地质环境之间的关系主要体现在城市建筑物地基条件、地下空间利用、地质灾害整治、废物处理、供水工程以及天然材料等诸多方面。

城市建设必然触及城市地质环境，城市建设与地质环境保护成为一对对立的矛盾。城市地质环境的研究目的是合理利用和保护城市地质环境，使地质环境的动态变化不至于向恶性方向发展，达到城市建设与地质环境的统一，因此必须开展城市地质环境的评价与保护。我国目前正处于城市高速发展时期，加强城市地质环境的评价研究，合理利用与保护城市地质环境，将具有巨大的社会经济效益。

三、各阶段主要工作任务

对于新建城市或经济技术开发区等，按建设进程，需分阶段开展地质工作。

(一)规划阶段

规划阶段主要任务包括:以半径 300 km 半径为研究范围评价规划区的总体稳定性,主要研究各种自然地质作用,特别是地震、地震液化、区域性地面沉降等;从工程地质角度进行功能分区和建筑分带,评价不同区段兴建功能不同、形式不同的建筑是否适宜;确定供水水源地及地下水卫生防护带基于系统的水文地质资料;确定天然建筑材料的空间分布及储量。

(二)设计阶段

设计阶段主要任务包括:依据工程地质条件选定建筑场地;以工程地质条件为基础进行建筑物合理布局;选定基础类型与基础埋深;确定地基承载力,预测总沉降量及不均匀沉降;选定地基改良方案;评价施工条件。

四、城市建设中的主要工程地质问题

(一)城市环境主要地质灾害

(1)地震。自然与人工诱发的地震,需要解决地震危险等级分区。对重大工程需要进行地震反分析,解决抗震设计问题。

(2)地裂缝。各种原因如大面积地下抽水、构造活动、气候条件突变等所引起的地裂缝,对城市工程建设产生较大危害,常使地面塌陷、房屋开裂、地下管网断裂等,需要查明成因及提出防治对策。西安是我国地裂缝灾害最严重的城市,目前出现 12 条地裂缝,最长达 10 km,影响范围超过 150 km^2,给城市建设和人民生活造成了严重的危害。

(3)断层。在城市规划区及重要的工程场地范围内,对断层应查明分布、位置、规模、活动性及其性质。重点查明活断层特性、类型、规模、错动速率及其分级、危害。

(4)自然地质灾害。各种类型、规模的滑坡;岩溶、地下采空区的分布;砂土液化的可能性及其等级确定。

(5)地下水引起地质灾害。例如,沿海城市海平面上升与海水入侵;地下水上升造成地下构筑物上浮、地下室漏水、地基承载力降低(特别是黄土地区)、地基失稳、沉降剧增等问题;城市建设中明挖基坑时需大面积降水,可能引发大面积地面下沉、土体位移与水文地质条件改变、环境地质影响等问题。

(6)城市污染问题。对于城市污染问题,需要在规划阶段充分考虑,防止水、空气污染;另外,要考虑到施工所带来的例如噪声、扬尘等环境污染 。

(二)地基施工条件

修建民用与工业建筑物基础时,一般需要进行基坑开挖工作。地基的施工条件不仅会影响施工的期限和建筑物的造价,而且对基础类型的选择起着决定性作用。当在地下水毛细带影响范围以上开挖基坑时,首先遇到的是坑壁应采用多大的角度才能稳定,是否需要支撑,坑底以下有无承压水存在,是否造成基坑底板隆起或被冲溃的问题。若在地下水位以下开挖基坑,则需注意是否可能产生边坡变形,或出现流砂、流土等现象。尤其是基坑底面位于地下水位以下较深处时,需预测基坑涌水量的大小,以便在基坑开挖时人工降低地下水位、选择排水方法和排水设备;必要时需做抽水试验,测定地基土体的渗透系数等。影响地基施工条件的主要因素是地基中土体的结构特征、土的种类及其稠度状态、水文地质条件、基坑开挖深度、挖土方法、施工速度以及坑边荷载等。

(三)边坡稳定性

在斜坡上修建建筑物,边坡稳定是最重要的岩土工程问题。建筑物的建造给边坡增加了外荷载,破坏了其原有的平衡,会导致边坡失稳而滑动,使建筑物破坏。因此,对斜坡地区必须做出岩土工程评价,对不稳定地段提出防治措施。

单元二 道路工程与桥梁工程中的工程地质问题

一、道路工程中的主要工程地质问题

(一)道路工程地质特点

道路是延伸很长的线性建筑物,一般由三类建筑物组成:第一类为路基、路面工程,是道路的主体建筑物(包括路堤和路堑);第二类为桥隧工程(如桥梁、隧道、涵洞等),是为了使道路能跨越河流、深谷、不良地质现象和水文地质地段,穿越高山或使道路从河、湖、海底通过;第三类是道路的防护结构物,如护坡、挡土墙等。在不同的道路中,各建筑物的比例也不同,这主要取决于道路所经过地区工程地质条件的复杂程度。

道路往往要穿越许多地质条件复杂的地区和不同的地貌单元,如道路沿线往往会遇到山高谷深,地质复杂,不良地质现象发育,或道路需要穿越大的溶洞和暗河等问题。因此,道路工程在选线时一定要查明各备选路线方案沿线的工程地质条件,在满足设计要求的前提下,经过技术经济比较,选出最优方案。

(二)道路工程的主要地质问题

道路工程的主要地质问题包括路基基底稳定性问题、路基边坡稳定性问题、道路冻害问题以及天然建筑材料问题。

1.路基基底稳定性问题

路基基底稳定性多发生于填方路堤地段,其主要表现形式为塌陷、滑移和挤出。路基基底土的变形性质和变形量的大小主要取决于基底土的力学性质、基底面的倾斜程度、软弱结构面或软弱夹层的性质与产状等。此外,水文地质条件也是促使基底不稳定的因素,它往往使基底产生巨大的塑性变形而造成路基的损坏。例如,路基底下有软弱的泥质夹层,当其倾向与坡向一致时,若在其下方开挖取土或在上方填土加重,都会引起路堤整个滑移;当高填路堤通过河漫滩或阶地时,若基底下分布有饱水厚层淤泥,则在高填路堤的压力下,往往会使基底产生挤出变形。路基基地若有软土、湿陷性黄土、多年冻土、岩溶空洞和地下矿山采空区等分布区域,常会出现路基沉陷变形;而在盐渍土和膨胀土分布地区的路基则会出现不均匀膨胀变形。

2.路基边坡稳定性问题

道路都有一定的限制坡度,而通过的地形又比较复杂,在整个道路沿线上往往会形成各种类型的边坡,包括天然边坡、傍山路线的半填半挖的路基边坡以及深路堑的人工边坡等。因此,路基边坡的稳定性就成为道路工程的主要工程地质问题。

具有一定坡度和高度的边坡在重力作用下,其内部应力状态也在不断变化。当剪应力大于岩土体的强度时,边坡即发生不同形式的变化和破坏。其破坏形式主要表现为滑坡、崩塌和错落。土质边坡的变形主要取决于土的矿物成分,特别是亲水性强的黏土矿物及其含量。岩质边坡的变形主要取决于岩体中各种软弱结构面的性状及其组合关系，它们对边坡的变形起着控制作用。

开挖路堑形成的人工边坡一方面加大了边坡的陡度与高度，破坏了边坡原有的平衡，增强了向边坡外下方的剪应力及张应力，易使边坡失稳；另一方面开挖（往往是爆破）不仅破坏了边坡岩体的原生结构，更重要的是切断了边坡内各类软弱结构面（层面、节理面、断裂面及古滑动面等），为边坡岩体的失稳创造了条件；同时，开挖也使本来处于地表下的岩体暴露于地表，因而在各种应力作用下加速风化，也会导致边坡岩体强度降低。

3. 道路冻害问题

道路冻害包括冬季路基土体因冻结作用而引起路面冻胀和春季因融化作用而使路基翻浆。道路冻害的结果是路基产生变形破坏，甚至形成显著的不均匀冻胀和路基土强度发生极大的改变，危害道路的安全和正常使用。例如，青藏公路格尔木至拉萨段位于青藏高原腹地，穿越 500 多 km 的多年冻土分布区，自 20 世纪 70 年代以来，出现了大范围较严重的路基、路面沉降，病害主要集中出现在不稳定和较不稳定冻土带。另外，路基下的冰丘、冰锥和季节活动层的冻融作用使路基鼓胀，引起路基、路面的开裂与变形；当冰丘、冰锥融化后，路基又发生不均匀沉降。东北大、小兴安岭多年冻土地区的道路受冰丘、冰锥的影响，鼓胀和沉陷变形较为明显；青藏公路则路基、路面开裂较为严重。

针对多年冻土的特性和道路病害，多年冻土地区的路基设计采用保护、一般保护和不保护三种原则。其中，保护原则也称为被动原则，是采用工程措施严格控制多年冻土不发生变化；一般保护是采取工程措施，控制冻土的变形速率和变形总量；不保护也称主动原则，是采取措施加速冻土融化或清除冻土以及不采取任何工程保护措施的原则。保护原则适用于重要和对变形敏感的工程结构物，且冻土为稳定或较稳定型；一般保护原则适用于变形影响不敏感的工程，适用的冻土类型为较稳定型；不保护原则一般适用于不稳定冻土。

4. 天然建筑材料问题

路基工程需要的天然建筑材料的种类较多，包括道砟、土料、片石、砂和碎石等。它不仅在数量上需要较多，而且要求各种建材产地沿路线两侧零散分布。这些建材品质的好坏和运输距离的远近将直接影响工程的质量和造价，有时还会影响路线的布局。

【小贴士】

道路工程属于线性工程，同时需要大量的建筑材料，因此在选线时要注意沿线各种天然建筑材料的分布和数量以及开采运输条件，以便最大限度地利用当地材料。此外，还应反复测绘及计算土石方的开挖量，尽量使其取得平衡，以减少天然建筑材料的使用量。

二、桥梁工程中的主要工程地质问题

桥梁工程由正桥、引桥和导流建筑物等工程组成。正桥是桥梁的主体，位于河岸桥台之间，桥墩位于河中；引桥是连接正桥与路线的建筑物，常位于河漫滩或阶地上；导流建筑物包括护岸、护坡、导流堤等，是保护桥梁等各种建筑物不受河流冲刷破坏的附属工程。不同类型的桥梁对地基有不同的要求，所以工程地质条件是选择桥梁结构的主要依据。桥梁工程地质问题包括以下两方面的主要工程地质问题。

（一）桥墩台地基的稳定问题

桥墩台地基的稳定性主要取决于墩台地基中岩土体承载力的大小。它对选择桥梁的基础和确定桥梁的结构形式起到决定作用。当桥梁为静定结构时,由于各孔是独立的,相互之间没有联系,因此对工程地质的适应范围较广;但对于超静定结构的桥梁,由于其对各桥墩台之间的不均匀沉降特别敏感,故取用其地基容许承载力时应予慎重考虑。岩质地基容许承载力的确定取决于岩体的力学性质及水文地质条件等,应通过室内试验和原位测试等综合判定。

桥台的偏心受压问题,桥台承受垂直压力、岸坡的侧向主动土压力、滑坡的水平推力作用,使桥台产生偏心荷载,这是由于车辆在桥梁上行驶突然中断而产生,这种作用对桥台的稳定性影响很大。

(二)桥墩台的冲刷问题

桥墩台的修建,使原来河槽的过水断面减小,局部增大了河水流速,改变了河水流态,而对桥基产生强烈冲刷,威胁桥墩台的安全。因此,桥墩台基础的埋深除取决于持力层部位外,还应满足下列要求:

(1)桥位应尽可能选在河道顺直、水流集中、河床稳定的地段,以保护桥梁在使用期间不因河流改道而失去作用或受到河流的强烈冲刷而破坏。

(2)桥位要避开顺河向及平行桥梁轴线方向上的大的断层破碎带和活动断裂带。

(3)桥位要选在岸坡稳定、基底岩石坚硬完整、无严重不良地质现象的地段。

(4)在有冲刷处,应将桥墩台基础埋置在墩台附近最大冲刷线以下。当基础建于抗冲刷较差的岩石上时,应适当加深。

单元三 隧道与地下建筑的工程地质问题

隧道与地下工程泛指修建于地下岩土体内具有一定空间规模的各种形式和用途的建筑。随着我国建筑业的飞速发展,隧道与地下建筑的数量越来越多,规模也越来越大,目前已广泛用于交通、采矿、水利水电、国防等部门,如地铁、地下变电站、过江隧道、地下人防工程等。隧道与地下建筑在修建过程中都需要在地下开挖洞室,由于地应力的存在,地下洞室的开挖势必会破坏原来地下岩土体的平衡状态,引起地下洞室周围一定范围内的岩土体发生应力重分布,使地下岩土体产生变形、位移甚至破坏。在工程中将开挖后地下洞室周围发生应力重分布的岩土体称为围岩。因此,隧道与地下工程在修建时的突出工程地质问题是围岩稳定性问题。此外,在开挖地下洞室的过程中所遇到的地下水、地温及其有害气体等特殊问题也是隧道与地下建筑修建过程中的工程地质问题。

一、山岩压力及洞室围岩的稳定问题

岩体在自重和构造应力作用下,处于一定的应力状态。在没有开挖之前岩体原应力状态是稳定的、不随时间而变化的。隧道开挖后,原来处于挤压状态的围岩,由于解除束缚而向洞室空间松胀变形,这种变形超过了围岩本身所能承受的能力,便发生破坏,从母岩中分离、脱落,形成坍塌、滑移、底鼓和岩爆等。山岩压力通常指围岩发生变形或破坏而作用在洞室衬砌上的力。山岩压力和洞室围岩变形破坏是围岩应力重分布和应力集中引起的。因此,山岩压力是评定隧道围岩稳定性的主要内容,也是隧道衬砌设计的主要依据。影响隧道围岩稳定性的主要因素有以下两项。

（一）地质因素

地质因素包括地质构造、岩层产状、地下水、构造作用（在构造作用强烈且覆盖层很厚的山体中打洞，可能有较大的残余构造应力，对洞体的稳定性不利）及地震烈度。地震烈度高时，可使地层断裂、滑动，造成隧道损坏。

（二）工程因素

工程因素包括隧道的埋深、几何形状、跨度和长度、施工方法、围岩暴露时间及衬砌类型等，这些因素影响围岩应力的大小和性质。

二、洞口稳定问题

洞口是隧道工程的咽喉部位，洞口地段的主要工程地质问题是边、仰坡的变形问题，其变形常引起洞门开裂、下沉或坍塌等灾害。洞口选择的工程地质条件，主要是考虑洞口处的地形及岩性、洞口底部的标高、洞口的方向等问题。洞口数量和位置的确定必须根据工程的具体要求结合所处山体的地形、工程地质和水文地质条件等慎重考虑。

（一）洞口的地形和地质条件

洞口要选择在松散、覆盖层薄、山体坡度较陡（大于30°）的一面，且有完整岩层作顶板的地段。最好设置在岩层裸露的地段，以免切口刷坡时刷方太大，破坏原来的地形地貌而暴露目标。洞口一般不宜设在悬崖绝壁之下，特别是在岩层破碎地带，容易发生山崩和土石塌方，堵塞洞口和交通要道。要避开冲沟或溪流源头，避开滑坡、崩塌、泥石流等不良地质作用发育或洪水淹没的地段。洞外还应有相应规模的弃渣场地。

（二）洞口底标高的选择

洞底的标高一般应高于谷底最高洪水位以上0.5～1.0 m（千年一遇或百年一遇的洪水位），以免在山洪暴发时，洪水泛滥倒灌流入地下洞室；若距谷底较近，易聚集有害气体，各个洞口的高程不宜相差太大，要注意洞室内部工艺和施工时所要求的坡度，便于各洞口之间的道路联系。

（三）洞口方向

洞口最好选择在隐蔽且易于伪装地带，洞口位置应选在面对高山和沟谷不宽的山体的北坡背阴处。一般来说，山体北坡较陡，岩石风化程度较轻，岩石较坚固。洞口设置分散，最好不要在同一方向上设置。如受到地形限制，一定要在同一方向上设立若干个洞口，则各个洞口之间要保持一定距离。特别要注意洞口不要面对常年主导风向，以免有害气体侵入洞室。

（四）洞门边坡的不良地质作用

洞门边坡的不良地质作用同一般自然山坡和人工边坡的问题。但在选择洞口时，必须将进、出口地段的物理地质作用调查清楚。洞口应尽量避开易产生崩塌、剥落和滑坡等地段，或易产生泥石流和雪崩的地区，以免对工程造成不必要的损失。

三、地下水问题

当隧道穿过含水层时，将会有地下水涌进洞室，给施工带来困难，地下水也是造成塌方和围岩失稳的重要原因。地下水对不同围岩的影响程度不同，其主要表现在以下两个方面。

(一)隧道涌水

隧道穿过含水层时,地下水涌进隧道,将会大大增加排水、掘进和衬砌工作的困难。在隧道穿过储水构造、充水洞穴、断层破碎带时,会遇到突发性的大量涌水,危害最大。在土及未胶结的断裂破碎带中,涌水的动水压力和冲刷作用可能导致隧道围岩失去稳定性。

隧道涌水量取决于含水层的厚度、透水性、富水性、补给来源,以及隧道的长度和断面大小。当预计地下水对隧道的影响较大时,应通过勘探、试验工作查明上述水文地质要素,并计算涌水量,作为排水设计的依据。

(二)隧道浸水

地下水的活动会改变岩石的物理力学性质,降低岩体强度,并能加速岩石风化破坏。地下水在软弱结构面中的活动,可起软化、润滑作用,常常造成岩块坍塌。某些地层,如黏土、无水石膏等,在水的作用下体积膨胀,地层压力大大增加,使围岩破坏。

例如,成昆铁路百家岭隧道,由三叠系石灰岩、白云岩组成的围岩中含硬石膏层($CaSO_4$),开挖后,水渗入围岩使石膏层水化,膨胀力使原整体道床全部风化开裂,而且地下水中 SO_4^{2-} 含量高达 1 000 mg/L,致使混凝土腐蚀得像豆腐渣一样。

四、其他特殊地质问题

(一)地温

一般,人在 40~50 ℃以下才能正常工作,而在潮湿的坑道中,当温度达到 40 ℃时就不能正常工作,必须采取降温措施。因此,在开挖深埋山岭隧道时,地温是一个重要问题,对深埋隧道内的温度应进行预测。常温层的温度大致与当地多年平均气温相当,在常温层以下地温随深度增加而增加。地温梯度受地形起伏、岩层导热率和含水量、地下水温度以及火山活动等因素的影响,各地不完全相同。

(二)有害气体

在开挖隧道时,常会遇到各种对人体有害、易燃、易爆的气体。在工程地质勘探时应查明隧道所通过的地层中含有的各种有害气体,并提出相应的防护措施。

常见的有害气体有甲烷、二氧化碳、氮、硫化氢。甲烷是易燃、易爆炸的气体;二氧化碳、氮是无毒窒息性的气体;硫化氢是易燃的有毒气体,溶于水生成淡硫酸液体,对隧道衬砌的石灰浆、混凝土及金属有腐蚀作用。

当隧道通过煤系、含油、含碳和沥青地层时,常有碳氢化合物的气体溢出,特别是甲烷。在含碳地层中开挖隧道时,常会遇到二氧化碳气体。在硫化矿床或其他含硫地层中,会遇到硫化氢气体。

(三)岩爆

地下洞室在开挖过程中,围岩突然猛烈释放弹性变形能,造成岩石脆性破坏或将大小不等的岩块弹射或掉落,并常伴有响声的现象叫作岩爆。轻微的岩爆仅使岩片剥落,无弹射现象,无伤亡危险。严重的岩爆可将几吨重的岩块弹射到几十米以外,释放的能量可相当于200 多 t TNT 炸药。岩爆可造成地下工程严重破坏和人员伤亡。严重的岩爆像小地震一样,可在 100 多 km 外测到,现测到岩爆的最大的震级为里氏 4.6 级。

施工过程中主要采用超前钻孔、超前支撑及紧跟衬砌、喷雾洒水等方法防治岩爆,新奥法施工也可收到较好效果。

单元四　水利工程中的地质问题

水利工程是对天然水资源进行控制、调节、治理和开发利用，以达到减轻或消除水旱灾害，治理水土流失和水污染，充分利用水资源，保护水环境的目的而修建的工程。对大多数水利工程来说，挡水坝、引水渠和泄水道是三项较重要的工程，而挡水坝又是所有水工建筑物中最主要的建筑。水坝建成后，其上游一定范围内便积蓄地表水成为水库区。水工建筑物与其他建筑物对地质条件的要求不同，主要表现在两个方面：一是各种建筑物以及水对岩土体产生荷载作用，这就要求岩土体有足够的强度和刚度，以满足水工建筑物的稳定性要求；二是水工建筑物周围水体易向地质体渗入或漏失，从而引起地质环境的变化，导致岸坡失稳、库周浸没等问题，同时会因水文地质条件改变导致库区淤积和坝体下游冲刷等问题。

一、坝基岩体稳定问题

在大坝自重及水压等外力作用下，一般坝基产生失稳破坏的形式主要是压缩变形和滑动破坏，坝基岩体可能产生沉降稳定问题和抗滑稳定问题。

(一)坝基沉降稳定问题

对于坚硬完整的坝基岩体，其压缩变形往往较小，当变形均匀一致时，对坝体的稳定没有明显的影响，但当发生不均匀沉降或一侧岩体变形较大时，可在坝体中产生拉应力，使坝体产生裂缝，甚至使整个坝体遭到破坏。影响坝基产生不均匀沉降的主要地质因素有：

(1)坝基岩性不同，变形模量有较大差别。一般情况下，黏土页岩、泥岩、强烈风化的岩石及松散沉积物，尤其是淤泥、含水量较大的黏土层等，都是容易产生较大沉降的岩土层。

(2)坝基或两岸岩体有较大的断层破碎带、裂隙密集带、卸荷裂隙带等软弱结构面，尤其是当张开性裂隙发育且裂隙面垂直于压力方向时，容易产生较大的沉降变形。此外，软弱结构面的产状和分布位置对坝基岩体的变形也有显著影响，如软弱岩层分布在表层时就容易产生较大的沉降变形；分布在坝址附近时，容易导致坝身向下游倾覆；分布在坝踵附近时，容易导致坝基岩体的拉裂。

(3)岩体内存在溶蚀洞穴或被潜蚀淘空的现象，产生塌陷而导致不均匀沉降。

(二)坝基抗滑稳定问题

对于一般的重力坝，坝体主要是依靠自重与坝基岩体间的摩擦力来维持稳定性。一旦坝基存在地质缺陷，产生的摩擦力不能维持平衡时，坝体有可能沿软弱面产生整体剪切滑移，导致坝体失稳破坏。因此，坝基岩体的滑动破坏常是混凝土坝、砌石坝等重力坝型设计时考虑的重要因素。根据滑动面位置，坝基滑动破坏分为表层滑动、浅层滑动和深层滑动三种类型。

(1)表层滑动指发生在坝底与基岩接触面上的平面剪切破坏。当坝基岩体坚硬完整不存在有控制性的软弱结构，且岩体强度远大于坝体材料接触面强度时，就可能产生该类型的破坏。

(2)当坝基浅部岩体强度相对于接触面及深部岩体强度偏低时，便有可能成为产生沿浅部岩体剪切滑动的薄弱部位，造成坝基的浅层滑动。尤其是坝基浅部岩体软弱破碎或坝基风化层较厚时容易发生。

(3)深层滑动发生在坝基岩体的较深部位,主要沿软弱结构面发生剪切破坏,滑动面常由两三组或更多的软弱面组合而成。

对于拱坝,它主要依靠拱的结构把大部分的荷载传给两岸的山体,对坝肩岩体产生轴向推力、径向剪力和力矩。因此,拱坝的稳定性除要适当考虑坝基的稳定性外,还必须研究坝肩的稳定性。坝肩的滑移面一般为倾向下游河床方向的平缓或倾斜的软弱结构面,有时倾向上游的缓倾角结构面也构成滑移面。

二、坝区、库区渗漏问题

(一)坝区渗漏问题

水库蓄水后,坝上、下游形成一定的水位差,在该水位差的作用下,库水将沿坝区岩土体内的空隙向坝下游渗出,称为坝区渗漏。坝区渗漏是水利工程中常遇到的问题,一旦渗漏量过大,就会影响水库的效益或危及坝体安全,因此坝区渗漏是必须防治的工程地质问题。岩层的透水性是产生渗漏的基本条件,根据岩层透水情况的不同,渗漏的形式可分为均匀渗漏和集中渗漏两种。均匀渗漏是通过砂砾石层、基岩均布风化裂隙等透水层进行的,集中渗漏是通过裂隙破碎带、岩溶孔洞等集中透水地段进行的。

1. 松散岩层坝区的渗漏

松散岩层坝区的渗漏主要产生于强透水性的砂、砾石层。从土体成因来看,冲积物分选性好,细粒含量较少,透水性较大;洪积物、坡积物一般大小混杂,分选性差,透水性较低。同一成因的沉积物随着沉积时代由新到老,其透水性一般会变小。因此,松散岩层坝区的渗漏条件分析应从第四纪地貌和成因类型分析开始,查明岩土体粗细颗粒分布和结构组合情况。此外,在河谷地区建坝,中下游河段的阶地,掩埋在古河床或现代河床冲积物中的砂卵石层、冲积层往往是形成渗漏的主要通道,应予以注意。

2. 裂隙岩体坝区的渗漏

裂隙岩体坝区的渗漏主要取决于岩体裂隙数量、断层的发育程度、充填物性质及其透水性。坝基岩体中断裂构造的存在,往往是造成坝区渗漏的主要条件。在坝区发育的顺河断裂带、裂隙密集带、岸坡卸荷裂隙带、纵谷陡倾和横谷向上游缓倾的各种原生结构面,是造成坝区强烈渗漏的通道。山区河流由于受岩性、构造、水文等因素影响,河谷深切基岩,侵蚀沟谷发育,因而河谷的地貌及覆盖条件对坝区渗漏起到了一定程度的控制作用。在倾斜岩层地区,对于纵向河谷,因沿层面渗透路径最短,故应注意沿层面走向方向的渗漏;而横向河谷,岩层倾向下游时,应注意沿倾向的渗漏。

3. 岩溶坝区的渗漏

岩溶坝区的渗漏主要受地下岩溶通道的影响,如溶洞、暗河、落水洞等,它们之间往往相互连通,形成大规模的集中渗漏通道,对坝区水库蓄水极为不利。

(二)水库渗漏问题

库区渗漏指库水通过渗漏通道向外邻谷或洼地的渗漏,大多数水库均存在漏水问题,只是严重程度不一。如北京的天开水库,设计库容为 1 300 万 m^3,库区为震旦系硅质灰岩,溶蚀裂隙发育,岩层呈单斜构造,且倾向下游。每年雨季水库蓄水后,多则 50 天,少则 10 多天,库水全部漏失,同时下游地区在水库蓄水期间到处冒泉,给人们的生产生活造成很大影响。库区渗漏一般受地形地貌、岩石性质、地质构造、水文地质条件等因素影响,在库区勘察时应综合分析，并进行准确评价。

三、水库诱发地震问题

修建大水库会诱发地震，世界上约有 100 座水库蓄水后诱发地震。水库诱发地震与库容、地质构造与岩性、库水渗透条件、区域构造活动等因素有关。水库对地震的影响表现在：一是水体对库床及库岸岩体的压力容易使处于不稳定状态的岩体失衡；二是库水的渗透和通过裂隙所形成的水压力及水的化学作用对岩体固有结构的破坏与改变。

四、水库环境地质问题

(一)水库淤积

水库建成后，河水流速减小，由上游挟带的泥沙便在库区沉积下来，堆积于库底，这种现象称为淤积问题。到目前为止，我国已建成 8 万多座水库，总库容近 5 000 亿 m^3，由于泥沙淤积，总库容减少约 40%。黄河三门峡水库就因泥沙淤积问题严重，长期不能发挥设计效益。

(二)水库浸没

水库水位抬高后，库区周围地区的地下水位也随之上升，这时，地下水位可能接近或高出地面，导致库岸农田土壤盐碱化、沼泽化，建筑物地基恶化，矿坑充水坍塌等，这种现象称为水库浸没问题。

(三)库岸滑坡

水库水位上升或者暴雨会促发库岸滑坡，一些古滑坡也可能复活。在水库勘察时应查明其位置和可能的体积。特别是靠近坝前的滑坡对大坝威胁最大，如柘溪水电站的坝前大滑坡使坝前水位突然升高，造成溢流而损失；黄河三门峡水库的修建，促使库周的黄土台地大量崩塌，影响了居民点和周围城市的安全，原因是库水位的上升使黄土强度大大降低。

【知识链接】

本项目所采用的是正在实施的标准，主要有《城乡规划工程地质勘察规范》(CJJ 57—2012)、《公路工程地质勘察规程》(JTJC 20—2011)、《地质灾害防治工程施工技术规程》(DB 42/T 911—2013)等规范。

【工程案例】 治疗青藏铁路冻土病害的"青霉素"——热棒

在青藏铁路多年高含冰量冻土地段，两排直径约 15 cm、高约 2 m 的"铁棒"插在路基两旁。这些"铁棒"被称为热棒。专家说，热棒是治疗青藏铁路冻土病害的"青霉素"。

热棒是一种利用液气相的转换对流循环来实现热量传输的系统，用来冷却地基，防止发生地基冻胀和融沉变形，保证冻土地基的稳定，是无源冷却系统中热量传输效率最高的装置。在寒冬季节，由于空气温度低于多年冻土温度，热管中的液体工质(氨、氟利昂、CO_2等)吸收多年冻土中的热量，蒸发气体，蒸气在压差的驱动下，沿热管中心通道向上流动至热管上部后，遇到较冷的管壁放出气化潜热，冷凝成液体，液体工质薄膜在重力的作用下，沿管壁流回蒸发段再蒸发，如此循环把地基多年冻土中的热量源源不断地传到大气中。在温暖季节，空气温度高于多年冻土温度，液体工质蒸发的蒸气到热管上部后，由于管壁温度较高，蒸气不能冷凝，达到气液相平衡后，液体停止蒸发，热管停止工作，这样大气中的热量就不会通过热管传到多年冻土中。如此往复循环，将地层中的热量传输至大气中，从而降低了多年冻土的地温，防止多年冻土发生融化，改善地基土体的力学特征。

热棒技术在解决青藏铁路建设冻土问题中达到了满意效果。通过热棒技术冷却青藏铁路路基、增加路基冷储量。在铁路路基出现冻土病害时，使用热棒可以很快起到"药到病除"的效果，所以称之为冻土工程的"青霉素"。

【阅读与应用】

2005年5月9日，浙江萧甬铁路余姚西至驿亭区间，由于当地一砖瓦厂取土，造成铁路地基土体移位，路堤发生整体下沉事故，导致铁路中断行车，杭州至宁波间途经该处的旅客列车受到影响，如图6-1所示。据铁路杭州站负责人介绍，事故原因为一砖瓦厂取土，造成铁路地基土体移位，路堤发生整体下沉。地方相关部门说，事故地段地处软土地基，地质情况比较复杂，事故原因有待进一步调查确定。

图6-1　萧甬铁路下沉

试查阅相关资料，从工程地质问题角度分析路堤下沉的主要原因，并提出相应处理建议。

小　结

我国是地质灾害多发的国家，地质灾害种类多、分布广、活动频繁、危害重，是世界上地质灾害最为严重的国家之一。对于地质灾害，必须以防为主，以治为辅。首先要对地质灾害产生的原因有所了解，不断加大地质灾害的可行性评估工作；其次要对地质灾害种类、危害程度等因素有所掌握，要能抓住要点，分析原因，找出解决问题的办法等，从而达到防治的目的，减轻损失，提高社会经济效益。

本项目从城市规划与建设、道路工程、桥梁工程、隧道和地下建筑工程、水利工程等建筑工程的各个阶段经常出现和遇到的地质问题出发，分析地质灾害出现的原因和现象，提出相应的解决方案和预防措施，使学生在今后的学习和工作中对地质灾害的预防与治理具备基本的理论基础。

复习题

1. 试分析城市规划和建设中存在的工程地质问题。
2. 试分析道路工程存在的工程地质问题。
3. 试分析桥梁工程存在的工程地质问题。
4. 隧道和地下建筑工程常遇到的工程地质灾害有哪些？
5. 试分析水利工程存在的工程地质问题。

项目七　工程地质与水文地质勘察

学习目标

1. 了解工程地质与水文地质勘察的目的及任务。
2. 熟悉工程地质与水文地质勘察各阶段的勘察要点。
3. 了解工程地质勘察的基本方法和手段。
4. 掌握各类工程勘察要点。
5. 熟悉勘察资料的整理方法。

技能目标

能明确各类工程地质勘察要点并完成勘察报告的编写。

单元一　工程地质与水文地质勘察的目的与任务

一、工程地质勘察的目的与任务

工程地质勘察的目的是查明工程建筑物地区的工程地质条件，分析、预测可能出现的工程地质问题，充分利用有利的地质条件，避开或改造不利的地质因素，为工程的规划、设计、施工、运用和管理提供可靠的地质资料，而且尽可能避免因工程的兴建而恶化地质环境，引起地质灾害，达到合理利用和保护环境的目的。

工程地质勘察工作一般可划分可行性研究、初步勘察和详细勘察三个勘察阶段。各勘察阶段的工作应循序渐进，逐步深入，并与各设计阶段相适应。

(一)可行性研究阶段

可行性研究阶段的目的是为工程选点提供初步的工程地质资料和地质依据。该阶段的主要勘察任务为：收集、整编区域地质、地形地貌和地震资料；了解工程建设地点的基本地质条件和主要工程地质问题；分析工程建设的可能性；了解各规划方案所需天然建筑材料概况，进行建筑材料的普查。

(二)初步勘察阶段

初步勘察与初步设计相对应，是在可行性研究阶段选定场地上进行的勘察，对场地的稳定性做出工程地质评价，主要任务是：收集可行性研究阶段工程地质勘察报告，取得建筑区范围的地形图及有关工程性质、规模的文件；初步查明地层、构造、岩土物理力学性质、地下水埋藏条件及冻结深度；查明场地不良地质现象的成因、分布、对场地稳定性的影响及其发展趋势；对抗震设防烈度大于或等于 7 度的场地，应判定场地和地基的地震效应。

（三）详细勘察阶段

详细勘察阶段是在初步勘察阶段选定的枢纽建筑物场地上进行的勘察。其目的是检验前期勘察的地质资料与结论，为优化建筑物设计提供地质资料。详勘线、点的布置比初勘要多，勘察内容应视建筑物的具体情况和工程要求而定。主要工作内容有：

（1）取得附近坐标及地形的建筑物总平面布置图，各建筑物的地面整平标高，建筑物的性质、规模、结构特点，可能采取的基础形式、尺寸、预计埋置深度，对地基基础设计的特殊要求等。

（2）查明不良地质现象的成因、类型、分布范围、发展趋势及危害程度，并提出评价与整治所需的岩土技术参数和整治方案建议。

（3）查明建筑物范围各层岩土的类别、结构、厚度、坡度、工程特性，计算和评价地基的稳定性和承载力。

（4）对需进行沉降计算的建筑物，提供地基变形计算参数，预测建筑物的沉降、差异沉降或整体倾斜。

（5）对抗震设防烈度大于或等于 6 度的场地，应划分场地土类型和场地类别；对抗震设防烈度大于或等于 7 度的场地，应分析、预测地震效应，判定饱和砂土或饱和粉土的地震液化，并应计算液化指数。

（6）查明地下水的埋藏条件。当基坑降水设计时应查明水位变化幅度与规律，提供地层的渗透性。

（7）判定环境水和土对建筑材料和金属的腐蚀性。

（8）判定地基土及地下水在建筑物施工和使用期间可能产生的变化及其对工程的影响，提出防治措施及建议。

（9）对深基坑开挖还应提供稳定性计算和支护设计所需的岩土技术参数，论证和评价基坑开挖、降水等对邻近工程的影响。

（10）提供桩基设计所需的岩土技术参数，并确定单桩承载力；提出桩的类型、长度和施工方法等建议。

二、水文地质勘察的目的与任务

水文地质勘察是研究水文地质条件的主要手段。水文地质勘察是为了查明地下水的形成、分布规律，并在此基础上对地下水资源做出水量与水质评价，从而为国民经济建设提供水文地质依据。由于各项国民经济建设所要求解决的水文地质问题是各不相同的，例如小范围的城市工矿企业供水水源地的水文地质勘察、大面积的农田供水水文地质勘察等，它们都有各自需要解决的水文地质问题，所以这些专门的水文地质勘察的目的还要根据不同的工程建设需要来确定。从事任何水文地质勘察工作，都应该有明确的目的性。水文地质勘察工作的任务，就是运用各种不同的测绘、勘探、试验、观测方法，经过一定的勘察程序查明基本的水文地质条件和解决专门性的水文地质问题。例如，对农田供水的水文地质勘察任务来讲，除查明地下水的形成、分布规律和补给、径流、排泄这些基本的水文地质条件外，还应着重对地下水资源数量能否满足灌溉需水量要求做出定量的评价，并进行灌溉水质评价和开采技术条件的论证，为经济合理地开发利用地下水提供所需的水文地质资料。水文地质勘察阶段通常按普查、详查和开采三个阶段进行。

(一)普查阶段勘察

普查阶段是一项区域性小比例尺带有战略意义的工作。普查阶段一般不要求解决专门性的水文地质问题,其主要任务是查明区域的水文地质条件,如各类含水层的赋存条件与分布规律,地下水的水质、水量以及地下水的补给、径流、排泄等条件。在普查阶段通常用1∶20万比例尺进行水文地质测绘工作,在一些严重缺水或工农业集中发展的地区也可采用1∶10万的比例尺。比例尺的选择应根据工程建设要求的深度和水文地质条件的复杂程度来确定。

(二)详查阶段勘察

详查阶段的工作一般是在水文地质普查的基础上进行的。在这个阶段工作中要求解决专门性的水文地质问题,为各种国民经济建设部门提供所需的水文地质依据。例如,城市工矿企业供水、农田供水、土壤改良或矿山开采等。详查的面积除农田供水外,一般都比较小,采取的比例尺精度通常是1∶5万~1∶2.5万。详查的任务:除查明基本的水文地质条件外,还要求对含水层的水文地质参数、地下水动态变化规律、各类供水水质标准以及开采井的数量与布局提出切实可靠的数据,并应预测出将来开采后可能出现的水文地质问题。

(三)开采阶段勘察

开采阶段的水文地质勘察工作,是根据开采过程中出现的水文地质问题确定具体任务。这些水文地质问题,有的是因在开采前从未进行过水文地质的勘察工作而必然要发生的;有的是虽然经过正式的水文地质勘察工作,但是由于勘察精度不够高,提出的数据不可靠,甚至是做出了错误的勘察结论所造成的;有的是不可能准确预测的一些问题。在供水水文地质工作中,由于井距不合理导致水井间严重干扰,地下水降落漏斗的不断扩展及由此引起的地面沉降、水量枯竭、水质恶化等,都属于开采阶段应该解决的水文地质问题。开采阶段的水文地质勘察工作比例尺大于1∶2.5万。由于它大都带有研究的性质,所以不一定开展更小比例尺精度的全面勘察工作,而是应该针对出现的问题做具体的分析,然后采取不同的勘察方法加以解决。

单元二　勘察的基本方法和手段

一、工程地质勘察的基本方法和手段

工程地质勘察的方法主要有工程地质测绘、工程地质勘探、试验与长期观测等。随着现代科学技术的进步,许多新技术也在工程地质勘察工作中得到发展和应用。

(一)工程地质测绘

工程地质测绘就是通过野外路线观察和定点描述,将岩层分界线、断层、滑坡、崩塌、溶洞、地下暗河、井、泉等各种地质条件和现象按一定比例尺填绘在适当的地形图上,并做出初步评价,为布置勘探、试验和长期观测工作指出方向。

工程地质测绘贯穿于整个勘察工作的始终,只是随着勘察设计阶段的不同,要求测绘的范围、比例尺以及研究的内容、深度不同而已。实践中可查《岩土工程地质勘察规范》(GB 50021—2001)(2009年版)等各行业规范确定。

一般测绘开始时，应在踏勘基础上选择几个有代表性的地层实测剖面，以便了解测区内岩层的岩性、厚度、接触关系及地质年代，建立正常层序，为测绘填图工作提供标准和依据。工程地质测绘一般采用路线测绘法、地质点测绘法、野外实测地质剖面法等。此外，遥感技术在工程地质测绘中也得到了普遍应用。

遥感即遥远的感知，是应用现代化运载工具及仪器（如飞机、人造卫星），从地表的一定距离对地表和近地表目标物，通过对紫外到微波的某些波段的电磁波辐射特征的信息的接收和传输，并经加工处理成像，而对目标物进行探测和识别的一种综合技术。由于不同的地质体或地质现象各有不同的结构、产状和物理化学特性，并经受了不同内外应力的改造，因而形成了不同的自然景观。同时，由于它们对不同波长的电磁波的反射、吸收、透射以及发射能力的不同，因此在图像上可出现不同的色调、形状、条纹、大小、阴影等影像特征，依据影像特征的差异进行地质解译，就可揭露地表及以下一定深度内的地质现象。

（二）工程地质勘探

在工程地质勘察过程中，当露头不好、不能判别地下隐蔽的地质情况时，可采用工程地质勘探，此项工作一般是在工程地质调查与测绘的基础上，通过采用挖探、简易钻探、钻探、物探等综合方法进行。

工程地质勘探的主要任务是探明地下有关地质情况，如地层、岩性、断裂构造、地下水位、滑动面位置等，为深部取样及现场原位试验提供场所，利用勘探坑孔可以进行某些项目的长期观测工作以及物理地质现象的处理工作。

1. 挖探

挖探是工程地质勘探中最常用的一种方法，可分为坑探和槽探。它是用人工或机械的方式挖掘坑、槽，以便直接观察岩土层的天然状态以及各地层之间接触关系等地质结构，并能取出接近实际的原状结构的土样。该方法的特点是地质人员可以直接观察地质结构细节，信息准确可靠，且可不受限制地取得原状结构试样，因此对研究风化带、软弱夹层、断层破碎带有重要的作用，常用于了解覆盖层的厚度和特征。它的缺点是可达的深度较浅，易受自然地质条件限制。

2. 简易钻探

简易钻探是公路工程地质勘探中经常采用的方法，其优点是体积小，操作简便，进尺较快，劳动强度小；其缺点是不能采用原状土样，在密实或坚硬地层内不易钻进或不能使用。常用的简易钻探工具有洛阳铲（如图7-1所示）、锥探和小螺纹钻等。其中，小螺纹钻是用人工加固回转钻进的，适用于黏性土地层，采取扰动土样，钻进深度小于4～6 m。

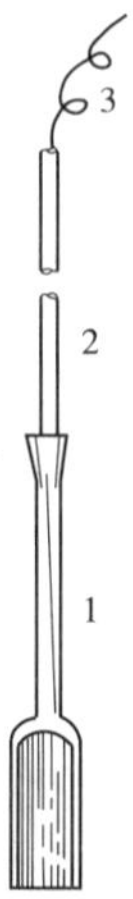

1—绳索；2—木杆；3—铲头

图7-1　洛阳铲

3. 钻探

钻探是用人力或动力机械带动钻机，以旋转或冲击方式切割或凿碎岩石，形成一个直径较小而深度较大的圆形钻孔的过程。钻探是目前应用最广泛的一种勘探手段，它可以完成揭露地下深处的地质现象，查明建筑物地基的地层岩性、地质构造；采取岩芯、水样（近几年来，采用大口径（1～2 m）的钻探设备，其特点是可以取出较大的岩芯且人可以直接下井观察地质现象）；在钻孔内进行工程地质、水文地质、灌浆等试验工作。由于岩石的坚硬完整程度、钻孔深度和钻探目的不同，因此需要选用不同类型的钻机。

4. 物探

地球物理勘探简称物探，它是通过研究和观测各种地球物理场的变化来探测地层岩性、地质构造等地质条件的一种勘探方法。各种地球物理场有电场、重力场、磁场、弹性波的应力场、辐射场等。由于组成地壳的不同岩层介质往往在密度、弹性、导电性、磁性、放射性及导热性等方面存在差异，这些差异将引起相应的地球物理场的相应变化。通过量测这些物理场的分布和变化特征，结合已知地质资料进行分析研究，就可以达到推断地质性状的目的。

物探方法具有速度快、效率高、成本低、搬运轻便等特点，应用较为广泛。但是物探是一种间接的勘探手段，特别是当地质体的物理性质差异不太大时，其成果较粗略，故应与其他勘探手段配合使用，从而使效果更好。

常用的物探方法有电法勘探、地震勘探、声波探测、磁法勘探、触探、测井等。在工程地质勘察中常用的是电法勘探和地震勘探。

（三）试验与长期观测

1. 试验

在工程地质勘察中，试验工作十分重要，它是取得工程设计所需要的各种计算指标的重要手段。试验工作分为室内试验和现场原位测试两种。

1）室内试验

室内试验是用仪器对采取的样品进行试验、分析，并取得所需的数据，一般在中心实验室进行。因为室内试验的试样较小，所以代表天然条件下的地质情况有一定的限制。如工程规模大，试验多，则可考虑在现场设置工地实验室，就地进行试验。

一般试验项目包括岩、土的物理、水理、力学、化学等试验内容。

室内试验虽然具有边界条件、排水条件和应力路径容易控制的优点，但是由于试验需要取试样，而土样在采集、运送、保存和制备等方面不可避免地受到不同程度的扰动，特别是对于饱和状态的砂质粉土和砂土，可能根本取不上土样，这会造成测得的力学指标严重失真。因此，为了取得可靠的力学指标，在工程地质勘察中必须进行一定的相应数量的野外现场原位测试。

2）现场原位测试

现场原位测试就是在岩土层原来所处的位置，在基本保持天然结构、天然含水量以及天然应力状态下测定岩土的工程力学性质指标等。现场原位测试的主要项目有岩土物理力学性质和地基强度试验（载荷试验、触探试验、钻孔旁压试验、十字板剪力试验、原位剪切试验等）、水文地质试验、地基工程地质处理试验（桩基承载力试验、灌浆试验等）。

现场原位测试的缺点是耗费人力、物力较多，设备和试验技术较复杂，所以一般是室内试验和现场原位测试两种方法配合使用。

2. 长期观测

长期观测工作是工程地质勘察的一项重要工作，它从规划阶段开始，贯穿以后各勘察阶段，有的观测项目在工程完工以后仍需继续进行观测。

长期观测的主要任务是检验测绘、勘探对工程地质条件评价的正确性，查明动力地质作用及其影响因素随时间的变化规律，准确预测工程地质问题，为防治不良地质作用所采取的措施提供可靠的工程地质依据，检查为防治不良地质作用而采取的处理措施的效果。长期观测需针对工程需要进行安排，主要内容包括：对不良地质活动情况的观测与监测；对岩土受到施工作用及其反应情况的监测；对施工和运营使用期的工程的监测；对环境条件在施工过程中可能发生的变化进行监测。

长期观测的主要项目如下：

(1)与工程有密切关系的物理地质作用或现象的观测，如对滑坡、雪崩、泥石流的观测，以及对河流冲刷与堆积、岩石风化速度的观测等。

(2)工程地质现象的观测，如对人工边坡、地基沉降变形、地下洞室变形等项目的观测。

(3)地下水动态观测，如对地下水位、化学成分、水量变化及孔隙水压力的观测等。

长期观测点的位置布置应能有效地将变化的不均匀性和方向性表示出来，观测线应布置在地质条件变化程度差异最大的方向上。为观测滑坡的发展，主观测线应沿滑动方向布置，如图7-2所示。在布置观测点时，必须合理选择作为比较用的基准点。观测时间的间隔及整个观测时间的长短，视需要和观测内容及变化的特点来决定，一般应遵照均布控制、加密重点的原则。

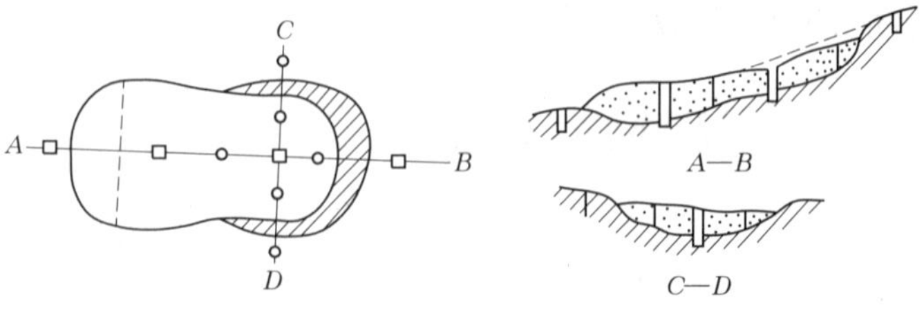

(a)平面图　(b)剖面图

图7-2　滑坡勘探线布置

二、水文地质勘察的基本手段和方法

水文地质勘察是为防治地下水对建设工程的危害而进行的水文地质勘察工作，如疏排地下水勘察、防地下水渗漏勘察、降低地下水位的勘察等。水文地质勘察常用的方法主要有以下几种。

(一)水文地质测绘

对地下水和与其有关的各种地质现象进行实地观测和填图工作，包括收集有关的资料；布置观测点和观测线进行实地调查；测定井、泉等地下水露头的流量和水质；研究其形成条件，以查明地下水的形成、分布、埋藏条件和岩土的含水性；寻找地下水的富水地段，选定进一步勘探和试验工作的地点等。利用遥感技术，对卫星照片和航空照片进行解译，以配合水文地质测绘，是一种又快又好的方法，可以提高地面测绘的效率和精度。

(二)物探

地球物理勘探(简称物探)常用来寻找地下水，确定含水层的位置，划分咸水体和淡水体界线等。在水文地质勘探中常用的地面物探方法有电测深法、电剖面法、自然电场法、浅层地震法、α－径迹法等。常用的钻井地球物理方法有电测井法、放射性测井法等。物探方法由于比较快速、经济，常与水文地质钻探和试验配合进行，利用物探确定钻孔和抽水试验地点，可以提高效率。

(三)水文地质钻探

钻探的目的是确定含水层的位置与分布,以查明地下水的赋存条件。所获岩芯要进行详细编录,并利用钻孔进行抽水试验或其他水文地质试验。水文地质钻探的要求和一般的矿产钻探不同,要求有较大的孔径并且用清水钻进;否则,利用钻孔求得的水文地质参数可能失真。

(四)水文地质试验

水文地质试验的目的是取得各种参数,为地下水资源评价或矿山涌水量计算等提供基础资料,包括抽水试验、钻孔压水试验、注水试验和弥散试验等,最常用的是抽水试验。

(五)地下水动态观测

地下水动态观测是水文地质勘察的一项重要内容。在布置钻探和水文地质试验时,就要考虑到保留一部分钻孔用来进行长期观测,定期测定地下水位、水质和水温,以便为以后的地下水资源评价或其他水文地质计算提供基础资料。一般要求动态观测的时间不少于一个水文年,时间系列愈长愈好。

(六)实验室分析

在水文地质勘察过程中,要选取水样、岩样或土样进行实验室的水质分析、粒度分析、孢粉或微体古生物分析、同位素年龄测定等。

单元三　各类工程勘察要点

一、工业与民用建筑工程地质勘察

针对工业与民用建筑中的主要工程地质问题,在进行工程地质勘察时需要注意以下几个方面的工作:

(1)了解整个建筑区域内的总体稳定性,对场地地层、构造、岩性、不良地质作用等工程地质条件进行勘察。在平原地区,因第四纪沉积物较厚,应主要了解该地区的地震历史情况、地震砂土液化可能性、区域性地面沉降的预测等;在山区,应主要了解滑坡、坍塌、泥石流等不良地质现象的分布及趋势。

(2)查明建筑区域内的地层分布和岩土的物理力学性质,对地基土体进行室内试验以及一定数量的现场原位测试;确定合理的地基承载力,并对地基的均匀性和稳定性做出评价,为工程的设计和施工提供所需的计算指标及资料。

(3)查明地下水的埋藏条件、补给和排泄条件、水位变化幅度与规律及化学成分,测定并评价地基土体的渗透性。对基坑工程,当存在高承压水层时,应评价基坑底的隆起以及发生涌水的影响,为基坑支护和工程降水提出可靠建议。

(4)在斜坡地区应评价边坡的稳定性。

二、道路与桥梁工程地质勘察

(一)道路工程地质勘察要点

道路工程地质勘察的主要目的是查明道路沿线不良地质作用和不利于边坡稳定的地质条件,取得沿线各不良地质条件与不同地质条件地段的纵横地质剖面资料,同时查明填方地段所用路基填料的变形及强度性质。在勘察过程中按照不同的阶段，有以下几个勘察要点。

1. 道路选线方案阶段

此阶段的工作主要是按指定的道路起讫点及所经过的地区选定可能修建道路的路线方案。在勘察过程中，并不要求查明全部工程地质条件，但对路线方案与路线布设起控制作用的特殊地质，以及不良地质地区的勘察应作为重点，查明其地质问题，并提出合理的工程措施。勘察的方法一般应尽量利用已有的地形地质资料进行研究分析，对复杂的地貌及不利地质条件可做详细的补充地质勘察。

2. 定线勘察阶段

此阶段是在选线方案的基础上，定出一条经济合理、技术可行的路线。在道路中线两侧一定范围内的地带进行工程地质勘察，查明该路线所经过区域的复杂不良地质现象状况，分析其影响道路安全的程度。一般可综合利用钻探、坑探与物探方法。对路基和路堑边坡的岩土体，可通过勘探及试验工作分析其稳定性。

3. 确定道路路线后的勘察工作

此阶段的勘察工作主要是为各不同地形及不同工程地质条件路段的路基路面设计提供具体的工程地质剖面及有关岩土体的物理力学性质。该阶段需要较多的坑、槽探及钻探工作和一定数量的岩土体物理力学性质试验。同时，应提供填方路段填料的变形及强度指标、填土及路堑边坡的允许坡度参考值等参数。

(二)桥梁工程地质勘察要点

1. 初步勘察阶段

此阶段的目的是查明桥址各路线方案的工程地质条件，为选择最优方案、初步论证基础类型和施工方法提供必要的工程地质资料。具体任务是：查明河谷的地质及地貌特征，覆盖层的性质、结构及厚度，以及基岩的地质构造、岩石性质及埋藏深度；确定桥基范围内的岩石类型，提供其变形及强度性质指标；查明桥址区内第四纪沉积物及软弱夹层状况，含水层中水位、水头高以及地下水的性质，并进行抽水试验，以研究岩石的渗透性；查明物理地质现象，评价滑坡及岸边冲刷对桥址区岸坡稳定性的影响，查明不良地质现象的分布及河床下岩溶发育情况及区域地震基本烈度等问题。

2. 详细勘察阶段

此阶段的勘察任务是为选定的桥址方案提供桥梁墩台施工设计所需的工程地质资料。具体任务是：为最终确定桥墩基础埋置深度提供地质依据；提供地基附加应力分布层内各类岩石的变形及强度性质指标，提出地基承载力参考值；查明并分析水文地质条件对桥基稳定性的影响；查明各种物理地质作用对桥梁工程的不利影响，并提出预防与处理措施建议；提出在施工过程中可能发生的不良工程地质作用，并提出预防与处理措施建议。

三、隧道与地下工程地质勘察

(一)初步勘察阶段

此阶段的目的主要是查明地下洞室所在区域的地形、地貌、岩性、构造等，以及它们之间的关系和变化规律，推断不完全显露或隐埋深部的地质情况，选择优良的地下建筑位置和最佳轴线方位。通过测绘主要弄清对地下洞室有控制性的地质问题，进而对地下工程地质和水文地质条件做出定性的评价，根据测绘成果编制各方案路线的工程地质剖面图。

勘察的主要内容有：调查各比较路线地段的地貌、地层岩性及地质构造等条件，查明是否有不良的工程地质因素存在，如工程地质性质不良岩层的分布、洞室附近缓倾角裂隙、与洞线平行或交角很小的裂隙的分布及断层破碎带存在等情况；调查洞室附近不良地质现象的分布，分析山体的稳定性；调查洞室沿线的水文地质条件，并注意是否有岩洞洞穴、矿山采空区等窟窿存在；进行洞室围岩初步分类。

(二)详细勘察阶段

该阶段的主要任务是详细查明已选定位置或路线的工程地质条件，为最终确定轴线位置、设计支护及衬砌结构确定施工方法和施工条件提供所需资料。详细勘察阶段的内容主要围绕三个方面：一是核对初步勘察阶段地质资料，用钻孔进一步确定洞室设计高程的岩土体性质及地质结构；二是勘探查明初勘未查明的地质问题；三是对初步勘察阶段提出的重大地质问题做深入细致的调查。其具体内容有：

(1)查明地下建筑沿线地区的工程地质条件，重点调查地下洞室经过的严重不良地质、特殊地质地段。在地形复杂地段应注意过沟地段、傍山浅埋段和进、出口边坡的稳定条件；在地质条件复杂地区，应查明松散、软弱、膨胀、易溶及岩溶化岩层的分布，以及岩体中各种结构面的分布、性质及其组合关系，并分析它们对围岩稳定性的影响。

(2)查明地下建筑地段水文地质条件，预测掘进时涌水的可能性、位置及最大涌水量；在可溶岩分布区，还应查明岩溶发育规律，主要洞穴的发育层位、规模、充填情况及富水性。

(3)确定岩体的物理力学参数，进行围岩分类，研究评价地下建筑围岩及进、出口边坡的稳定性，并提出处理建议。对大跨度洞室，还应查明主要软弱结构面的分布和组合关系，结合地应力评价洞室围岩的稳定性，提出处理建议。

(4)实地复核、修改、补充初步勘察地质资料，对初步勘察遗漏、隐蔽的工程地质问题，应适当加大勘察范围。

四、水利工程地质勘察

(一)坝址工程地质勘察要点

1. 选择坝址阶段

此阶段的目的是查明比较各坝址的工程地质条件，为坝址选定提供地质依据，重点调查各坝址范围内的岩石性质、地层构造及物理地质作用等地质条件。主要内容有：了解河床及两岸第四纪地层厚度、分布和物质组成，尤其是软土层及砂砾卵石层的分布；了解基岩岩性、分类，如软弱夹层分布、厚度、性质，分析其与工程的关系；了解坝区断裂带的产状、延伸、性质、规模、充填物质，尤其是顺河断裂及缓倾角断裂，分析其对工程的影响；了解坝区水文地质条件、岩土体透水性，以及岩溶发育程度，分析渗漏可能性；初步分析存在的崩塌、滑坡等不良地质条件和危害程度。

2. 选定坝址后的勘察要点

要求更详细地了解所选定坝址的工程地质条件，为选定坝轴线、坝型、枢纽总体布置提供地质资料和数据，对各种不利地质条件做更详细的勘探和调查。

(1)在查明场地第四纪土层分布和厚度的基础上，测定各土层的力学强度参数、渗透系数等。

(2)分段分类提出岩体的有关物理力学性质指标，进一步查明坝基岩体内软弱夹层的物质组成、连通情况、组合关系以及力学参数。

(3)了解岩体各风化带的物理力学性质和抗水性,提出开挖深度和处理措施。

(4)查明对工程有影响的断裂破碎带的产状、宽度、构造岩体的物理力学性质等,并提出处理措施。

(5)查明岩体水文地质结构,各层的渗透系数,渗漏带的边界条件,预测渗漏量及基坑涌水量,提出防渗处理范围和深度。

(6)查清坝基的工程地质条件,针对不稳定的结构体存在情况,对坝基稳定性做出评价。

(二)水库区勘察要点

1. 一般性勘察阶段

以地质测绘方法为主,全面查明库区地质情况,基本确定可能发生渗漏、浸没、坍岸及崩滑地段。初步评价其影响程度,以便为选坝址提供参考资料。

主要内容应围绕库区工程地质问题开展:调查库区水文地质条件,分析各种渗漏的可能性,渗漏的途径和形式,估算渗漏量,并分析其对库区影响及处理的可能性;根据地形地貌条件、水文地质条件和地层分布情况,分析浸没的可能性,并初步预测浸没区范围;调查对工程有影响的滑坡、泥石流分布,初步评价其稳定性;对库区地震可能性做出判断。

2. 专门性勘察阶段

在已选定坝址及初步确定水位高程后,对可能发生渗漏、浸没、坍岸及崩滑地段进行详细的地质测绘、勘探、岩土的物理力学性质试验及水文地质试验和长期观测工作,为对这些不良的工程地质问题提供定量分析研究及预防处理措施的地质资料。

(三)引水建筑系统工程地质勘察要点

1. 选择引水道类型及线路方案的工程地质勘察阶段

此阶段主要是对各引水系统线路方案的沿线工程地质条件进行全面的研究和比较,为选择最优的线路及引水建筑类型提供必要的工程地质资料。

2. 选定引水线路的工程地质勘察

详细查明已选定线路的工程地质条件,以确定引水建筑系统的中心线、隧洞进出口位置,以及提出编制各段引水建筑物初步设计所需的地质资料。在渠道线上的勘察重点应是:要通过斜坡地段的边坡稳定条件;可能渗漏和湿陷地段的情况及可能的规模;深挖、高填及不良地质条件地段的工程地质条件。在此阶段更要提供各不同地形及地质条件渠道工程设计所需的岩土物理力学性质指标及参考数据。

五、天然建筑材料的勘察

在工程建设中,需要大量的天然建筑材料。这些天然建筑材料的类型、数量、质量、料场地点、开采运输条件等直接影响到工程建筑的类型、规模大小、布置方式、造价和施工方法等。因此,对天然建筑材料进行详细的勘察,可为评价其数量、质量、开采运输条件提供可靠的依据。

在不同勘察阶段,对天然建筑材料勘察的要求及工作方法有所不同:在可行性研究选点阶段,要求一般了解天然建筑材料的产地、种类,简略评价其数量、质量、开采运输条件,工作方法以踏勘为主,少量剥土及坑探工程;在初步勘察阶段,根据建筑物类型和所需的天然建筑材料的情况，由近及远地查明各产地天然建筑材料的数量、质量和开采运输条件，勘察时要适当加大勘探工作量，编制材料产地分布图；在详细勘察阶段，要复查选定产地的天然建筑材料的数量、质量、开采运输条件，并配合设计、施工进行专门性试验研究和补充勘探工作。

单元四　工程地质与水文地质勘察资料整理

工程地质与水文地质勘察资料内业整理的任务是将工程地质与水文地质测绘、勘探、试验和长期观测的各种资料进行认真系统的整理和全面综合的分析，找出各种自然地质因素之间的内在联系和规律性，对建筑场区的工程地质与水文地质条件和工程地质与水文地质问题做出正确评价，为工程规划、设计及施工提供可靠的地质依据。在进行内业整理时要反复检查核对各种原始资料的正确性并及时整理、分析，查对清绘各种原始图样，整理分析岩土的各种试验成果，编制工程地质图样，编写工程地质勘察报告。

一、工程地质图件

工程地质图件是指综合反映工程建筑地区工程地质条件，并结合工程建筑类型和规模给予综合性分析评价的资料。它与工程地质勘察报告一起作为工程地质勘察的总结性文件。

工程地质图件是根据各勘察设计阶段的测绘、勘探和试验所得资料进行分析整理编制而成的，常包括如下几种。

（一）综合工程地质平面图

综合工程地质平面图简称工程地质图，在图中表示与工程有关的各种地质条件，如建筑地区地层岩性、地质构造、地形地貌、水文地质条件、自然地质现象以及勘探和试验成果，它是评价工程建筑地区工程地质条件的主要依据。

（二）勘探点平面布置图

勘探点平面布置图是在地形图上标明工程建筑物、各勘探点（包括探井、探槽、钻孔等）、各现场原位测试点以及勘探剖面线的位置，并注明各勘探点、原位测试点的坐标及高程。

（三）地层综合柱状图

地层综合柱状图反映场地（或分区）的地层变化情况，在图上标明层厚、地质年代，并对岩土的特征和性质进行概括性的描绘，有时还附有各岩土层的物理力学性质指标。

（四）工程地质剖面图

工程地质剖面图是根据地质剖面勘探资料和试验成果编制而成的图件，是工程选址等工作中广泛使用的图件。它以地质剖面图为基础，反映地层岩性、地质构造、地貌、水文地质条件、自然地质现象、各分层岩土的物理力学性质指标等。可作为选择和论证工程建筑场地、拟订设计方案、进行工程地质问题评价、确定工程建筑地基基础处理措施和施工方案的依据。

（五）洞、井、坑、槽的展视图

洞、井、坑、槽的展视图是洞、井、坑、槽等山地勘探工作编录的原始图件，是绘制各类图件和评价与工程有关的工程地质问题的基本资料。

(六)工程地质附表

工程地质附表主要是岩土试验成果表、地基土物理力学指标统计表等。在岩土试验成果表中,常列出现场原位测试(包括荷载试验、标准贯入试验、十字板剪切试验、静力触探试验等)和室内岩土试验(全部岩土试样的各种物理力学指标和状态指标、地基土承载力等)的原始数据。地基土物理力学指标统计表是根据室内外岩土试验的原始数据,按土层进行统计汇总而成的。附表的数据是工程设计和施工的重要依据。

(七)其他专门图件

对于特殊地质条件及专门性工程,根据各自的特殊需要,需绘制相应的专门图件等。

有关各勘察设计阶段工程地质勘察报告的编写提纲和各种图表的内容要求及具体规定,详见有关工程地质勘察资料内业整理规程。

二、工程地质报告书的编写

工程地质报告书是工程地质勘察员主要的总结性文件。它是按勘察任务书要求,以工程地质勘察各项成果为依据编写的。报告书与所附的工程地质图等所有附件,一起交给规划设计部门使用。

各类工程地质勘察规范中,对各勘察阶段报告书编写大纲都提出了要求,可根据实际地质情况掌握编写内容。报告书的结构原则上可分为绪论、通论、专论和结论等几个部分。

(1)绪论。简述勘察区的自然地理概况(工程地理位置、流域水系、水文、气象等)、工程概况、工程建筑物特性(工程规模、结构形式等)、工程主要指标、工程布置方案及在国民经济建设中的重要性以及设计阶段勘察的目的、要求和任务、方法、时间和所应完成的工程项目及工作量等。

(2)通论。通论的内容是阐明工作地区的场地位置、地形地貌、地质构造、不良地质现象及地震设防烈度等,以及工程地质条件和所处区域的地质地理环境,以明确各种自然因素(如大地构造、地势、气候等)对该区工程地质条件产生的意义。

(3)专论。一般是工程地质报告书的中心内容,因为它既是结论的依据,又是绪论内容选择的标准。专论的内容包括场地的岩土类型、地层分布、岩土结构构造或风化程度、场地土的均匀性、岩土的物理力学性质、地基承载力以及变形和动力等其他设计计算参数或指标。

(4)结论。内容包括建筑场地及地基的综合工程地质评价以及场地的稳定性和适宜性等结论。针对工程建设中可能出现和存在的问题提出措施和施工建议。结论是在专论的基础上对各种具体问题做出简要明确的回答。结论态度要明朗,措辞要简练,评价要具体,问题解决得不彻底的可以如实说明,但不要含糊其辞、模棱两可。

除综合性岩土工程勘察报告外,也可根据任务要求提交单项报告,主要有岩土工程测试报告,岩土工程检验或监测报告,岩土工程事故调查与分析报告,岩土利用、整治或改造方案报告,专门岩土工程问题的技术咨询报告等。

工程地质勘察是分阶段进行的,当每一个阶段的勘察工作结束后,应根据该阶段勘察设计任务书中的要求,结合工程特点和建筑物区的工程地质条件,及时编写出该阶段的工程地质勘察报告。另外,工程地质报告书必须与工程地质图一致,互相照应,互为补充,共同达到为工程服务的目的。

三、水文地质勘察资料的整理

水文地质勘察无论哪一阶段的工作，当野外工作结束后，即进行室内资料整理工作。这一阶段的工作是将所得资料进行全面系统地综合研究，编制各种正式图件和报告书。

（一）水文地质图的编制

水文地质图是对一个地区进行水文地质勘察后，根据所取得的资料进行整理分析、综合研究编制的成果图。反映一个地区总的水文地质条件或某一水文地质条件及地下水形成和分布规律的图件。一般水文地质图主要有以下几种类型。

1. 综合水文地质图

综合水文地质图是指主要反映地区总的水文地质条件和地下水形成、分布规律的图件。按比例尺可分为大比例尺综合水文地质图、中比例尺综合水文地质图、小比例尺综合水文地质图。综合水文地质图应全面、扼要、清晰地反映测区的水文地质特征。应表明测区地下水的类型、埋藏条件、水质、水量变化、含水层时代及岩性，以及地下水形成的特点等。综合水文地质图还应反映自然地理、地质环境（自然地理、地貌、地质条件），含水介质的特点（岩层富水性），地下水形成条件及水质变化规律等。

2. 单因素水文地质图

单因素水文地质图是指反映某一水文地质条件或规律的水文地质图，如潜水等水位线图、承压水等水压线图、潜水埋藏深度图、含水层透水性与富水性图、地下水化学类型图、地下水矿化度图、地下水化学离子等值线图、承压水顶底板等高线图及等厚线图等。

3. 专门水文地质图

专门水文地质图是指为专门目的服务的水文地质图，如供水水文地质图、灌溉水文地质图、水工建筑地区水文地质图、地下水资源评估图、地下水储量计算图等。

4. 水文地质剖面图

水文地质剖面图是指主要反映地区含水层（组）的剖面结构、埋藏条件、各含水层相互关系、水动力条件、地下水水化学垂直分带规律的剖面图。

（二）水文地质勘察报告的编写

水文地质勘察报告是水文地质勘察成果的集中表现。报告书力求简明扼要、条理分明、论据充分、重点突出、结论明确。报告书所阐述的详尽程度、内容、篇幅取决于勘察阶段和勘察目的。

报告的内容除阐明区域水文地质条件外，必须根据目的和任务密切联系生产实际，针对国民经济各部门需要解决的问题，从水文地质的观点提出具体意见和措施，并对地下水的利用与治理的前景做出评价。报告书的具体内容一般包括以下几部分：

（1）绪言。目的任务，自然、经济地理，地质、水文地质研究程度，本次工作经过。

（2）地下水形成的自然条件。气象、水文、地层、构造和地貌等内容。

（3）区域水文地质。地下水的赋存条件和分布规律，地下水含水层（组）的划分；地下水的补给、径流和排泄条件；地下水的化学特征及水质评价。

（4）专门性问题论述。根据工作目的和地区有关的水文地质问题而定，就专门性问题详细阐述有关的水文地质条件，并做出评价和开发或治理措施，尽可能提出进一步工作意见。

(5)地下水资源评价。阐明计算方法的依据以及参数的来源和选定,列表说明各项计算结果。评价计算的可靠程度,并评价开采资源的保证条件,提出资源开发远景。

(6)结论。根据调查成果,对区域主要水文地质问题提出结论性意见。

【小贴士】

学习各类工程勘察要点时应结合项目六中各类不同工程存在的地质问题进行理解,并从中学会如何提前避免和预防各类地质灾害的发生。

【知识链接】

本项目所采用的是正在实施的国家标准和行业标准,主要有《水力发电工程地质勘察规范》(GB 50287—2016)、《公路工程地质勘察规程》(JTJC 20—2011)、《水利水电工程地质勘察资料整编规程》(SL 567—2012)等。

小　结

在人类的工程活动中,凡规模较大的工程,都必须对建筑场地的工程地质及水文地质条件进行调查、研究,以求达到合理设计、安全施工、正常使用的目的。本项目主要讲述工程地质和水文地质勘察综合运用的各种勘察手段和技术方法,通过勘探,查明建筑场地的地质条件,结合工程设计、施工条件、地基处理、开挖、支护等工程的具体要求,分析评价建筑场地可能存在的工程地质问题,提出工程施工的指导性意见,形成地质报告,为设计、施工提供依据,服务于工程建设。

复习题

1. 工程地质与水文地质勘察的目的和任务是什么?
2. 工程地质与水文地质勘察可分为几个阶段?
3. 工业与民用建筑工程地质勘察要点有哪些?
4. 道路和桥梁工程地质勘察要点有哪些?
5. 隧道与地下工程地质勘察要点有哪些?
6. 水利工程地质勘察要点有哪些?
7. 工程地质报告与水文地质报告通常包括哪些内容?

附　录

附录一　地质年代符号及色谱

<table>
<tr><th>地质年代</th><th>代号</th><th>色谱</th><th>地质年代</th><th>代号</th><th>色谱</th></tr>
<tr><td>第四纪</td><td>Q</td><td>淡黄色</td><td>志留纪</td><td>S</td><td>橄榄绿色</td></tr>
<tr><td>第三纪</td><td>R</td><td>橙黄色</td><td>奥陶纪</td><td>O</td><td>浅蓝色</td></tr>
<tr><td>白垩纪</td><td>K</td><td>草绿色</td><td>寒武纪</td><td>∈</td><td>深橄榄绿色</td></tr>
<tr><td>侏罗纪</td><td>J</td><td>蓝色</td><td>震旦纪</td><td>Z</td><td>黄灰色</td></tr>
<tr><td>三叠纪</td><td>T</td><td>紫色</td><td>元古代</td><td>P_t</td><td>深灰黄色</td></tr>
<tr><td>二叠纪</td><td>P</td><td>棕红色</td><td>太古代</td><td>A_r</td><td>玫瑰色</td></tr>
<tr><td>石炭纪</td><td>C</td><td>浅灰色</td><td rowspan="2">时代不明的变质岩层</td><td rowspan="2">M</td><td rowspan="2">深桃红色</td></tr>
<tr><td>泥盆纪</td><td>D</td><td>褐色</td></tr>
</table>

附录二　主要岩浆岩的代号及色谱

<table>
<tr><th>岩石名称</th><th>代号</th><th>色谱</th><th>岩石名称</th><th>代号</th><th>色谱</th></tr>
<tr><td>花岗岩</td><td>γ</td><td rowspan="3">红色</td><td>安山岩</td><td>α</td><td>橘红色</td></tr>
<tr><td>流纹岩</td><td>λ</td><td>辉长岩</td><td>β</td><td rowspan="2">深绿色</td></tr>
<tr><td>闪长岩</td><td>δ</td><td>玄武岩</td><td>ε</td></tr>
<tr><td colspan="2"></td><td>橘红色</td><td colspan="2"></td><td></td></tr>
</table>

附录三 主要岩石符号

1. 岩浆岩

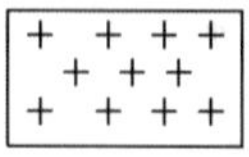
花岗岩

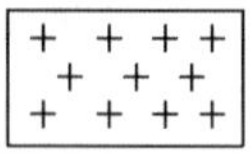
花岗斑岩

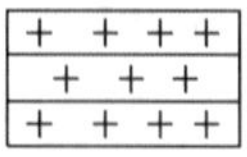
流纹岩

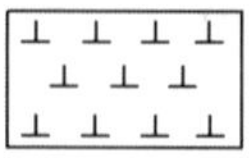
闪长岩

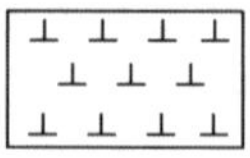
闪长玢岩

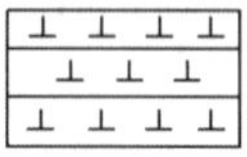
安山岩

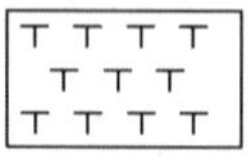
正长岩

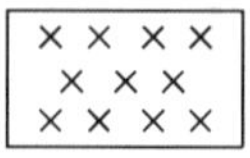
辉长岩

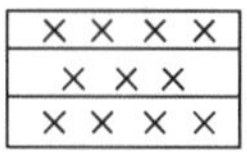
玄武岩

2. 沉积岩

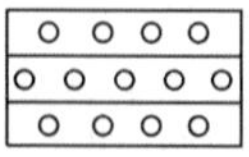
砾岩

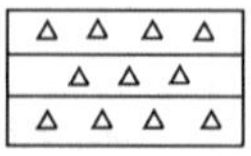
角砾岩

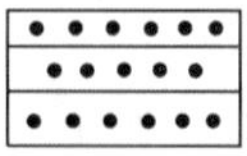
砂岩

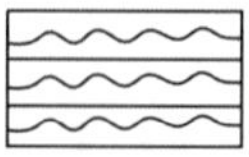
页岩

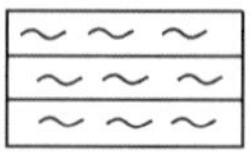
泥岩

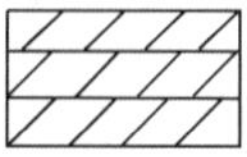
泥灰岩

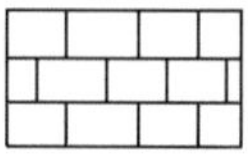
石灰岩

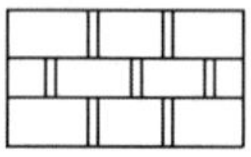
白云岩

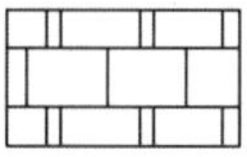
白云质石灰岩

3. 变质岩

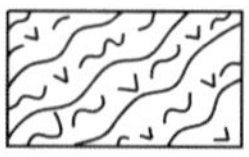
片麻岩

片岩

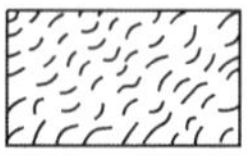
千枚岩

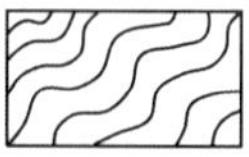
板岩

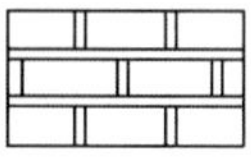
大理岩

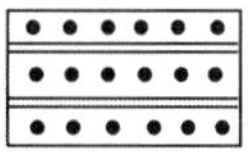
石英岩

附录四　地质构造符号

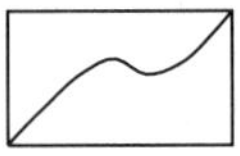
地质界线

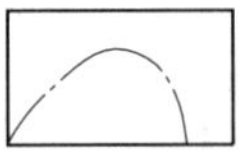
岩浆侵入体界线

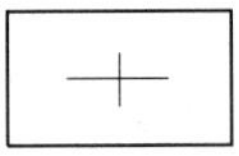
水平岩层产状

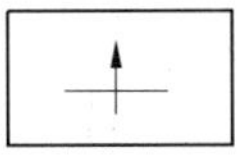
垂直岩层产状

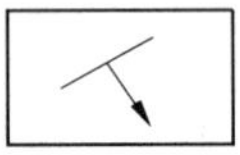
岩层产状

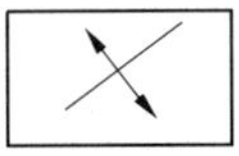
背斜轴

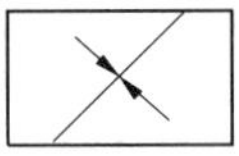
向斜轴

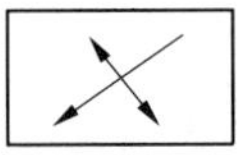
倾伏背斜轴

倾伏向斜轴

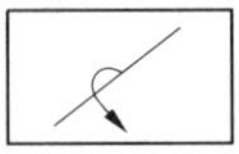
倒转褶曲

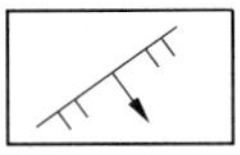
正断层

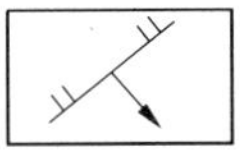
逆断层

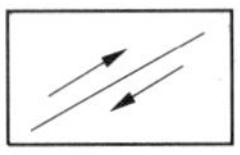
平推断层

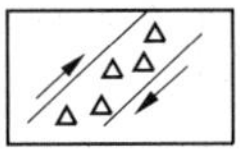
断层破碎带
(断面图用)

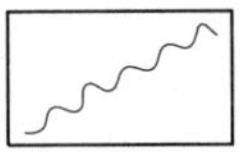
不整合接触线
(断面图用)

附录五 综合地质图

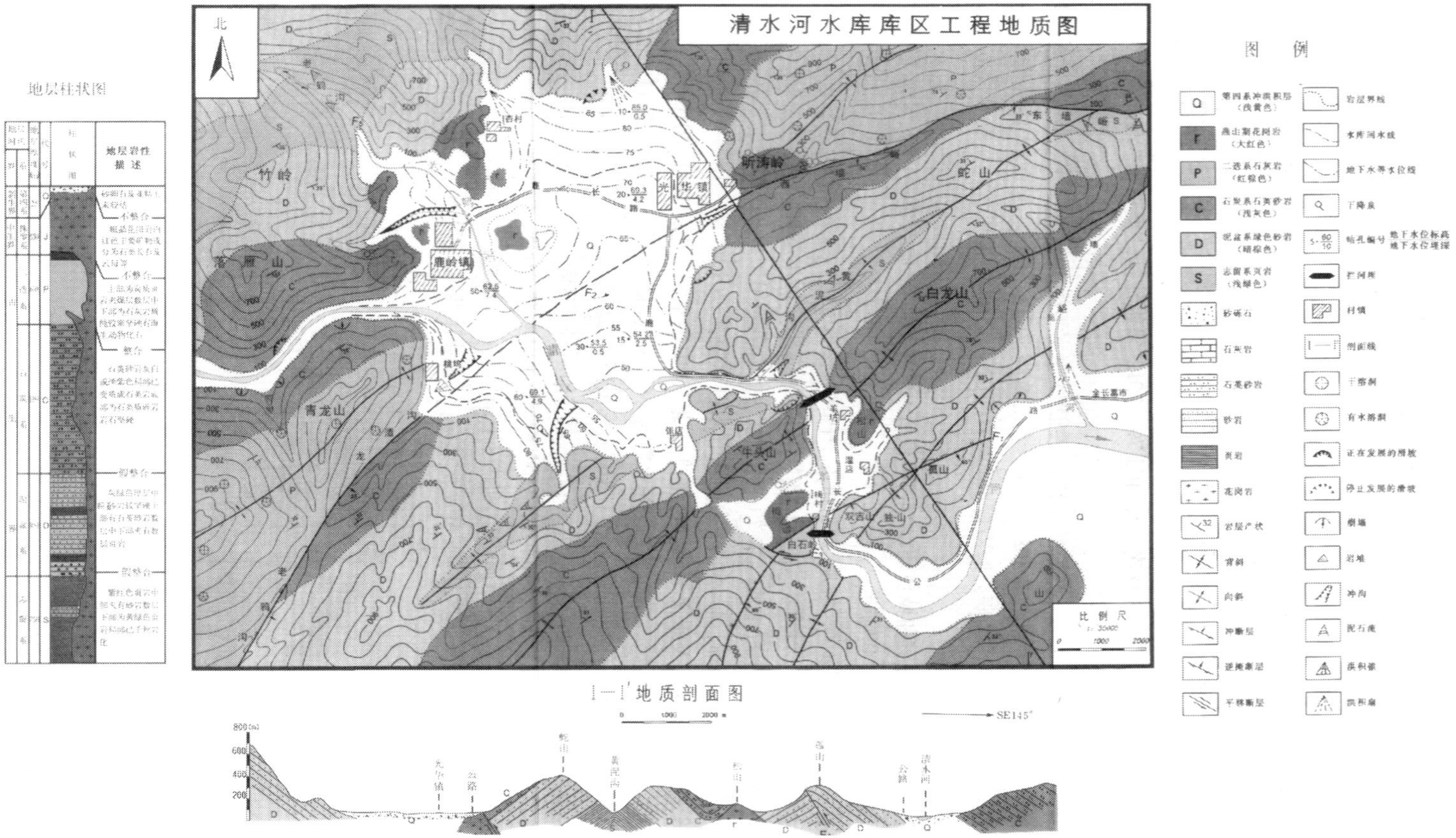
地层柱状图
清水河水库库区工程地质图
北
竹岭
苍山
鹿岭镇
光华镇
听涛岭
青龙山
牛头山
白龙山
白石岭
比例尺
图例
第四系冲洪积层（浅黄色）
燕山期花岗岩（大红色）
二叠系石灰岩（红棕色）
石炭系石英砂岩（浅灰色）
泥盆系绿色砂岩（暗棕色）
志留系页岩（浅绿色）
砂砾石
石灰岩
石英砂岩
砂岩
页岩
花岗岩
岩层产状
背斜
向斜
冲断层
逆掩断层
平移断层
岩层界线
水库回水线
地下水等水位线
下降泉
钻孔编号
地下水位标高
地下水位埋深
拦河坝
村镇
剖面线
干溶洞
有水溶洞
正在发展的滑坡
停止发展的滑坡
崩塌
岩堆
冲沟
泥石流
洪积锥
洪积扇
地质剖面图
SE145°

参考文献

[1] 中华人民共和国建设部,中华人民共和国国家质量监督检验检疫总局. GB 50021—2001 岩土工程勘察规范[S]. 北京:中国建筑工业出版社,2009.
[2] 中华人民共和国住房和城乡建设部. GB 50007—2011 建筑地基基础设计规范[S]. 北京:中国建筑工业出版社,2011.
[3] 中华人民共和国住房和城乡建设部. JGJ 79—2012 建筑地基处理技术规范[S]. 北京:中国建筑工业出版社,2012.
[4] 中华人民共和国卫生部. GB 5749—2006 生活饮用水卫生标准[S]. 北京:中国标准出版社,2007.
[5] 中华人民共和国农业部. GB 5084—2005 农田灌溉水质标准[S]. 北京:中国标准出版社,2006.
[6] 中交第一公路勘察设计研究院有限公司 . JTG C20—2011 公路工程地质勘察规范[S]. 北京:人民交通出版社,2011.
[7] 中华人民共和国住房和城乡建设部. DB42/T 911—2013 地质灾害防治工程施工技术规程[S]. 北京:中国电力出版社,2009.
[8] 张忠学. 工程地质与水文地质[M]. 北京:中国水利水电出版社,2009.
[9] 王健,郭抗美,张怀静. 土木工程地质[M]. 北京:人民交通出版社,2009.
[10] 李中秋,杨仲元. 工程地质与水文[M]. 北京:中国电力出版社,2009.
[11] 吴成扬. 地基与基础[M]. 北京:中国水利水电出版社,2013.
[12] 陈南翔. 工程地质及水文地质[M]. 5 版 . 北京:中国水利水电出版社,2016.
[13] 张人权,梁杏,靳孟贵,等. 水文地质学基础[M]. 6 版. 北京:地质出版社,2011.
[14] 盛海洋. 工程地质[M]. 北京:北京邮电大学出版社,2012.
[15] 何培玲,张婷. 工程地质[M]. 北京:北京大学出版社,2006.
[16] 陈洪江. 土木工程地质[M]. 北京:中国建材工业出版社,2005.
[17] 左建,郭成久. 水利工程地质[M]. 北京:中国水利水电出版社,2004.
[18] 刘俊民. 工程地质及水文地质[M]. 北京:中国农业出版社,2004.